중력렌즈

Gravitational Lens

중력렌즈
Gravitational Lens

박명구

경북대학교출판부

박명구(朴明九)
서울대학교 자연과학대학 물리학과 졸업
미국 프린스턴대학교 천체물리학과 졸업 (PhD)
미국 Illinois 대학교 연구원
현재 경북대학교 자연과학대학 천문대기과학과 교수

중력렌즈(Gravitational Lens)

초판1쇄 2010년 1월 29일 | **초판2쇄** 2011년 9월 19일
지은이 박명구 | **펴낸이** 함인석 | **펴낸곳** 경북대학교출판부
출판등록 1973년 10월 10일 ㉑97호
주소 대구광역시 북구 대학로 80번지
전화 053-950-6741~3 | **팩스** 053-953-4692 | **E-mail** press@knu.ac.kr
Homepage http://knupress.com

ISBN 978-89-7180-276-2 93440

머리말

1915년 발표된 Einstein의 일반상대성이론은 질량을 가진 물체는 주변 시공간을 휘게 하고 입자들과 마찬가지로 빛도 휜 시공간을 지날 때 자연스럽게 휘게 된다고 예측하였다. 이는 1919년 일식 관측 때 태양 근처 별의 위치가 태양이 다른 곳에 있을 때 비해 약간 달라졌다는 사실이 확인됨으로써 극적으로 입증되었다. 따라서 우주의 여러 천체들에도 광학렌즈의 경우처럼 중력에 의해 빛의 경로가 달라져서 천체들의 상이 커 보이거나, 일그러져 보이거나 여러 개로 보이는 등의 중력렌즈 현상이 나타날 것으로 기대되었다. 그러나 관측적인 어려움으로 해서 거의 60여 년이 지난 1979년에야 중력렌즈되어 2개의 상으로 보이는 이중 준항성 Q0957+561이 최초로 발견되었다. 그 후 30여 년간 여러 개의 상을 가진 준항성계 외에 은하의 모습이 길게 늘어져 보이는 호, 동그랗게 보이는 고리, 별의 밝기가 갑자기 증가하는 미시중력렌즈 등 다양한 중력렌즈 현상이 발견되어서 이제는 별, 은하, 은하단 및 우주 전체를 이해하는데 중력렌즈가 적용되지 않는 경우가 드물어졌고 앞으로도 우주를 채우는 대부분의 암흑물질을 찾아내고 암흑에너지를 연구하는데 중력렌즈가 중요한 기여를 할 것으로 예상된다.

하지만 중력렌즈는 일반상대성이론을 기초로 우주론, 은하, 별 등 우주의 거의 모든 천체들에 대한 이해를 필요로 하는 복합적인 연구 분야이다. 그럼에도 이에 대한 전문도서는 국내는 고사하고 국제적으로도 드문 형편이다. 게다가 새로운 발견과 이를 응용한 연구들이 지속적으로 이어져 불과 10년 전에 정리된 내용들도 많은 보완이 필요해졌다.

이 책은 중력렌즈를 공부하거나 연구하고 싶은 대학원생 및 학부 고학년생, 이 분야 입문서를 필요로 하는 학자들을 대상으로 썼으며 가급적 많은 논문들을 인용하고 관련된 그림과 표를 포함시켰다. 이 책에서 일반상대성이론에 관련된 정의와 기호 등은 대체로

S. Weinberg의 명저 Gravitation and Cosmology(1972)를 따랐고 중력렌즈에 관련된 부분은 P. Schneider, J. Ehlers and E. E. Falco의 Gravitational Lenses(1992)를 따랐다. 또한 전체 10개의 장 중 8장의 일부(박명구 2007), 9장(박명구 2001), 10장(박명구&한정호 2001)은 천문학논총, 새물리, 한국천문학회지에 해설논문으로 게재되었던 것을 수정하고 보완한 것이다. 이 책에서 사용되는 여러 기호들은 대체로 해당 분야에서 주로 사용되는 정의들을 따랐고 이로 인해 한 기호가 장에 따라 다른 정의를 가지는 경우도 있다.

내가 중력렌즈에 대한 조그마한 연구를 시작한 것은 최초의 중력렌즈계 Q0957+561이 발견된 직후 1984년이었고 우주론과 관련된 중력렌즈에 대한 책을 써야겠다고 생각한 것은 1994년이었다. 그러나 여러 가지 이유로 집필이 길어지는 동안 새로운 중력렌즈 현상들이 계속 발견되었고 이를 응용한 연구의 범위 또한 넓어져 가면서 책에 포함될 내용도 같이 늘어났다. 이제 10여 년에 걸쳐 작성된 원고들이 모여져 드디어 한 권의 책으로 나오게 되었다.

이 책이 나오게 되기까지 많은 이들의 도움이 있었다. 우선 지금까지 나와 같이 중력렌즈에 대해 공부하고 연구한 국내외 천문학자들과 학생들에게 감사드린다. 표지그림을 계산하고 그리는 데는 이혜란 군의 도움이 컸고 이현아, 윤소윤, 류윤현, 한두환 군도 나와 같이 연구하느라 고생을 많이 했다. 많은 수식과 도표, 그림이 포함된 복잡한 원고를 깔끔한 책으로 탈바꿈시킨 경북대학교출판부에도 감사드린다.

목차

1 일반상대성이론

중력이 존재하는 시공간에서의 빛과 입자들의 운동은 일반상대성이론에 의해 잘 설명된다. 일명 기하역학(geometrodynamics)이라 불려지는 일반상대성이론에서는 입자들이 평탄한 공간상에서 중력이라는 원거리에서 작용하는 힘(action-at-a-distance)에 의해 움직이는 것이 아니라, 질량을 가진 입자들의 분포에 따라 시공간(spacetime)이 휘고, 입자들은 휜 시공간에서 자연스럽게 지름길을 택하게 된다(Misner, Thorne & Wheeler 1973 참조). 이때 휜 시공간은 Riemann 기하로 기술된다. 이제 Riemann 기하를 토대로 중력과 물체의 운동을 기술하는 방법을 살펴보자. 본 장의 여러 수학 및 물리량의 정의와 표기 방법은 대부분 Weinberg(1972)를 따랐다.

1.1 계량

Riemann 기하에서 임의의 시공간은 계량(metric)으로 표현된다. 여기서 계량이라는 것은 시공간의 두점 사이의 '거리'를 말하는 것으로 이 양은 좌표의 변환에 대해 보존되는 양이며 특정한 좌표계를 잡았을 경우 이 거리를 좌표로 나타낸 것을 계량이라 한다. 계량은 그 공간의 성질에 대한 정보를 지니고 있다.

예를 들어 아주 간단한 계량을 살펴보자.

$$ds^2 = dx^2 + dy^2 \tag{1.1}$$

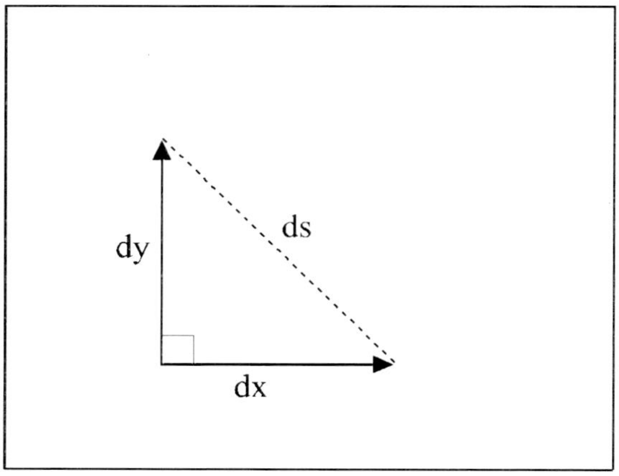

그림 1.1 평면 상에서의 좌표와 거리

이는 (x,y)라는 좌표계로 기술되는 공간에서 위치 (x,y)와 $(x+dx,y+dy)$사이의 거리 ds를 좌표 x와 y로 나타낸 것이다(그림 1.1). Euclid 기하학의 Pythagoras 정리를 기억하면 이는 Euclid 공간, 즉 평면에서 만족됨을 알 것이다. 한편 (x,y) 좌표 대신 극좌표 (r,θ)를 사용하면 (x,y)에 해당하는 점 (r,θ)와 $(x+dx,y+dy)$에 해당하는 점 $(r+dr,\theta+d\theta)$ 사이의 거리 $ds'^2 = dr^2 + r^2 d\theta^2$로 주어지고 $ds^2 = ds'^2$임을 보일 수 있다. 좌표라는 표시방법을 생각하기 전 어떤 공간의 두 점상의 거리는 이미 정해져 있는 양이다. 따라서 그 뒤 어떤 표시방법, 즉 특정한 좌표를 택하더라도 거리는 같게 나타나야만 하는 것이다. 다만 공간이 다를 경우 거리는 다른 값으로 나타난다. 따라서 이러한 거리의 불변성은 점들이 존재하는 공간이 어떤 형태인가를 역으로 말해주게 된다. 예를 들어 어떤 고무판위의 특정한 두 점을 생각해보자. 고무판에 눈금들을 어떤 모양으로 그리는 가에 관계없이 두 점 사이 거리는 일정하다. 다만 고무판을 휘게 할 경우에는 두 점사이의 거리가 달라짐을 알 수 있다. 그리고 모종의 형태로 휘어진 고무판에서 식 (1.1)이 성립한다면 이는 고무판이 편평함을 입증하는 것이 된다.

두 번째로 지구의 표면 같은 2차원 구면을 나타내는 계량을 만들어보자. 지구상의 한 점에서 북극까지 경도선을 따라 잰 길이를 χ, 이 점과 북극, 남극을 잇는 가상의 지축까지의 길이를 r, χ를 지축에 투영한 길이를 h라 하자(그림 1.2). 편의상 지구의

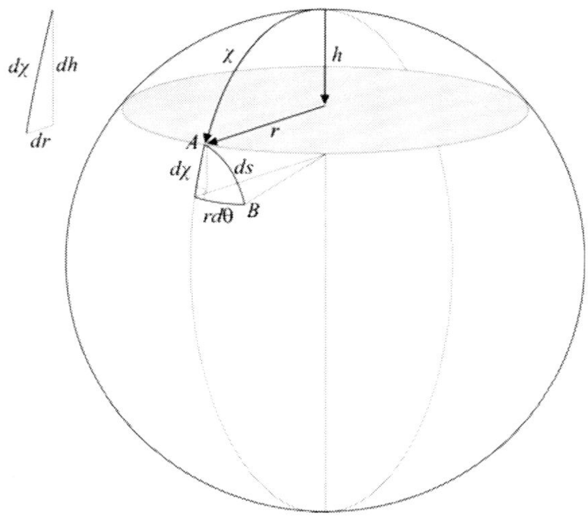

그림 1.2 구면 상에서 정의되는 좌표들과 거리

반경은 1로 두자. 지구상의 무한히 가까운 2점 A, B와 이 두 점을 지나는 경도선과 위도선으로 이루어진, 경도선 방향의 변 길이가 $d\chi$, 위도선 방향의 변 길이가 $rd\theta$, 사변의 길이가 ds 인 직각 구면삼각형을 생각하면 $ds^2 = d\chi^2 + r^2 d\theta^2$ 임을 알 수 있다. 다시 두 극을 지나는 대원으로 자른 면을 생각하면(그림 1.2의 왼쪽 부분 그림) $d\chi^2 = dr^2 + dh^2$ 이므로 $ds^2 = dr^2 + dh^2 + r^2 d\theta^2$ 가 된다. $r^2 + (1-h)^2 = 1$ 을 이용하여 dh 를 소거하면

$$ds^2 = \frac{dr^2}{1-r^2} + r^2 d\theta^2 \tag{1.2}$$

을 얻게 된다.

한편 $r = \sin\chi$ 이므로 위 식은

$$ds^2 = d\chi^2 + \sin^2\chi\, d\theta^2 \tag{1.3}$$

로 표시할 수도 있다. 이 경우 r 과 χ 를 비교하여 어느 것이 더 적합한 좌표라고 말할

수 없고 다만 r과 χ가 나타내는 양이 다른 것임을 이해하여야 한다. 특히 우주론에서는 같은 시공간을 여러 개의 다른 좌표계로 표시할 수 있으므로, 각각의 경우 거리좌표가 의미하는 바가 다를 수 있음을 유의하여야 한다.

세 번째로는 계량

$$ds^2 = \frac{dr^2}{1-r^2} + r^2 d\theta^2 + r^2 \sin^2\theta d\phi^2 \tag{1.4}$$

가 나타내는 공간에서의 길이와 부피를 살펴보자. 이 공간 중 $\phi = 0$인 부분공간(subspace)의 계량은 식 (1.2)와 같아져서 위에서 기술된 2차원 곡면과 같음을 알 수 있다. 이 부분공간에서 다시 좌표 r이 같은 점들을 모으면($dr = 0$), $ds^2 = r^2 d\theta^2$로 표현되는 원이 된다. 이를 $\theta = 0$에서 $\theta = 2\pi$까지 적분하면 '반경' r인 원의 원주가 된다.

$$s = \int_{\theta=0}^{\theta=2\pi} ds = \int_{\theta=0}^{\theta=2\pi} r d\theta = 2\pi r \tag{1.5}$$

계량이 $ds^2 = \Sigma_{i=1}^{3} h_i^2 (dx^i)^2$ 형태일 때 3차원 부피요소(volume element)는 $dV = h_1 h_2 h_3 dx^1 dx^2 dx^3$으로 주어지므로 이 공간의 부피요소는

$$dV_+ = \frac{r^2 \sin\theta}{\sqrt{1-r^2}} dr d\theta d\phi \tag{1.6}$$

가 된다.

한편 유사한 좌표로 표시된 평탄한 공간의 부피요소는

$$dV_0 = r^2 \sin\theta dr d\theta d\phi \tag{1.7}$$

이고, 음으로 휜 공간의 부피요소는

$$dV_- = \frac{r^2 \sin\theta}{\sqrt{1+r^2}} dr d\theta d\phi \tag{1.8}$$

가 되어서 같은 $(dr, d\theta, d\phi)$에 대한 세 경우의 부피요소를 단순하게 비교하여 보면 $dV_+ > dV_0 > dV_-$임을 알 수 있다.

그러나 만약 '반경' 좌표로 r 대신 χ를 사용하였다면 같은 공간을 나타내는 계량은

$$ds^2 = d\chi^2 + \sin\chi^2 (d\theta^2 + \sin^2\theta\, d\phi^2) \tag{1.9}$$

가 되고, 부피요소는 $dV_+ = \sin^2\chi \sin\theta\, d\chi\, d\theta\, d\phi$로 주어진다. 같이하여 평탄공간의 부피요소는 $dV_0 = \chi^2 \sin\theta\, d\chi\, d\theta\, d\phi$이고, 음으로 휜 공간의 부피요소는 $dV_- = \sinh^2 \chi \sin\theta\, d\chi\, d\theta\, d\phi$가 되어 $dV_+ < dV_0 < dV_-$인 결과를 낳게 된다.

다소 모순적으로 보이는 이 결과로 부터 우리는 두 가지 사실을 알 수가 있다. 첫째, 다른 공간에 적용된 좌표계는 완전히 다른 양을 나타내고 있으므로 직접적인 비교는 큰 의미가 없다. 다시 말해서 양으로 휜 공간과 음으로 휜 공간 모두에서 r이라는 좌표를 사용하고 이들이 나타내는 바가 유사하다고 할 수는 있으나, 엄밀하게는 다른 공간을 표현하고 있으므로 같은 양을 나타내고 있다고 볼 수는 없다. 둘째, 같은 공간에 대해서도 좌표계를 다르게 택함으로써 길이, 면적, 부피 등이 다르게 나타난다. 따라서 어떤 좌표로 한 공간을 기술할 때 각 좌표들이 실제로 측정되는 물리량들과 어떤 관계를 가지는 가가 밝혀질 때 비로소 물리적 의미를 지니게 된다. 즉 양으로 휜 공간에서 관측된 양들로부터 r을 알 수 있을 경우 '반경' r인 구의 표면적은 $4\pi r^2/\sqrt{1-r^2}$이며 부피는 $4\pi \int r^2 dr/\sqrt{1-r^2}$이 되고, 만약 χ를 알 수 있는 경우에는 '반경' χ인 구의 표면적은 $4\pi \sin^2\chi$이고 부피는 $4\pi \int \sin^2\chi d\chi$가 된다.

이러한 이유 등으로 우주를 기술하는데 있어서 한 가지 절대적인 거리를 사용할 수가 없고 측정되는 양에 따라 정의되는 여러 종류의 거리가 있고 이를 경우에 따라 적절하게 사용하여야 한다. 예를 들어 중력렌즈 상들 사이의 거리를 말할 때는 관측으로 결정된 적색이동 값으로부터 결정되는 각직경거리(제2, 3, 4장 참조)를 사용하는 것이

가장 편리하다.

한편 고전역학에서는 완전히 독립적인 개념인 공간(space)과 시간(time)이 상대성이론에서는 따로 구별되지 않고 시공간(spacetime)으로 통합된다. 예를 들어 평탄한 3차원 공간과 1차원 시간으로 이루어진 4차원 Minkowski 시공간의 계량은

$$c^2 d\tau^2 = c^2 dt^2 - dx^2 - dy^2 - dz^2 \tag{1.10}$$

으로 표시되는데 $d\tau$는 4차원 시공간 상의 특정한 점인 사건(event)들 사이, 즉 (t, x, y, z)와 $(t+dt, x+dx, y+dy, z+dz)$ 사이의 간격(interval)을 나타내는 양인 고유시간(proper time)이다.

1.2 일반상대성이론의 벡터와 텐서

벡터(vector)나 텐서(tensor)들은 좌표계의 변환에 대해 특정한 법칙들을 따르는 양들이다. 임의로 정의할 수 있는 많은 양들 중에서 하필 벡터나 텐서들을 주로 사용하는 것은 이들이 가진 성질들이 여러 물리현상을 기술하는데 아주 유용하기 때문이다.

일반상대성이론에서 벡터는 반변벡터(contravariant vector)와 공변벡터(covariant vector)로 나누어지는데 반변벡터는 x' 좌표계에서의 성분들 V'^{μ}와 x 좌표계에서의 성분들 V^{μ} 사이에 변환법칙(transformation law)

$$V'^{\mu} = V^{\nu} \frac{\partial x'^{\mu}}{\partial x^{\nu}} \tag{1.11}$$

를 만족하고, 공변벡터 V_{μ}는

$$V'_{\mu} = \frac{\partial x^{\nu}}{\partial x'^{\mu}} V_{\nu} \tag{1.12}$$

를 만족한다. 즉 반변벡터는 세로줄벡터(column vector), 공변벡터는 가로줄벡터(row

vector)에 대응할 수 있다. 공변벡터의 대표적인 예가 스칼라(scalar)양을 좌표로 미분한 양, 즉 물매벡터(gradient vector) $\partial\phi/\partial x^{\mu}$ 같은 것들이다.[1)]

텐서들은 벡터를 일반화한, 즉 좌표계에 따라 변환되는 성분들이 여러 개 있는 양으로 생각할 수 있는데 예를 들어 $T_{\nu}^{\mu\lambda}$ 같은 3계텐서(third rank tensor)는

$$T'^{\mu\lambda}_{\nu} = \frac{\partial x'^{\mu}}{\partial x^{\kappa}}\frac{\partial x^{\rho}}{\partial x'^{\nu}}\frac{\partial x'^{\lambda}}{\partial x^{\sigma}}T_{\rho}^{\kappa\sigma} \tag{1.13}$$

로 변환된다. 이들은 두 개 이상의 벡터의 직접곱하기(direct product)에 의해 만들어질 수도 있다. 예를 들어 $A_{\nu}^{\mu}B^{\rho}$는 3계 텐서이다.

일반상대성이론에서 가장 중요한 텐서 중의 하나가 바로 계량텐서(metric tensor) $g_{\mu\nu}$ 또는 $g^{\mu\nu}$이어서 두 사건 사이의 간격인 고유시간은

$$d\tau^2 = - g_{\mu\nu}dx^{\mu}dx^{\nu} \tag{1.14}$$

로 표시된다. 자유낙하하는 입자는 이 고유시간를 최소화하는 궤도로 움직이게 되고 이를 측지선(지름길, geodesic)이라 한다.

벡터나 텐서 사이의 직접곱하기는 계수(rank)를 증가시키지만 이와 반대로 텐서의 계수를 감소시키는 연산들도 있는데 이를 축약(contraction)이라 한다. 축약은 두 개의 텐서지표(tensor index)들에 대한 합을 계산함으로서 해당 지표들을 없애주는 연산인데, 두 벡터를 내적(inner product)해서 스칼라가 만들어지는 것이 대표적인 예이다. 즉 $A^{\mu}B_{\mu} = C$는 두 개의 벡터(1계 텐서) A^{μ}, B^{μ}로부터 스칼라(0계 텐서) C를 만들어내는 연산이다. 여기서 위지표(upper index)와 아래지표(lower index)에 같이 나타나는 μ는 이 지표에 대한 합 $\Sigma_{\mu=0,1,2,3}$을 의미한다. 같은 방식으로 2계 텐서 T_{ν}^{μ}와 벡터 ρ^{ν}와의 축약 $T_{\nu}^{\mu}\rho^{\nu}$는 위지표가 1개 있는 1계 텐서, 즉 반변벡터이다.

계량이 주어지면 그 시공간의 불변부피요소(invariant volume element)는 $\sqrt{g}\ d^4x$

---

1) 수학적으로는 반변벡터와 공변벡터로 표현하는 것보다 텐서와 형식(form)으로 표현하는 것이 더 바람직하다(Misner, Thorne & Wheeler 1973 참조).

로 주어지는데 여기서 $g \equiv -\mathrm{Det}\ g_{\mu\nu}$이다. 만약 계량텐서가 대각선일 경우 계량 $ds^2 = \Sigma_{i=1}^3 h_i^2 (dx^i)^2$이고 불변부피요소는 간단하게 $dV = h_1 h_2 h_3 dx^1 dx^2 dx^3$로 표현된다.

물리학에서 대부분의 물리법칙은 여러 물리량 및 이들을 미분한 양들 사이의 관계들로 표현된다. 휜 시공간에서도 여러 물리법칙들은 미분방정식들로 주어지게 된다. 그러나 시공간이 휘어있는 경우 일반적인 텐서들을 미분한 양은 텐서가 되지 않는다. 예를 들어 텐서변환법칙 식 (1.11)을 만족하는 반변벡터 V^μ의 x^σ에 대한 미분 $(\partial V^\mu / \partial x^\sigma)$는 텐서 변환법칙을 만족하지 않아서 텐서가 아니다. 그러나 여기에 시공간의 곡률과 관계된 이웃연결(affine connection) $\Gamma^\mu_{\sigma\kappa}$를 더하여

$$V^\mu_{;\sigma} \equiv \frac{\partial V^\mu}{\partial x^\sigma} + \Gamma^\mu_{\sigma\kappa} V^\kappa \tag{1.15}$$

를 정의하면 이는 텐서가 된다. 이러한 미분을 공변미분(covariant differentiation)이라 하는데, 평탄한 공간에서 미분으로 주어지는 물리량들이 휜공간에서는 공변미분으로 바뀐다고 생각하면 된다. 계수가 높은 텐서들의 공변미분도 비슷하게 주어진다.

$$T^{\mu\nu}{}_{\lambda;\sigma} \equiv \frac{\partial}{\partial x^\sigma} T^{\mu\nu}{}_\lambda + \Gamma^\mu_{\sigma\kappa} T^{\kappa\nu}{}_\lambda + \Gamma^\nu_{\sigma\kappa} T^{\mu\kappa}{}_\lambda - \Gamma^\kappa_{\lambda\sigma} T^{\mu\nu}{}_\kappa \tag{1.16}$$

이웃연결은 상대성이론에서 중요한 비텐서 양이고 자유입자가 받는 휜 시공간의 영향을 나타내며 이는 한 지점에서의 국부관성계(locally inertial frame)와 그 이웃한 지점의 국부관성계와의 관계를 나타내는 양이기도 하다. 이웃연결을 계량으로 표현해 보면

$$\Gamma^\sigma_{\mu\nu} = \tfrac{1}{2} g^{\sigma\kappa} \left[\frac{\partial g_{\kappa\nu}}{\partial x^\mu} + \frac{\partial g_{\kappa\mu}}{\partial x^\nu} - \frac{\partial g_{\mu\nu}}{\partial x^\kappa} \right] \tag{1.17}$$

로 주어진다.

앞서 논의된 바와 같이 어떤 시공간을 기술하는데 있어서 좌표계를 마음대로 택할

수 있는 자유가 있으므로 어떤 시공간의 내재된 특성을 나타내기 위해서는 좌표계에 의한 임의적인 요소들에 영향을 받지 않는 양을 정의해야 한다. 이 중 가장 널리 쓰이는 양이 곡률(curvature)이다.

일반상대성이론에 널리 쓰이는 곡률텐서로는 Riemann-Christoffel 곡률텐서(curvature tensor) $R^{\lambda}_{\mu\nu\kappa}$, Ricci 텐서 $R_{\mu\kappa}$, 곡률스칼라(curvature scalar) R이 있다. Riemann-Christoffel 곡률텐서는 계량텐서와 그의 1, 2차 미분으로 만들어지는 가장 간단한 텐서로서 이웃연결로는

$$R^{\lambda}_{\mu\nu\kappa} = \frac{\partial \Gamma^{\lambda}_{\mu\nu}}{\partial x^{\kappa}} - \frac{\partial \Gamma^{\lambda}_{\mu\kappa}}{\partial x^{\nu}} + \Gamma^{\eta}_{\mu\nu}\Gamma^{\lambda}_{\kappa\eta} - \Gamma^{\eta}_{\mu\kappa}\Gamma^{\lambda}_{\nu\eta} \tag{1.18}$$

로 표현되고, 나머지 두 텐서는 $R^{\lambda}_{\mu\nu\kappa}$를 축약한 것이다.

$$R_{\mu\kappa} = R^{\lambda}_{\mu\lambda\kappa} \tag{1.19}$$

$$R = R^{\kappa}_{\kappa} = g^{\mu\kappa} R_{\mu\kappa} \tag{1.20}$$

만약 중력장이 전혀 없는 Minkowski 시공간(spacetime)에 곡선좌표계(curvilinear coordinates)를 도입할 경우 계량텐서의 함수모양은 얼마든지 복잡해질 수 있지만 곡률텐서 $R^{\lambda}_{\mu\nu\kappa}$는 모든 곳에서 $R^{\lambda}_{\mu\nu\kappa} = 0$로 나타난다.

일반상대성이론에서 시공간의 성질들은 계량텐서와 그에서 도출된 텐서들로 표현되고, 시공간을 휘게 만드는 중력장의 원천인 물질들은 에너지-운동량텐서로 표현된다. 특수상대성이론에서 에너지-운동량텐서는 각 입자들의 운동량과 속도의 곱을 합한 형태로 나타난다.

$$T^{\mu\nu}(x) = \sum_{n} \int d\tau \frac{dx^{\mu}_{n}}{d\tau} P^{\nu}_{n}\, \delta^{4}(x - x_{n}(\tau)) \tag{1.21}$$

여기서 n은 각 입자들의 꼬리표이고 P^{ν}_{n}는 입자들의 4차원 운동량(four momentum), $\delta^{4}(x)$는 4차원 델타함수(delta function)이다. 유체의 경우 위 식은

$$T^{\mu\nu} = p\eta^{\mu\nu} + (p+\rho)U^{\mu}U^{\nu} \tag{1.22}$$

로 표현되는데 p는 압력, ρ는 고유에너지밀도(proper energy density)이며 U^{μ}는 속도4차원벡터(velocity four-vector)로 3차원 속도 v와는 다음과 같은 관계식을 만족한다.

$$\boldsymbol{U} = \frac{d\boldsymbol{x}}{d\tau} = \frac{\boldsymbol{v}}{(1-\boldsymbol{v}^2)^{1/2}}; \quad U^0 = \frac{dt}{d\tau} = \frac{1}{(1-\boldsymbol{v}^2)^{1/2}} \tag{1.23}$$

그리고 속도4차원벡터는 $U_{\mu}U^{\mu} = -1$로 규격화(normalized) 되어 있다. 텐서 $\eta^{\mu\nu}$는 중력이 없는 Minkowski 시공간(식 1.10)을 나타내는 계량텐서이다.

$$\eta^{\mu\nu} = \begin{pmatrix} -1\,0\,0\,0 \\ 0\,1\,0\,0 \\ 0\,0\,1\,0 \\ 0\,0\,0\,1 \end{pmatrix} \tag{1.24}$$

중력이 있는 경우 위의 정의들에서 계량에 대한 부분들만 일반화해서 에너지-운동량 텐서는

$$T^{\mu\nu}(x) = g^{-1/2}\sum_n \int d\tau \frac{dx_n^{\mu}}{d\tau} P_n^{\nu}\, \delta^4(x - x_n(\tau)) \tag{1.25}$$

가 되고 유체의 경우에는

$$T^{\mu\nu} = pg^{\mu\nu} + (p+\rho)U^{\mu}U^{\nu} \tag{1.26}$$

이고 U^{μ}는 특수상대성이론에서와 같이 동행유체요소(comoving fluid element)의 $dx^{\mu}/d\tau$ 값으로 주어진다.

이로써 중력이 존재하는 경우 시공간의 성질을 나타내는 여러 텐서들과 물질의

상태를 기술하는 여러 텐서들이 정의되었다. 다음으로 이들 사이에 성립하는 역학적 관계를 정해준 것이 운동방정식 및 Einstein의 장방정식이다.

1.3 등가성의 원리

중력이 있는 경우 입자들의 운동을 기술하기 위해서는 휘어진 시공간에서의 입자들의 운동을 기술할 수 있는 법칙이 필요하다. Einstein의 등가성의 원리(Principle of Equivalence)는 바로 중력이 없는 공간에서 알려진 여러 물리법칙들을 중력이 존재하는 휜 시공간으로 확장할 수 있게 해주는 일반상대성이론의 핵심 원리이다. Weinberg의 말을 빌면 "임의의 중력장이 작용하는 시공간상의 어느 점에서든 충분히 작은 영역에 대해서는 중력이 없고 가속하지 않는 등속 관성계에서와 같은 형식의 물리법칙이 성립하는 국부적 관성좌표계(locally inertial coordinate system)를 선택할 수 있다"는 법칙이다(Weinberg 1972). 다시 말해서 중력에 의해서 휜 시공간에서도 충분히 작은 시공간 영역을 관성계로 보이게 할 수 있는 좌표계를 선택할 자유가 언제나 있다는 것이다. 기하학적으로 말하면 임의로 휜 공간도 아주 작은 영역만 보면 평탄하게 보일 수 있다는 것이다. 다만 이렇게 선택된 관성계는 아주 작은 영역에서만 성립하므로 바로 옆의 한 점에서 같은 식으로 선택한 관성계와도 달라, 한 점에서 선택된 좌표계로 시공간 전체를 관성계로 기술할 수 있는, 중력이 존재하지 않는 경우의 온곳관성계(global inertial frame)와 달라진다.

이 등가성의 원리에 따른 한 예측이 바로 힘에 따른 가속도를 결정하는 관성질량(inertial mass)과 중력의 세기를 결정하는 중력질량(gravitational mass)이 같다는 것이고 이는 10^{-11} 이상의 정밀도로 실험적으로 검증이 되었다(Roll, Krotkov & Dicke 1964).

등가성의 원리를 적용할 경우, 중력장이 존재하는 시공간에서의 물리법칙은 관성계에서 적용되는 물리법칙을 국부적 관성계에 적용한 다음 이를 일반좌표계로 변환하여 유도된다. 이런 개념적 과정들을 수학적으로 표현하면 '일반공변의 법칙(Principle of General Covariance)'이 된다. 이 법칙은 일반적인 공변형태로 적혀진 방정식이 중력이 없는 관성계에서 성립할 경우 같은 식이 중력이 존재하는 경우에도 성립된다는 법칙이다. 따라서 중력이 존재하는 시공간에서 적용되는 물리법칙의 식을 유도하기 위해서는 무중력 관성계에서 성립되는 식을 일반 공변형태로 표현하기만 하면 된다.

1.4 운동방정식

중력 외의 다른 힘이 없는 경우 자유입자(free particle)의 운동은 특수상대성이론의 자유입자 운동방정식에서 모든 물리량과 유도된 양들을 공변하는 형태로 바뀐 운동방정식으로 기술된다. 즉 속도4차원벡터가 고유시간에 대해 상수라는 식, 즉 일종의 가속도가 0이라는 식으로 주어진다.

$$\frac{DU^{\mu}}{D\tau} = \frac{dU^{\mu}}{d\tau} + \Gamma^{\mu}_{\nu\lambda} U^{\nu} U^{\lambda} = 0 \tag{1.27}$$

이 식으로 표현되는 입자의 궤적은 두 점사이의 고유시간을 최소화하는 측지선으로 중력이 없을 경우에는 특수상대성이론의 자유입자의 운동방정식 $dU^{\mu}/d\tau = 0$가 된다.

만약 자유입자가 아니라 반변벡터 f^{μ}로 표현되는 힘이 존재할 경우 운동방정식은

$$\frac{DU^{\mu}}{D\tau} = \frac{f^{\mu}}{m} \tag{1.28}$$

또는

$$m\frac{d^2x^{\mu}}{d\tau^2} = f^{\mu} - m\Gamma^{\mu}_{\nu\lambda}\frac{dx^{\nu}}{d\tau}\frac{dx^{\lambda}}{d\tau} \tag{1.29}$$

이 되는데 m은 입자의 질량(고유질량)이다. 시공간의 계량이 주어진 경우 위 식은 상미분방정식(ordinary differential equation)들이 된다.

1.5 장방정식

시공간의 계량이 주어진 경우의 운동방정식은 입자의 운동이나 분포에 관계없이 중력장이 고정되어 있을 때의 입자들의 운동에 해당한다. 그러나 일반적인 경우 시공간 자체의 모습, 즉 중력장의 형태는 질량을 가진 입자들의 분포에 의해서 결정되므로 Newton의 중력이론에서 질량분포에 의해 중력이 결정되듯이 질량분포와 시공간의 성질, 특히 곡률을 연결하는 식이 있어야 하는데 이를 장방정식(field equation)이라 한다.

Einstein의 장방정식은 시공간의 내재된 특성을 나타내는 곡률이 물질의 분포 및 역학적 특성을 나타내는 에너지-운동량텐서와 비례한다는 형식으로 나타난다(Einstein 1915, 1916).

$$R_{\mu\nu} - \tfrac{1}{2} g_{\mu\nu} R = -8\pi G T_{\mu\nu} \tag{1.30}$$

상수 G는 물론 Newton의 중력상수이고 이 장에서는 편의상 빛의 속도 $c = 1$로 단위를 선택했다. 위 식에서 좌변은 계량의 2차미분에 대해 선형적이거나 1차미분에 대해 제곱의 차수를 지니는 유일한 텐서 조합이다. 즉 계량에서 유도된 양들의 임의의 조합이 아니라 등가성의 원리에 기초한 필연적인 기하학적인 양들의 조합이다. 중력장이 약한 경우 Newton 역학의 퍼텐셜(potential) Φ와 계량의 시간-시간 성분 g_{00} 사이에 성립하는 $g_{00} \simeq -(1+2\Phi)$ 관계식을 이용하면(1.8절 참조), 식 (1.30)은 Poisson 방정식

$$\nabla^2 \Phi = 4\pi G \rho \tag{1.31}$$

으로 환원됨을 알 수 있다.

식 (1.30)을 $g^{\nu}_{\mu} = \delta^{\nu}_{\mu}$ (δ^{ν}_{μ}는 Kronecker delta 함수)를 이용하여 축약하면

$$R = 8\pi G T^{\mu}_{\mu} \tag{1.32}$$

를 얻을 수 있고 이를 다시 식 (1.30)에 대입하면 약간 다른 형태의 식

$$R_{\mu\nu} = -8\pi G(T_{\mu\nu} - \tfrac{1}{2} g_{\mu\nu} T_\lambda^\lambda) \tag{1.33}$$

이 유도된다. 이 식은 경우에 따라 식 (1.30)보다 편리하게 사용되기도 한다.

진공의 경우 $T_{\mu\nu} = 0$이므로 빈공간(empty space)에 대한 장방정식은

$$R_{\mu\nu} = 0 \tag{1.34}$$

가 된다. 한편으로 단순해 보이는 이 식은 실제로는 빈 공간에 대한 Poisson 방정식의 경우에서처럼 그 해가 명백(trivial)하지 않다. 공간상에 어느 한 점에라도 물질이 있을 경우 $R_{\mu\nu} \neq 0$이고 계량은 이에 대한 경계조건(boundary condition)들을 만족해야 하므로 물질에 의한 중력효과가 모든 시공간상의 점들에 미치게 된다.

원래의 장방정식 (1.30)의 좌변을 계량의 두 번 미분(2차미분 또는 1차미분의 제곱) 이하의 항들에까지 확장하게 되면 계량텐서 자체가 포함될 수 있어서 식은

$$R_{\mu\nu} - \tfrac{1}{2} g_{\mu\nu} R - \Lambda g_{\mu\nu} = -8\pi G T_{\mu\nu} \tag{1.35}$$

형태로 되는데 계량텐서 앞의 비례상수 Λ가 그 유명한 Einstein의 우주상수(cosmological constant)이다. 물론 이 식은 중력장이 약한 경우에도 Poisson 방정식으로 환원되지는 않는다.

1.6 Schwarzschild 시공간

이제 장방정식 (1.30)의 가장 간단한 해 중의 하나, 한 개의 점질량에 의한 시공간의 계량을 구해보자. 점질량은 한 점에서만 존재하므로 그 한 점을 제외한 나머지 공간에서 우변의 $T_{\mu\nu} = 0$가 된다. 따라서 한 점을 제외한 나머지 시공간 전체는 진공에 대한

장방정식 (1.34)로 기술되고 점질량의 영향은 경계조건을 통해 나타난다.

우선 물질과 관계없이 정적(static)이고 등방적인(isotropic) 가장 일반적인 4차원 시공간의 계량은 시간좌표를 포함하지 않아야 하고 공간좌표는 회전에 대해 불변(rotationally invariant)인 $d\boldsymbol{x}^2$ 나 $\boldsymbol{x}\cdot d\boldsymbol{x}$, $\boldsymbol{x}^2$ 의 형태로 나타나야 한다. 여기에 시간이나 공간에 대한 척도를 임의로 조정할 수 있는 자유도를 사용하면 가장 일반적인 정적등방 시공간(static isotropic spacetime)은

$$d\tau^2 = F(r)dt^2 - G(r)dr^2 - r^2(d\theta^2 + \sin^2\theta d\phi^2) \tag{1.36}$$

의 계량으로 표시된다. 또한 이 계량은 최대대칭 계량(maximally symmetric metric)이기도 하다.

이 계량을 Einstein의 장방정식 $R_{\mu\nu} = 0$에 대입하면

$$\frac{d}{dr}[F(r)G(r)] = 0 \tag{1.37}$$

와

$$\frac{d}{dr}[rF(r)] = 0 \tag{1.38}$$

두 관계식으로 정리된다. 여기에 $r \to \infty$ 일 때 Minkowski 계량, 즉 평탄공간이 되도록 요구하면 $F(r)G(r) = 1$이 되고, 다시 r이 클 때 g_{tt}와 Newton 역학의 퍼텐셜 Φ 사이에 $g_{tt} = -1 - 2\Phi$ 인 Newton 역학적 극한을 만족하면

$$F(r) = \left[1 - \frac{2GM}{r}\right] \tag{1.39}$$

$$G(r) = \left[1 - \frac{2GM}{r}\right]^{-1} \tag{1.40}$$

인 함수로 결정된다. 따라서 점질량에 의한 중력장을 나타내는 Schwarzschild 계량은

$$d\tau^2 = \left[1 - \frac{2GM}{r}\right] dt^2 - \left[1 - \frac{2GM}{r}\right]^{-1} dr^2 - r^2(d\theta^2 + \sin^2\theta d\phi^2) \tag{1.41}$$

이 된다(Schwarzschild 1916). $F(r) = 0$, $G(r) = \infty$가 되는 특별한 반경

$$R_s \equiv 2GM = \frac{2GM}{c^2} \tag{1.42}$$

을 Schwarzschild 반경이라 정의하고 이 반경으로 계량을 다시 적으면

$$d\tau^2 = \left[1 - \frac{R_s}{r}\right] dt^2 - \left[1 - \frac{R_s}{r}\right]^{-1} dr^2 - r^2(d\theta^2 + \sin^2\theta d\phi^2) \tag{1.43}$$

가 된다.

1.7 빛의 꺾임

일반적인 정적 등방 공간에서 $f^\mu = 0$인 자유입자들의 운동은 계량 (1.36)을 운동방정식 (1.29)

$$\frac{d^2x^\mu}{dp^2} + \Gamma^\mu_{\nu\lambda} \frac{dx^\nu}{dp} \frac{dx^\lambda}{dp} = 0 \tag{1.44}$$

에 적용함으로써 기술된다. 여기서 p는 입자의 궤적을 기술하는 변수인데 Newton 역학에서 입자의 궤적상의 위치를 지정할 수 있는 시간이나 궤적을 따라 잰 길이 등에 해당된다. 입자의 질량이 0이 아닌 경우에는 p가 고유시간 τ와 같도록 규격(normalization)을 정할 수 있으나 광자같이 질량이 0인 경우에는 영측지선(null geodesic) $d\tau = 0$에 해당되므로 p의 규격을 따로 정해야 한다. 0이 아닌 이웃연결의 성분을 식 (1.44)에 대입하면 운동방정식은

$$\frac{d^2r}{dp^2}+\frac{G'}{2G}\left(\frac{dr}{dp}\right)^2-\frac{r}{G}\left(\frac{d\theta}{dp}\right)^2-\frac{r\sin^2\theta}{G}\left(\frac{d\phi}{dp}\right)^2+\frac{F'}{2F}\left(\frac{dt}{dp}\right)^2=0 \tag{1.45}$$

$$\frac{d^2\theta}{dp^2}+\frac{2}{r}\frac{d\theta}{dp}\frac{dr}{dp}-\sin\theta\cos\theta\left(\frac{d\phi}{dp}\right)^2=0 \tag{1.46}$$

$$\frac{d^2\phi}{dp^2}+\frac{2}{r}\frac{d\phi}{dp}\frac{dr}{dp}+2\cot\theta\frac{d\phi}{dp}\frac{d\theta}{dp}=0 \tag{1.47}$$

$$\frac{d^2t}{dp^2}+\frac{F'}{F}\frac{dt}{dp}\frac{dr}{dp}=0 \tag{1.48}$$

로 표현된다. 여기서 $'$는 미분 d/dr을 나타낸다.

Newton 역학에서와 같이 공간의 등방성을 이용하여 일반성을 잃지 않고 입자의 궤도를 한 평면에 한정할 수 있으므로 $\theta=\pi/2$를 택하면 식 (1.46)은 저절로 만족되며 $d\theta=0$으로 놓을 수 있다. 식 (1.47)을 $d\phi/dp$, 식 (1.48)을 dt/dp로 각각 나누면

$$\frac{d}{dp}\left\{\ln\frac{d\phi}{dp}+\ln r^2\right\}=0 \tag{1.49}$$

$$\frac{d}{dp}\left\{\ln\frac{dt}{dp}+\ln F\right\}=0 \tag{1.50}$$

로 변환된다. 식 (1.50)을 적분할 때 적분상수가 1이 되도록 p의 규격을 선택하면

$$\frac{dt}{dp}=\frac{1}{F(r)} \tag{1.51}$$

이 된다. 이 식은 시간늘어짐(time dilation)을 나타낸다. 식 (1.49)의 적분에서 적분상수를 J라 두면 이 값은 단위질량당 각운동량에 해당한다.

$$r^2\frac{d\phi}{dp}=J \tag{1.52}$$

마지막으로 식 (1.51)과 (1.52)를 남은 식 (1.45)에 대입하여 $2G\,dr/dp$를 곱하여 적분하면 나머지 운동상수(constant of the motion) 에너지 E에 대한 식이 얻어진다.

$$G(r)\left(\frac{dr}{dp}\right)^2+\frac{J^2}{r^2}-\frac{1}{F(r)}=-E \tag{1.53}$$

식 (1.51), (1.52), (1.53)에서 dt, $d\phi$, dr을 dp로 표현하여 계량의 정의 (1.36)에 대입하면 고유시간 τ와 p에 대한 관계식이 나타난다.

$$d\tau^2 = Edp^2 \tag{1.54}$$

이때 질량이 0이 아닌 입자들의 경우에는 $E > 0$ 값을 가지게 되고 질량이 0인 광자 같은 입자들의 경우에는 $E = 0$이 된다.

Newton 역학에서와 같이 시간에 따른 입자의 위치를 알기 위해선 식 (1.53)을 바로 적분하면 되고, 궤도의 형태를 알기 위해서는 ϕ에 대한 식으로 바꾸는 것이 편리하다. 식 (1.52)를 이용하여 식 (1.53)을 바꾸면

$$\frac{G(r)}{r^4}\left(\frac{dr}{d\phi}\right)^2+\frac{1}{r^2}-\frac{1}{J^2F}=-\frac{E}{J^2} \tag{1.55}$$

의 형태가 되어서 ϕ를 r의 적분형태로 적을 수 있다.

$$\phi=\pm\int_{r_1}^{r_2}\frac{G(r)^{1/2}dr}{r^2\left[\frac{1}{J^2F(r)}-\frac{E}{J^2}-\frac{1}{r^2}\right]^{1/2}} \tag{1.56}$$

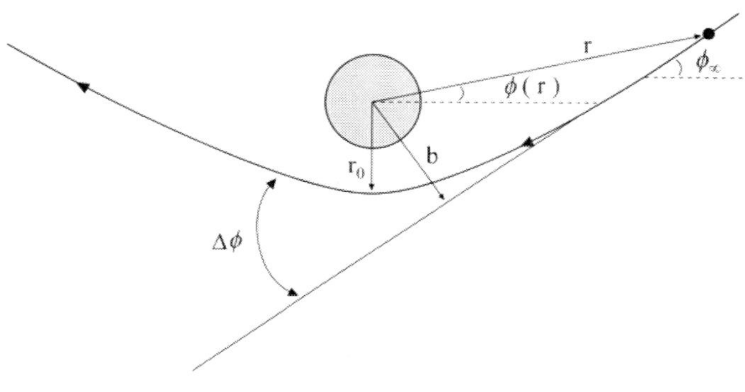

그림 1.3 정적, 등방 공간에서의 빛의 경로

식 (1.56)은 어떤 반경 r_1에서 출발한 입자가 다른 위치 r_2에 도달했을 때 위치 방향각의 차이를 나타낸다. 멀리서 오던 빛이 점질량에 의해 꺾여서 진행방향이 달라지는 경우는 $E=0$, $r_1=\infty$, $r_2=r$에 해당한다(그림 1.3 참조). 빛이 점질량에 가장 가깝게 접근했을 경우(closest approach)의 반경을 $r=r_0$라 하면 $dr/d\phi|_{r=r_0}=0$이므로 식 (1.55)에서 각운동량

$$J=\frac{r_0}{\sqrt{F(r_0)}} \tag{1.57}$$

임을 알 수 있다. 따라서 Schwarzschild 시공간의 경우 각의 변화는 타원적분(elliptic integral)

$$\phi(r)-\phi(\infty)=\int_r^{\infty}\left[\left(\frac{r}{r_0}\right)^2\left(1-\frac{2GM}{r_0}\right)-\left(1-\frac{2GM}{r}\right)\right]^{-1/2}\frac{dr}{r} \tag{1.58}$$

으로 표현된다. 한편 $r=\infty$에서 $r=r_0$를 거쳐 다시 $r=\infty$로 진행하는 빛이 원래 방향에서 꺾인 각은 $\Delta\phi=2|\phi(r_0)-\phi(\infty)|-\pi$ 임을 그림 1.3에서 알 수 있다. 식 (1.58)은 임의의 r_0값에 대해 적용되는 정확한(exact) 결과이고 이 꺾임 값은 아주 클 수도 있다.

하지만 현재 관측되거나 관측 가능한 중력렌즈 대부분이 중력장이 약한 경우에 해당하므로 더 간단한 근사식으로 표현할 수 있다. $r\geq r_0\gg GM/c^2$일 경우 $GM/r\ll 1$, $GM/r_0\ll 1$ 항들을 전개하여 1차항들만 유지하면

$$\begin{aligned}\phi(r)-\phi(\infty)&=\int_r^{\infty}\frac{dr}{r[(r/r_0)^2-1]^{1/2}}\left[1+\frac{GM}{r}+\frac{GMr}{r_0(r+r_0)}+\cdots\right]\\&=\sin^{-1}\left(\frac{r_0}{r}\right)+\frac{GM}{r_0}\left[2-\sqrt{1-(r_0/r)^2}-\sqrt{\frac{r-r_0}{r+r_0}}+\cdots\right.\end{aligned} \tag{1.59}$$

의 모습으로 정리된다. 빛의 궤적이 원점에 가장 가까워진 점 $r=r_0$에서는 $\phi(r_0)-\phi(\infty)=\pi/2+2GM/r_0$가 되므로 꺾임각(bending angle)

$$\Delta\phi = \frac{4GM}{r_0 c^2} \simeq \frac{4GM}{bc^2} \tag{1.60}$$

이 되어 충격맺음변수(impact parameter) b에 반비례한다. 예를 들어 빛이 태양 표면을 지날 경우 $GM_{\odot}/c^2$=1.48km이므로 $\Delta\phi = 1.75''$의 크기로 꺾이게 된다. 이는 Newton 역학에서 빛을 속도가 c인 입자로 취급하여 계산한 값의 2배인데, 이는 식 (1.56)에서 보면 GM/r 인자가 g_{rr}과 g_{tt}에서 한 항씩 만들어졌음을 알 수 있다. 즉 공간의 휨과 시간의 늘어짐에 의해 Newton 역학 결과의 2배가 나왔다고 해석할 수도 있다.

1.8 중력장이 약한 경우

대칭성이 없는 임의의 물질 분포에 의한 빛의 꺾임을 계산하는 것은 매우 어려운 일이다. 복잡한 경계조건들을 만족하는 비선형 편미분방정식인 장방정식의 해를 구해야 하기 때문이다. 일반적으로 장방정식의 완전한 해들은 대칭성이 있거나 특별한 경우에 한해서만 알려져 있다. 그러나 중력장이 약한 경우에는 장방정식을 Newton 역학에서와 같이 선형방정식으로 근사할 수 있어서 임의의 물질 분포에 의한 빛의 꺾임을 쉽게 계산할 수 있다.

중력이 약한 경우 시공간 계량은 평탄 시공간을 나타내는 Minkowski 계량 $\eta_{\mu\nu} = \mathrm{diag}(-1, +1, +1, +1)$에 건드림(perturbation)이 더해진 꼴로 표현될 수 있다. 즉

$$g_{\mu\nu} = (1 - \frac{1}{2}h)\eta_{\mu\nu} + h_{\mu\nu} \tag{1.61}$$

로 표시되는데 여기서 $h_{\mu\nu}$는 Minkowski 계량에서 벗어난 정도를 나타내는 텐서로 $h^{\mu\nu}{}_{,\nu} = 0$인 조건을 만족하는데 $|h_{\mu\nu}| \ll 1$이고 스칼라 $h \equiv \eta^{\mu\nu}h_{\mu\nu}$이다. 이 같은 형태의 계량을 장방정식 식 (1.30)에 대입하면 파동을 나타내는 Helmholtz 방정식을 얻게 된다.

$$\Delta h_{\mu\nu} = -16\pi G T_{\mu\nu} \tag{1.62}$$

중력이 약한 경우에는 입자들의 속도가 작아져서($v \ll c$) 시간에 대한 미분을 무시할 수 있으므로 이 식은 Poisson 방정식이 된다.

고전역학이나 전자기학에서 잘 알려진 대로 이 식의 해는

$$h_{\mu\nu}(\boldsymbol{x}) = 4G\int \frac{T_{\mu\nu}(\boldsymbol{x}')}{|\boldsymbol{x}-\boldsymbol{x}'|}d^3\boldsymbol{x}' \tag{1.63}$$

의 형태로 표현된다.

중력이 약한 경우, 즉 계량이 $\eta_{\mu\nu}$에 가까운 경우, 정지한 물체 분포의 에너지-운동량 텐서는 $T^{00} = \rho$, $T^{0i} = 0$, $T^{ij} = P\delta^{ij}$이므로, 이를 식 (1.63)에 적용하면 계량은

$$d\tau^2 = (1+2\Phi)dt^2 - (1-2\Phi)d\boldsymbol{x}^2 \tag{1.64}$$

이고 여기서 Φ는 Newton 역학의 퍼텐셜과 같은

$$\Phi(\boldsymbol{x}) \equiv -G\int \frac{\rho(\boldsymbol{x}')}{|\boldsymbol{x}-\boldsymbol{x}'|}d^3\boldsymbol{x}' \tag{1.65}$$

이다. 이제 계량이 구해졌으므로 이를 운동방정식 (1.44)에 대입하여 1차 항들까지만 계산하면(Weinberg 1972, 제9장 참조), 빛의 진행방향을 나타내는 접선벡터 $\hat{e} \equiv d\boldsymbol{x}/d\ell$를 '길이' $\ell \equiv |d\boldsymbol{x}|$로 미분한 방정식

$$\frac{d\hat{e}}{d\ell} = -2\nabla_{\perp}\Phi \tag{1.66}$$

를 얻을 수 있다. 여기서 $\nabla_{\perp}\Phi \equiv \nabla\Phi - \hat{e}(\hat{e}\cdot\nabla\Phi)$로 퍼텐셜 구배(gradient)의 접선방향 $\hat{e}$에 수직한 성분을 나타내는데, 고전적으로 표현할 때 빛의 진행방향에 수직한 힘의 성분에 해당한다.

물체들의 중력에 의한 꺾임각 $\hat{\alpha} \equiv \hat{e}_{\rm in} - \hat{e}_{\rm out}$로 정의되므로 식 (1.66)을 적분하면

$$\hat{\alpha}= 2\int_{in}^{out} \nabla_{\perp}\Phi\, d\ell \tag{1.67}$$

가 된다. 실제 $\hat{\alpha}$의 계산을 위해서는 적분 시 빛의 궤적 $x(\ell)$을 알아야 하지만, 중력이 약한 경우 빛의 궤적은 직선으로 근사 가능하다.

빛의 궤적이 직선에 가까운 경우 위 식은 더 간단해진다.

$$\begin{aligned}\hat{\alpha} &= 2\int_{in}^{out} \nabla_{\perp}\Phi d\ell = \int (1-\boldsymbol{e}\boldsymbol{e}\cdot)\nabla\Phi\, d\ell \\ &= -2G\int(1-\boldsymbol{e}\boldsymbol{e}\cdot)\nabla_x\int\frac{\rho(\boldsymbol{x}')}{|\boldsymbol{x}-\boldsymbol{x}'|}d^3\boldsymbol{x}'d\ell \\ &= 2G\int(1-\boldsymbol{e}\boldsymbol{e}\cdot)\int\frac{\rho(\boldsymbol{x}')(\boldsymbol{x}-\boldsymbol{x}')}{|\boldsymbol{x}-\boldsymbol{x}'|^3}d^3\boldsymbol{x}'d\ell \\ &= 2G\int d\ell\int d^3\boldsymbol{x}'\frac{\rho(\boldsymbol{x}')}{|\boldsymbol{x}-\boldsymbol{x}'|^3}(1-\boldsymbol{e}\boldsymbol{e}\cdot)(\boldsymbol{x}-\boldsymbol{x}')\end{aligned} \tag{1.68}$$

여기서 $d\ell$에 따른 적분을 위해 임의의 원점 O를 잡고 $\hat{e}$에 수직이고 O를 지나는 평면을 잡자. 빛의 궤적이 이 평면을 지나가는 점의 평면 좌표를 $\boldsymbol{\xi}$라 하면 빛의 궤적 상의 임의의 한 점 $\boldsymbol{x}=\boldsymbol{\xi}+\ell\hat{e}$가 된다. 비슷하게 $\boldsymbol{x}'=\boldsymbol{\xi}'+\ell'\hat{e}$를 만족하는 $\boldsymbol{\xi}'$와 ℓ'을 정의하면 $\boldsymbol{x}-\boldsymbol{x}'$중 $\hat{e}$에 수직한 성분은 $(1-\boldsymbol{e}\boldsymbol{e}\cdot)(\boldsymbol{x}-\boldsymbol{x}')=\boldsymbol{\xi}-\boldsymbol{\xi}'$ 이고 $|\boldsymbol{x}-\boldsymbol{x}'|^2=|\boldsymbol{\xi}-\boldsymbol{\xi}'|^2+(\ell-\ell')^2$, $d^3\boldsymbol{x}'=d^2\boldsymbol{\xi}'d\ell'$가 되어

$$\hat{\alpha}= 2G\int\int\frac{\rho(\boldsymbol{\xi}'+\ell'\hat{e})(\boldsymbol{\xi}-\boldsymbol{\xi}')}{[|\boldsymbol{\xi}-\boldsymbol{\xi}'|^2+|\boldsymbol{\ell}-\boldsymbol{\ell}'|^2]^{3/2}}d^2\boldsymbol{\xi}'d\ell'd\ell \tag{1.69}$$

로 적분이 가능한 형태가 된다. 이 중

$$\int_{-\infty}^{\infty}[|\boldsymbol{\xi}-\boldsymbol{\xi}'|^2+|\boldsymbol{\ell}-\boldsymbol{\ell}'|^2]^{-3/2}d\ell=\frac{2}{|\boldsymbol{\xi}-\boldsymbol{\xi}'|^2} \tag{1.70}$$

로 적분되므로 면질량밀도(surface mass density) $\Sigma(\xi') = \int \rho(\xi' + \ell' \hat{e}) d\ell'$ 를 정의하면

$$\begin{aligned} \hat{\alpha} &= 4G \int \int \frac{\rho(\xi' + \ell' \hat{e})(\xi - \xi')}{|\xi - \xi'|^2} d^2\xi' d\ell' \\ &= 4G \int \frac{\Sigma(\xi')(\xi - \xi')}{|\xi - \xi'|^2} d^2\xi' \end{aligned} \tag{1.71}$$

로 표현 가능하다. 따라서 약한 중력장하에서 빛의 꺾임각은 모든 질량들이 2차원 평면에 투영되고 이들에 의한, 거리에 반비례(r^{-1})하는 힘의 합과 같다. 이는 원통형 대칭성(cylindrical symmetry)이 있는 2차원 Newton 중력계에 해당된다.

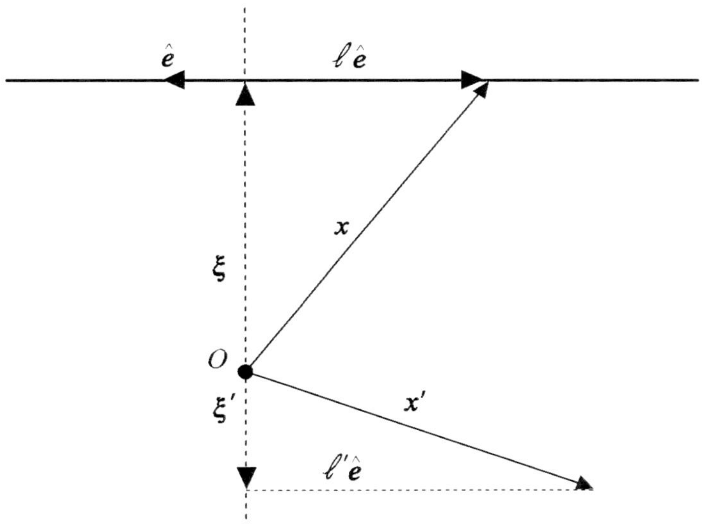

그림 1.4 중력이 약한 경우 꺾임각 계산을 위해 정의된 벡터들

2
우주론

2.1 Robertson-Walker 계량

우주론에서는 가능한 한 단순하고 쉽게 우주를 기술하기 위해 '우주론원리(Cosmological Principle)'라는 아주 근본적인 가정을 한다. 이는 우주가 공간적으로 균질하고(homogeneous) 등방하다는(isotropic) 가정이다. 수학적으로 엄밀하게 표현하면 우주는 $t=$ 상수인 공간이 최대로 대칭적(maximally symmetric)인 4차원 시공간이라는 것인데 이러한 4차원 시공간은 일반적으로 Robertson-Walker 계량으로 표현된다(Weinberg 1972, 제13장 참조). 이 계량은 다양한 좌표로 표현되는데 가장 널리 쓰이는 표현 중의 하나가

$$c^2 d\tau^2 = c^2 dt^2 - R^2(t)\left[\frac{dr^2}{1-kr^2} + r^2 d\theta^2 + r^2 \sin^2\theta d\phi^2\right] \tag{2.1}$$

인데 $R(t)$는 시간에 따라 변화하는 우주 크기척도(scale factor)이다. 이 Robertson-Walker 계량의 $t=$ 상수인 부분공간(subspace)은

$$ds^2 = \frac{R^2(t)}{1-kr^2} d^2 r + R^2(t) r^2 d\theta^2 + R^2(t) r^2 \sin^2\theta d\phi^2 \tag{2.2}$$

으로 3차원 곡률스칼라 ${}^3K(t) = k/R^2(t)$ 여서 $R(t)$가 커질수록 평탄해진다. 이 공간의 곡률을 결정하는, 단위가 없는 상수 k의 값이 0일 경우 우리에게 익숙한 무한히 크고

평탄한 Euclid 공간이고, -1일 경우는 음의 곡률을 가진 무한히 큰 열린 공간이다. $k=+1$일 경우는 양의 곡률을 지닌 유한 체적을 가지는 닫힌 공간이어서, 전체 공간의 고유원주길이(proper circumference)는 $2\pi R(t)$이고 고유부피(proper volume)는 $2\pi^2 R^3(t)$이다. 따라서 이러한 닫힌 우주의 경우에는 $R(t)$를 우주의 반경으로 생각할 수도 있다.

Robertson-Walker 시공간(식 2.2)을 표현하는 공간 좌표 (r,θ,ϕ)는 우주의 팽창에 의해 변화하지 않는 동행좌표(comoving coordinate)이다. 예를 들어 우주 내의 은하들이 특이운동(peculiar motion)을 하지 않고 우주의 팽창을 자연스럽게 따라갈 때 - 즉, Hubble 흐름(Hubble flow)을 따라갈 때 - 이들 은하들의 (r,θ,ϕ) 좌표들은 우주의 팽창이나 수축에 의해 변하지 않는다. 시간을 나타내는 좌표 t는 우주표준시간(cosmic standard time)이라 불리는 우주 전체에 동시에 적용되는 시간으로 Hubble 흐름에서 정지한 관측자의 시간이기도 하다.

어떤 천체들의 단위고유부피(unit proper volume) 내의 수로 정의되는 고유수밀도(proper number density)를 $n(t)$라 하면 개수 보존법칙으로부터 $n(t)R^3(t)=$상수이고, 상대성이론에서는 질량과 에너지가 통합되어 취급되므로 우주내의 압력이 질량-에너지 밀도(mass-energy density)보다 아주 작을 경우($P \ll \rho c^2$), 질량-에너지가 보존되므로 $\rho(t)R^3(t)=$상수를 만족한다.

2.2 적색이동

관측자에 대해서 움직이고 있는 물체에서 방출된 빛은 Doppler 효과에 의해 적색이동(redshift)됨은 잘 알려져 있다. 팽창하는 우주에서 떨어져 있는 두 천체는 상대적으로 움직이고 있으므로 우주론적 적색이동(cosmological redshift)을 겪게 된다. 예를 들어 위치 (r_1,θ_1,ϕ_1)에 있는 은하에서 시각 t_1에서 방출된 빛이 위치 $r=0$에 있는 관측자에게 시각 t_0 때 도달했을 경우 이 빛은 적색이동되어 관측된다. 그러나 이 적색이동은 단순히 은하와 관측자 사이의 우주의 팽창에 따른 상대속도에 의해서만 결정된다고 할 수는 없다. 상대속도를 정할 때 빛이 방출된 시점인 t_1을 택해야할지 빛이 관측자에 도달하는 t_0 를 택해야할지 확실하지 않고 - 우주팽창에 의해 그 두 시점에서 은하와 관측자의 상대속도는 다르다 - 빛이 관측자에게 오고 있는 도중에도 우주는 시간마다 다른 속도로 팽창을 하고 있기 때문이다. 따라서 고전적인 Doppler 적색이동식을 그대로 우주팽창 법칙에 적용할 수 없고 일반상대성이론을 정확하게 적용하여야 한다.

일반상대성이론에서 빛은 시공간의 계량을 0으로 하는 궤적, 즉 영측지선 $d\tau = 0$를 따라 움직이므로 $(t_1, r_1, \theta_1, \phi_1)$에서 출발하여 $(t_0, r=0)$에 도착하는 빛은 θ, ϕ가 고정된 방향으로 진행하므로 $d\theta = d\phi = 0$가 되어

$$0 = c^2 d\tau^2 = c^2 dt^2 - R^2(t)\frac{dr^2}{1-kr^2} \tag{2.3}$$

를 만족한다. 식을 정리하여 적분하면

$$\int_{t_1}^{t_0} \frac{c\,dt}{R(t)} = \int_0^{r_1} \frac{dr}{\sqrt{1-kr^2}} = f(r_1) \tag{2.4}$$

$$= \begin{cases} \sin^{-1} r_1 & k = +1 \\ r_1 & k = 0 \\ \sinh^{-1} r_1 & k = -1 \end{cases}$$

가 되고 우변은 동행좌표 r_1 만의 함수여서 시간 t 에 무관한 값이다. 즉 우변의 값은 r_1 이 고정되어 있는 경우 우주의 크기척도가 시간에 따라 어떻게 변하든 바뀌지 않는 값이다. 이 결과를 t_1 때 방출된 빛과 그보다 δt_1 만큼 후, 즉 $t_1 + \delta t_1$ 때 방출된 빛에 다 적용하면 두 빛이 방출된 위치 r_1 은 같으므로

$$\int_{t_1}^{t_0} \frac{dt}{R(t)} = f(r_1) = \int_{t_1+\delta t_1}^{t_0+\delta t_0} \frac{dt}{R(t)} \tag{2.5}$$

가 된다. 적분의 상하한을 맞바꾸면

$$\int_{t_0}^{t_0+\delta t_0} \frac{dt}{R(t)} = \int_{t_1}^{t_1+\delta t_1} \frac{dt}{R(t)} \tag{2.6}$$

이 되고 $\delta t_0 \ll t_0$, $\delta t_1 \ll t_1$일 경우

$$\frac{\delta t_0}{R(t_0)} = \frac{\delta t_1}{R(t_1)} \tag{2.7}$$

으로 근사할 수 있다. 관측된 빛의 주파수를 ν_0, 방출 때의 주파수를 ν_1이라 하고 위 식을 적용하면

$$\frac{\nu_0}{\nu_1} = \frac{\delta t_1}{\delta t_0} = \frac{R(t_1)}{R(t_0)} \tag{2.8}$$

으로 나타난다. 관측된 빛의 파장 λ_{obs}와 방출 때의 파장 λ_{em}으로부터 적색이동 z를

$$z \equiv \frac{\lambda_{obs} - \lambda_{em}}{\lambda_{em}} \tag{2.9}$$

와 같이 정의하면

$$\frac{\lambda_{obs}}{\lambda_{em}} = \frac{\nu_1}{\nu_0} = 1 + z = \frac{R(t_0)}{R(t_1)} \tag{2.10}$$

이 되어 팽창하는 우주의 경우에는 $R(t_0) > R(t_1)$이므로 파장이 길어져서 적색이동이 되고 만약 수축하고 있는 우주라면 반대로 청색이동이 일어나게 된다. 결과적으로는 적색이동과 우주의 크기척도가 아주 단순한 관계식으로 나타났지만 여기에는 우주팽창에 의한 Doppler 효과 외에도 변하는 시공간의 효과들이 모두 포함되어 있다.

2.3 우주론의 여러 거리

우주론에서 거리는 한 가지가 아닌 여러 가지 방법으로 정의될 수 있다. 이는 시공간을 나타내는 계량을 여러 좌표계로 표시할 수 있고(1.1절 참조) 이 계량으로부터 정의되는 여러 가지 거리들이 Euclid 공간과는 달리 서로 다르고 어느 한 정의만 특별한

의미를 지니는 것은 아니기 때문이다. 따라서 중요한 것은 좌표계가 아니고 실제 관측을 통해 얻어지는 물리량들에 의해 결정되는 거리다. 이렇게 정의되는 거리들 중 우주론에서 많이 사용되는 거리 정의들을 살펴보자. 본 장에서 거리의 정의 및 유도방법은 Weinberg(1972, 14.4절)를 기본으로 삼았다.

2.3.1 고유거리

고유거리(proper distance)는 가장 기본적으로 정의되는 거리로서 시간이 고정된 우주 안의 한 곳에서 다른 곳까지 순간적으로 측정된 거리를 말한다. 이는 수없이 많은 관측자들이 차례로 늘어서서 미리 동기화된(synchronized) 시계로 특정 시간에 모두 동시에 아주 가까이 접한 관측자까지의 거리를 측정하고 이를 더하여 얻어지는 거리와 같다. 물론 실제로 이렇게 직접 고유거리를 측정하는 것은 불가능하다 할 수 있다. 어쨌든 시각 t 에서의 고유거리는

$$D_{proper}(t) = \int_0^{r_1} \sqrt{g_{rr}}\, dr = R(t) \int_0^{r_1} \frac{dr}{\sqrt{1-kr^2}} \tag{2.11}$$

로 표현된다.

2.3.2 시차거리

다음은 시차 측정에 의해 결정되는 시차거리(parallax distance)를 살펴보자. 별까지의 거리를 연주시차(annual parallax)로 측정할 때처럼 거리가 멀어짐에 따라 주어진 기선(baseline)에서 측정된 시차가 작아지는 원리를 이용하여 시차를 측정해서 거리를 구하는 삼각법을 휜 공간에 적용하면 된다. 역시 r_1 에 위치한 광원에서 방출된 빛이 $r=0$에서 관측되는 경우를 고려하자. 시차에 의한 거리는 시차 θ와 기선 b사이의 관계에 의해 결정되므로 영측지선 식으로부터 θ와 b 사이의 관계식을 유도한다(그림 2.1). 약간 복잡한 유도과정을 거치면

$$\theta \simeq \sqrt{1-kr_1^2}\, \frac{b}{R(t_0) r_1} \tag{2.12}$$

임을 보일 수 있다(Weinberg 1972, 14.4절 참조). 시차거리 D_P는 $\theta \rightarrow 0$, $b \rightarrow 0$일 경우

$$D_P \equiv b/\theta \tag{2.13}$$

로 정의되므로

$$D_P = \frac{R(t_0)r_1}{(1-kr_1^2)^{1/2}} \tag{2.14}$$

가 된다. 유의할 것은 식 (2.14)에서 크기척도는 빛이 $r=0$에 도착한 시각 t_0에서의 값이고 나머지 부분은 빛이 출발한 점 r_1에서 계산되는 값이다. 우주의 곡률에 의한 효과는 $(1-kr_1^2)^{-1/2}$를 통해 나타나는데, $k=-1$인 음으로 휜 우주에서는 평탄한 공간에서의 시차거리 $D_P = R(t_0)r_1$보다 더 작아지며 $k=+1$인 양으로 휜 우주는 더 커진다. 물론 다른 시공간에서 각각 정의된 r_1에 대해 비교하는 것은 무의미하고 실제 관측되는 적색이동 값으로 바꾸어 비교해야 의미가 있다. 한편 양으로 휜 우주에서는 $r_1=1$이 되면 시차거리가 무한대 $D_P=\infty$가 되는데 이는 우주대척점(antipode)에서 임의의 방향으로 출발한 모든 빛은 대원을 따라와서 $r=0$에서 모두 수렴하므로 관찰자의 위치가 변해도 빛이 오는 방향 θ가 변하지 않기 때문이다.

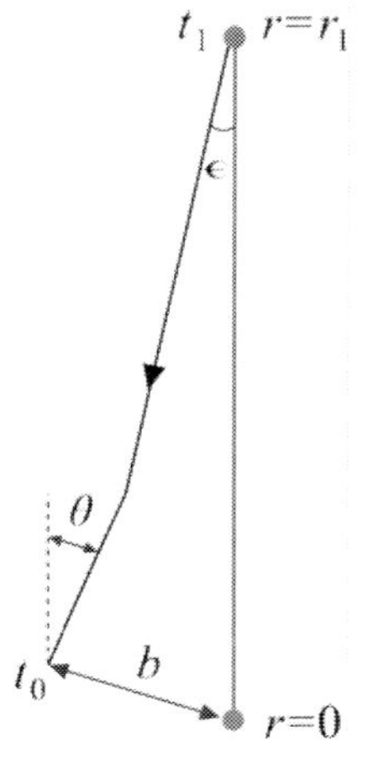

그림 2.1 시차거리 및 광도 거리 정의에 사용되는 빛의 경로와 관련 각 및 길이

2.3.3 광도거리

다양하게 정의된 거리 중 우주론적 규모(cosmological scale)에서 가장 쉽게 관측을 통해 추정할 수 있는 것이 광도거리(luminosity distance)이다. 어떤 광원의 원래 밝기와 지구상에서 관측된 겉보기 밝기를 비교하여 그 광원까지의 거리를 결정하는 표준광원방법(standard candle method)이 가장 널리 쓰이기 때문이다. 그러나 겉보기 밝기가 거리의 제곱에 반비례한다는 역제곱의 법칙(inverse square law)은 평탄한 공간에서만 적용되는 법칙이므로 이를 휜 공간으로 일반화해야 한다.

광도거리를 계산하기 위해서는 광원에서 방출된 빛 중 얼마가 관측자에게 검출되는가를 알아야 한다. 이를 위해 역시 $(t_{1,}r_1)$에서 출발한 빛이 $r=0$에 위치한 반경 b인 망원경에 시간 $t=t_0$에 입사되는 경우를 고려하자(그림 2.1). 이때 우리가 알고자 하는 양은 광원의 국부적 관성계에서 측정했을 때 얼마에 해당하는 입체각으로 방출된 빛들이 관측자의 망원경 구경 내로 입사되는가 하는 것이다. 위치 r_1에서 $r=0$ 방향으로 출발한 빛이 망원경의 중심을 지나게 좌표들을 정의했으므로, 이 방향으로부터 각 ϵ 만큼 다른 방향으로 출발한 빛이 망원경의 가장자리를 지난다고 하면 필요한 식은 ϵ을 b로 표현한 식이다. 원점이 r_1에 있는 좌표계와 원점이 $r=0$인 두 좌표계 사이의 변환식과 영측지선 식을 이용하면 이 두 값 사이에는 $b=R(t_0)r_1\epsilon$의 관계식이 성립됨을 보일 수 있다. 광원의 고유계에서 볼 때 관측자의 망원경이 차지하는 입체각은 $\pi\epsilon^2$이므로 전체 입체각에 대한 비율은 $\pi\epsilon^2/4\pi=\epsilon^2/4$가 되어서 광원에서 방출된 빛 중 이 비율만큼이 관측자의 망원경으로 입사된다.

다음은 광원을 출발할 때의 빛의 에너지, 또는 주파수가 관측자에 도달할 때는 적색이동되는 점을 고려해주어야 한다. 관측자가 광원에서 방출된 모든 빛을 주파수에 관계없이 모두 관측하여 전파장 밝기(bolometric brightness)를 결정하는 경우에는, 출발할 때 에너지가 $h\nu_1$이던(h는 Planck 상수) 개개의 광자들이 적색이동되어 관측자에 도착할 때는 $h\nu_1[R(t_1)/R(t_0)]$이 되고, 광원에서 δt_1 동안 방출된 빛들은 시간늘어짐(time dilation)에 의해 관측자에게는 $\delta t_1[R(t_0)/R(t_1)]$의 시간에 걸쳐 도착하므로, 최종적으로 면적 $A=\pi b^2$인 망원경으로 관측자가 측정하는 일률(power) P는

$$P = L\left[\frac{R(t_1)}{R(t_0)}\right]^2 \frac{\epsilon^2}{4} = L\left[\frac{R(t_1)}{R(t_0)}\right]^2 \frac{A}{4\pi R^2(t_0) r_1^2} \tag{2.15}$$

이 된다. 위 식에서 L은 광원의 (고유계에서 측정한) 광도이다. 이를 망원경 면적으로 나누면 관측자가 측정하는 겉보기 밝기, 또는 플럭스(flux), $F = P/A = LR^2(t_1)/[4\pi R^4(t_0) r_1^2]$가 된다. 광도거리 D_L은 역자승의 법칙이 만족되는 거리로 정의하므로

$$D_L \equiv \left(\frac{L}{4\pi F}\right)^{1/2} = R(t_0) r_1 \frac{R(t_0)}{R(t_1)} \tag{2.16}$$

이 된다. 따라서 광도거리로 표현된 경우에는 공간의 형태나 팽창에 상관없이 Euclid 공간에서처럼

$$F = \frac{L}{4\pi D_L^2} \tag{2.17}$$

로 적을 수 있게 된다.

한편 위 관계식은 특정 주파수의 광자가 적색이동이 되어도 여전히 관측되는 전파장 밝기에만 적용되므로 실제 특정한 주파수 영역만을 관측하는 경우에는 달라진다. 예를 들어 단위 면적 당, 단위 시간 당, 단위 주파수 당 측정되는 단파장 플럭스 F_ν의 경우에는 방출될 때의 주파수 간격 $d\nu_1$과 현재 지구에서 관측되는 주파수 간격 $d\nu_0$ 사이에 관계식 $R(t_1)\,d\nu_1 = R(t_0)\,d\nu_0$ $[\nu_1 = \nu_0(1+z)]$이 성립한다. 광도 거리 D_L의 정의에 의해 $L(\nu_1)d\nu_1/[4\pi D_L^2]$의 플럭스가 $d\nu_0$ 구간으로 바뀌어 도착하므로, 지구에서 관측되는 단위 주파수 당 플럭스

$$F_{\nu_0} = \frac{L(\nu_1)}{4\pi D_L^2}\frac{d\nu_1}{d\nu_0} = \frac{L(\nu_1)}{4\pi D_L^2}(1+z) = \frac{L(\nu_1)R(t_1)}{4\pi R^3(t_0) r_1^2} \tag{2.18}$$

가 된다. 당초 방출될 때의 주파수 구간이 $(1+z)^{-1}$배만큼 줄어들어서 단위 주파수 당 플럭스는 $(1+z)$배만큼 증가하게 된다.

2.3.4 각직경거리

길이가 알려진 물체를 보고 그 물체가 이루는 각을 측정하면 그 물체까지의 거리를 알 수 있다. 이렇게 정의된 거리를 각직경거리(angular diameter distance)라 한다. 좌표 r_1 에 위치한 고유길이(proper length)가 D인 천체가 각직경 δ를 이루는 경우를 생각하자. 시각 t_1 때 측정한 이 천체의 고유길이는 시공간 계량 식 (2.1)에서 길이의 방향을 θ의 방향으로 잡고 $dt=0$로 두면(길이는 동 시점에서 측정되는 양이므로)

$$D = 2\int_0^{\delta/2} R(t_1) r_1 d\theta \tag{2.19}$$

가 되어서 $\delta \ll 1$인 경우 $L = R(t_1) r_1 \delta$가 된다. 각직경거리는

$$D_A \equiv \frac{D}{\delta} \tag{2.20}$$

로 정의되므로

$$D_A = R(t_1) r_1 \tag{2.21}$$

이 된다. 다른 거리와 달리 각직경거리는 r_1 이 커짐에 따라서 t_1 이 점점 작아지는데 - 점점 더 과거의 물체를 보는 것 - 팽창하는 우주의 경우 $R(t_1)$은 점점 더 작아지므로 $R(t_1) r_1$이 언제나 증가하지만은 않고 우주 모형에 따라서 증가하다 감소하여 최대값이 존재할 수도 있다. 즉 점점 더 멀리 있는 일정한 크기의 자를 관측했을 때 그 각직경이 감소하다가 증가할 수도 있다는 것이다. 각직경거리가 최대일 때 각직경은 최소이므로 자까지의 거리가 이를 넘어서면 오히려 각으로는 더 커보이게 되는 것이다. 우주의 크기척도가 작을 때는 일정한 길이의 천체가 큰 각직경을 보이지만 우주의 크기척도가 커지면 각직경이 작아져 보이게 되기 때문이다. 물론 식 (2.21)에서 $R(t)$가 상수이면, 즉 우주가 팽창하지 않으면 각직경거리는 단순히 r_1 에 비례하여 증가한다.

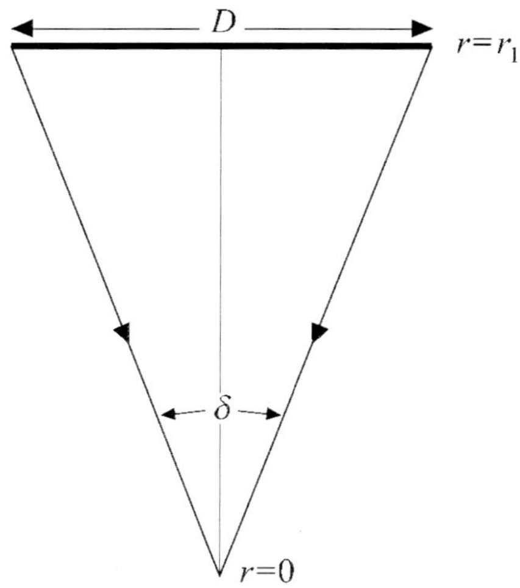

그림 2.2 각직경거리의 정의와 관련된 각과 길이

그런데 2차원 구면 (S^2) 공간을 생각해보면 - 예를 들어 지구표면 - 북극에 있는 관측자가 볼 때 같은 경도 1°에 해당하는 길이는 북극에서 적도로 갈수록 커지다가 - 바꾸어 말하면, 일정한 길이에 해당하는 경도차는 갈수록 작아지다가 - 적도를 넘어서면 다시 길이가 작아져야 하는데 식 (2.21)에서 이러한 공간 곡률에 의한 효과는 나타나지 않아서 이상하게 생각될 수도 있다. 여기에 대한 해답도 역시 좌표를 어떻게 잡느냐 하는 것이다. 즉 우리가 택한 계량 식 (2.1)에서 반경좌표 r은 원주가 $2\pi r$이 되도록 정의된 좌표이기 때문이다. 만약 Robertson-Walker 계량의 공간부분이 $ds^2 = dr^2 + S^2(r)d\Omega^2$ 형이었다면 곡률에 의한 효과가 다르게 나타났을 것이다(1.1절 참조).

2.3.5 고유운동거리

일정한 길이가 알려진 천체 대신 시선방향에 수직인 고유운동(proper motion)이 알려진 경우에 대해서는 고유운동거리(proper motion distance)를 정의할 수 있다. 시선방향에 수직인 속도 성분이 $V_\perp$인 속도로 관측자 시간으로 Δt_0 동안 움직인 고유거리는 $\Delta L = V_\perp \Delta t_1 = V_\perp \Delta t_0 R(t_1)/R(t_0)$로 주어진다. 각직경거리의 정의로부터 고유운동의 각거리 $\Delta\delta = \Delta L/[R(t_1)r_1] = V_\perp \Delta t_0/[R(t_0)r_1]$으로 나타난다.

고유운동을 관측자의 단위시간 당 움직인 각거리로 정의하면 $\mu \equiv \Delta\delta/\Delta t_0$ 가 되고, 고유운동거리는

$$D_M \equiv \frac{V_\perp}{\mu} = R(t_0) r_1 \tag{2.22}$$

이 된다.

시차거리을 제외한 나머지 거리들 사이에는 관계식

$$\frac{D_A}{D_L} = \frac{R^2(t_1)}{R^2(t_0)} = (1+z)^{-2} \tag{2.23}$$

$$\frac{D_M}{D_L} = \frac{R(t_1)}{R(t_0)} = (1+z)^{-1}$$

이 성립하므로 이들 거리들 중 어느 하나만 측정하면 나머지 거리들도 결정된다. 물론 아주 가까운 천체의 경우($r_1 \ll 1$ 또는 $z \ll 1$)에는 거의 평탄한 공간이 되므로 $D_P \simeq D_A \simeq D_L \simeq D_M \simeq R(t_0) r_1$ 으로 모든 거리 정의가 같아진다.

이 외에도 실제 관측에서는 분광광도(spectral luminosity)나 등광도각직경(isophotal angular diameter) 등 다양한 관측량이 사용되는데 이러한 관측량에는 여러 우주론 효과들이 작용한다. 예를 들어 특정한 등급계로 관측을 하는 경우 원래 광원에서 방출된 광자들이 관측자에 도달할 때는 파장대가 달라지므로 광원의 고유계에서 측정된 특정한 파장대의 등급을 추정하기 위해서는 적색이동된 다른 파장대의 관측이 요구되기도 한다. 예를 들어 적색이동이 2 이상인 경우 모든 가시광선들이 적외선 영역으로 적색이동되므로 적외선 영역에서 관측해야 원래 광원의 가시광선 영역 정보를 알 수 있다.

2.3.6 비균질 우주에서의 거리[2)]

지금까지 언급된 거리들은 균질 등방 우주를 기술하는 Robertson-Walker 계량에서 정의된 양들이다. 그러나 실제 우주는 완벽하게 균질하지는 않으므로 실제 우주에 좀

2) 이 절에서는 우주상수 $\Lambda = 0$인 경우만 고려한다.

더 가까운 비균질 우주(inhomogeneous universe)에서 거리를 어떻게 정의해야 하는가 하는 문제를 생각하지 않을 수 없다. 그러나 임의의 비균질 우주를 정확하게 기술할 수 있는 계량은 존재하지 않으므로 비균질 분포에 의한 효과를 근사적으로 기술하는 방법을 찾아야 한다. 그중 하나가 Robertson-Walker 계량에서 정의된 각직경거리를 근사적으로 비균질 우주에 적용한 Dyer-Roeder 거리이다.

Robertson-Walker 계량으로 기술되는 시공간 중 특히 Friedmann-Lemaître 우주모형(2.5절 참조)에서는 각직경거리 D_A가 휜 공간에서의 광학방정식으로부터 아래와 같은 방정식을 만족함을 보일 수 있다(Dyer & Roeder 1972, 1973, 1974, 1981; Schneider, Ehlers & Falco 1992, 4.5.2절 참조).

$$(z+1)(\Omega_m z+1)\frac{d^2 D_A}{dz^2}+(\frac{7}{2}\Omega_m z+\frac{\Omega_m}{2}+3)\frac{dD_A}{dz}+\frac{3}{2}\Omega_m D_A=0 \qquad (2.24)$$

Dyer와 Roeder는 물질 분포의 매끈함을 나타내는 변수 $\tilde{\alpha}$ 와 비균질 물질 분포에 따른 중력장의 층밀림(shear)을 나타내는 변수 σ를 정의하고 이를 적용하여 위 식을 다음과 같이 바꾸었다.

$$(z+1)(\Omega_m z+1)\frac{d^2 D_A}{dz^2}+(\frac{7}{2}\Omega_m z+\frac{\Omega_m}{2}+3)\frac{dD_A}{dz}+\left(\frac{3}{2}\tilde{\alpha}\,\Omega_m+\frac{|\sigma|^2}{(1+z)^5}\right)D_A=0 \quad (2.25)$$

우주 전체에 평균적으로 물질밀도계수(2.4.2절 참조) Ω_m에 해당하는 물질들이 있으나 이 중 $\tilde{\alpha}$만큼은 매끈하게 연속적으로 분포하고 나머지 $(1-\tilde{\alpha})$만큼의 물질들은 국부적으로 속박된(bound) 덩어리로 띄엄띄엄 뭉쳐 있는 경우이다. 물론 구체적으로 어떤 특정 형태의 비균질 물질 분포가 $\tilde{\alpha}$ 값 얼마에 해당하는지를 알 수는 없다. 단지 완벽하게 균질한 우주여서 빛의 다발이 물질들이 차 있는 곳을 진행하는 찬 다발(filled beam)인 경우는 $\tilde{\alpha}=1$에 해당하며, 물질들이 덩어리로 띄엄띄엄 존재해서 빛다발 내에는 아무런 물질도 없는 빈 다발(empty beam)인 경우에는 $\tilde{\alpha}=0$이므로 나머지 경우는 그 사이 어느 값쯤에 해당한다고 $\tilde{\alpha}$라는 변수를 정의한 것이다.

한편 층밀림 σ는 조석중력장(tidal gravitational field)에 의해 결정되므로, 비균질 우주에서 층밀림은 빛이 진행하는 경로 근처 질량 덩어리(clump)들의 분포를 알아야 하고 이로부터 통계적으로만 추정할 수 있다. 따라서 궁극적으로 비균질 우주에서 각직경거리는 임의의 빛다발 주위의 덩어리들의 분포에 달려있어서 일반적으로 거리-적색이동 관계식이 유일하게 주어지지는 않는다.

빛다발이 모든 덩어리로부터 멀리 떨어져 지나가서 비균질성의 영향을 아주 조금만 받는 경우와 한 덩어리에 아주 가까이 지나서 이 덩어리에 의한 중력렌즈 영향을 크게 받는 두 경우는 일반적인 비균질 우주에서의 빛의 전파의 두 극한에 해당한다. 전자의 경우는 '약한 렌즈', 후자는 '강한 렌즈'에 해당한다. 물론 일반적인 경우는 이 두 극한 경우와는 다를 것이다.

전자의 약한 렌즈 경우에는 보통 '빈 원뿔(empty cone)을 지나는 빛'이라 불리는데 덩어리들로부터 멀리 있어서 층밀림은 거의 0일 것이다. 따라서 위 식 (2.25)는 좀 더 간단한 모양인 Dyer-Roeder 방정식

$$(z+1)(\Omega_m z+1)\frac{d^2 D_A}{dz^2}+(\frac{7}{2}\Omega_m z+\frac{\Omega_m}{2}+3)\frac{dD_A}{dz}+\frac{3}{2}\tilde{\alpha}\,\Omega_m D_A=0 \qquad (2.26)$$

이 된다. 이 식은 Ω_m과 $\tilde{\alpha}$ 만 결정되면 적분가능하므로 각직경거리를 적색이동의 함수로 표현 가능하다. 이 Dyer-Roeder 거리는 주어진 적색이동에 대해 가능한 가장 큰 각직경거리여서 광선들이 화선(caustic, 3.7절 참조)을 지나지 않은 경우 다르게 주어질 수 있는 거리들의 분포에 대한 제약으로 활용할 수 있다. 예를 들어 너무 많이 덩어리지지 않은 우주에서는 주어진 적색이동에 대한 각직경거리의 값의 분포는 Dyer-Roeder 거리보다 아주 약간 작은 값에서 강한 극치를 보여주고 있다. 따라서 덩어리에 의한 중력렌즈 영향을 강하게 받지 않는 경우에는 Dyer-Roeder 거리를 적용할 수 있다. 물론 반대로 우주가 거의 덩어리지지 않은 경우에는 Dyer-Roeder 거리는 균질 우주의 각직경거리와 일치하므로 별 문제가 없다.

이제 해석해가 존재하는 Dyer-Roeder 식의 특별한 경우들을 살펴보자.

(가) 우선 $\Omega_m=1$로 우주가 평탄한 경우를 살펴보자. $D_A(z_1, z_2)$를 적색이동이 z_2인 천체를 z_1에 있는 관측자가 측정한 각직경거리라 한다면, 이 경우에는 $\tilde{\alpha}$ 값에

관계없이 $D_A(z_1, z_2)$가 간단하게 표현된다.

$$D_A(z_1, z_2) = \frac{c}{H_0}\frac{1}{2\beta}\left[\frac{(1+z_2)^{\beta-5/4}}{(1+z_1)^{\beta+1/4}} - \frac{(1+z_1)^{\beta-1/4}}{(1+z_2)^{\beta+5/4}}\right] \tag{2.27}$$

여기서 $\beta \equiv 4^{-1}(25-24\tilde{\alpha})^{1/2}$이다. 이 각거리는 $z_{\max} = [(5+4\beta)/(5-4\beta)]^{1/(2\beta)} - 1$에서 최대 값을 가지므로, 우주가 균질할 경우($\tilde{\alpha} = 1$) $z_{\max} = 1.25$이지만 우주가 많이 덩어리지면($\tilde{\alpha} \to 0$) $z_{\max} \to \infty$가 된다. 중간 값 $\tilde{\alpha} = 2/3$에 대한 $z_{\max} = 1.52$이다 (Dashevskii & Slysh 1966). 즉 균질한 우주에서 일정한 고유길이를 가진 천체를 볼 경우 $z = 1.25$까지는 이 천체가 (각크기로) 계속 작아져 보이지만 그 이후는 오히려 커져 보이는 반면, 우주의 비균질함이 증가하면 천체는 더 멀리까지 작아져 보인다. 다시 말해서 비균질 우주가 각 크기에 관한 한 더 멀어 보인다고 할 수 있겠다.

(나) 다음은 $\tilde{\alpha} = 1$로 균질한 우주의 경우다. 이 경우는

$$D_A(z_1, z_2) = \frac{c}{H_0}\frac{2}{\Omega_m^2}(1+z_1)[S(z_2)T(z_1) - S(z_1)T(z_2)] \tag{2.28}$$

이고 여기서

$$S(z) \equiv \frac{\Omega_m z - \Omega_m + 2}{(1+z)^2}, \quad T(z) \equiv \frac{\sqrt{\Omega_m z + 1}}{(z+1)^2} \tag{2.29}$$

인 함수들이다. 특히 $z_1 = 0$인 경우 위 식 (2.28)은 식 (2.21)의 $D_A = (1+z)^{-1}R(t_0)r_1$에 Friedmann-Lemaître-Robertson-Walker 우주(2.4절 참조)의 $r_1(z)$(Weinberg 1972, 식 15.3.23 참조)를 대입한 경우와 자연스럽게 같아진다.

(다) $\tilde{\alpha} = 2/3$인 경우에도 비슷한 해가 존재하는데

$$D_A(z_1, z_2) = \frac{c}{H_0}\frac{2}{3\Omega_m^2}(1+z_1)[S(z_1)T(z_2) - T(z_1)S(z_2)] \tag{2.30}$$

이고 여기서

$$S(z) \equiv \frac{1}{(1+z)^2}, \quad T(z) \equiv \frac{\sqrt{\Omega_m z+1}\,(\Omega_m z+3\Omega_m-2)}{(z+1)^2} \tag{2.31}$$

이다.

(라) 마지막으로 $\tilde{\alpha}=0$로 모든 물질이 덩어리진 비균질 우주의 경우에는 해가 아핀 거리(affine distance)로 나타난다.

$$D_A(z_1, z_2) = \frac{c}{H_0}(1+z_1)[A(z_2)-A(z_1)] \tag{2.32}$$

아핀 거리 $A(z)$는 Friedmann-Lemaître-Robertson-Walker 우주에서

$$A(z) = \int_0^z \frac{dy}{(1+y)^3(\Omega_m y+1)^{1/2}} \tag{2.33}$$

로 표현되고, 이 적분은 Ω_m 값에 따라서

$$A(z) = \frac{2}{5}\left[1-(\Omega_m z+1)^{-5/2}\right], \ \Omega_m = 1\text{인 경우}$$

$$= \frac{3}{4}\frac{\Omega_m^2}{(\Omega_m-1)^{5/2}}\arctan\frac{\sqrt{\Omega_m-1}\,(1+\sqrt{\Omega_m z+1})}{\Omega_m-1+\sqrt{\Omega_m z+1}}$$

$$+\frac{3}{4(\Omega_m-1)^2}\left[\frac{(\Omega_m z+\frac{5}{3}\Omega_m-\frac{2}{3})\sqrt{\Omega_m z+1}}{(z+1)^2}-\frac{5}{3}\Omega_m+\frac{2}{3}\right], \ \Omega_m > 1\text{인 경우} \tag{2.34}$$

$$= \frac{3}{4}\frac{\Omega_m^2}{(1-\Omega_m)^{5/2}}\operatorname{arctanh}\frac{\sqrt{1-\Omega_m}\,(1-\sqrt{\Omega_m z+1})}{-(1-\Omega_m)+\sqrt{\Omega_m z+1}}$$

$$+\frac{3}{4(1-\Omega_m)^2}\left[\frac{(\Omega_m z+\frac{5}{3}\Omega_m-\frac{2}{3})\sqrt{\Omega_m z+1}}{(z+1)^2}-\frac{5}{3}\Omega_m+\frac{2}{3}\right], \ \Omega_m < 1\text{인 경우} \tag{2.35}$$

로 표시된다.

2.4 Friedmann-Lemaître 우주

2.4.1 Friedmann 방정식

실제 관측되는 양인 천체의 적색이동으로부터 그 천체까지의 여러 우주론 거리를 계산하기 위해서는 궁극적으로 Robertson-Walker 계량에서의 우주 크기척도 $R(t)$를 알아야 한다. 우주의 크기척도는 결과적으로 우주 내의 물질-에너지들의 중력장에 의해 우주 전체가 진화하는 과정에서 결정된다. 따라서 단순히 우주의 시공간을 기술하는 수학적인 Robertson-Walker 계량에 물리적인 역학식이 포함되어야 한다. 여기에 필요한 임의의 물질-에너지 분포에 따른 시공간의 동역학을 기술하는 식이 바로 Einstein의 장방정식이다(1.5절 참조).

$$R_{\mu\nu} - \frac{1}{2} g_{\mu\nu} R - \Lambda g_{\mu\nu} = - 8\pi G T_{\mu\nu} \tag{2.36}$$

장방정식의 좌변항 $R_{\mu\nu} - \frac{1}{2} g_{\mu\nu} R - \Lambda g_{\mu\nu}$는 Robertson-Walker 계량으로부터 바로 계산이 가능하므로 우변의 에너지-운동량텐서항 $-8\pi G T^{\mu}_{\mu}$만 알면 장방정식은 결정된다. 그런데 에너지-운동량텐서는 어떤 물질-에너지가 어떻게 분포되어 있는가를 기술하는 물리량이므로 결국 우주 내의 물질-에너지의 종류, 양 및 분포에 대한 정보가 필요하다.

여기서 우주가 균질, 등방하다는 우주론원리를 만족한다면 우주 내 각 지점의 에너지-운동량 텐서는 위치에 무관한 완전유체(perfect fluid)의 형태를 가지므로 두 개의 스칼라 물리량, 즉 총 질량-에너지 밀도 ρ와 압력 p에 의해 결정된다. 이때 텐서의 모습은

$$T_{\mu\nu} = p g_{\mu\nu} + (p + \rho) U_{\mu} U_{\nu} \tag{2.37}$$

로 표현되며 속도4차원벡터 $U^{\mu} = (U^{t}, U^{i}) = (1,0,0,0)$이다.

이제 Robertson-Walker 계량(식 2.1)

$$g_{tt} = -1,\ g_{it} = 0,\ g_{ij} = R^2(t)g_{ij}$$

$$g_{rr} = (1-kr^2)^{-1},\ g_{\theta\theta} = r^2, g_{\phi\phi} = r^2\sin^2\theta \tag{2.38}$$

$$i \neq j \text{이면 } \widetilde{g_{ij}} = 0$$

으로부터 필요한 곡률 텐서들을 계산해보면 Ricci 텐서의 공간성분은

$$R_{ij} = -(R\ddot{R} + 2\dot{R}^2 + 2k)\tilde{g}_{ij} \tag{2.39}$$

로 표현되고 시간성분은

$$R_{tt} = \frac{3\ddot{R}}{R},\quad R_{ti} = 0 \tag{2.40}$$

로 계산된다. 이를 장방정식의 두 번째 형태인 식 (1.33)에 대입하면 시간성분에 대한 식은

$$\ddot{R} = -\frac{4\pi G}{3}(\rho + 3\frac{p}{c^2})R + \frac{\Lambda}{3}R \tag{2.41}$$

이고 공간성분에 대한 식은

$$R\ddot{R} + 2\dot{R}^2 + 2kc^2 = 4\pi G(\rho - \frac{p}{c^2})R^2 + \Lambda R^2 \tag{2.42}$$

만 남고 나머지는 $0=0$인 식이다. 이 두 식이 바로 우주론의 기본방정식들(fundamental equations)이다. 이들 식은 우주 전체에 대한 운동방정식에 해당한다고 할 수 있겠다. 만약 우주상수가 0인 장방정식을 적용하였다면 두 식에서 Λ 항만 사라진다.

이제 위 두식으로부터 $\ddot{R}$을 소거하면 Friedmann 방정식이라 불리는 일종의 우주 전체에 대한 운동에너지 방정식이 유도된다.

$$\dot{R}^2 + kc^2 = \frac{8\pi G}{3}\rho R^2 + \frac{\Lambda}{3}R^2 \tag{2.43}$$

이제 위 식들 (2.41-2.43)에서 우주상수 Λ의 의미를 한번 살펴보자. 만약 $\Lambda = 0$인 장방정식으로부터 위 식들이 유도되었다면 그 결과는 위 식들에서 $\Lambda = 0$일 때의 식들과 당연히 같아진다. 그런데 $\Lambda = 0$일 때의 식들에서

$$\rho_\Lambda \equiv \frac{\Lambda}{8\pi G},\ p_\Lambda \equiv -\rho_\Lambda c^2 = -\frac{\Lambda}{8\pi G c^2} \tag{2.44}$$

를 정의하고 $\rho \to \rho + \rho_\Lambda$, $p \to p + p_\Lambda$로 치환해보면 $\Lambda \neq 0$인 장방정식에서 유도된 식들(2.41-2.43)과 정확하게 같다. 따라서 우주론에 있어서 우주상수의 효과는 ρ_Λ의 밀도를 가지고 상태방정식이 $p = -\rho c^2$인 물질이 우주에 존재하는 경우와 같다. 그런데 양자장론(quantum field theory)에서 예상되는 진공에너지(vacuum energy)의 경우 상태방정식(equation of state)이 바로

$$p_{\text{진공}} = -\rho_{\text{진공}}\, c^2 \tag{2.45}$$

이므로 우주상수는 일종의 진공에너지라고도 볼 수 있다. Einstein이 우주를 팽창하거나 수축하지 않는 상태로 만들기 위해 원래의 장방정식에 우주상수를 도입한 것을 '자신의 일생일대의 실수'라 했지만 수십 년 후의 양자장이론은 우주상수가 자연스럽게 생길 수도 있음을 보여주었고 최근 관측에서는 오히려 필요한 항이 되었다(2.4.8절 참조).

한편 에너지-운동량텐서의 보존식 $T^{\mu\nu}_{;\nu} = 0$은 [또는 위 식 (2.41), (2.42)로부터] PdV 일이 포함되는 고전 열역학 제1법칙을 연상시키는 식

$$\frac{d}{dR}(\rho c^2 R^3) = -3pR^2 \tag{2.46}$$

으로 나타난다. 이제 식 (2.41)과 (2.42)는 식 (2.43)과 (2.46)으로 대치될 수 있다. 그런데 식 (2.46)을 풀기 위해서는 질량-에너지 밀도 ρ와 압력 p를 연결해 줄 상태방정

식 $p = p(\rho)$가 마지막으로 필요하다.

일반적으로 우주 내의 물질이 가질 수 있는 상태방정식은 질량-에너지 밀도가 압력에 비해 아주 큰 경우 ($\rho c^2 \gg p$) - 이를 먼지우주(dust universe)라고 부르기도 한다 - 와 그 반대로 압력과 질량-에너지 밀도가 비슷한 크기를 가지는 경우 ($\rho c^2 \sim p$)로 대별된다.

입자들의 운동속도가 빛의 속도에 비해 아주 느린 경우가 전자에 해당되는데, 이 경우 식 (2.46)에서 압력에 의한 일에 해당하는 우변 항을 무시할 수 있어서

$$\rho \propto R^{-3}, \quad \rho c^2 \gg p \text{ 경우} \tag{2.47}$$

로 우주의 팽창에 의해 물질들의 질량-에너지 밀도가 부피에 반비례해서 줄어든다. 이에 비해 후자의 경우는 우주의 주된 질량-에너지 성분이 광자나 중성미자 같이 속도가 빛의 속도와 같거나 빛의 속도에 아주 가까운 입자들로 이루어진 경우, 예를 들어 복사장이

우세한 우주에 해당한다. 이 같은 상대론적 물질(relativistic matter)의 상태방정식은 $\rho c^2 = 3p$로 나타나므로 식 (2.46)에 R을 곱하여 적분하면

$$\rho \propto R^{-4}, \quad \rho c^2 = 3p \text{ 경우} \tag{2.48}$$

가 되어 우주의 팽창에 따라 질량-에너지 밀도가 더 급속하게 줄어든다. 예를 들어 복사장이 우세한 우주의 경우 R^{-4} 인자 중 R^{-3}은 비상대론적 물질의 경우처럼 공간의 팽창에 의해 입자의 개수밀도가 감소해서 생기는 것이고 나머지 R^{-1}은 우주 팽창에 의해 빛이 적색이동되어 생긴 것이거나 열역학에서 단열팽창에서 나타나는 온도 감소 또는 에너지 밀도 감소에 해당한다고 볼 수 있다.

이렇게 구해진 $\rho(R)$을 식 (2.43)에 대입하고 적당한 초기 조건을 주게 되면 $R(t)$가 결정되어 우주의 역학적 진화 모습을 알 수 있다. 결과적으로 균질, 등방한 우주 전체의 역학적 진화는 Friedmann 방정식 (2.43), 에너지 보존식 (2.46) 및 상태방정식에 의해

결정되고, 이들 방정식의 해로 기술되는 우주모형(cosmological model)을 Friedmann-Lemaître-Robertson-Walker 우주모형 또는 간단하게 Friedmann-Lemaître 우주라고 부른다.

2.4.2 우주론 인수들

우주의 진화를 알기 위해 Friedmann 방정식을 적분하기 전에 위 식들로부터 Friedmann 우주의 몇 가지 기초적인 특성들을 알아보자. 이를 위해 우선 현재($t = t_0$) 우주의 팽창속도를 나타내는 Hubble 상수

$$H_0 \equiv \left.\frac{\dot{R}}{R}\right|_{t_0} \tag{2.49}$$

와 우주의 팽창이 느려지는 정도를 나타내는 감속인수(deceleration parameter)

$$q_0 \equiv -\left.\frac{\ddot{R}R}{\dot{R}^2}\right|_{t_0} \tag{2.50}$$

를 정의하자. 여기서 0는 현재 물리량들을 나타낸다. 예를 들어 $R_0 \equiv R(t_0)$는 현재 우주의 크기척도이다.

이제 Friedmann 방정식 (2.43)을 현재 시점에 적용하면

$$H_0^2 + \frac{kc^2}{R_0^2} = \frac{8\pi G}{3}\rho_0 + \frac{\Lambda}{3} \tag{2.51}$$

가 된다. 우주의 임계 질량-에너지 밀도(critical mass-energy density) ρ_c 및 물질밀도계수(matter density parameter) Ω_m, 우주상수인수 Ω_Λ를 다음과 같이 정의하면

$$\rho_c \equiv \frac{3H_0^2}{8\pi G} = 1.1\times 10^{-29}h^2\ \mathrm{g\,cm^{-3}}, \qquad h \equiv \frac{H_0}{75\ \mathrm{km\ sec^{-1}}\ Mpc^{-1}}, \tag{2.52}$$

$$\Omega_m \equiv \frac{\rho_0}{\rho_c}, \qquad \Omega_\Lambda \equiv \frac{\Lambda}{3H_0^2} \tag{2.53}$$

식 (2.51)은 간단하게

$$\Omega_m + \Omega_\Lambda - 1 = \frac{kc^2}{R_0^2 H_0^2} \tag{2.54}$$

로 표현된다.

Robertson-Walker 계량에서 상수 k는 시간이 달라져도 변하지 않으므로 현재 우주가 평탄하면 과거에도 평탄했고 미래에도 평탄하다. 따라서 우주의 기하학적 구조는 현재 우주 내의 질량-에너지 밀도와 현재의 Hubble 상수로부터 알 수 있다.

식 (2.54)로부터 $\Omega_m + \Omega_\Lambda = 1$이 만족되면 $k = 0$, 즉 우주는 평탄한 공간이 됨을 알 수 있다. 만약 우주 내 밀도가 높거나 우주상수가 커서 $\Omega_m + \Omega_\Lambda > 1$이 되면 $k > 0$이 되어서 우주는 양으로 휜 닫힌 우주(closed universe)가 된다. 반대로 밀도가 낮거나 우주상수가 작은 경우 $\Omega_m + \Omega_\Lambda < 1$이고 따라서 $k < 0$로 우주는 음으로 휜 열린 우주(open universe)가 된다. 이 결과는 우주의 기하학적 구조가 우주 내 물질-에너지의 양에 의해 결정된다는 일반상대성이론의 핵심적인 예측이다.

다음에는 식 (2.41)과 (2.42)로부터 ρ를 소거한 방정식에서 현재 시점을 택하면

$$(1 - 2q_0 - 3\Omega_\Lambda)H_0^2 + \frac{kc^2}{R_0^2} = -8\pi G\frac{p_0}{c^2} \tag{2.55}$$

이 된다. 현재 우주는 물질이 복사보다 우세한 시기(matter-dominated epoch) ($\rho_0 c^2 \gg p_0$)라는 많은 관측 증거들이 있으므로 우변을 무시하면 위 식은 간단하게

$$(3\Omega_\Lambda + 2q_0 - 1)H_0^2 = \frac{kc^2}{R_0^2} \tag{2.56}$$

로 정리되어 현재 우주의 감속인수 및 우주상수와 곡률과의 관계를 말해준다. 평탄한 우주($k = 0$)에서는 $3\Omega_\Lambda + 2q_0 = 1$이 되고, 양으로 휜 우주($k > 0$)에서는 $3\Omega_\Lambda + 2q_0 > 1$,

음으로 휜 우주($k<0$)에서는 $3\Omega_\Lambda + 2q_0 < 1$을 만족한다.

이제 식 (2.54)와 (2.56)으로부터 k항을 소거해보면 간단히

$$q_0 = \frac{\Omega_m}{2} - \Omega_\Lambda \tag{2.57}$$

로 표현된다. 이 식으로부터 우주의 질량-에너지 밀도가 높아지면 팽창은 감속되고 반대로 우주상수가 커지면 팽창은 가속됨을 알 수 있다.

위 결과들을 종합하면 곡률로 대표되는 우주의 기하학적 형태와 감속인수로 대표되는 역학적 특성, 질량-에너지 밀도로 대표되는 우주 내의 질량-에너지의 양이 서로 연관되어 있음을 알 수 있다.

따라서 Friedmann-Lemaître-Robertson-Walker 우주에서 가능한 모든 경우는 3가지로 정리되는데 현재 우주의 질량-에너지 밀도 및 우수상수에 따라 나누어보면

(가) 임계 우주 ($\Omega_m + \Omega_\Lambda = 1$) $\Leftrightarrow$ 평탄 우주 ($k=0$)

(나) 고밀도 우주 ($\Omega_m + \Omega_\Lambda > 1$) $\Leftrightarrow$ 닫힌 우주 ($k>0$)

(다) 저밀도 우주 ($\Omega_m + \Omega_\Lambda < 1$) $\Leftrightarrow$ 열린 우주 ($k<0$)

로 대별된다. 이 관계들 중 물질밀도계수 Ω_m과 감속인수 q_0의 관계는 주어진 Ω_Λ에 대해 Ω_m이 높은 우주일수록 중력이 강해지므로 우주의 팽창은 더 많이 감속되고 반대로 Ω_m이 낮은 경우 팽창이 감속되는 정도가 약해지는 것으로 쉽게 이해되고 우주상수가 0일 경우에는 Newton 역학적 계산으로도 같은 결과를 이끌어낼 수 있다.

그러나 공간의 곡률 k와 물질밀도계수 Ω_m과의 관계는 상대성이론에서 예측되는 독특한 결과이다. 일반상대성이론에서는 시공간 내의 질량-에너지의 분포에 의해 그 시공간의 기하학적 형태가 결정되고, 반대로 시공간의 모습에 의해 중력장이 결정되고 그 시공간이 역학적으로 어떻게 진화하는가가 결정되는데, Friedmann-Lemaître-Robertson-Walker 우주모형의 경우는 이 같은 상대성이론의 진수를 잘 보여주는 예라고 할 수 있다.

2.4.3 우주 크기척도의 진화

현재 우리 우주는 (비상대론적인) 물질의 질량-에너지 밀도가 복사 밀도보다 약 10^4배 이상 커서 물질이 우세한 시기이다. 그런데 물질의 경우 우주 팽창에 따라 그 밀도가 R^{-3}에 비례해서 줄어드는 반면(식 2.47), 복사는 그 에너지 밀도가 R^{-4}에 비례해서 줄어든다(식 2.48). 하지만 반대로 과거로 거슬러 올라가면(R이 작아지면) 복사에너지밀도가 커지게 되고 그 커지는 정도가 물질 밀도가 커지는 정도보다 R^1만큼 더 크다. 따라서 $R(t_{equil}) \simeq 10^{-4}R_0$인 때에 이르면 복사 에너지 밀도와 물질 밀도가 같아지는 물질-복사평형기(matter-radiation equilibration epoch) t_{equil}이 되고 그 이전은 복사에너지밀도가 물질밀도보다 큰 복사우세시기(radiation-dominated epoch)이다. 따라서 현재부터 t_{equil}이던 때까지는 물질우세시기인 상태이다. 그리고 $t = t_{equil}$은 적색이동 $z = R_0/R_{equil} \simeq 10^4$ 에 해당하므로 현재 관측되는 우주의 범위 전부를 포함하고 있다.

이 물질우세시기에서 우주론 방정식은

$$\dot{R}^2 + kc^2 = \frac{8\pi G}{3}\rho R^2 + \frac{\Lambda}{3}R^2; \quad \frac{\rho}{\rho_0} = \left(\frac{R}{R_0}\right)^{-3} \tag{2.58}$$

로 정리된다. 이를 앞서 정의된 우주론 인수들을 이용하여 정리하면 아래와 같은 1차 미분방정식으로 정리된다.

$$\frac{dR}{dt} = R_0 H_0 \left[1 - \Omega_m - \Omega_\Lambda + \Omega_m \left(\frac{R}{R_0}\right)^{-1} + \Omega_\Lambda \left(\frac{R}{R_0}\right)^2\right]^{1/2} \tag{2.59}$$

이를 R에 대해 적분하면

$$t = \frac{1}{H_0}\int_0^{R/R_0} \left[1 - \Omega_m - \Omega_\Lambda + \frac{\Omega_m}{s} + \Omega_\Lambda s^2\right]^{-1/2} ds \tag{2.60}$$

이고 $R = R_0$를 택하면 우주의 현재 나이 t_0는

$$t_0 = \frac{1}{H_0}\int_0^1 \left[1 - \Omega_m - \Omega_\Lambda + \frac{\Omega_m}{s} + \Omega_\Lambda s^2\right]^{-1/2} ds \tag{2.61}$$

가 된다. 여기서 $t=0$는 우주 크기척도 $R(t)=0$인 시점이고, t_0는 $R(t)=R_0$인 현재 시점을 나타낸다. 이로부터 우주의 현재 나이는 대략 H_0^{-1} 정도의 값을 가짐을 알 수 있다. 이 시간척도 H_0^{-1}를 Hubble 시간이라 부른다.

그중 특별히 $\Omega_\Lambda = 0$인 경우에는 모든 $\Omega_m > 0$의 값에 대해 위 적분의 값은 1보다 작으므로 $t_0 < H_0^{-1}$을 만족한다. Hubble 시간 H_0^{-1}는 우주 크기척도가 0인 시점에서 아무런 중력에 의한 감속 없이 현재 크기까지 팽창하는 데 걸리는 시간이다. 따라서 실제 비어있지 않는 우주의 경우에는 과거에 중력에 의한 감속이 있었으므로 우주의 나이는 당연히 Hubble 시간보다 짧아진다. 따라서 우리 우주가 $\Lambda = 0$인 우주라면 관측에서 결정되는 Hubble 상수에 의한 Hubble 시간은 우리 우주나이의 상한 값이다. 하지만 $\Lambda \neq 0$라면 우주의 나이는 얼마든지 H_0^{-1}보다도 더 커질 수 있는데 이는 우주상수가 있는 우주의 중요한 특성이다.

2.4.4 정적 모형

이제 Friedmann 방정식의 해들 중 가장 간단한 정적 모형(static model)을 살펴보자. 먼지우주($p \ll \rho c^2$)일 경우 식 (2.41)과 (2.42)에서 $\dot{R}=0$은

$$\Lambda = 4\pi G\rho = \frac{kc^2}{R^2} \tag{2.62}$$

인 경우에만 가능함을 알 수 있다. 따라서 비어 있지 않은($\rho > 0$) 우주라면 이 우주는 양의 곡률($k = +1$)을 가지고 팽창하거나 수축하지 않으며 밀도가 일정하다. 이 유한한 우주의 크기척도

$$R = \frac{c}{\Lambda^{1/2}} \tag{2.63}$$

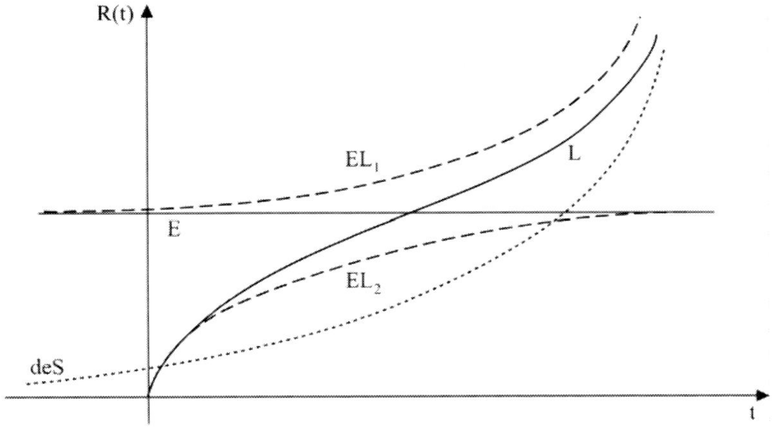

그림 2.3 우주상수가 0이 아닌 일반적인 우주 모형에서 우주가 팽창하는 모습들

로 c와 Λ에 의해서만 결정된다. 이런 우주모형을 Einstein 우주라 하는데 Hubble에 의해 우주의 팽창이 발견되기 전에 Einstein이 제안했던 크기 변화가 없는 우주모형이다 (그림 2.3의 E).

한편 물리적으로는 의미가 적은 모형이지만 $k = \Lambda = \rho = 0$이고 R은 임의의 값이 가능한 빈 평탄 우주모형도 있다. 이는 정지한 Minkowski 공간에 해당한다.

2.4.5 빈 우주 모형

비현실적이긴 하지만 $\rho = 0$, 즉 $\Omega_m = 0$인 우주모형은 흥미로운 결과들을 보여준다. Friedmann 방정식 (2.43)은 Λ와 k 값에 따라 다양한 해를 가지는데, 그중 가장 잘 알려진 해가 $k = 0$, 따라서 식 (2.54)로부터 $\Omega_\Lambda = 1$인 경우인데

$$R(t) \propto \exp(\sqrt{\Lambda/3}\,t) \tag{2.64}$$

로 우주가 지수적(exponential)으로 팽창한다(그림 2.3의 deS). 이 같은 빈 우주모형 (empty universe model)을 de Sitter 우주모형이라 부른다. 물론 우리가 살고 있는 우주는 텅 비어있지는 않으므로 de Sitter 모형은 현실적이라고 할 수 없지만 $\Omega_\Lambda \neq 0$일

경우 Friedmann 방정식 (2.43)이나 식 (2.59)에서 현재 물질의 밀도에 관계없이 우주 크기척도가 커지면($R \to \infty$) Ω_Λ항이 가장 중요해져서 모든 우주가 결국에는 de Sitter 우주와 비슷하게 됨을 알 수 있다. 즉 우주상수가 있는 팽창하는 우주는 궁극적으로 de Sitter 우주가 된다. 또 초기우주(early universe)의 급팽창 시기(inflation epoch)에 우주는 de Sitter 공간이 되므로 최근 이 우주모형에 대해 많은 연구가 진행되고 있다.

2.4.6 $\Lambda = 0$ 표준 우주모형

최근 우주의 가속팽창이 발견되기 전까지 우주모형들 중 가장 널리 사용된 Friedmann-Lemaître 우주모형이 $\Omega_\Lambda = 0$인 우주모형이다. 이 모형의 세 경우, 평탄 우주, 닫힌 우주, 열린 우주를 각각 살펴보자.

(가) 평탄 우주 $[k=0,\ \Omega_m = 1,\ q_0 = \frac{1}{2}]$

이 경우 식 (2.60)은 쉽게 적분된다.

$$\frac{R(t)}{R_0} = \left(\frac{t}{\frac{2}{3} H_0^{-1}}\right)^{2/3} \tag{2.65}$$

이 우주는 $t^{2/3}$에 비례해서 계속 커지고(그림 2.4의 $k=0$), 이 우주의 나이는 $t_0 = \frac{2}{3} H_0^{-1} = 6.5 \times 10^9 h^{-1}$년임을 알 수 있다. 이같이 질량-에너지 밀도가 임계치와 같아서 평탄한 우주를 Einstein-de Sitter 우주라고 한다.

(나) 닫힌 우주 $[k=+1,\ \Omega_0 > 1,\ q_0 > \frac{1}{2}]$

우주가 평탄하지 않은 경우는 매개변수를 이용하면 더 간편하게 적분된다. 식 (2.60)에 $s \equiv \dfrac{\Omega_0}{\Omega_0 - 1} \dfrac{1-\cos\theta}{2}$로 정의되는 매개변수를 도입하면

$$\frac{R(t)}{R_0} = \frac{1}{2} \frac{\Omega_0}{\Omega_0 - 1}(1-\cos\theta) \tag{2.66}$$

$$\frac{t}{H_0^{-1}} = \frac{1}{2} \frac{\Omega_0}{(\Omega_0 - 1)^{3/2}}(\theta - \sin\theta)$$

로 적분된다. 이 식들은 바로 사이클로이드(cycloid)를 나타내는 방정식이다. 우주의

크기척도 $R(t)$는 그림 2.4($k=+1$)에서 보이듯이 $t=0$ ($\theta=0$)에서 $R=0$로 시작해서 현재 시점

$$t=t_0, \quad \theta_0=\cos^{-1}\left(\frac{2-\Omega_0}{\Omega_0}\right) \tag{2.67}$$

를 거쳐

$$\theta_{max}=\pi, \quad t_{max}=\frac{\pi\Omega_0}{2H_0(\Omega_0-1)^{3/2}}, \quad R_{max}=\frac{\Omega_0}{\Omega_0-1}R_0 \tag{2.68}$$

에서 최대에 이르는데 이때

$$\left.\frac{dR}{dt}\right|_{t_{max}}=H_0R_0(\Omega_0-1)^{1/2}\left.\frac{\sin\theta}{1-\cos\theta}\right|_{\theta=\pi}=0 \tag{2.69}$$

이므로 팽창을 멈춘다. 그 후 다시 수축해서 $\theta=2\pi$, $t=2t_{max}$ 에서 크기척도가 다시 0이 된다. 따라서 이 우주는 팽창-수축을 반복하는 우주이고 매개변수 θ 는 팽창-정지-수축으로 이루어지는 한 사이클에서의 위상을 나타내고 있고, Ω_m 이 1에 가까울수록 이 사이클의 주기가 길어진다.

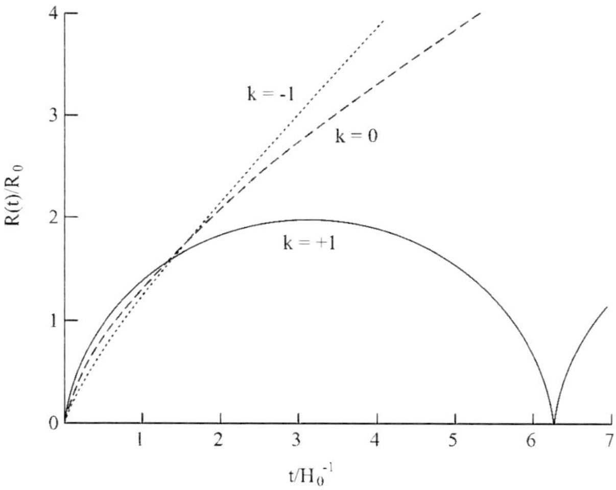

그림 2.4 양으로 휜 닫힌 우주($k=+1$), 평탄 우주($k=0$), 음으로 휜 열린 우주($k=-1$)에서 크기척도가 시간에 따라 변하는 모습

매개변수 θ를 이용하여 임의 시점의 Hubble 팽창계수 $H(t)$를 계산하면

$$H(t) \equiv \frac{1}{R(t)}\frac{dR(t)}{dt} = H_0 \frac{2(\Omega_m - 1)^{3/2}}{\Omega_m}\frac{\sin\theta}{(1-\cos\theta)^2} \tag{2.70}$$

로 표시되고 감속인수 $q(t)$는 더 간단하게 표현된다.

$$q(t) \equiv -\frac{\ddot{R}(t)R(t)}{\dot{R}(t)^2} = \frac{1}{1+\cos\theta} \tag{2.71}$$

한편 식 (2.60)을 직접 적분하는 것도 가능한데 적분의 결과는

$$\begin{aligned}\frac{t}{H_0^{-1}} &= -\frac{1}{\Omega_m - 1}\left[\Omega_m \frac{R}{R_0} - (\Omega_m - 1)\left(\frac{R}{R_0}\right)^2\right]^{1/2} \\ &\quad + \frac{\Omega_m}{2(\Omega_m - 1)^{3/2}}\cos^{-1}\left[2\frac{\Omega_\mathrm{m} - 1}{\Omega_\mathrm{m}}\frac{R}{R_0} - 1\right]\end{aligned} \tag{2.72}$$

로 표시되고 여기에 $R = R_0$를 대입하여 우주의 현재 나이를 계산하면

$$\frac{t_0}{H_0^{-1}} = -\frac{1}{\Omega_m - 1} + \frac{\Omega_m}{2(\Omega_m - 1)^{3/2}}\cos^{-1}(1 - \frac{2}{\Omega_\mathrm{m}}) \tag{2.73}$$

가 된다. 물론 위 식은 식 (2.67)과 (2.66)에서도 유도 가능하다.

(다) 열린 우주 [$k = -1,\ \Omega_m < 1,\ q_0 < \frac{1}{2}$]

같은 방법을 $\Omega_m < 1$ 경우에 적용할 때는 단지 $\theta = i\psi$로 치환하기만 하면 되므로

$$\frac{R(t)}{R_0} = \frac{1}{2}\frac{\Omega_m}{1-\Omega_m}(\cosh\psi - 1) \tag{2.74}$$

$$\frac{t}{H_0^{-1}} = \frac{1}{2}\frac{\Omega_m}{(1-\Omega_m)^{3/2}}(\sinh\psi - \psi)$$

가 유도된다. 이 우주에서는 평탄 우주에서 처럼 t에 따라 $R(t)$가 무한히 증가하는데

아주 먼 미래에는($t \gg H_0^{-1}$)

$$R(t) \simeq (1-\Omega_m)^{1/2} H_0 R_0 t \tag{2.75}$$

의 형태로 우주 나이에 비례해서 커진다(그림 2.4의 $k=-1$). 한편 현재 우주는

$$t = t_0, \quad \psi_0 = \cosh^{-1}\left(\frac{2-\Omega_m}{\Omega_m}\right) \tag{2.76}$$

에 해당하고 현재 우주의 나이는

$$\frac{t_0}{H_0^{-1}} = \frac{1}{1-\Omega_m} - \frac{\Omega_m}{2(1-\Omega_m)^{3/2}} \cosh^{-1}\left(\frac{2}{\Omega_\mathrm{m}} - 1\right) \tag{2.77}$$

이다. Hubble 팽창계수와 감속인수는 각각

$$H(t) = H_0 \frac{2(1-\Omega_m)^{3/2}}{\Omega_m} \frac{\sinh\psi}{(\cosh\psi - 1)^2} \tag{2.78}$$

$$q(t) = \frac{1}{1+\cos\theta} \tag{2.79}$$

로 표시된다. 식 (2.60)을 직접 적분하면 우주 나이와 크기척도 사이의 관계식

$$\frac{t}{H_0^{-1}} = \frac{1}{1-\Omega_m}\left[\Omega_m \frac{R}{R_0} + (1-\Omega_m)\left(\frac{R}{R_0}\right)^2\right]^{1/2} - \frac{\Omega_m}{2(1-\Omega_m)^{3/2}} \cosh^{-1}\left[2\frac{1-\Omega_\mathrm{m}}{\Omega_\mathrm{m}} \frac{R}{R_0} + 1\right] \tag{2.80}$$

이 유도된다.

2.4.7 $\Lambda \neq 0$ 일반 우주모형

우주상수가 0이 아닌 경우 Friedmann 방정식의 해는 복잡한 타원함수(elliptic function)들로 표현되고 Λ 값에 따라서 다양한 모습들을 보여준다. 그림 2.3은 $\Lambda \neq 0$이며 비어있지 않은($\rho \neq 0$) 우주 모형의 모든 경우를 보여준다(Rindler 1979). 이 중 비교적 널리 연구되었고 흥미로운 해는 Lemaître 우주모형과 Eddington-Lemaître 우주모형이다.

Lemaître 우주(그림 2.3에서 L)는 정적 Einstein 우주(그림 2.3에서 E)보다 물질-에너지가 더 많아서 $k = +1$이면서 $\Lambda > (4\pi G\rho_0 R_0^3)^{-2}$을 만족하는 우주로 $t = 0$ 근처에서는 $R \propto t^{2/3}$로 표준우주처럼 팽창하다가 서서히 팽창이 느려져서 한동안 크기가 별로 변하지 않다가 다시 팽창이 증가해서 마지막에는 de Sitter 우주같이 팽창한다. 이 우주의 가장 큰 특징인 우주가 천천히 팽창하는 순항기간(coasting period) 때문에 이 우주의 나이는 Hubble 시간 H_0^{-1}보다 얼마든지 더 커질 수 있다. 이 순항기간 중 팽창속도는 $R_x \equiv (\Omega_m/2\Omega_\Lambda)^{1/3} R_0$일 때 최소값을 가지고 이 근처에서 대략

$$\Delta t \simeq \Lambda^{1/2} \tag{2.81}$$

기간 동안 정적인 Einstein 우주와 같은 크기에 머무르다 다시 팽창한다.

한편 Eddington-Lemaître 우주는 Lemaître 우주의 한계 경우인데 $\Lambda \approx (4\pi G\rho_0 R_0^3)^{-2}$이면 $t = 0$에서 정적 Einstein 우주로 시작해 de Sitter 우주같이 팽창하거나(그림 2.3에서 EL_1), 반대로 $t = 0$에서 $R = 0$에서 팽창해서 정적 Einstein 우주로 점근해가는 경우에 해당한다(그림 2.3에서 EL_2).

우주상수에 대한 관측 또는 실험적 증거는 최근까지 거의 전무하다고 할 수 있었다. 우주의 나이 문제에서 끊임없이 우주 내 물질의 밀도가 임계치보다 낮거나 우주상수가 0이 아닌 우주론 모형의 장점들이 거론되었으나, 중력렌즈의 통계적 특성에 대한 연구는 우주상수가 아주 크면 곤란하다는 결과를 보여주었다(Fukugita & Turner 1991; Kochanek 1996). 그러나 우주배경복사(cosmic background radiation) 관측과 은하들의 거대 규모 분포 특성을 표준 은하 형성이론으로 설명하기 위해서 우주상수가 0이 아닌

우주모형이 다시 요구되었고(Ostriker & Steinhardt 1995), 일부 중력렌즈 통계연구에서도 우주상수가 0이 아닌 우주모형이 오히려 관측자료들을 더 잘 설명하는 것으로 나타나기도 했다(이현아 & 박명구 1994; 임명신, Griffiths & Ratnatunga 1997; 채규현 2003). 마침내 1998년 우주론적 거리에 있는 제1형 초신성들을 이용한 좀 더 직접적인 우주거리 측정으로부터 우주가 오히려 가속되고 있음이 입증되어 우리는 Einstein이 1917년 도입했던 우주상수가 0이 아닌($\Lambda \neq 0$) 우주에 살고 있음이 밝혀졌다(Riess et al. 1998; Perlmutter et al. 1999).

2.4.8 암흑에너지, 제5원소 등

제1형 초신성을 비롯하여 우주배경복사 자료, 우주의 거대구조 계산 결과 등은 모두 우리 우주에 우주상수가 상당히 큰 비중을 차지함을 확인하여 주고 있지만 근본적으로 왜 우주상수가 하필 현재 Ω_Λ=0.67의 크기를 가지는지 물리학적으로 설명하는 것은 쉽지 않은 일이다.

우주상수를 Einstein의 장방정식(식 2.36)에서 좌변의 하나로 생각하면 원래부터 존재하는 시공간의 기하학적 특성 중 하나로 받아들일 수도 있지만, 좌변의 다른 항들은 어떤 매개변수도 가지지 않은 순수한 기하학적 항들인 반면 우주상수는 특정한 값이 정해진 항이어서 구별된다.

반면에 우주상수 항을 우변으로 넘기면 양자역학에서 예상되는 진공에너지와 같아진다(2.4.1절 참조). 따라서 우주상수를 진공에너지로 해석하는 것은 자연스럽다. 문제는 현재의 양자장 이론에서 단순하게 예상되는 진공에너지의 크기는 관측된 우주상수의 값보다 10^{120}배 정도까지 더 클 수 있다는 점이다. 이러한 이유로 우주의 가속팽창이 발견되기 전 입자물리학 이론들은 진공에너지 즉 우주상수가 정확하게 0이 되는 이론을 찾기 위해 애썼다. 그러나 우주의 가속팽창이 발견됨으로써 진공에너지는 0이 아니면서 물리학 이론에서 기본적으로 예상되는 값에 비해 아주 작은 값임이 밝혀졌다. 따라서 물리학자들은 진공에너지가 왜 그렇게 작은 값인지를 설명해야만 하게 되었다.

우주의 가속팽창 발견 이후 21세기에 들어서면서 학계에서는 우주상수나 진공에너지 대신 암흑에너지(dark energy)란 말이 자리잡게 되었다. 암흑물질(dark matter)과 비슷한 느낌을 주는 암흑에너지는 우주에 우리가 잘 모르는 어둠의 에너지가 차있다는 뜻이다. 따라서 우리는 아주 약간의 보통 물질(baryon)과 그보다 10배쯤 더 많은, 아직 직접 관측으로 확인되지는 않아 무엇인지 모르는 암흑물질, 또 그의 3배쯤 되는, 더 수수께끼인 암흑에너지로 차있는, 모르는 것 투성이인 우주에 살고 있는 셈이다.

일단 암흑에너지의 존재가 확인되자 암흑에너지의 에너지 밀도가 시간에 대해 일정한지는 아직 관측으로 확인되지 않았으므로 암흑에너지 자체가 시간에 따라 바뀌는 모형 등 다양한 이론과 모형들이 개발되었다. 예를 들어 Aristoteles가 말한 흙, 물, 공기, 불의 4원소와는 특성이 다른, 에테르(ether)라고도 불리는 제5원소(quintessence)에서 이름을 딴 제5원소 이론은 일반 물질과는 달리 압력이 음 $[P/(\rho c^2) < 0]$이고 진공에너지와는 달리 공간적으로 비균질(inhomogenous)한 분포를 지니고 상태방정식 또한 시간에 따라 변할 수 있는 특별한 제5원소가 우주를 평탄하게 하고 가속팽창하게 한다고 설명하고 있다(Steinhardt & Caldwell 1998). 이런 제5원소가 있는 우주의 진화는 우주상수가 있는 우주의 진화와 달라지므로 천문학적 관측 자료들로 이를 검증하는 것도 가능하다. 그 외에도 좀 더 근본적인 초끈이론(string theory) 등으로 암흑에너지를 설명하려는 시도들도 계속되고 있다.

3
기본 중력렌즈 이론

3.1 렌즈방정식 : 점질량 렌즈

가장 간단한 중력렌즈계로, 멀리 있는 광원이 전방의 점질량에 의해 중력렌즈 되는 경우를 살펴보자. 점질량에 의한 공간은 Schwarzschild 계량으로 표현되므로 1.7절에서 계산된 빛의 경로해가 적용된다. 따라서 질량 M인 점질량을 충격맺음변수 ξ로 스쳐 지나갈 때 빛은 꺾임각(식 1.60)

$$\alpha = \frac{4GM}{c^2\xi} = \frac{2R_s}{\xi} \tag{3.1}$$

만큼 꺾이게 된다. 물론 이 간단한 공식은 점질량에 의한 중력이 약한 경우에 성립하므로 충격맺음변수 ξ가 Schwarzschild 반경 $R_s \equiv 2GM/c^2$에 비해 아주 큰 경우 ($\xi \gg R_s$) 에만 적용되는데 지금까지 관측된 중력렌즈계는 모두 이에 해당한다.

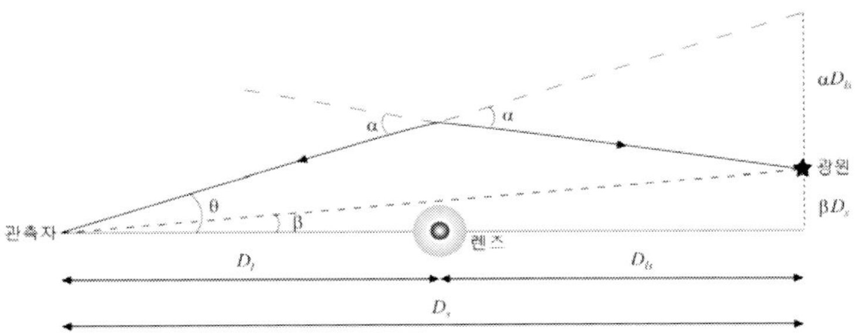

그림 3.1 광원에서 오는 빛이 렌즈에 의해 꺾여 관측자에 도착하는 경로와 관련된 각 및 거리들

그림 3.1에서 빛의 경로가 거의 직선이고 관련된 모든 각이 아주 작다는 점을 고려하면 거리들과 각들 사이에 관계식

$$\beta D_s = \theta D_s - \alpha D_{ls} \tag{3.2}$$

이 성립함을 알 수 있다.[3)] 여기서 D_s는 광원까지의 각직경거리, D_l은 렌즈, 즉 점질량까지의 각직경거리, D_{ls}는 렌즈에서 광원까지의 각직경거리이다. 일반적으로는 공간이 휘어있거나 팽창하고 있으므로 $D_{ls} \neq D_s - D_l$이다. 각 θ는 렌즈의 위치를 원점으로 잡을 경우 상의 위치를 나타내는 각으로 실제 관측되는 양이고, β는 충격맺음변수에 해당하는 각으로 렌즈작용이 없다고 가정했을 경우의 광원과 렌즈 사이의 각거리이며 직접 관측되지는 않는 양이다. 우주가 평탄하지 않거나 우주가 팽창하는 경우 단순한 평면 삼각법을 적용할 수 없는 것이 당연하겠지만, 임의의 공간에서 식 (3.2)를 만족할 수 있도록 정의된 거리가 바로 각직경거리이므로(2.3.4절 참조) 중력렌즈 계산에서 대부분의 경우 관련된 거리를 각직경거리로 할 경우 정적인 평탄 공간에서의 삼각법을 그대로 적용할 수 있다.

식 (3.2)를 렌즈방정식(lens equation)이라 부르는데 특성각(characteristic angle)을

$$\alpha_0 \equiv \sqrt{\frac{4GMD_{ls}}{c^2 D_l D_s}} = \sqrt{\frac{2R_s D_{ls}}{D_l D_s}} \tag{3.3}$$

로 정의하고, $\xi = \theta D_l$과 식 (3.1)을 이용하여 식을 정리하면

$$\beta = \theta - \frac{\alpha_0^2}{\theta} \tag{3.4}$$

또는 $\theta^2 - \beta\theta - \alpha_0^2 = 0$으로 표현된다. 상의 위치 θ에 대한 이 이차방정식은 임의의 α_0와 β에 대해

---

3) 렌즈와 관측자를 잇는 직선 대신 관측자와 광원 또는 렌즈와 광원을 잇는 직선을 기본 축으로 잡아서 방정식을 세워도 무방하다.

$$\theta_{1,2} = \frac{1}{2}\left(\beta \pm \sqrt{4\alpha_0^2 + \beta^2}\right) \tag{3.5}$$

인 두 개의 해를 가지므로 점질량 중력렌즈계에서는 언제나 두 개의 상이 생김을 알 수 있다. 또한 $\theta_1 > 0$, $\theta_2 < 0$이므로 두 상은 언제나 렌즈를 중심으로 양쪽에 비대칭으로 생기며, $\theta_1 + \theta_2 = \beta$이므로 두 상의 중심점은 원래 광원의 위치이고 두 상 간의 각거리 $\Delta\theta = \theta_1 - \theta_2 = (4\alpha_0^2 + \beta^2)^{1/2}$이다. 특히 $\beta = 0$, 즉 광원이 정확하게 렌즈 뒤에 위치할 때 $\theta_1 = \alpha_0$, $\theta_2 = -\alpha_0$인데 이때는 관측자-렌즈-광원이 이루는 평면이 직선이 되고 회전대칭성을 가지므로 광원의 상은 고리가 된다. 이 고리를 Einstein 고리(ring)라 부른다(Einstein 1936). 이 고리의 각반경은 α_0인데 관측자에서 렌즈까지의 거리가 렌즈에서 광원까지의 거리와 같은 경우($D_l = D_{ls} = D_s/2$), $\alpha_0 = \sqrt{R_s/D_l}$로 렌즈의 Schwarzschild 반경과 렌즈까지의 거리의 비로 결정된다.

상간(각)거리(image separation distance) $\Delta\theta = |\theta_1 - \theta_2|$는 충격맺음변수가 특별히 크지 않는 경우 - 충격맺음변수가 아주 큰 경우 상 한 개는 거의 보이지 않는다 - 특성각 α_0 정도의 값을 가지게 된다. 그런데 식 (3.3)에서 알 수 있듯이 특성각은 렌즈의 질량과 광원 및 렌즈까지의 거리들의 비에 의해 결정된다.

우주의 저쪽에 있는 은하나 준항성(quasar)들이 전방의 은하 등에 의해서 렌즈되는 경우에는 연관되는 거리가 대부분 Hubble 거리 c/H_0 정도의 크기를 가지므로, $D_s \equiv \zeta_s c/H_0$, $D_l \equiv \zeta_l c/H_0$, $D_{ls} \equiv \zeta_{ls} c/H_0$으로 거리의 단위를 정리하면 특성각은 대체로

$$\alpha_0 \simeq 1.2\sqrt{\frac{M}{10^{12}\,M_\odot}}\sqrt{\frac{h_{50}\zeta_{ls}}{\zeta_l\,\zeta_s}}\ \text{각초} \tag{3.6}$$

의 전형적인 값을 가지게 된다. 여기서 $h_{50} \equiv H_0/[50\ \mathrm{km\,s^{-1}\,Mpc^{-1}}]$는 Hubble 상수를 적당한 값으로 규격화한 계수이다. 또한 천구 상의 각 위치 대신 시선방향에 수직이고 렌즈를 포함하는 면, 즉 렌즈면(lens plane)을 가정하고 상이 이 렌즈면에 나타나는 것으로 생각할 수도 있는데 이 가상적인 면에서 상간거리는 $\Delta\theta \cdot D_l$이므로 이에 해당하는 특성길이(characteristic length) ξ_0는

$$\xi_0 \equiv \alpha_0 D_l = \sqrt{\frac{2R_s D_{ls} D_l}{D_s}} \simeq 3\times 10^4 \sqrt{\frac{M}{10^{12} M_\odot}} \sqrt{\frac{h_{50}\zeta_{ls}\zeta_l}{\zeta_s}} \ \mathrm{pc} \tag{3.7}$$

의 값을 가지게 된다. 비슷하게 광원이 위치한 광원면(source plane)에서 특성길이 η_0를 정의하면

$$\eta_0 \equiv \alpha_0 D_s = \sqrt{\frac{2R_s D_{ls} D_s}{D_l}} \simeq 3\times 10^4 \sqrt{\frac{M}{10^{12} M_\odot}} \sqrt{\frac{h_{50}\zeta_{ls}\zeta_s}{\zeta_s}} \ \mathrm{pc} \tag{3.8}$$

정도의 값을 가진다.

우리 은하 내에 있는 별들 간에 또는 우리 은하 바로 근처에서 별들에 의한 렌즈작용이 일어난다면 전형적인 거리는 kpc 정도이므로 $D_s \equiv \zeta_s\,\mathrm{kpc}$, $D_l \equiv \zeta_l\,\mathrm{kpc}$, $D_{ls} \equiv \zeta_{ls}\,\mathrm{kpc}$로 정의하면 특성각과 특성길이는

$$\alpha_0 \simeq 3\times 10^{-3} \sqrt{\frac{M}{M_\odot}} \sqrt{\frac{\zeta_{ls}}{\zeta_l\,\zeta_s}} \ \text{각초} \tag{3.9}$$

$$\xi_0 \simeq 4\times 10^{13} \sqrt{\frac{M}{10^{12} M_\odot}} \sqrt{\frac{\zeta_{ls}}{\zeta_l\,\zeta_s}} \ \mathrm{cm} \tag{3.10}$$

정도의 값을 가진다. 따라서 우리 은하 내에서 별에 의해 중력렌즈되는 경우 2개의 상을 구별 관측하는 것은 현재의 관측 분해능(resolution)으로는 불가능하다.[4)]

위의 관계식들은 렌즈가 점질량일 경우를 가정했지만 렌즈작용을 하는 천체가 실제 점질량이 아닐 경우에도 이 천체의 크기가 충격맺음변수 또는 특성길이보다 훨씬 작으면 렌즈작용이 일어나는 근처의 시공간이 Schwarzschild 계량으로 잘 근사되므로 점질량의 경우와 같아진다.

점질량의 경우에는 렌즈방정식 (3.2)의 해를 쉽게 구할 수 있지만 일반적인 경우에는 꺾임각 α가 상의 위치 θ의 복잡한 함수로 나타나서 대수적인 해를 구할 수 없다. 이런 경우에도 그래프를 이용하면 상의 위치나 기타 성질들을 대략 알 수가 있다.

---

4) Hubble 우주망원경(HST: Hubble Space Telescope)의 분해능은 약 0.05″이다.

렌즈방정식 (3.2)를 다시 적어보면

$$\theta - \beta = \frac{D_{ls}}{D_s}\alpha(\theta) \tag{3.11}$$

가 되므로 함수 $f(\theta) \equiv \theta - \beta$와 $g(\theta) \equiv [D_{ls}/D_l]\alpha(\theta)$를 정의하면 렌즈방정식의 해는 $f(\theta)$와 $g(\theta)$가 만나는 점이 된다(그림 3.2).

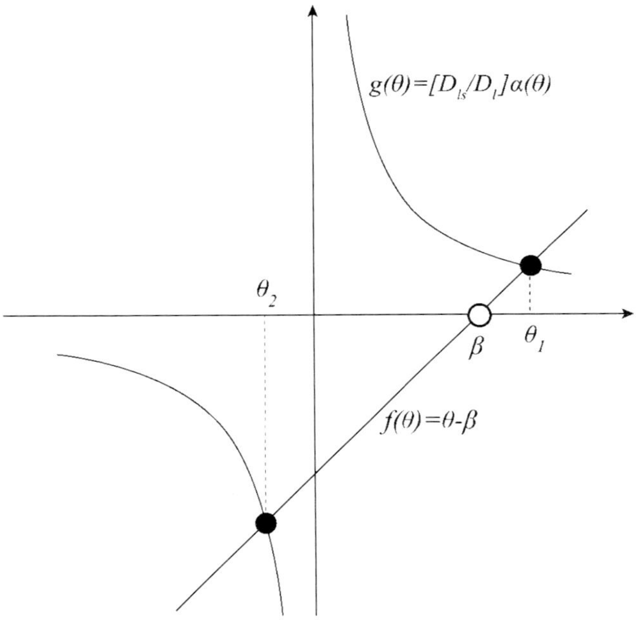

그림 3.2 점질량 렌즈 경우 렌즈방정식을 그래프로 표현한 그림. 두 함수의 교점이 상의 위치가 된다.

점질량 렌즈의 경우 $g(\theta) = \alpha_0^2/\theta$ 이어서 두 함수는 언제나 $\theta = \theta_1, \theta_2$ (식 3.5)에서 만나게 되어 언제나 두 개의 상을 형성함을 쉽게 알 수 있다(그림 3.2). 이때 광원의 원래 위치는 함수 $f(\theta)$의 x-축 절편 β이므로, β가 증가하면, 즉 광원과 렌즈 간의 거리가 멀어지면, 렌즈를 중심으로 광원과 같은 방향에 생기는 상은 광원의 위치와 가까워지게 된다($\theta_1 \rightarrow \beta$). 이는 빛이 렌즈를 멀찌감치 통과할 경우 중력이 약해서 그 진행방향이 거의 변하지 않으므로 광원의 위치가 별로 바뀌지 않아져야 함을 보여준다.

그러나 이 경우에도 제2의 상이 언제나 렌즈 바로 근처에 생기는데($\theta_2 \rightarrow 0$), 순수한 점질량의 경우에는 이론적으로 식 (3.1)에서 보듯이 충격변수가 작으면 꺾임각이 무한히 커질 수 있으므로 광원과 렌즈가 아무리 떨어져 있어도 렌즈가까이에서 한 개의 상을 맺을 수 있다. 물론 위에서 적용한 식들은 중력이 약해서 꺾임각이 작을 경우에 근사한 식들이므로, 실제로 중력장이 강한 곳, 예를 들어 블랙홀(black hole) 근처에서 일어나는 렌즈현상을 기술하기 위해서는 근사계산 대신 일반상대성이론의 영측지선 방정식(1.7절 참조)을 제대로 적용하여야 한다.

3.2 렌즈방정식 : 일반적인 경우

이제 물질이 임의로 분포된 일반적인 경우의 중력렌즈에 대해 살펴보자. 앞에서와 같이 중력이 약한 경우를 가정하면 꺾임각이 작아서 관측자로부터 일정한 거리에 있는 광원면(source plane)이나 렌즈면(lens plane)을 빛의 진행 방향에 수직인 접평면(tangent plane)으로 근사 가능하다. 렌즈면에서 꺾인 빛의 방향이 상의 위치가 되므로 렌즈면은 상면(image plane)과 같다(그림 3.3).

천구상에서의 광원의 위치를 나타내는 2차원 각벡터(angle vector)를 $\boldsymbol{\beta}$, 상의 위치벡터를 $\boldsymbol{\theta}$, 꺾임각벡터를 $\boldsymbol{\alpha}$라 하고 광원면에 투영된 렌즈, 광원, 상의 위치를 고려하면 2차원 벡터방정식

$$\boldsymbol{\beta} D_s + \boldsymbol{\alpha} D_{ls} = \boldsymbol{\theta} D_s \tag{3.12}$$

가 성립한다(그림 3.3). 이를 2차원 각에 대한 방정식으로 적으면 일반 렌즈방정식

$$\boldsymbol{\beta} = \boldsymbol{\theta} - \frac{D_{ls}}{D_s} \boldsymbol{\alpha}(\boldsymbol{\xi}) \tag{3.13}$$

가 된다. 지나가는 빛과 렌즈의 상대적 위치, 즉 충격맺음변수벡터는 $\boldsymbol{\xi} \equiv D_l \boldsymbol{\theta}$로 표시했다. 이 식은 평면에서의 삼각법을 적용한 결과이므로 상이 맺히는 곳, 또는 빛이 지나는

곳의 중력이 작아서 관련된 모든 각벡터가 작은 경우($|\beta|$, $|\alpha|$, $|\theta| \ll 1$)에만 성립한다. 1.8절에서 유도한 대로 이 경우 여러 점질량들에 의한 꺾임각은 개별 점질량들에 의한 꺾임각들의 합

$$\alpha(\xi) = \sum_i \frac{4GM_i}{c^2} \frac{\xi - \xi_i}{|\xi - \xi_i|^2} \tag{3.14}$$

으로 주어지며 질량들이 퍼져 있는(extended) 경우에는 렌즈면 전체에 걸친 적분으로 표현된다.

$$\alpha(\xi) = \frac{4G}{c^2} \int_{R^2} d^2\xi' \, \Sigma(\xi') \frac{\xi - \xi'}{|\xi - \xi'|^2} \tag{3.15}$$

면질량밀도 $\Sigma(\xi')$는 렌즈면에 투영된 2차원 질량밀도이다. 렌즈방정식 (3.13)을 보면 형태로는 간단해 보이지만, 꺾임각 α가 충격맺음변수벡터 ξ, 즉 상의 위치 θ의 함수이므로 비선형 적분방정식이 되어 해를 구하는 일이 쉽지 않다. 반면에 상의 위치를 이미 알고 있는 경우라면 광원의 위치 β는 손쉽게 계산이 된다.

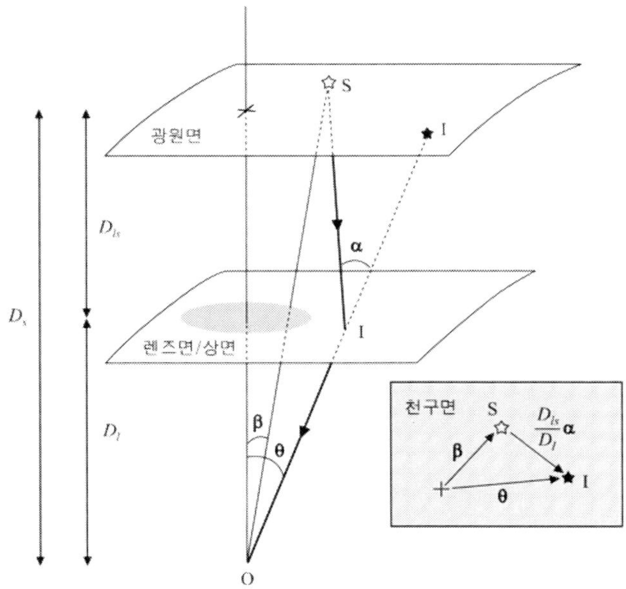

그림 3.3 광원면과 렌즈면에서의 광원과 상의 위치, 여러 각 및 거리들의 정의

3.3 상의 확대

유리로 된 광학렌즈에서처럼 중력렌즈에 의해서도 상의 모양이 변형된다. 빛의 밝기를 나타내는 고유세기(specific intensity)를 I_ν라 할 때 평탄한 공간에서는 빛의 궤적을 따라 I_ν가 보존된다(Rybicki & Lightman 1979, 제1장 참조). 그런데 휜 공간에서는 고유세기 대신 광자분포함수(photon distribution function)에 해당하는 I_ν/ν^3이 광자의 세계선(world line)을 따라서 보존된다(Misner, Thorne & Wheeler 1973, 22.6절 참조). 따라서 관측자와 광원 사이에 주파수 변화가 없을 경우 고유세기 I_ν도 보존된다.

렌즈에 의한 중력장이 국부적일 경우, 더 정확하게 말하면 관측자와 광원은 우주 전체의 평균적인 시공간에 위치하고 렌즈 근처는 렌즈에 의해 여분의 국부적 중력장이 있을 경우, 광원을 출발한 빛은 렌즈 근처에서 주파수 변화가 생기지만 이 국부적 중력장을 빠져 나오면서 원래의 주파수로 되돌아오게 된다. 다만 렌즈의 운동속도가 빛 속도에 비해 작지 않을 경우에는 빛이 렌즈에 접근할 때와 빠져나올 때의 중력장이 달라져서 주파수 변화가 생길 수도 있다.

따라서 대부분의 중력렌즈의 경우 고유세기 I_ν는 렌즈가 없을 경우와 동일하다. 천구상의 어떤 천체가 만드는 입체각의 크기가 $\Delta\omega_0$이고 이 광원에 의한 관측자의 위치에서의 고유세기가 I_ν이면 관측자가 측정하는 이 천체로부터 오는 복사플럭스(radiation flux)는 $I_\nu \Delta\omega_0$가 된다. 한편 이 광원이 전방의 렌즈에 의해 상이 변형되면 I_ν의 변화는 없으나 상의 입체각이 $\Delta\omega$로 달라지게 된다. 결과적으로 렌즈가 없을 경우와 렌즈가 있을 경우의 밝기의 비인 확대인수(magnification factor)는 각각의 경우 만들어지는 상의 입체각의 비

$$\mu \equiv \frac{F_\nu^{\mathrm{lens}}}{F_\nu^{\mathrm{no\,lens}}} = \frac{\Delta\omega}{\Delta\omega_0} = \frac{A_I/D_l^2}{A_S/D_s^2} \tag{3.16}$$

로 주어진다. 여기서 A_I는 렌즈면에 투영된 렌즈된 상의 면적(area of the lensed image)이고 A_S는 광원면에 투영된 원래 광원의 면적(area of the source)이다(그림 3.4). 즉 렌즈에 의해 상이 변형될 때 단위 입체각 당 상의 밝기는 변화하지 않으므로 광원의

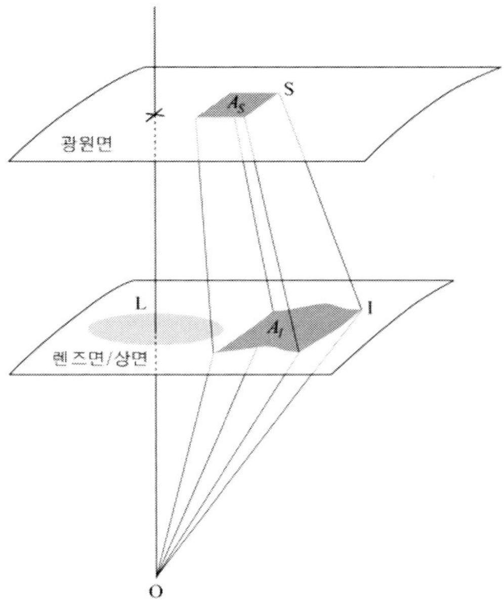

그림 3.4 광원의 면적 A_S가 상의 면적 A_I로 확대되는 모습

면적이 커져 보이는 만큼 밝아지는 것이다. 경우에 따라서는 상이 원래 광원보다 작아져서(demagnified) 더 어두워질 수도 있다. 즉 μ는 1보다 커질 수도 작아질 수도 있다.

광원의 원래 상이 렌즈에 의해 변형되는 과정을 광원의 원래 위치를 나타내는 2차원 각벡터 $\boldsymbol{\beta}$에서 렌즈된 상의 위치를 나타내는 2차원 각벡터 $\boldsymbol{\theta}$로의 2차원 사상(mapping)으로 볼 수 있다. 이때 광원의 입체각과 상의 입체각의 비는 이 사상의 Jacobi 행렬식(determinant)의 크기와 같다. 즉

$$\frac{\Delta\omega_0}{\Delta\omega}=\left|\det\frac{\partial\boldsymbol{\beta}}{\partial\boldsymbol{\theta}}\right| \tag{3.17}$$

이므로, 여러 개 상 θ_i 각각에 대한 확대인수는

$$\mu_i=\left|\det\frac{\partial\boldsymbol{\beta}}{\partial\boldsymbol{\theta}}\right|^{-1}_{\theta=\theta_i} \tag{3.18}$$

가 된다. 각벡터 β가 θ의 간단한 함수로 주어질 경우에는 각 상들의 확대인수는 손쉽게 계산된다.

또 원 광원의 방향이 렌즈된 상에서는 어떤 방향으로 달라지는가를 나타내는 반전성(parity)은 사상의 Jacobi 행렬식의 부호로부터 알 수 있다. 예를 들어 $\det(\partial\boldsymbol{\beta}/\partial\boldsymbol{\theta}) > 0$이면 양의 반전성을 가져 상이 원래와 같은 방향으로 나타나며, $\det(\partial\boldsymbol{\beta}/\partial\boldsymbol{\theta}) < 0$이면 반전성이 음이 되어 상이 뒤집혀서 나타나게 된다.

주어진 광원의 위치에 대해 렌즈가 특별한 곳에 위치하거나 주어진 렌즈의 위치에 대해 광원이 특별한 위치에 있게 되면 사상의 Jacobi 행렬식 $\det(\partial\boldsymbol{\beta}/\partial\boldsymbol{\theta})$이 0이 될 수 있다. 주어진 광원의 위치에 대해 이렇게 되는 렌즈면에서의 렌즈의 위치는 곡선을 이루는데 이를 임계곡선(critical curve)이라 부른다. 즉 렌즈면에서 $\det(\partial\boldsymbol{\beta}/\partial\boldsymbol{\theta}) = 0$이 되는 $\boldsymbol{\theta}$를 말한다. 이 곡선을 경계로 Jacobi 행렬식의 부호, 즉 반전성이 바뀐다. 또 이 곡선상에서는 식 (3.18)에 의해 확대인수가 무한대가 되므로($\mu_i \to \infty$) 상이 무한히 밝아진다. 물론 실제 렌즈의 경우에는 광원이 수학적인 점이 아니고, 작더라도 퍼진 광원(extended source)이며 기하광학에서 무시하고 있는 파동효과까지 고려하면 밝기 증가(magnification)는 유한한 값에 그친다.

렌즈면의 임계곡선을 광원면에 사상한 곡선을 화선(caustic)이라 하는데 주어진 렌즈의 위치에 대해 Jacobi 행렬식이 0이 되는 광원면에서의 광원의 위치 β이다. 광원이 이 화선을 지나게 되면 렌즈된 상의 개수가 2개씩 변하게 된다. 즉 광원이 특정 위치에 있을 때 상이 1개밖에 없다면 광원의 위치가 이동해서 화선을 가로질러 반대쪽에 위치하게 되면 상은 3개로 늘어나게 된다. 또 광원이 화선에 아주 가까워지면 렌즈가 임계곡선에 위치하게 되는 경우이므로 반전성이 반대인 인접한 두 상이 합쳐지면서 아주 밝아지게($\mu \gg 1$) 된다.

이제 구체적으로 점질량 렌즈의 경우에 대해 이 같은 성질들을 계산해보자. 관련된 각들을 규격화(normalized)한 $\widetilde{\theta} \equiv \theta/\alpha_0$와 $\widetilde{\beta} \equiv \beta/\alpha_0$를 정의하면 천구 상에서 광원은 렌즈 위치에 잡은 원점에서부터 $\widetilde{\beta}$만큼 떨어져 있고 렌즈된 상은 $\widetilde{\theta}$ 떨어진 곳에 생긴다(그림 3.5). 점광원 렌즈의 경우 원 대칭성(circular symmetry)에 의해 광원 내의 한 점과 그에 대응되는 상의 점을 이은 직선은 원점을 지나게 된다. 따라서 상과 광원은 천구면에서 동경에 수직한 방향에 대해서는 닮은 꼴로 확대되어 광원이 원형일 경우

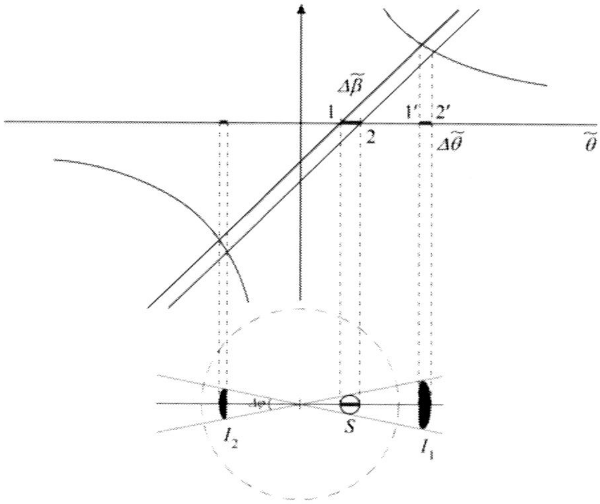

그림 3.5 점질량 렌즈의 경우 광원(S)과 상(I_1, I_2)의 위치 및 모양

상은 타원 비슷한 형태가 된다. 렌즈와 광원의 중심을 잇는 방향을 x-방향이라 하고 광원이 x-축과 만나는 점을 1, 2, 이 점들에 해당하는 렌즈된 상이 x-축과 만나는 점들을 1′, 2′이라 하자(그림 3.5). 이 네 점들의 규격화된 x-좌표들을 각각 $\widetilde{\beta}_1$, $\widetilde{\beta}_2$, $\widetilde{\theta}_1$, $\widetilde{\theta}_2$라 하면, 식 (3.5)의 두 개의 해 중 렌즈에 대해 같은 방향의 해(+ 부호)에 해당하므로

$$\widetilde{\theta}_1 = \frac{1}{2}\left[\widetilde{\beta}_1 + \sqrt{4+(\widetilde{\beta}_1)^2}\,\right],\ \widetilde{\theta}_2 = \frac{1}{2}\left[\widetilde{\beta}_2 + \sqrt{4+(\widetilde{\beta}_2)^2}\,\right] \tag{3.19}$$

를 만족한다. 광원의 x-방향 폭 $\Delta\widetilde{\beta} \equiv \widetilde{\beta}_2 - \widetilde{\beta}_1$와 상의 폭 $\Delta\widetilde{\theta} \equiv \widetilde{\theta}_2 - \widetilde{\theta}_1$을 비교해보면 언제나 $\Delta\widetilde{\beta} \geqq \Delta\widetilde{\theta}$ 임을 알 수 있다. 따라서 렌즈를 기준으로 광원과 같은 방향에 생기는 상은 폭이 줄어들고 길이가 늘어난 형태로 확대된다. 원점에 대해 광원과 상이 이루는 각은 대칭성에 의해 같으므로 이 각을 $\Delta\varphi$라 하고 광원 중심의 x-좌표를 $\widetilde{\beta}$, 상 중심의 x-좌표를 $\widetilde{\theta}$ 라 하면, 광원의 입체각은 상수 · $\Delta\widetilde{\beta}$ · $\widetilde{\beta}$ · $\Delta\varphi$ 이고 상의 입체각은 상수 · $\Delta\widetilde{\theta}$ · $\widetilde{\theta}$ · $\Delta\varphi$ 이다. 상의 밝기는 상의 입체각에 비례하므로 원광원에 대한 상 I_1의 밝기 증가 또는 확대인수는

$$\mu_+ = \left| \frac{\Delta\widetilde{\theta} \cdot \widetilde{\theta}}{\Delta\widetilde{\beta} \cdot \widetilde{\beta}} \right| = \frac{1}{4}\left[\frac{\widetilde{\beta}}{\sqrt{\widetilde{\beta}^{\,2}+4}} + \frac{\sqrt{\widetilde{\beta}^{\,2}+4}}{\widetilde{\beta}} + 2 \right] \tag{3.20}$$

이고, 같은 방법으로 광원의 반대편에 생기는 상 I_2에 대한 확대인수는

$$\mu_- = \left| \frac{\Delta\widetilde{\theta} \cdot \widetilde{\theta}}{\Delta\widetilde{\beta} \cdot \widetilde{\beta}} \right| = \frac{1}{4}\left[\frac{\widetilde{\beta}}{\sqrt{\widetilde{\beta}^{\,2}+4}} + \frac{\sqrt{\widetilde{\beta}^{\,2}+4}}{\widetilde{\beta}} - 2 \right] \tag{3.21}$$

가 되고, 이 두 상의 밝기 비는

$$\frac{\mu_+}{\mu_-} = \left[\frac{\sqrt{\widetilde{\beta}^2+4}+\widetilde{\beta}}{\sqrt{\widetilde{\beta}^2+4}-\widetilde{\beta}} \right]^2 \tag{3.22}$$

인데 $\widetilde{\beta} > 0$인 경우 언제나 $\mu_+ > 1$이고 $\mu_+/\mu_- > 1$이어서 렌즈에 대해 광원과 같은 방향에 생기는 상이 원래 광원보다 언제나 밝으며 반대쪽의 상보다도 더 밝음을 알 수 있다. 여기서 우리는 일반적인 확대 정리(magnification theorem) – 렌즈된 상 중 하나는 언제나 원래 광원보다 밝다 – 의 한 예를 볼 수 있다.

이들 확대인수들의 극한값들을 살펴보자. 광원이 렌즈와 일직선 상에 가까워지는 경우($\widetilde{\beta} \to 0$)

$$\mu_+ \simeq \frac{1}{2\widetilde{\beta}} + \frac{1}{2},\ \ \mu_- \simeq \frac{1}{2\widetilde{\beta}} - \frac{1}{2},\ \ \frac{\mu_+}{\mu_-} \simeq 1 + \widetilde{\beta} \tag{3.23}$$

로 밝기가 거의 같은, 두 개의 확대되어 많이 밝아진 상이 만들어지고, 반대로 광원이 렌즈와 아주 멀리 떨어져 있는 경우($\widetilde{\beta} \to \infty$)

$$\mu_+ \simeq 1 + \frac{1}{\widetilde{\beta}^{\,4}},\ \ \mu_- \simeq \frac{1}{\widetilde{\beta}^{\,4}},\ \ \frac{\mu_+}{\mu_-} \simeq 1 + \widetilde{\beta}^{\,4} \tag{3.24}$$

로 광원 바로 곁에 생기는 한 개의 상은 광원의 원래 밝기와 거의 같고 렌즈 바로 곁에 생기는 나머지 상은 아주 어두워진다. 실제 질량분포가 수학적인 점질량에 해당되지 않을 경우, 즉 질량밀도가 중심에서 무한하지 않은 경우 광원이 렌즈에서 너무

멀어지면 이 두 번째 상은 만들어지지 않는다. 따라서 실제적으로 점질량에 가까운 옹골찬 질량분포(compact mass distribution)라 해도 광원과 렌즈가 무한히 멀 경우에는, 렌즈가 없는 경우와 같이 원래 밝기 정도의 상이 원래 위치에 한 개만 생기는 것이다. 수학적인 점질량에 가장 가까운 경우가 블랙홀인데 이 경우 위의 근사식들 대신 엄밀한 영측지선 방정식을 풀어보면 블랙홀은 빛을 무한히 큰 각도로 꺾을 수 있고 따라서 우주 전체의 모습이 축소 변형된 모습으로 Schwarzschild 반경 근처에 여러 개의 동심 고리띠 각각에 나타남을 알 수 있다(Misner, Thorne & Wheeler 1973, 25.6절 참조). 물론 블랙홀의 Schwarzschild 반경 근처를 직접 관측할 수 있다고 하더라도 이 상대론적 상들은 너무 어두워서 관측이 거의 불가능할 것이다.

위의 내용들은 도표를 이용해서도 알아볼 수 있다. 예를 들어 점질량 렌즈의 경우 그림 3.5에서 보듯이 x-절편이 $\widetilde{\beta}_1$, $\widetilde{\beta}_2$이고 기울기 1인 두 직선이 1-4분면에서 $g(\widetilde{\theta}) = 1/\widetilde{\theta}$ 와 만나는 두 점의 x-좌표들이 $\widetilde{\theta}_1$, $\widetilde{\theta}_2$가 된다. 이때 $1/\widetilde{\theta}$ 의 기울기가 언제나 음이므로 $\Delta\widetilde{\beta} \geqq \Delta\widetilde{\theta}$ 이고 상은 x-방향, 즉 렌즈면에서 동경방향으로 수축함을 알 수 있다. 일반적인 경우에는 기울기 1인 직선이 $g(\widetilde{\theta})$와 만나는 점에서의 기울기를 s라 하면 $s < 0$ 또는 $s > 2$이면 동경방향으로 수축하고 $0 \leqq s \leqq 2$인 경우 동경방향으로 확대됨을 알 수 있다. 특히 $s = 1$인 경우는 동경방향으로 무한히 확대되어 밝아지게 된다.

마지막으로 퍼진 광원이 렌즈와 일직선 상에 놓이는 경우는 점광원과 어떻게 다른가를 살펴보자. 광원으로 각반경이 $\eta\alpha_0$ 이고 표면밝기가 균일한 원반을 가정하자. 식 (3.5)에 의해 원반은 안쪽 반경이 $r_1 = (\alpha_0/2)(\sqrt{\eta^2+4}-\eta)$이고 바깥 반경이 $r_2 = (\alpha_0/2)(\sqrt{\eta^2+4}+\eta)$인 둥근 띠로 나타난다. 이 띠의 면적은 $\pi(r_2^2 - r_1^2) = \pi\eta(\eta^2+4)^{1/2}\alpha_0^2$로 주어져서 확대인수 $\mu = (\eta^2+4)^{1/2}/\eta$가 된다.[5] 광원이 렌즈의 특성각보다 큰 경우 ($\eta \gg 1$), 광원의 일부만 영향을 받으므로 $\mu \simeq 1$로 별로 밝아지지 않는다. 반대로 광원이 렌즈의 특성각보다 작은 경우($\eta \ll 1$), 광원 전체가 커져서 $\mu \gg 1$로 많이 밝아지게

5) 이 식은 총 확대인수를 광원 전체에 대해 직접 적분해서도 구할 수 있다. 즉

$$\mu = \frac{1}{\pi\eta^2}\int_0^{\eta} 2\pi\widetilde{\beta}\, d\widetilde{\beta}\, [\mu_+(\widetilde{\beta}) + \mu_-(\widetilde{\beta})] = \frac{\eta^2+4}{\eta}$$

된다. 일반적으로 광원이 렌즈에 의해 많이 밝아지기 위해서는 빛을 내는 부분의 각크기가 렌즈의 특성각 - 렌즈의 중력이 영향을 미치는 크기에 해당 - 보다 작아야 가능하다. 그래야 광원의 전체 또는 상당한 부분이 확대되기 때문이다.

3.4 Fermat의 원리와 시간지연

렌즈면에 투영된 상과 광원의 위치 벡터를 특성길이 ξ_0(식 3.7)와 η_0(식 3.8)로 규격화한 무차원(dimensionless) 벡터를 $\boldsymbol{x}$, $\boldsymbol{y}$로 정의하면

$$\boldsymbol{x} \equiv \frac{\boldsymbol{\xi}}{\xi_0} = \frac{\boldsymbol{\theta}}{\alpha_0}, \qquad \boldsymbol{y} \equiv \frac{\boldsymbol{\eta}}{\eta_0} = \frac{\boldsymbol{\beta}}{\alpha_0} \tag{3.25}$$

이고, 면질량밀도도 임계면질량밀도(critical surface mass density) Σ_{cr}로 무차원화하여

$$\sigma(\boldsymbol{x}) = \frac{\Sigma(\boldsymbol{\xi})}{\Sigma_{cr}}, \qquad \Sigma_{cr} \equiv \frac{c^2 D_s}{4\pi G D_l D_{ls}} \tag{3.26}$$

로 표현하면, 렌즈방정식은

$$\boldsymbol{y} = \boldsymbol{x} - \tilde{\boldsymbol{\alpha}}(\boldsymbol{x}) \tag{3.27}$$

가 된다. 이 식에서 규격화된 꺾임각은 렌즈면에서의 면질량밀도의 적분

$$\tilde{\boldsymbol{\alpha}}(\boldsymbol{x}) \equiv \frac{D_{ls}}{D_s}\frac{\boldsymbol{\alpha}}{\alpha_0} = \frac{1}{\pi}\int_{R^2} d^2x'\,\sigma(\boldsymbol{x}')\frac{\boldsymbol{x}'-\boldsymbol{x}}{|\boldsymbol{x}'-\boldsymbol{x}|^2} \tag{3.28}$$

으로 주어진다.

역학이나 전자기학에서 3차원 벡터로 표현되는 힘이나 전기장 대신 스칼라 퍼텐셜을 사용하면 편리한 점이 많듯이 여기서도 2차원 꺾임각 벡터를 스칼라 함수로 표현할 수 있다. 스칼라 함수인 꺾임퍼텐셜(deflection potential) 또는 렌즈퍼텐셜(lens potential)

$$\psi(\boldsymbol{x}) = \frac{1}{\pi}\int_{R^2} d^2x'\sigma(\boldsymbol{x}')\ln|\boldsymbol{x}'-\boldsymbol{x}| \tag{3.29}$$

를 정의하고 $\nabla\ln|\boldsymbol{x}| = \boldsymbol{x}/|\boldsymbol{x}|^2$을 이용하면 꺾임각 (3.28)은

$$\tilde{\boldsymbol{\alpha}} = \nabla\psi \tag{3.30}$$

가 되어 렌즈방정식 (3.27)을

$$\boldsymbol{y} = \nabla\left(\frac{1}{2}x^2 - \psi(\boldsymbol{x})\right) \tag{3.31}$$

로 표현할 수 있다. 좌우항을 모아쓰고 새로운 스칼라 함수 Fermat 퍼텐셜

$$\phi(\boldsymbol{x},\boldsymbol{y}) = \frac{1}{2}(\boldsymbol{x}-\boldsymbol{y})^2 - \psi(\boldsymbol{x}) \tag{3.32}$$

을 정의하면 렌즈방정식 (3.31)은

$$\nabla_{\boldsymbol{x}}\phi(\boldsymbol{x},\boldsymbol{y}) = 0 \tag{3.33}$$

가 된다. Fermat 퍼텐셜은 각 상의 위치에 대한 시간지연(time delay)의 의미를 지니므로 위 식은 주어진 광원의 위치 $\boldsymbol{y}$에 대해 Fermat 퍼텐셜, 즉 시간지연함수가 극치(extremum)를 가지는 위치 $\boldsymbol{x}$에 상들이 생김을 뜻한다. 이는 바로 광학에서 두 점을 잇는 빛의 경로는 광학적 길이(optical length)가 극치 값을 가지는 경로라는 'Fermat의 원리(Fermat's principle)'이다.

중력렌즈에서 시간지연은 광원에서 출발한 빛이 관측자에게 도달하는 데 걸리는 시간이 렌즈된 상들이 나타나는 위치에 따라 달라짐을 나타낸다. 시간지연이 생겨나는

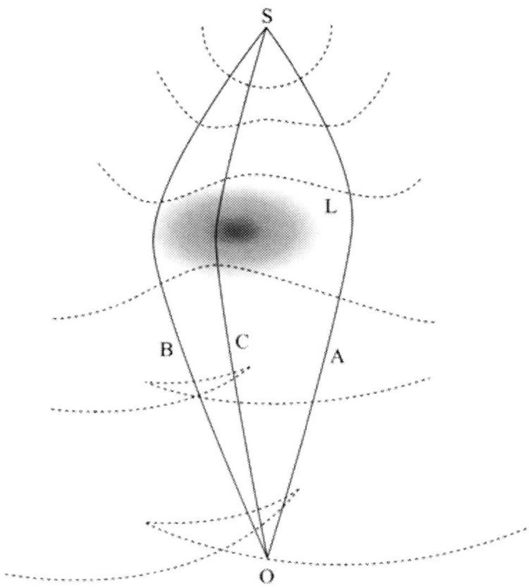

그림 3.6 상이 만들어지는 세 가지 경로 A, B, C와 파면의 모습. S는 광원, L은 렌즈, O는 관측자이다.

이유는 두 가지로 나누어 생각할 수 있다. 예를 들어 그림 3.6과 같이 광원이 세 개의 상(A, B, C방향)으로 나타나는 경우를 생각해보자. 그림에서 대략 볼 수 있듯이 상이 다른 방향에 생긴다는 것은 광원에서 관측자까지 빛의 경로가 다름을 말하는 것이고 이에 따라 빛이 진행해야 하는 기하학적 거리가 달라짐을 의미한다. 그림과 같은 경우 C의 경로가 가장 짧을 것이다. 이런 시간지연을 기하학적 시간지연(geometrical time delay)이라 하는데 다른 시간지연 효과가 없다면 C의 경로가 가장 짧으므로 광원에 어떤 변화가 생기면 상 C에서 가장 먼저 보일 것이다.

그러나 일반상대성이론에 의하면 중력장이 있는 공간에서 좌표시간(coordinate time)으로 잰 빛의 속도는 느려진다. 중력이 약한 경우 정지한 물질 분포에 의한 국부적인 시공간 계량은 Newton 중력퍼텐셜을 Φ라 할 때

$$c^2 d\tau^2 = \left(1 + \frac{2\Phi}{c^2}\right) c^2 dt^2 - \left(1 - \frac{2\Phi}{c^2}\right) d\boldsymbol{x}^2 \tag{3.34}$$

로 근사되므로, 영측지선 $d\tau^2 = 0$로부터 빛이 좌표시간 dt 동안 진행한 거리를 dl이라

할 때

$$cdt = \left(1 - \frac{2\Phi}{c^2}\right)dl \tag{3.35}$$

이 유도된다. 따라서 퍼텐셜이 강할수록 주어진 거리를 진행하는 데 더 많은 시간이 걸려서 시간지연이 생기게 되는데 이를 퍼텐셜 시간지연(potential time delay)이라 부른다. 빛의 경로 상의 두 점간의 여행시간(travel time)은 위 식을 경로를 따라 적분한

$$t = \frac{1}{c}\int\left(1 - \frac{2\Phi}{c^2}\right)dl = \frac{l}{c} - \frac{2}{c^3}\int \Phi dl \tag{3.36}$$

이 되어 우변의 첫 번째 항이 기하학적 시간지연, 두 번째 항이 퍼텐셜 시간지연에 해당한다.

다시 그림을 살펴보면 C의 궤적이 렌즈에 가장 가까이 통과하므로 기하학적 시간지연은 가장 작지만 반대로 퍼텐셜 시간지연은 가장 커지게 된다. A의 경우는 반대로 기하학적 시간지연은 크지만 퍼텐셜 시간지연이 작아서 A, B, C 세 개의 상 중에서 가장 작은 시간지연을 가진다. 따라서 광원의 밝기 변화는 상 A에서 가장 빨리 나타나고, 다음으로 상 B, 마지막으로 상 C에 나타난다.

그림에 표현된 점선들은 각각 다른 시점에서 광원에서 방출된 빛의 파면(wavefront)들의 위치를 나타낸 것으로, 광원에서부터의 여행시간이 모두 같은 점들을 모은 것이다. 중력퍼텐셜이 전혀 없을 경우 구면으로 진행되는 파면이 중력퍼텐셜이 강할수록 느리게 진행해서 원래 구면에서 점차 변형되고, 나아가 다른 방향으로 더 빨리 진행되어온 파면들이 교차하면서 중첩된 파면이 된다. 파면이 관측자를 지날 때마다 파면에 수직한 방향으로 상 한 개가 보이는 것이므로 그림과 같은 경우 관측자는 A, B, C 각각의 방향으로 3개의 상을 보게 되고 그중 경로 A를 따라온 빛의 파면이 가장 먼저 도착한다.

우주론적 중력렌즈에서 시간지연은 대단히 중요한 의미를 지닌다. 예를 들어 중력렌즈에서 관측되는 상의 위치, 형태, 확대인수 등은 렌즈현상의 기하학적 구조를 결정하기는 하지만 전체 크기척도를 정하지는 않는다. 이에 반해 상들에서 시간지연이 관측된다면 이는 직접적인 크기척도에 관계되는 양이므로 전체 기하학적 구조의 크기를 정해줄

수 있는 결정적인 방법이 된다(8.1.1절 참조).

3.5 수렴과 층밀림

앞서 설명되었듯이 광원면에서의 광원의 모습이 중력렌즈에 의해 렌즈면에 변형된 상으로 보이는 것을 β와 θ 사이의 2차원 사상으로 볼 수 있다 했는데, 이는 $\boldsymbol{y}$와 $\boldsymbol{x}$ 사이의 사상으로 보는 것과 같다. 따라서 이 사상의 Jacobi 행렬을

$$A(\boldsymbol{x}) \equiv \frac{\partial \boldsymbol{y}}{\partial \boldsymbol{x}} \quad \text{또는} \quad A_{ij} \equiv \frac{\partial y_i}{\partial x_j} \tag{3.37}$$

로 정의하면 위치 $\boldsymbol{x}$에 나타난 상의 확대인수는

$$\mu(\boldsymbol{x}) = \frac{1}{\det \mathrm{A}(\boldsymbol{x})} \tag{3.38}$$

가 된다. 식 (3.31)로부터 $A_{ij} = (x^2/2 - \psi)_{,ij}$ $[i, j = 1, 2]$이어서 $\psi_{ij} \equiv \psi_{,ij}$로 정의하면

$$A_{ij} = \delta_{ij} - \psi_{ij} \tag{3.39}$$

가 된다. 여기서 δ_{ij}는 $i = j$인 경우 1, $i \neq j$인 경우 0인 Kronecker delta 함수이다.

행렬 A_{ij}의 성질을 더 자세히 살펴보면 우선 행렬 ψ_{ij}가 대칭이므로 A_{ij}도 대칭임을 알 수 있다. 2×2 대칭 행렬의 독립 성분은 3개이므로 새로운 변수

$$\kappa \equiv (\psi_{11} + \psi_{22})/2, \quad \gamma_1 \equiv (\psi_{11} - \psi_{22})/2, \quad \gamma_2 \equiv \psi_{12} = \psi_{21} \tag{3.40}$$

를 정의하면 행렬 A_{ij}는

$$A = \begin{pmatrix} 1 - \kappa - \gamma_1 & -\gamma_2 \\ -\gamma_2 & 1 - \kappa + \gamma_1 \end{pmatrix} \tag{3.41}$$

이 되고 그 행렬식은

$$\det A = (1-\kappa)^2 - \gamma^2 \tag{3.42}$$

가 된다. 여기서 $\gamma = (\gamma_1^2 + \gamma_2^2)^{1/2}$이다. 새로운 변수를 이용하면 행렬의 대각합(trace)은 $\mathrm{tr}\,A = 2(1-\kappa)$, 고유치(eigenvalues)는

$$a_{1,2} = 1 - \kappa \mp \gamma \tag{3.43}$$

로 간편하게 표현된다.

여기서 κ를 수렴(convergence)이라 하는데 이는 진행하는 빛다발(beam) 속에 위치한 질량을 나타내는 값이다. 수렴은 광원에서 방출된 빛다발들을 관측자를 향하여 모으는 작용이므로 Ricci 모으기(focusing)라고도 불린다. 한편 빛다발 바깥 쪽의 질량분포에 의한 작용은 층밀림(shear)이라 불리는 γ를 통해 나타난다. 일반적인 상의 확대는 수렴과 층밀림 둘 다의 작용에 의해 생겨난다.

앞서 설명한대로 상은 시간지연함수 ϕ가 극치를 가지는 곳에 생기는데 이때 상의 특성은 이 극치가 어떤 성질을 가진 가에 따라 달라진다. 함수 ϕ가 최소가 되는 정상상(ordinary image)은 제1형(type I)이라 불리는데 $\det A > 0$, 즉 양의 반전성을 가지고 $\mathrm{tr}\,A > 0$의 조건을 만족한다. 이를 수렴과 층밀림에 대한 조건으로 적으면 $\gamma < 1 - \kappa \le 1$, $\mu \ge 1/(1-\gamma^2) \ge 1$이어서 언제나 확대되어 밝아지며, 고유치는 $a_i > 0$으로 둘 다 양의 값을 가진다. 제2형(type II)이라 불리는 상은 ϕ의 안장점(saddle point)에 생기는데 $\det A < 0$으로 음의 반전성을 가져 상이 뒤집히며, $(1-\kappa^2)^2 < \gamma^2$이고 두 개의 고유치는 반대의 부호 $a_2 > 0 > a_1$를 가진다. 마지막 제3형(type III) 상은 ϕ를 최대로 하는 위치에 생긴 상으로 $\det A > 0$, $\mathrm{tr}\,A < 0$로 양의 반전성을 가지고 $(1-\kappa^2)^2 > \gamma^2$, $\kappa > 1$이고 고유치는 둘 다 음의 값 $a_i < 0$을 가진다.

이제 이들 변수들과 상의 변형과의 관계를 아주 작은 원 모양의 광원이 어떤 형태로 사상되는가를 통해 살펴보자. 광원면에서의 위치 $\boldsymbol{y}$에 중심을 둔 반경이 r_0인 조그마한

원은

$$\boldsymbol{a}_s(t)=\boldsymbol{y}+r_0(\cos\varphi,\sin\varphi) \tag{3.44}$$

로 표현된다. 이 원은 렌즈작용에 의해 렌즈면의 다음 도형에 대응된다.

$$\boldsymbol{a}_l(t)=\boldsymbol{x}+A^{-1}r_0(\cos\varphi,\sin\varphi) \tag{3.45}$$

Jacobi 행렬 $A\equiv\partial\boldsymbol{y}/\partial\boldsymbol{x}$의 정의에 의해 렌즈면에서의 조그마한 위치 차이 $\Delta\boldsymbol{x}$가 광원면에서의 위치 차이 $\Delta\boldsymbol{y}=A\,\Delta\boldsymbol{x}$로 사상되기 때문이다. 위 식에 식 (3.41)을 대입하면

$$\boldsymbol{a}_l(t)=\boldsymbol{x}+\frac{r_0}{(1-\kappa)^2-\gamma^2}\begin{pmatrix}1-\kappa+\gamma_1 & \gamma_2\\ \gamma_2 & 1-\kappa-\gamma_1\end{pmatrix}\begin{pmatrix}\cos\varphi\\ \sin\varphi\end{pmatrix} \tag{3.46}$$

로 되어, 중심이 $\boldsymbol{x}$이고 장·단 반경이 각각

$$r_{장}=r_0/a_1=r_0/|1-\kappa-\gamma|,\quad r_{단}=r_0/a_2=r_0/|1-\kappa+\gamma| \tag{3.47}$$

인 타원(ellipse)을 나타낸다. 즉 원형인 광원의 모습이 타원으로 변형되며 A의 고유치 a_1, a_2가 0에 가까울수록 변형의 정도가 심해진다. 원의 형태가 유지되기 위해서는 두 층밀림 γ_1과 γ_2가 모두 0이어야 한다. 이 타원의 면적은 앞서 설명한 바와 같이 $|a_1a_2|^{-1}=|\det A|^{-1}=|\mu|$배만큼 증가한다. 타원의 축은 A가 행렬로 표현된 축에 대해

$$\varphi=\tan^{-1}\left[\frac{\gamma_1}{\gamma_2}-\sqrt{\left(\frac{\gamma_1}{\gamma_2}\right)^2+1}\right] \tag{3.48}$$

만큼 기울어져 있다. 물론 이 예는 광원의 크기가 아주 작아서 A가 상수로 표현되는 경우에 한한다. 광원의 크기가 작지 않은 일반적인 경우에는 A가 위치의 함수이므로 더 복잡한 형태로 변형된다.

3.6 중력렌즈의 일반 성질

이제 일반적인 중력렌즈 현상에 적용되는 몇 가지 흥미로운 법칙들을 살펴보자. 이들 법칙들의 엄밀한 증명은 휜 공간에서의 빛의 전파에 관계되는 여러 가정들과 법칙들에 기초한 것이므로 여기서는 그 결과들만을 정리하여본다(Schneider, Ehlers & Falco 1992, 5.4절 참조).

3.6.1 상의 개수

표면질량밀도가 연속이고 충격맺음변수 $|\boldsymbol{x}|\to\infty$ 일 때 표면밀도가 $|\boldsymbol{x}|^{-2}$보다 빨리 감소하는, 한 개의 면으로 근사될 수 있는 기하학적으로 얇은(geometrically thin) 렌즈를 고려하자. 이 경우 렌즈의 총 질량은 유한하고 $|\boldsymbol{x}|\to\infty$ 일 때 꺾임각 $\boldsymbol{\alpha}(x)\to 0$이므로 꺾임각은 상한값을 가진다. 이러한 경우 제1형, 제2형, 제3형 상의 개수를 각각 n_I, n_{II}, n_{III}라 하고 그 합을 $n\equiv n_I+n_{II}+n_{III}$로 정의하자.

• 정리 1 홀수 정리(odd number theorem)

위와 같은 가정하에서 광원이 화선에 있지 아니한 경우 상의 수는 다음과 같은 성질들을 만족한다. (1) 제1형 상의 수는 언제나 1개 이상이다($n_I\geq 1$). (2) 상의 총 개수는 유한하다($n<\infty$). (3) 제1형 상과 제3형 상의 개수의 합은 제2형 상의 개수 더하기 1과 같다($n_I+n_{III}=n_{II}+1$). (4) 충격변수가 아주 클 때 제1형 상만 한 개 생긴다($n=n_I=1$). 이로부터 상의 총 개수 $n=2n_{II}+1$로 홀수가 됨을 알 수 있다.

• 정리 2 확대 정리(magnification theorem)

같은 가정하에서 빛이 관측자에 가장 먼저 도착하는 상은 제1형 상이며 이 상은 렌즈가 없는 경우 생기는 광원의 상보다 밝기가 같거나 더 밝게 보인다. 즉 이 상은 렌즈가 없을 경우에 비해 언제나 확대된다고 할 수 있다.

위 홀수정리는 비균질하게 분포한(inhomogeneously distributed), 투명한(transparent) 물질로 차있는 일반적인 우주모형에도 적용할 수 있다. 어떤 광원이 반짝하며 빛을 낸 경우를 생각하자. 이 빛의 파면(wavefront)은 처음에는 구면에 가까운 형태이다가 비균질 우주에서 각 방향으로 빛의 진행속도가 다르므로 점차 변형되게 된다. 변형이 심하게 되면 파면이 여러 겹으로 접히기도 하겠지만, 언제나 2차원 구면과 연속변형(homotopic)인 닫힌 연결된 면을 유지한다. 이러한 면의 중요한 성질은 반드시 면의 안과 밖을 구별할 수 있다는 것이다. 파면에 있지 않은 임의의 점에서 광원, 즉 출발점을 연결하는 선이 파면을 지나는 횟수가 짝수면 점과 광원이 같은 쪽에 있으므로 파면의 안쪽 점이 되고, 횟수가 홀수면 파면의 바깥 점이 된다. 이를 관측자에 적용하면 처음에는 파면이 생긴 지 얼마 되지 않아서 관측자는 광원의 바깥에 있다. 그러나 오랜 시간이 지나면 파면이 아주 많이 팽창해서 관측자는 반드시 파면의 안쪽에 위치하게 된다. 따라서 파면이 접히지 않았다면 파면은 관측자를 한 번 가로지르고 파면이 접혀 있다면 한 번 더하기 짝수 번을 가로지르게 되어서 언제나 파면은 관측자를 홀수로 가로지르게 된다. 파면이 관측자를 가로지를 때마다 대응되는 상이 한 개씩 존재하므로 관측자는 언제나 홀수의 상을 보게 된다. 물론 일견 명백해 보이는 이 증명은 여기서 구체적으로 입증하지 않은 가정들에 의해 생기는 몇 가지 성질들을 사용하고 있으므로 이것만으로는 엄격한 증명이라고 할 수는 없다. 수학의 지수정리(index theorem)를 이용하면 투명한 일반적인 질량분포에 의한 렌즈의 경우 홀수 개의 상이 생기는 것은 증명할 수 있다 (Burke 1981).

3.6.2 여러 개의 상을 만들 조건

주어진 거리에 분포하고 있는 질량들에 의해 여러 개의 상들이 생길 수도, 그렇지 않을 수도 있다. 일반적으로 여러 개의 상들이 만들어지기 위해 필요한 조건을 두 가지로 표현할 수 있다.

(1) 고립된 투명한 렌즈에서 여러 개의 상이 만들어지는 필요-충분조건은 $\det A(x) < 0$ 를 만족하는 점 x가 존재하는 것이다.

(2) 수렴 $\kappa(x) > 1$을 만족하는 점 x 가 존재하는 것은 여러 개의 상이 만들어질

충분조건이지만 필요조건은 아니다. 즉 수렴이 1보다 클 경우 여러 개의 상이 만들어지지만 여러 상이 만들어지기 위해서 수렴이 반드시 1보다 커야 되는 것은 아니다.

3.7 화선과 임계곡선

렌즈방정식은 2차원 광원 면에서의 각 점(x)들이 2차원 렌즈면(또는 상면)의 어떤 점(y)들과 연결되는가를 결정해주는 $R^2 \to R^2$인 2차원 사상이다. 이때 이 사상의 Jacobi 행렬식

$$\det A = \left|\frac{\partial \mathbf{y}}{\partial \mathbf{x}}\right| = \left|\frac{\partial(y_1, y_2)}{\partial(x_1, x_2)}\right| \tag{3.49}$$

을 0으로 만드는 x들이 이루는 곡선을 임계곡선이라 부른다고 했다(3.3절 참조). 또 이 임계곡선을 광원면에 사상한 곡선이 화선이고, 광원이 이 화선을 통과하면 그 상이 임계곡선에 나타나며 상의 밝기가 크게 증가한다고 했다. 이 같은 임계곡선과 화선의 전형적인 모습은 그림 3.7과 같다. 위의 곡선들은 여러 모습의 화선들이고 아래 곡선들은 이들 화선에 대응되는 임계곡선들의 모습이다.

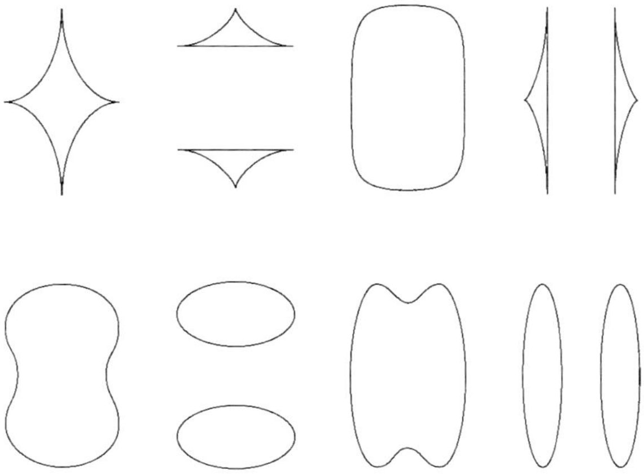

그림 3.7 여러 모습의 화선들(위쪽 그림)과 그에 대응되는 임계곡선들(아래쪽 그림)의 모습

광원이 화선 상에 있지 않을 때는 Jacobi 행렬식이 0이 아니어서 국소적으로 각 상의 위치를 역사상(inverse map)하는 것이 가능하다. 따라서 이때 광원의 위치 변화는 단순하게 상의 위치 이동만으로 나타나지 상의 수가 증가하거나 감소하는 질적 변화는 일어나지 않는다. 그러나 광원이 화선을 가로지르게 되면 역사상하는 것이 불가능해져서 상의 수가 증가 또는 감소하게 된다. 중력렌즈 사상의 경우에는 이때 상이 반드시 2개씩 증가 또는 감소하게 된다. 예를 들어 상이 1개에서 3개, 또는 3개에서 5개 등으로 늘어난다. 줄어들 때도 2개의 상이 합쳐지면서 없어지므로 2개씩 상의 수가 감소한다.

이 같은 특성들은 그림 3.8의 1차원 사상의 경우를 생각하면 쉽게 이해된다. 광원의 위치가 y_2인 경우 1개의 상 x_{21}이 나타난다. 그러나 광원의 위치가 y_1인 경우에는 3개의 상 x_{11}, x_{12}, x_{13}가 나타난다. 이러한 상의 개수 변화는 바로 $dy/dx = 0$이 되는 점 (x_c, y_e)에서 일어나고 이때 x_c는 렌즈 면에서의 임계곡선에 해당하고 y_c는 광원 면에서의 화선에 해당한다. 따라서 광원의 위치가 y_c를 아래에서 위로 통과할 때는 x_{13}, x_{12} 2개의 상이 x_c에서 합쳐지면서 사라지게 되고, 반대로 위에서 아래로 통과할 때는 이미 있던 상 x_{21} 외에 새로운 위치 x_c에서 2개의 상 x_{13}, x_{12}가 나타나게 된다. 2차원 중력렌즈의 경우에도 같은 방식으로 광원이 화선을 가로지르면서 2개의 상이

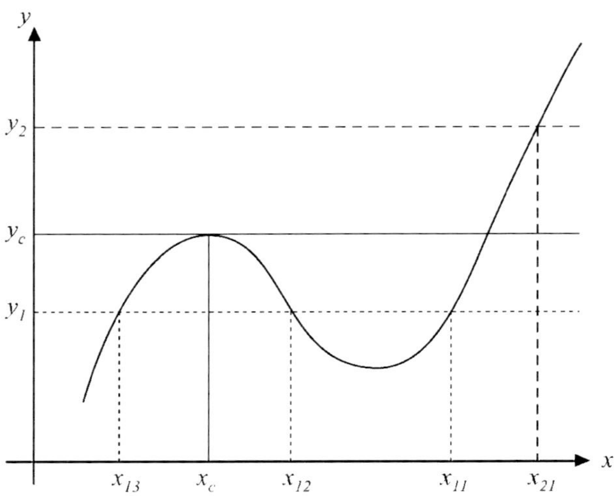

그림 3.8 렌즈 사상과 유사한 1차원 사상의 예

새로 나타나거나 없어지는 것이다. 단지 2차원이므로 $dy/dx=0$인 임계점 대신에 $\det \mathrm{A}=0$인 임계곡선이 나타난다.

그 외에도 위 1차원 사상의 경우에 임계점에서는 $dy/dx=0$이므로 y_e 근처에 있는 유한한 크기를 가진 광원은 사상된 x-축에서는 x_c 근처에 아주 길게 나타난다. 이런 특성은 2차원 중력렌즈 사상에서도 그대로 나타난다. 유한한 크기를 지닌 광원이 화선에 있거나 가까이 있는 경우 상은 길게 늘어진 호의 모습으로 나타난다. 그림 3.9는 이런 이유로 광원(S_1)과 화선(마름모 꼴의 뾰족한 폐곡선)의 상대적인 위치에 따라 상(검게 칠해진 큰 호와 고리)의 형태와 크기가 변하는 모습을 잘 보여주고 있다. 광원이 바깥 화선 근처에 있을 때는 왼쪽의 지름형 호(radial arc)와 오른쪽의 접선형 호(tangential arc)가 각각 1개씩 나타나고(왼쪽 그림), 광원이 중앙의 화선에 거의 일치할 때는 호가 점점 커져서 거의 고리 모양이 되는 접선형 호가 4개 나타남을 볼 수 있다(오른쪽 그림).

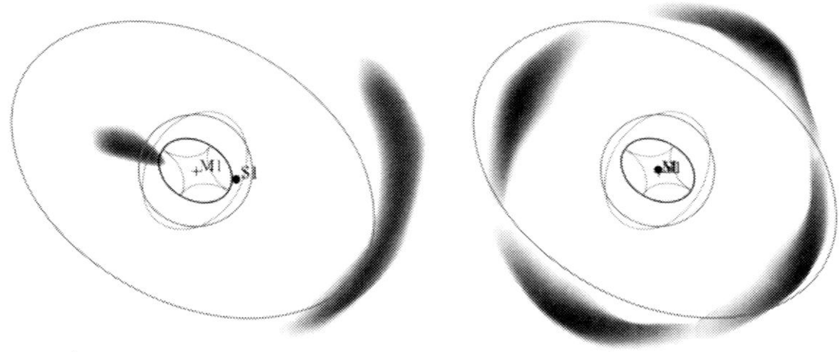

그림 3.9 화선과 임계곡선. 광원과 상의 모습(그림: P. Newbury)

4
여러 렌즈 모형

앞서 가장 기본적인 점질량 렌즈의 특성들에 대해서는 알아보았다. 이제 더 일반적인 질량분포를 가진 렌즈 모형들도 살펴보자.

4.1 점질량 렌즈

앞서 여러 번 설명이 된 점질량에 의한 중력렌즈의 특성은 꺾임각이 작은 경우에 한정됨을 염두에 두고, 여기서는 그래프를 이용하여 렌즈방정식을 풀고 중요한 공식들만 정리한다.

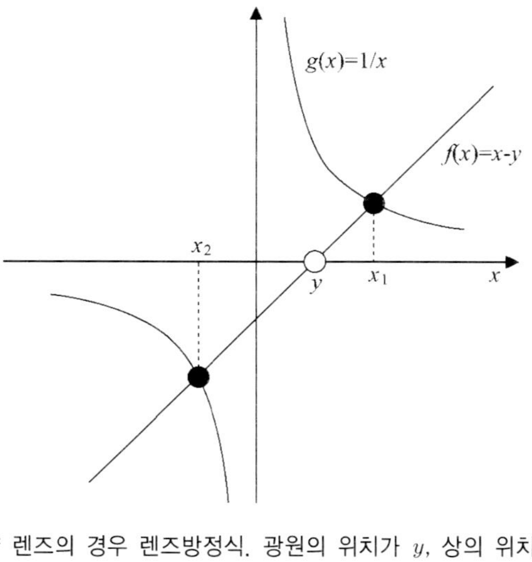

그림 4.1 점질량 렌즈의 경우 렌즈방정식. 광원의 위치가 y, 상의 위치가 x_1, x_2이다.

렌즈면에 투영된 상과 광원의 규격화된 위치벡터를 각각 $\boldsymbol{x} \equiv \boldsymbol{\xi}/\xi_0 = \boldsymbol{\theta}/\alpha_0$, $\boldsymbol{y} \equiv \boldsymbol{\eta}/\eta_0 = \boldsymbol{\beta}/\alpha_0$ (식 3.3, 3.7, 3.8 참조)라 하면 렌즈방정식은

$$\boldsymbol{y} = \boldsymbol{x} - \frac{\boldsymbol{x}}{|\boldsymbol{x}|^2} \tag{4.1}$$

로 주어진다. 두 벡터 $\boldsymbol{x}$와 $\boldsymbol{y}$는 언제나 평행하므로 이 식은 $x - y = \frac{1}{x}$와 같아진다. 주어진 광원의 위치 y에 대한 상의 위치 x는 기울기 1이고 절편이 y인 직선 $f(x) = x - y$와 곡선 $g(x) = 1/x$의 교점의 x 값이다. 그림 4.1을 보면 광원의 위치 y에 관계없이 교점의 수는 언제나 2개[6]이며 그 위치는 렌즈($x = 0$)를 중심으로 서로 반대편에 위치함을 쉽게 알 수 있다. 두 상의 위치 x_1, x_2는

$$x_{1,2} = \frac{1}{2}\left(y \pm \sqrt{y^2 + 4}\right) \tag{4.2}$$

이고(식 3.5) 두 상의 확대인수는 앞서 계산한 대로(식 3.20, 3.21)

$$\mu_{1,2} = \frac{1}{4}\left[\frac{y}{\sqrt{y^2+4}} + \frac{\sqrt{y^2+4}}{y} \pm 2\right] \tag{4.3}$$

이고 상 1의 경우에는 +, 상 2의 경우에는 -이다. 두 상의 밝기 비는

$$r = \frac{y^2 + 2 + y\,(y^2+4)^{1/2}}{y^2 + 2 - y\,(y^2+4)^{1/2}} = \left[\frac{(y^2+4)^{1/2} + y}{(y^2+4)^{1/2} - y}\right]^2 \tag{4.4}$$

이고(식 3.22), 두 상을 합한 총 확대인수는

$$\mu = \frac{y^2 + 2}{y\sqrt{y^2+4}} \tag{4.5}$$

이다. 여기서 $y \gg 1$이면 $\mu \simeq 1$이어서 밝기의 증가는 거의 없다. 그림 4.1에서 광원이

6) 꺾임각이 $x = 0$에서 발산하므로 홀수정리(3.6절)가 적용되지 않고 짝수 개의 상이 생긴다.

렌즈에서 아주 떨어져 있는 경우($y \gg 1$), 상 1의 위치 x_1은 렌즈가 없을 경우 광원의 위치 y와 거의 같고 밝기도 별로 다르지 않은 반면 나머지 상 2는 렌즈에 아주 가까이 있으며($x_2 \approx 0$) 밝기는 $\sim 1/y^4$ 으로 아주 어두워져 없는 것과 마찬가지이다.

점질량 렌즈의 경우 두 상간의 시간지연은

$$\Delta t = \frac{4GM}{c^2}(1+z_l)\tau(y), \quad \tau(y) = \frac{1}{2}y\sqrt{y^2+4} + \ln\frac{\sqrt{y^2+4}+y}{\sqrt{y^2+4}-y} \tag{4.6}$$

로 계산된다.

4.2 등온구 렌즈

은하 내의 별들은 중력렌즈 계산에 관한 한 점질량에 가깝지만 그 외의 은하, 은하단 같은 천체들의 질량분포는 퍼진 질량분포(extended mass distribution)를 보인다. 이러한 퍼진 질량분포를 지닌 렌즈에 의해 렌즈작용이 일어나는 경우를 살펴보기 위해서는 우선 이들 질량분포들을 기술할 수 있는 분포함수가 필요하다. 현재까지 은하들의 질량분포를 기술하는데 사용된 분포함수들은 여러 가지가 있지만 중력렌즈 연구에서 가장 편리해서 널리 사용되는 것이 등온구(isothermal sphere) 모형이다.

등온구는 은하를 구성하는 별이나 다른 천체들의 속도분포가 열평형(thermal equilibrium) 상태인 기체 속의 입자들처럼 등온분포를 하는 경우를 말하는데 이 중에서 특히 중심에서의 밀도가 무한대로 발산하는 특이등온구(SIS, singular isothermal sphere)인 경우 은하의 밀도 ρ는 중심에서의 거리 r에 대해 단순하게 $\rho \propto r^{-2}$ 형태로 나타난다. 따라서 반경 r 내의 은하 질량은 $M(r) \propto r$이 된다. 이 같은 밀도분포에 의한 회전속도는 반경에 관계없이 일정한 평탄 회전곡선(flat rotation curve)을 이루므로 나선은하들이나 은하의 헤일로를 근사하는 데 적합하다. 물론 중심에서의 밀도가 무한대가 되는 것은 자연스럽지는 않지만 중심부분을 포함한 특정한 반경까지의 총 질량은 유한 값을 가지므로 특별히 문제가 되는 것은 아니다. 한편 반경이 무한대로 가면 총 질량은 반경에 비례해서 커져서 발산하므로 문제가 될 수 있으나 한 개의 등온구에 의해 상이 만들어지는 경우에는 렌즈작용이 중심부에서 이루어져 외곽의 질량과 무관하므로 별 문제가 없다.

특이등온구의 3차원 질량분포를 투영한 2차원 밀도분포는 $\Sigma(\xi) \propto \xi^{-1}$로 투영된 반경에 반비례하므로, 시선방향 속도 분산이 σ_v로 주어진 특이등온구에 의한 꺾임각(식 3.14)은

$$\alpha(\xi) = \alpha_0 \equiv 4\pi\left(\frac{\sigma_v}{c}\right)^2 \tag{4.7}$$

가 되어 충격맺음변수에 관계없이 일정한 값을 가진다. 이는 충격맺음변수 안쪽의 질량만이 빛을 꺾는 데 기여하는데 충격맺음변수가 커짐에 따라 안쪽 질량도 비례하여 커지기 때문이다. 따라서 특성길이를 $\xi_0 = \alpha_0 D_l D_{ls}/D_s = 4\pi(\sigma_v/c)^2 (D_l D_{ls}/D_s)$로 잡으면 렌즈방정식은 아주 간단한 형태

$$y = x - \frac{x}{|x|} \tag{4.8}$$

가 된다. 일반적인 렌즈방정식의 경우 우변의 꺾임각 부분이 x를 포함하는 형태인데 반해 특이등온구의 경우에는 상수가 되어 풀기 쉬운 형태이다. 주어진 광원(그림 4.2의 빈 원)의 위치 y에 대해 위 식을 만족하는 상의 위치 x(그림 4.2의 검은 원)를 계산하기 위해서 위 식을

$$x - y = \frac{x}{|x|} \tag{4.9}$$

의 모양으로 적으면 이 식의 해는 절편이 y이고 기울기 1인 직선 $f(x) = x - y$와 계단함수 $g(x) = x/|x|$와의 교점이 된다. 그림 4.2에서 볼 수 있듯이 $-1 < y < 1$인 경우 $x_1 = y + 1$, $x_2 = y - 1$ 위치에 두 개의 상(검은 원)이 생기고[7] 이 두 개의 상

7) 특이등온구 렌즈의 경우에도 $x = 0$에서 꺾임각이 불연속이므로 홀수정리(3.6절)가 적용되지 않는다.

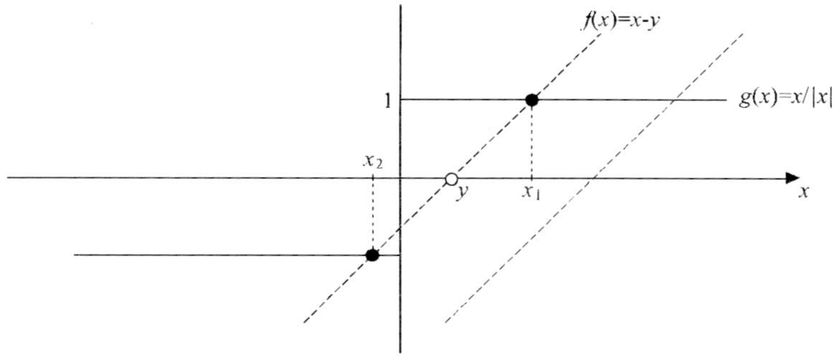

그림 4.2 특이등온구 렌즈의 경우 렌즈방정식. 광원의 위치가 y, 상의 위치가 x_1, x_2이다.

사이의 거리(image separation)는 언제나 $|x_1 - x_2| = 2$로 일정하다. 반면 $y > 1$ 경우에는 $x = y + 1$의 위치에 한 개의 상만이 생긴다. $y = 1$(각으로는 $\beta = \alpha_0 D_{ls} / D_s$)은 렌즈면에서 광원이 Einstein 원에 위치하는 경우인데 특이등온구 렌즈의 경우 렌즈면에 투영된 광원의 위치가 Einstein 원 안에 있을 경우에만 두 개의 상이 생기고 나머지 경우에는 원래 광원의 위치에서 Einstein 원의 반경만큼 떨어진 곳에 그냥 한 개의 상으로 나타나는 것이다. 점광원의 경우에는 광원의 위치에 무관하게 렌즈 중심의 양쪽에 두 개의 상들이 생긴 데 반해 등온구의 경우에는 광원이 렌즈에 충분히 가까이 있을 경우에만 두 개의 상이 만들어진다. 이는 점광원의 경우에는 빛이 렌즈에 가깝게 지나가면 임의의 큰 각으로 꺾을 수 있으므로 광원이 아무리 렌즈와 떨어져 있더라도 렌즈를 가까이 지나서 관측자에게 도달하는 경로가 가능한 반면, 특이등온구의 경우에는 렌즈에 가까워지더라도 꺾임각이 커지지 않으므로 광원에서 출발해서 렌즈 가까이에서 많이 꺾인 후 관측자에게 도달하는 경로가 없다. 따라서 광원이 렌즈 가까이 Einstein 원 이내에 있는 경우에만 두 개의 상이 생길 수 있다.

광원과 특이등온구 렌즈가 정확하게 일직선상에 놓이는 경우가 $y = 0$인데 이때 해는 $x = \pm 1$이 된다. 실제로는 특이등온구는 회전대칭성(rotational symmetry)을 가지므로 상은 $|x| = 1$인 Einstein 고리가 된다. 이때 상은 동경과 수직한 접선방향으로 늘어나 고리가 되므로 $|x| = 1$인 원은 접선형 임계곡선(tangential critical curve)에 해당한다(그림 4.3에서 큰 점선 원).

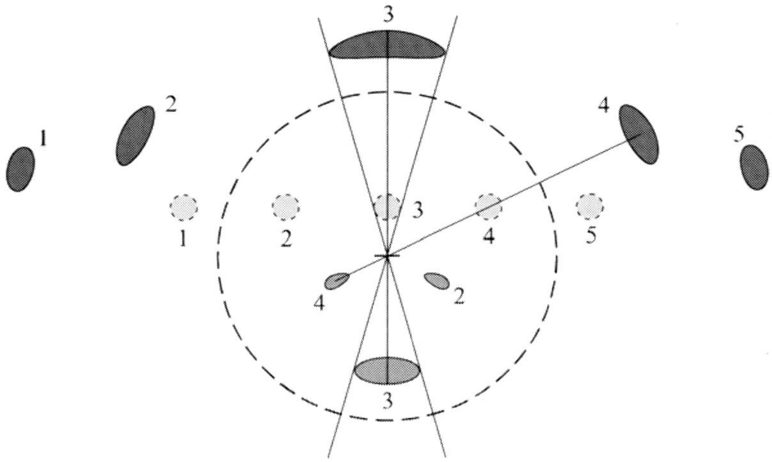

그림 4.3 특이등온구 렌즈의 경우 광원(가운데 다섯 개의 작은 원들)의 위치에 따라 첫번째 상(위쪽 상들)과 두번째 상(아래쪽 상들)의 크기와 모양이 달라지는 모습. 광원이 Einstein 고리(큰 점선 원) 바깥쪽에 있는 경우(1과 5) 고리 안쪽 상은 사라진다.

그림 4.3은 몇 가지 광원의 위치에 대해 두 개 또는 한 개 상의 위치와 모양을 그린 것이다. 특이등온구 렌즈에서 광원의 위치 y와 상의 위치 x는 상수만큼 차이나므로 퍼진 광원의 동경방향의 상의 폭은 렌즈작용에 의해서 변하지 않고 동경에 수직한 방향으로만 상의 폭이 커지게 된다(그림 4.2). 등온구는 회전대칭성을 지니므로 광원의 임의의 부분과 이에 대응되는 상의 부분을 잇는 직선들은 모두 렌즈 중심을 지난다(그림 4.3의 경우 3). 즉 광원이 렌즈 중심과 이루는 각은 만들어진 상이 렌즈 중심과 이루는 각과 같다. 따라서 동경에 수직한 방향의 상의 폭은 렌즈 중심에서 광원의 중심까지의 거리 x와 이에 대응하는 상의 중심까지의 거리 y의 비로 주어진다. $x = y \pm 1$이므로 확대인수

$$\mu = \frac{|x|}{|x|-1} \tag{4.10}$$

로 간단히 주어진다. 이 식은 두 개의 상 모두에 적용되며 광원이 렌즈와 일치하여 Einstein 고리가 만들어지는 $y = 0$, $x = \pm 1$인 경우(광원이 화선에 위치) 확대인수가

무한대로 발산하고, 상이 2개에서 1개로 바뀌는 화선에 광원이 위치하는 $y=1$인 경우에는 렌즈에 가까운 상 $x=0$의 밝기가 0이 됨을 알 수 있다.

점광원에 대해 두 개의 상을 합한 확대인수는

$$\mu_t = \begin{cases} \dfrac{2}{y} & y \leqq 1 \text{일 때} \\ \dfrac{1+y}{y} & y > 1 \text{일 때} \end{cases} \tag{4.11}$$

로 주어진다. 광원이 렌즈에서 점점 멀어져서 상이 두 개에서 한 개로 되는 위치에서 남은 상 한 개의 밝기는 원래의 2배지만($\mu_t|_{y=1}=2$) 광원이 더 멀어지면 렌즈의 영향을 받지 않은 원래 광원의 밝기($\mu_t|_{y=\infty}=1$)로 된다.

두 상 사이의 시간지연은 꺾임퍼텐셜이 그냥 $|x|$이므로 간단하게

$$\Delta t = \frac{1}{c}\left[4\pi\left(\frac{\sigma_v}{c}\right)\right]^2 \frac{D_d D_{ds}}{D_s}(1+z_d)2y \tag{4.12}$$

로 표현된다.

이상에서 알 수 있듯이 특이등온구의 여러 특성들은 비교적 단순한 함수들로 표현되므로 중력렌즈 통계연구 등에서 은하들의 모형으로 널리 쓰인다. 물론 실제 은하들 중심부의 밀도는 중심으로 갈수록 무한대로 계속 증가 발산하지는 않고, 즉 특이점이 없고, 적당한 반경에서 밀도가 더 이상 증가하지는 않는 심(core)을 가진다. 따라서 실제 은하들은 심을 가진 등온구로 더 정확하게 기술된다. 따라서 중심으로 갈수록 표면밀도가 일정해지는 심이 있는 등온구를 고려해보자. 밀도가 일정할 경우 2차원 밀도 분포 $\Sigma(\xi) \propto \xi^2$이므로 꺾임각은 $\propto \xi^1$이 된다. 따라서 꺾임각 곡선은 $\xi \rightarrow 0$일 때는 어떤 기울기를 가진 직선이고 중심에서 떨어진 부분은 특이등온구에서처럼 상수가 된다. 이 꺾임각을 그래프로 나타내면 그림 4.4의 실선과 같은 형태가 된다. 특이등온구 때와는 달리 상이 3개가 생기는데 렌즈를 기준으로 광원의 원래 위치 방향으로 가장 멀리, 가장 크고 밝은 상(x_1)이 생기고 반대 방향으로 2개의 상(x_2, x_3)이 생김을 알 수 있다. 그중 렌즈 중심에 가까이 있는 3번째 상(x_3)은 특이등온구에서는 없는 상인데

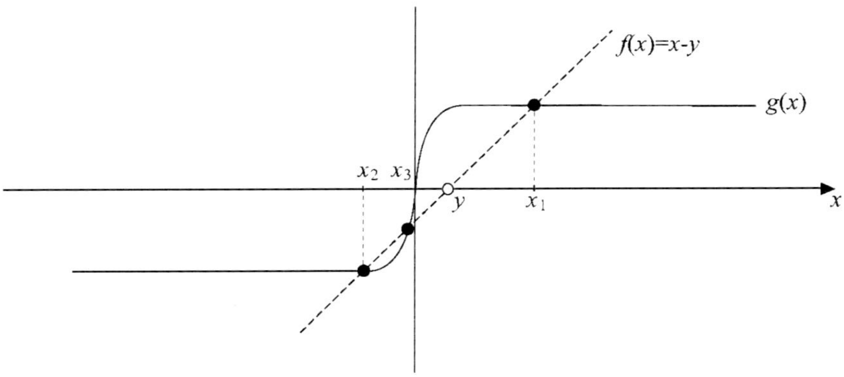

그림 4.4 등온구 렌즈의 경우 렌즈방정식. 광원의 위치가 y, 상의 위치가 x_1, x_2, x_3이다.

렌즈 중심(x_3)에 가까우므로 상이 아주 작고 따라서 어두움을 알 수 있다. 만약 이 등온구 심의 크기가 충분히 작을 경우에는 직선부분의 기울기가 급해져서 특이등온구 때의 계단 함수 모양에 가까워지고 이때 3번째 상은 아주 작고 어두워진다. 즉 등온구의 심이 작아져서 특이등온구에 가까워질수록 3번째 상은 관측하기가 어려워진다. 따라서 심이 충분히 작은 은하들에 의해 생기는 다중상계는 원래 3개의 상이 있으나 은하 중심부에 위치한 3번째 상은 너무 어두워서 관측되지 않을 수 있다. 실제 준항성 다상계에서 이론적으로 예상되는 3개의 상 대신 2개만 보이는 이유가 바로 3번째 상이 너무 어둡기 때문으로 판단된다. 은하들의 빛 분포를 직접 관측한 자료들도 대부분 조기은하들의 가운데 심은 작은 것으로 밝혀져서(Lauer 1985) 이를 뒷받침하고 있다.

4.3 축대칭 렌즈

다음으로 면질량밀도 분포가 $\Sigma(\xi) = \Sigma(|\xi|)$로 원대칭(circularly symmetric) 또는 축대칭(axially symmetric)인 좀 더 일반적인 경우를 살펴보자. 만약 광원, 렌즈 중심, 관측자가 일직선상에 놓여 있지 않은 경우에는 이들에 의해 정의되는 평면을 생각할 수 있다.

이 경우 규격화된 2차원 꺾임각은 렌즈면에서의 규격화된 질량분포 $\sigma \equiv \Sigma/\Sigma_{cr}$(식

3.26)에 대한 면적분(식 3.28)

$$\tilde{\boldsymbol{\alpha}}(\boldsymbol{x}) = \frac{1}{\pi}\int_{\boldsymbol{R}^2} d^2x'\sigma(\boldsymbol{x}')\frac{\boldsymbol{x}-\boldsymbol{x}'}{|\boldsymbol{x}-\boldsymbol{x}'|^2} \tag{4.13}$$

으로 표시된다. 질량분포의 대칭성에 의해 벡터 $\boldsymbol{x}$ 방향으로 x_1-축을 잡을 수 있고 따라서 $\boldsymbol{x} = (x,0)$, $x \geqq 0$로 표현된다. 질량분포의 위치를 나타내는 벡터 $\boldsymbol{x}'$을 극좌표로 표시하면 $\boldsymbol{x}' = x'(\cos\varphi, \sin\varphi)$이고 $d^2x' = x'dx'd\varphi$가 된다. 질량밀도가 원대칭이므로 $\sigma(\boldsymbol{x}') = \sigma(x')$이고 따라서 꺾임각 벡터 $\boldsymbol{\alpha}$의 x_1, x_2 방향의 성분은 각각

$$\tilde{\alpha}_1 = \frac{1}{\pi}\int_0^\infty x'dx'\sigma(x')\int_0^{2\pi} d\varphi\frac{x - x'\cos\varphi}{x^2 + x'^2 - 2xx'\cos\varphi} \tag{4.14}$$

$$\tilde{\alpha}_2 = \frac{1}{\pi}\int_0^\infty x'dx'\sigma(x')\int_0^{2\pi} d\varphi\frac{-x'\sin\varphi}{x^2 + x'^2 - 2xx'\cos\varphi} \tag{4.15}$$

가 된다. 대칭성에 의해 $\tilde{\alpha}_2 = 0$이므로 $\tilde{\boldsymbol{\alpha}} = (\tilde{\alpha}_1, 0)$로 빛은 x_1-축 방향으로만 꺾임을 알 수 있다. 렌즈방정식 (3.27)을 적용하면 상들의 위치 또한 x_1-성분만을 가져야 함을 의미한다. 이는 광원, 렌즈 중심, 관측자를 모두 포함하는 평면을 생각하면 광원에서 관측자에 도달하는 모든 광선은 이 평면에 놓이고 렌즈방정식은 이 평면에서의 1차원 식으로 적을 수 있다. 질량밀도의 대칭성을 생각하면 당연하게 예상되는 성질이다.

다음 $\tilde{\alpha}_1$식을 적분해보면 $x' > x$일 경우 각에 대한 적분이 0이 됨을 알 수 있다. 구형대칭 질량분포에 의한 3차원 중력의 경우와 같은 것처럼 축대칭 질량분포의 경우 광선이 지나가는 지점 바깥쪽의 질량분포는 아무런 영향을 미치지 못한다. 안쪽 질량분포에 의한 효과는 $x' < x$ 경우 각적분은 $2\pi/x$ 여서

$$\tilde{\alpha} \equiv \tilde{\alpha}_1 = \frac{2}{x}\int_0^x x'dx'\sigma(x') \equiv \frac{\tilde{m}(x)}{x} \tag{4.16}$$

로 간단히 표현된다. 원래의 단위를 유지할 경우 꺾임각은

$$\alpha = \frac{1}{\xi}\frac{4G}{c^2}2\pi\int_0^{\xi}\xi' d\xi' \Sigma(\xi') \equiv \frac{4GM(\xi)}{c^2\xi} \tag{4.17}$$

이다. 이는 마치 질량이 $\widetilde{m}(x)$인 점질량이 원점에 위치하였을 때의 꺾임각과 같음을 알 수 있다. 즉 3차원 구형질량분포에 의한 특정 반경에서의 중력이 마치 그 반경의 구면 안의 모든 질량이 구의 중심에 점질량으로 있는 경우와 같은 것처럼 중력렌즈의 경우에도 면질량이 축대칭으로 분포한 경우에는 상이 생기는 위치보다 바깥쪽에 위치한 질량은 무시할 수 있고 그 내부의 질량만이 중심에 점질량으로 있는 경우와 동일한 렌즈작용이 일어나는 것이다.

위의 결과들을 종합하면 규격화된 렌즈방정식은

$$y = x - \widetilde{\alpha}(x) = x - \frac{\widetilde{m}(x)}{x} \tag{4.18}$$

로 간단히 적을 수 있다. 일반성을 잃지 않고 광원의 위치 y가 양이 되게끔 x_1-축을 잡을 수 있고 $\widetilde{m}(x)$는 언제나 양의 값을 가지므로 위 식으로부터 $x > 0$일 경우 $x > y$이므로 렌즈 중심에 대해 광원과 같은 방향에 생기는 상은 볼록렌즈에 의해 빛이 꺾이는 경우와 같이 언제나 광원보다 더 멀리 나타남을 알 수 있다.

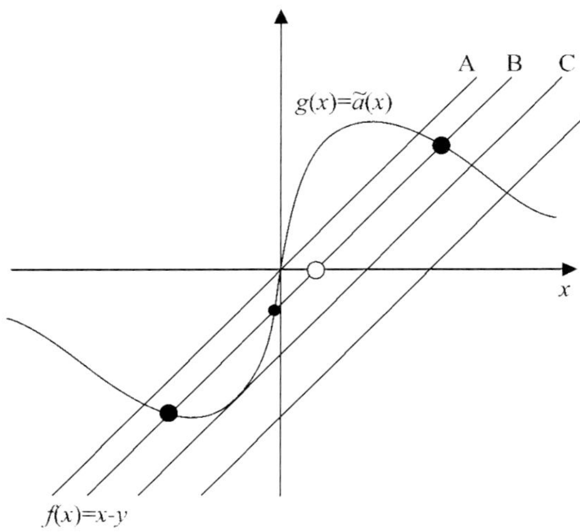

그림 4.5 축대칭인 경우 렌즈방정식과 상의 위치

앞서와 같이 렌즈방정식을 $x-y=\tilde{\alpha}(x)$로 적고 그래프로 그리면 그림 4.5와 같이 된다. 광원의 위치 y가 적당해서 상이 3개(A, B 경우), 직선과 꺾임각 곡선이 접해서 상이 2개(C 경우) 또는 광원이 너무 멀리 떨어져 있어서 상이 원래 위치에 가깝게 1개만(D 경우) 생기는 경우들이 있음을 알 수 있다.

꺾임퍼텐셜 $\psi(x)$는 2차원에서의 중력퍼텐셜과 같이 안쪽 질량에 의한 퍼텐셜과 바깥쪽 질량에 의한 퍼텐셜의 합

$$\psi(x)=2\ln x\int_0^x x'dx'\sigma(x')+2\int_x^\infty x'dx'\sigma(x')\ln x' \tag{4.19}$$

로 나타나고 여기에 상수 $-2\int_0^\infty x'dx'\sigma(x')\ln x'$을 더하면

$$\psi(x)=2\int_0^x x'dx'\sigma(x')\ln\left(\frac{x}{x'}\right) \tag{4.20}$$

로 표현되고, Fermat 퍼텐셜 $\phi(x)$는

$$\phi(x)=\frac{1}{2}(x-y)^2-\psi(x) \tag{4.21}$$

가 된다.

층밀림과 확대인수를 구하기 위해 Jacobi 행렬을 계산하면 벡터 $\boldsymbol{x}$와 $\boldsymbol{y}$는 평행하여 $y_i=(y/x)x_i$가 성립하므로 (여기서 $x\equiv|\boldsymbol{x}|$, $y\equiv|\boldsymbol{y}|$) Jacobi 행렬은

$$A_{ij}=\frac{\partial y_i}{\partial x_j}=\frac{d}{dx}\left(\frac{y}{x}\right)\frac{\partial x}{\partial x_j}x_i+\frac{y}{x}\delta_j^i \tag{4.22}$$

이고

$$A_{ii}=\frac{d}{dx}\left(\frac{y}{x}\right)\frac{x_i^2}{x}+\frac{y}{x},\quad A_{12}=A_{21}=\frac{d}{dx}\left(\frac{y}{x}\right)\frac{x_1x_2}{x} \tag{4.23}$$

이므로 층밀림은

$$\gamma_1 = (x_2^2 - x_1^2)\left(\frac{\tilde{m}}{x^4} - \frac{\sigma}{x^2}\right), \quad \gamma_2 = 2x_1x_2\left(\frac{\sigma}{x^2} - \frac{\tilde{m}}{x^4}\right), \quad \gamma^2 = \left(\frac{\tilde{m}}{x^2} - \sigma\right)^2 \tag{4.24}$$

로 표시된다. 한편 Jacobi 행렬식은

$$\det A = \frac{y}{x}\frac{dy}{dx} = \left[1 - \frac{\tilde{m}}{x^2}\right]\left[1 - \frac{d}{dx}\left(\frac{\tilde{m}}{x}\right)\right] = \left[1 - \frac{\alpha(x)}{x}\right]\left[1 - \frac{d\alpha(x)}{dx}\right] \tag{4.25}$$

로 나타난다. 상이 크게 변형되어 아주 많이 밝아지는 임계곡선은 Jacobi 행렬식을 0으로 만드는 렌즈면에서의 상의 위치 $\boldsymbol{x}_c$ 의 집합이다.

$$\det A(\boldsymbol{x}_c) = 0 \tag{4.26}$$

식 (4.25)로부터 위 식은 $\tilde{m}/x^2 = 1$인 경우와 $d(\tilde{m}/x)/dx = 1$인 두 경우에 식 (4.26)이 만족됨을 알 수 있다. 전자의 경우를 접선형 임계곡선(tangential critical curve)이라 하고 후자의 경우를 지름형 임계곡선(radial critical curve)이라 부른다. 접선형 임계곡선 바로 근처에서 상은 임계곡선에 접하는 방향으로 길어지고, 지름형 임계곡선 근처에서는 지름 방향으로 상이 길어지기 때문이다. 그림 4.5에서 접선형은 C 경우에 해당되고 지름형은 A 경우에 대응된다.

이제 각각의 경우에 대해 임계곡선 근처에서 상이 변형되는 모습을 유도해보자. 우선 접선형의 경우는 식 (4.18)에서 $y = 0$이므로 광원이 렌즈와 일직선 상에 있어서 그 상, 즉 임계곡선이 Einstein 고리인 경우이다. 이 같은 임계곡선 근처의 어느 한 점 $\boldsymbol{x}_c = (x_c, 0)$는 $\tilde{m}/x^2 = 1 - \delta$를 만족하므로($\delta \ll 1$) Jacobi 행렬은

$$A = \begin{pmatrix} 2 - \frac{1}{x_c}\frac{d\tilde{m}}{dx} & 0 \\ 0 & \delta \end{pmatrix} \tag{4.27}$$

가 된다. 이제 $\boldsymbol{x}_c$ 주위의 조그마한 타원

$$i(\phi) = \boldsymbol{x}_c + \begin{pmatrix} \rho_1 \cos\varphi \\ \rho_2 \sin\varphi \end{pmatrix} \tag{4.28}$$

을 생각하면(ρ_1, $\rho_2 \ll 1$), 이 타원은 $\boldsymbol{x} \to \boldsymbol{y}$ 로 사상하는 렌즈방정식에 의해

$$\boldsymbol{s}(\varphi) = \boldsymbol{y}_c + \begin{pmatrix} \left(2 - \frac{1}{x_c}\frac{d\widetilde{m}}{dx}\right)\rho_1 \cos\varphi \\ \delta\rho_2 \sin\varphi \end{pmatrix} \tag{4.29}$$

로 사상된다. 위치 $\boldsymbol{y}_c$ 에 중심을 둔 타원형 광원 $\boldsymbol{s}(\varphi)$가 렌즈작용에 의해 $\boldsymbol{x}_c$ 에 중심을 둔 타원형 상 $\boldsymbol{i}(\varphi)$로 보이는 것이다. 광원 $\boldsymbol{s}(\varphi)$가 원인 경우에는

$$\frac{|\rho_2|}{|\rho_1|} = \frac{1}{\delta}\left(1 - \frac{1}{x_c}\frac{d\widetilde{m}}{dx}\right) \tag{4.30}$$

가 만족되므로 $\delta \ll 1$ 일 때 $|\rho_2| \gg |\rho_1|$임을 알 수 있다. 즉 지름 방향 x_1 에 수직한 x_2 방향, 즉 임계곡선 방향으로 길쭉한 타원이 된다(예를 들어 그림 4.3의 상 3).

반면에 지름형 임계곡선의 경우에는 $d(\widetilde{m}/x)/dx = (d\widetilde{m}/xdx) - \widetilde{m}/x^2 = 1 - \delta$ 이고

$$A = \begin{pmatrix} -\delta & 0 \\ 0 & -\frac{\widetilde{m}}{x_c^2} \end{pmatrix} \tag{4.31}$$

이 되어 $|\rho_1/\rho_2| = \delta^{-1}\widetilde{m}/x_c^2$ 로 $|\rho_1| \gg |\rho_2|$ 이고 타원 상은 x_1 방향, 즉 지름방향으로 길어진다(예를 들어 그림 4.3의 상 2와 4).

마지막으로 축대칭 렌즈에 의한 상들의 수와 관계된 일반적인 성질들을 살펴보자. 다음 성질들을 만족하는 특이성(singularity)이 없는 렌즈를 생각하자. (i) 렌즈가 투명하고, (ii) 면질량분포가 낱낱으로 연속(piecewise continuous)이며, (iii) 면질량밀도가 유한한 값을 가지고 있고,[8] (iv) $\lim_{x \to \infty} \sigma(x)x = 0$ 이다. 이 경우 여러 일반적인 특성들이 만족된다.

8) 점질량과 특이등온구는 원점에서 면질량밀도가 유한하지 않다.

(가) 광원의 위치가 렌즈에서 아주 멀 경우($y \gg 1$), 상은 한 개만 만들어진다. 점질량 같이 특이한 렌즈가 없는 경우, 광원과 렌즈가 아주 멀리 떨어져 있으면 실질적으로 렌즈 작용이 일어나지 않아야 하므로 상은 원래의 위치 근처에 한 개만 생기고 밝기의 증가도 없다.

(나) 2개 이상의 상이 생길 필요충분조건은 적어도 한 점에서 $1-2\sigma+\widetilde{m}/x^2<0$가 만족되어야 한다. 면질량밀도 σ를 면적분한 것이 $\widetilde{m}(x)$이므로 $\widetilde{m}/x^2$는 σ의 면에 대한 평균에 해당한다. 따라서 위 조건은 적어도 한 곳에서 전체 평균된 질량밀도보다 질량밀도가 커야지 빛이 충분히 꺾여서 두 개 이상의 상을 만들 수 있다는 뜻이다. 즉 질량밀도가 주변에 비해 상대적으로 충분히 커야 빛의 꺾임이 일어나고 광원에서 관측자에 이르는 경로가 여러 개 생기는 것이다. 예를 들어 균질한 우주 전체의 평균 밀도가 아무리 높다고 해도 상이 여러 개 생기지는 않는다. 우주 전체의 곡률이 커질 뿐이지 여러 개의 경로가 생기지는 않기 때문이다.

(다) 여러 개의 상이 만들어지기 위한 필요조건은 적어도 한 점에서 $\sigma>1/2$이고, 충분조건은 적어도 한 점에서 $\sigma>1$이다.

(라) 면질량밀도가 x에 따라 증가하지 않는 경우($d\sigma/dx \leqq 0$), 여러 개의 상이 생길 필요충분조건은 $\sigma(0)>1$이다.

위 특성들은 대부분 렌즈방정식 $x-y=\widetilde{\alpha}(x)$을 그래프로 그렸을 때(그림 4.5) 꺾임각 $\widetilde{\alpha}(x)$가 직선 $x-y$와 여러 점에서 만날 조건으로 대부분 증명된다(Schneider, Ehlers & Falco 1992, 8.1절 참조).

4.4 균질 원반 렌즈

이번에는 면질량밀도가 일정한 균질 원반(homogeneous disk)에 의한 렌즈효과를 살펴보자. 반경이 R_0이고 면질량밀도가 Σ_0인 원반의 질량 $M(\xi)=\pi\xi^2\Sigma_0$여서 특성 길이는 $\xi_0 \equiv R_0(\Sigma_0/\Sigma_{cr})^{1/2}$이고 $x_0 \equiv R_0/\xi_0$로 정의하면, 원반 내에서는 $\widetilde{m}/x = x/x_0^2$가 된다. 따라서 렌즈방정식은

$$x - y = \tilde{\alpha}(x) = \begin{cases} \dfrac{x}{x_0^2}, & |x| \leq x_0 \\ \dfrac{1}{x}, & |x| > x_0 \end{cases} \tag{4.32}$$

로 적을 수 있어서 그림 4.6과 같이 된다.

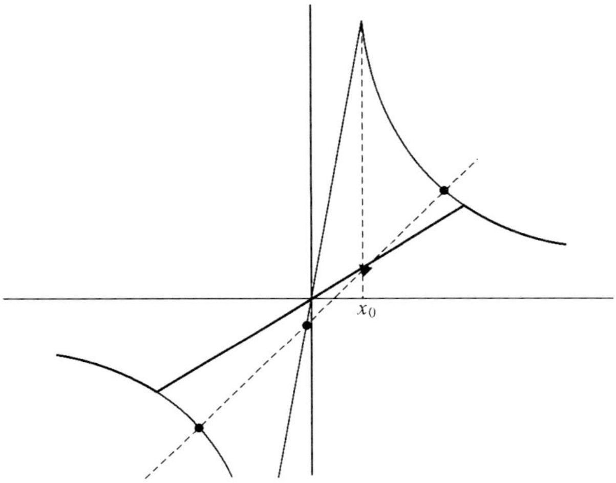

그림 4.6 균질 원반 렌즈의 경우 렌즈방정식 및 상(원, 세모)의 위치

Σ_0가 커서 $x_0 < 1$인 경우(가는 실선)에는 꺾임각의 직선 부분 기울기가 1보다 커서 상이 1개 또는 3개 생긴다(그림 4.6에서 원들). 상이 3개 생길 경우에는 원반 안에 1개의 상이, 바깥에 나머지 2개가 나타난다. 반대로 Σ_0가 작아서 $x_0 > 1$인 경우(굵은 실선)에는 기울기가 1보다 작아서 상은 1개만 생긴다(그림 4.6에서 세모). 질량밀도가 작아서 꺾임각이 충분히 크지 못하기 때문이다.

한편 면질량밀도가 임계면질량밀도와 같을 때는($\Sigma_0 = \Sigma_{cr}$) $x_0 = 1$로 직선부분의 기울기가 1과 같아서 광원의 위치가 렌즈와 일치하지 않을 때는($y \neq 0$) 상이 1개밖에 생기지 않으나, 일치할 때는 $|x| \leq 1$인 모든 점들이 $y = 0$에 사상되어 반경이 1인 원반 상이 생기게 된다. 즉 렌즈 원반을 통과하는 모든 빛이 관측자에 도달해서 관측자는 완벽한 렌즈의 초점에 위치하는 셈이다. $\Sigma_0 = \Sigma_{cr}$일 조건은 $D_s/(D_l D_{ls}) = 4\pi G \Sigma_0 / c^2$와 같고 평탄한 공간에서는 $D_s = D_l + D_{ls}$이므로

$$\frac{1}{D_{ls}}+\frac{1}{D_l}=\frac{1}{f} \quad \text{여기서} \quad f\equiv\frac{c^2}{4\pi G\Sigma_0}=\frac{R_0^2}{2R_s} \tag{4.33}$$

이고 R_s 는 원반 총 질량에 대한 Schwarzschild 반경이다. 초점거리 f에 대한 렌즈방정식인 위 식은 중력렌즈와 일반 광학렌즈가 대부분의 경우 다르지 않음을 보여준다.

은하나 은하단에 의한 중력렌즈 현상을 우주론에 적용하는 경우 은하는 특이등온구, 은하단은 면밀도가 일정한 원반으로 근사하는 경우가 많다(Turner, Ostriker & Gott 1984). 이 중에서 은하단 내의 은하에 의한 중력렌즈 경우를 그래프로 살펴보자. 이 경우 특이등온구 은하에 의한 꺾임각과 원반 은하단에 의한 꺾임각이 더해지므로 꺾임각은 그림 4.7의 A나 B와 같이 된다. 이렇게 원반으로 근사된 은하단의 면질량밀도가 임계면질량밀도보다 작은 A의 경우($\Sigma_0 < \Sigma_{cr}$) 기울기가 1보다 작아서 – 중심의 무한히 어두운 상은 제외하고 – 상은 2개 또는 1개 생긴다. 두 상 간의 각거리가 은하단이 없을 경우(C)보다 더 커지고, 상도 지름방향으로 더 길어져서 더 밝아진다. 최초로 발견된 중력렌즈계 Q0957+561가 좀 더 복잡하긴 하지만 은하단의 도움을 받아서 은하가 여러 개의 상을 만드는 대표적 경우에 해당한다. 반면에 면질량밀도가 너무 큰

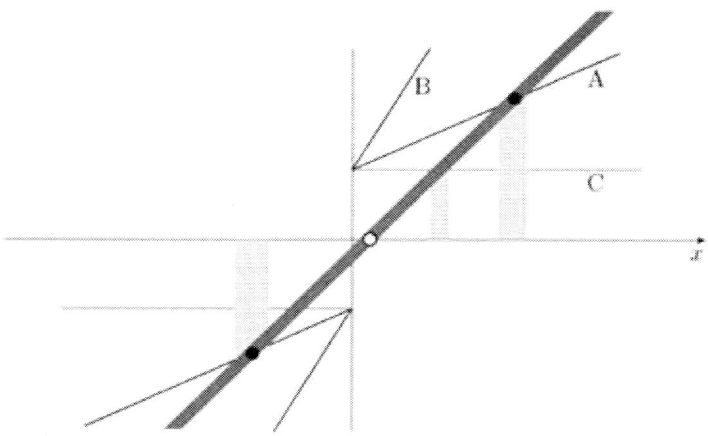

그림 4.7 특이등온구에 은하단이 더해진 경우(A, B) 특이등온구만 있는 경우(C)에 비해 상의 너비가 늘어남을 볼 수 있다.

B의 경우에는 ($\Sigma_0 > \Sigma_{cr}$) 상은 1개이거나 전혀 없을 수도 있다. 후자의 경우는 특이등온구로 근사되는 은하에 의해 2개의 상이 만들어지는 위치에 광원이 있을 때 추가로 은하단이 있으면 은하단이 빛을 너무 많이 꺾어서 오히려 상이 사라지게 되는 경우에 해당한다. 이를 과집중(overfocusing)이라 한다. 광학에서 볼록렌즈가 한 개 더 보태져서 초점이 너무 짧아지는 경우에 해당한다고 볼 수 있다. 정확하게 같지는 않지만 이 같은 과집중이 우주 전체에 의해 생길 수도 있다(8.1.3절 참조).

4.5 사극자 렌즈

축대칭을 지닌 질량분포에 더 큰 규모의 중력장에 의한 건드림이 보태진 경우 이를 사극자(quadrupole) 항으로 근사 가능할 때가 있다. 전자기학에서 임의의 전하 분포에 의한 전기장을 단극, 쌍극, 사극 등으로 차례로 근사하는 경우와 같다. 이 근사에서는 건드림을 주는 중력장에 의한 렌즈면 위의 임의의 점 $\boldsymbol{r}$ 에서의 꺾임각을 선형식(linear equation)으로 표현할 수 있다. 이때 행렬이 대각선 모양이 되게 좌표를 잡으면

$$\boldsymbol{\alpha}_p(\boldsymbol{r}) = \boldsymbol{\alpha}_p(0) + \begin{pmatrix} \Gamma_1 & 0 \\ 0 & \Gamma_2 \end{pmatrix} \boldsymbol{r} = \boldsymbol{\alpha}_p(0) + \begin{pmatrix} \kappa+\gamma & 0 \\ 0 & \kappa-\gamma \end{pmatrix} \boldsymbol{r} \tag{4.34}$$

로 표시된다. 여기서 $\boldsymbol{\alpha}_p(0)$는 모든 점 $\boldsymbol{r} = (x, y)$ 에 공통으로 작용하는 꺾임각이다. 식 (3.41)의 정의에 따르면 $\kappa = (\Gamma_1 + \Gamma_2)/2$ 는 수렴, $\gamma = (\Gamma_1 - \Gamma_2)/2$ 는 층밀림에 해당한다. 광원 면의 원점을 $\boldsymbol{s} \rightarrow \boldsymbol{s} + \boldsymbol{\alpha}_p(0)$ 로 이동하여 다시 정의하면, 렌즈방정식은

$$\boldsymbol{s} = \left[1 - \overline{\sigma}(x) - \begin{pmatrix} \kappa+\gamma & 0 \\ 0 & \kappa-\gamma \end{pmatrix} \right] \boldsymbol{r} \tag{4.35}$$

로 표현된다. 여기서 $\overline{\sigma}(r) \equiv \widetilde{m}(r)/r^2$ 은 대칭 질량분포에 의한 반경 r 내의 평균 질량 밀도이다.

위 렌즈방정식을 극좌표 $\boldsymbol{s} = s(\cos\psi, \sin\psi)$, $\boldsymbol{r} = r(\cos\varphi, \sin\varphi)$를 도입해서 풀어보면

$$s\cos\psi = r\cos\varphi[1-\overline{\sigma}(r)-\kappa-\gamma] \quad (4.36)$$

$$s\sin\psi = r\sin\varphi[1-\overline{\sigma}(r)-\kappa+\gamma] \quad (4.37)$$

가 된다. 위 식으로부터 주어진 광원의 위치 (s,ψ)에 대응되는 상의 위치 (r,φ)가 계산되는데 이를 그래프로 풀 수도 있다(Kovner 1987). 새로운 2차원 면 (u,v)에서 두 곡선 (u_1,v_1)과 (u_2,v_2)를 아래와 같이 정의하자.

$$u_1(\varphi)=\frac{\cos\varphi}{s};\quad v_1(\varphi)=\frac{\sin\varphi}{s} \quad (4.38)$$

$$u_2(r)=\frac{\cos\psi}{x[1-\overline{\sigma}(r)-\kappa-\gamma]};\ v_2(r)=\frac{\sin\psi}{x[1-\overline{\sigma}(r)-\kappa+\gamma]} \quad (4.39)$$

주어진 (s,ψ)에 대해 곡선 (u_1,v_1)은 반경 $1/s$ 인 원이고, 곡선 (u_2,v_2)는 일반적으로 복잡하나 특이등온구의 경우에는 쌍곡선의 일부분이다. 이 두 곡선이 만나는 점들의 좌표 (u,v)가 상의 위치 (r,φ)에 대응되는 (u,v) 좌표이다. (u_1,v_1)의 정의로부터 $v_1/u_1 = y/x = \tan\varphi$ 이므로 (u,v)면에서 교점들과 원점을 잇는 직선들 $\varphi=\varphi_j$가 (x,y)면에서 상의 방향을 보여준다(그림 4.8a). 한편 식 (4.36)과 (4.37)에서 $\overline{\kappa}(r)$를 소거하면 $r= s\sin(\psi-\varphi)/(\gamma\sin 2\varphi)$ 곡선이 된다. 따라서 상의 위치 (x,y)는 이 곡선과 직선 $y= x\tan\varphi_j$의 교점으로 나타난다(그림 4.8b). 이 같은 그래프를 통해

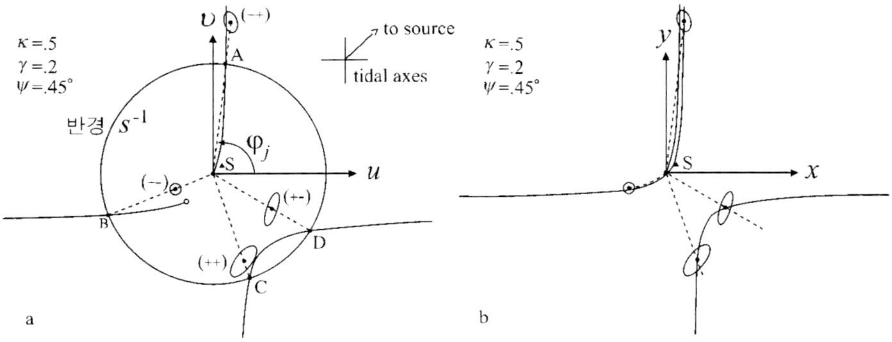

그림 4.8 사극자 렌즈의 해. 그림 (a)는 상의 방향을, 그림 (b)는 상까지의 거리를 결정해준다(Kovner 1987).

상들의 수, 상대적 위치 등에 대해 구체적으로 해를 구하지 않고도 알 수 있다(Kovner 1987; Gott, 박명구 & 이형목 1989).

위의 렌즈방정식을 직접 풀려면 식 (4.36)과 (4.37)에서 φ를 소거하면 방정식

$$r^2 = \frac{s_x^2}{(1-\overline{\sigma}-\kappa-\gamma)^2} + \frac{s_y^2}{(1-\overline{\sigma}-\kappa+\gamma)^2} \tag{4.40}$$

$(s_x \equiv s\cos\psi,\ s_y \equiv s\sin\psi)$을 얻을 수 있다. 여기서 구한 r을 식 (4.36)에 대입하면 φ가 결정된다.

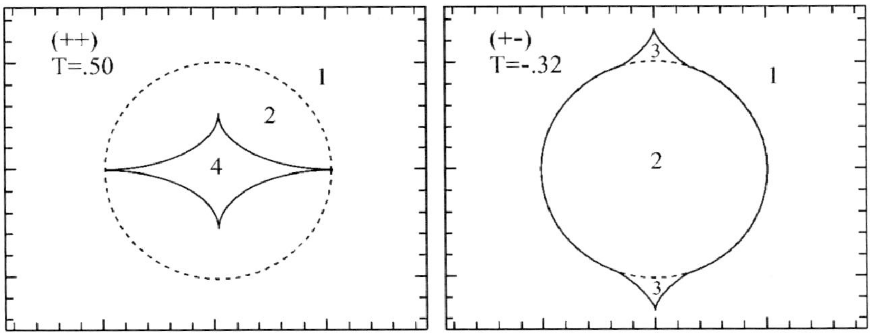

그림 4.9 사극자 렌즈의 화선의 한 예. 숫자는 상의 수를 나타낸다(Kovner 1987).

한편 Jacobi 행렬은

$$A = \begin{pmatrix} 1-\overline{\sigma}(r)-\Gamma_1-\dfrac{x^2}{r}\overline{\sigma}'(r) & -\dfrac{xy}{r}\overline{\sigma}'(r) \\ -\dfrac{xy}{r}\overline{\sigma}'(r) & 1-\overline{\sigma}(r)-\Gamma_2-\dfrac{y^2}{r}\overline{\sigma}'(r) \end{pmatrix} \tag{4.41}$$

로 나타난다($' \equiv d/dx$). 행렬식은

$$\det A = (1-\overline{\sigma}-\Gamma_1)(1-\overline{\sigma}-\Gamma_2) - r\overline{\sigma}'(1-\overline{\sigma}-\Gamma_2\cos^2\varphi-\Gamma_1\sin^2\varphi) \tag{4.42}$$

로 되어, $\det A = 0$를 만족하는 임계곡선의 식은

$$\cos^2\varphi = \frac{1-\bar{\sigma}-\Gamma_1}{\Gamma_1-\Gamma_2}\left(\frac{1-\bar{\sigma}-\Gamma_2}{r\bar{\sigma}'}\right) \quad (4.43)$$

이 된다. 우측 항의 값이 0과 1 사이일 때 이에 대응되는 φ의 값은 각 사분면에 한 개씩 존재하고, 임계곡선은 x, y축 모두에 대해 거울 대칭이다. 그림 4.9는 전형적인 경우의 임계곡선과 화선의 모습을 보여주고 있다(Kovner 1987). 실선이 화선인데 광원이 화선을 지날 때마다 상의 수는 2개씩 변함을 알 수 있다.

축대칭성이 있는 경우와 비교하기 위해 광원이 렌즈의 중심과 일치하는 가장 간단한 경우를 비교해보자. 축대칭렌즈의 경우에는 원으로 된 상이 생기는데 대칭성이 깨어진 사극자 렌즈의 경우에는 어떤 상이 생기는지를 살펴보자. $s=0$이면 식 (4.35)에서 조건 (가) $x=r\cos\varphi=0$, $y=r\sin\varphi=0$, (나) $1-\bar{\sigma}(r)-\Gamma_1=0$, $y=0$, (다) $1-\bar{\sigma}(r)-\Gamma_2=0$, $x=0$ 중 어느 하나가 만족되어야 함을 알 수 있다. 조건 (가)의 경우에는 원점 $(0,0)$에 상이 생기고, 조건 (나)의 경우는 x축 상의 두 점 $(\pm x_1,0)$에 상이 생기며 x_1는 $1-\bar{\sigma}(x_1,0)-\Gamma_1=0$를 만족하고, (다)의 경우는 y축 상의 두 점 $(0,\pm y_1)$에 상이 생기며 x_1는 $1-\bar{\sigma}(0,y-1)-\Gamma_2=0$를 만족한다. 따라서 $\Gamma_1\neq\Gamma_2$일 때 모두 5개의 상이 생김을 알 수 있는데, 대칭성이 있을 경우 겹쳐진(degenerate) 상인 Einstein 원이 대칭성이 없어짐에 따라 겹침(degeneracy)이 깨어져서 5개의 상으로 나누어지는 것이다.

4.6 Chang-Refsdal 렌즈

이제 사극자 렌즈의 구체적인 예로 대칭인 질량분포가 점질량인 Chang-Refsdal 렌즈를 살펴보자. 준항성 등이 은하에 의해 중력렌즈될 때 은하전체의 질량에 의한 중력장이 더 중요하므로 일반적으로 별과 같이 작고 이산적인(discrete) 질량에 의한 렌즈 효과는 무시한다. 이는 항성역학에서 별의 운동을 기술할 때 대부분의 경우 근처 개개의 별에 의한 효과보다는 전체적인 질량분포에 의한 평균적인 효과가 더 중요한 것과 같다. 그러나 경우에 따라서는 개별적인 별에 의한 효과가 중요해질 수도 있음을 장경애와 Refsdal이 발견하였다(장경애 & Refsdal 1979, 1984). 특히 개별 별들의 중력렌즈 효과에 의해 상이 더 작은 여러 개의 상으로 나누어지고 그 밝기도 짧은 시간 동안 변할 수 있다는 중요한 사실이 발견되었다. 이렇게 별처럼 작고 옹골찬 천체들에 의해 일어나는 중력렌즈 현상은 그 후 미시중력렌즈(microlensing)라 불리게 되었다. 은하 전체 중력장과 같이 큰 질량에 의한 중력렌즈에서는 여러 상들 사이의 각거리가 수 각초 정도의 크기에 이르러 각 상들이 분해되어 관측되므로 거시중력렌즈(macrolensing)라 부를 수 있는 데 비해 별의 중력렌즈 효과에 의해 만들어지는 상들 간의 각거리는 10^{-5}각초 정도밖에 되지 않아서 상의 수 변화나 상의 모양 변화를 직접 관측하는 것은 불가능하기 때문에 미시중력렌즈라 불리게 되었다.

물론 미시중력렌즈에 의해 생기는 여러 상들은 현재의 관측도구로는 분해되지 않지만 상의 밝기 변화를 통해 그 존재를 확인할 수 있다. 이같이 은하와 은하 내의 별에 의해 렌즈되는 경우는 점질량으로 주어지는 미시중력렌즈 효과(제10장 참조)에 사극자 렌즈로 근사되는 거시렌즈 효과가 합해진 모습으로 설명해 볼 수 있다.

점질량에 대한 특성길이 $\xi_0^2 = (4GM/c^2)(D_l D_{ls}/D_s)$이므로 규격화된 평균 면질량 밀도는 간단히 $\overline{\sigma} = r^{-2}$여서 렌즈방정식은

$$\boldsymbol{s} = \boldsymbol{r} - \frac{\boldsymbol{r}}{r^2} - \begin{pmatrix} \kappa+\gamma & 0 \\ 0 & \kappa-\gamma \end{pmatrix} \boldsymbol{r} \tag{4.44}$$

이 된다. 여기서 κ와 γ는 거시렌즈에 의한 수렴과 층밀림이다. 좌표들의 원점은 점질량이 없는 경우 $\boldsymbol{s} = 0$인 광원의 상이 은하 전체에 의해 중력렌즈된 위치가 $\boldsymbol{r} = 0$가 되게 조정되어 있어, 거시렌즈에 의한 상의 위치 변화를 원점 재조정으로 흡수하였다. 거시렌즈에 의한 임계곡선 바로 위에 점질량이 위치할 경우 사극자 렌즈로 기술할 수 없으므로 $1-\kappa\pm\gamma \neq 0$라는 가정하에 아래와 같이 재규격화된 좌표들을 도입하자.

$$\boldsymbol{R} = \sqrt{|1-\kappa+\gamma|}\,\boldsymbol{r}; \quad \boldsymbol{S} = \frac{\boldsymbol{s}}{\sqrt{|1-\kappa+\gamma|}} \tag{4.45}$$

이 좌표로 표현된 렌즈방정식은

$$\boldsymbol{S} = \epsilon \begin{pmatrix} \Gamma & 0 \\ 0 & 1 \end{pmatrix} \boldsymbol{R} - \frac{\boldsymbol{R}}{R^2} \tag{4.46}$$

이 된다. 여기서 $\epsilon \equiv \mathrm{sign}(1-\kappa+\gamma)$이고 $\Gamma \equiv (1-\kappa-\gamma)/(1-\kappa+\gamma)$로 층밀림 γ의 값이 양이 되게 축을 선택하면 언제나 $|\Gamma| \leq 1$을 만족한다. 위 식의 Jacobi 행렬을 계산하면

$$\frac{\partial \boldsymbol{S}}{\partial \boldsymbol{R}} = \begin{pmatrix} \epsilon\Gamma + \dfrac{X^2 - Y^2}{R^4} & \dfrac{2XY}{R^4} \\ \dfrac{2XY}{R^4} & \epsilon - \dfrac{X^2 - Y^2}{R^4} \end{pmatrix} \tag{4.47}$$

이고 행렬식은

$$\det A = \frac{1}{R^4}\left[\Gamma(X^2+Y^2)^2 + \epsilon(1-\Gamma)(X^2-Y^2) - 1\right] \tag{4.48}$$

가 된다. 따라서 임계곡선 $\det A = 0$는 Cassini 달걀곡선(oval)으로 나타난다. 그림 4.10은 이 임계곡선과 그에 대응되는 화선을 보여주고 있다. 광원이 화선 위에 있을 때의 상은 임계곡선 위에 나타나고, 진짜 점광원의 경우 상의 밝기가 무한대가 되는 것으로($\det^{-1} A \rightarrow \infty$) 계산되나, 실제로는 광원이 유한한 크기를 지니고 기하광학이 근사적 접근이므로 밝기의 증가가 크지만 유한하다. 또한 광원이 화선을 가로지를 때마다 상이 2개 더 늘어나거나 줄어든다.

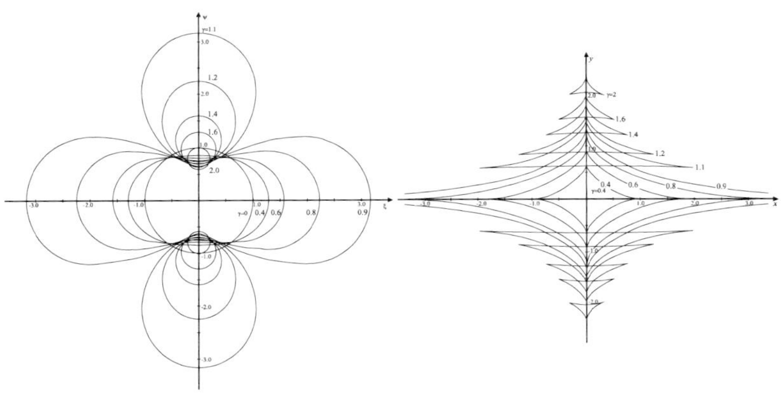

그림 4.10 Chang-Refsdal 렌즈의 임계곡선(왼쪽)과 화선(오른쪽) (장경애 & Refsdal 1984)

렌즈방정식을 풀기 위해 식 (4.46)을 $X \equiv R\cos\varphi$, $Y \equiv R\sin\varphi$ 성분으로 각각 적으면

$$S_x = R\cos\varphi(\epsilon\Gamma - R^{-2}); \quad S_y = R\sin\varphi(\epsilon - R^{-2}) \tag{4.49}$$

이며, 여기에서 $\cos\varphi$와 $\sin\varphi$를 소거하면 R^2에 대한 4차 방정식이 얻어진다.

$$\begin{aligned}\Gamma^2 R^8 - [2\epsilon\Gamma(\Gamma+1) + S_x^2 + \Gamma^2 S_y^2]R^6 \\ + [\Gamma^2 + 4\Gamma + 1 + 2\epsilon(S_x^2 + \Gamma S_y^2)]R^4 - [2\epsilon(\Gamma+1) + S_x^2 + S_y^2]R^2 + 1 = 0\end{aligned} \tag{4.50}$$

따라서 위 식을 만족하는 R의 값은 0, 2 또는 4개가 있을 수 있다. 이를 식 (4.49)에 대입하면 상의 (X, Y) 좌표가 주어진다.

이렇게 생긴 하위상(sub-image), 즉 미시상(micro-image)들은 간격이 너무 작아서 전체가 분해되지 않는 한 개의 거시상(macro-image)으로 관측된다. 따라서 실제 관측에서 중요한 것은 몇 개의 상이 만들어지느냐가 아니라 미시상들을 합한 밝기이다. 그림 4.11은 은하와 별 모두에 의한 상들의 전체 밝기를 은하만에 의한 밝기로 나눈 값을 구간별로 보여주고 있다. 관측자의 위치가 고정되어 있을 때 광원의 위치에 따라 상의 밝기가 크게 달라질 수 있음을 보여준다. 건드림이 작을 때는($\gamma = 0.4$) 원래 밝기(은하만에 의한 밝기)보다 주로 커지지만(왼쪽 그림의 짙은 음영), 건드림이 클 때는

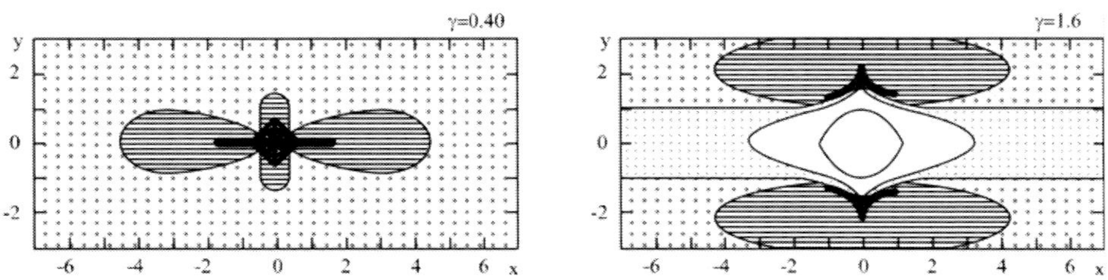

그림 4.11 Chang-Refsdal 렌즈에 의한 한 개 상의 밝기와 별의 효과를 고려하지 않은 경우와의 비를 표시하였다(장경애 & Refsdal 1984).

($\gamma = 1.6$) 밝기가 증가하는 부분도 있지만 오히려 밝기가 많이 감소하는 영역이(오른쪽 그림의 음영이 흰 곳) 별 근처에 생김을 볼 수 있다. 이 결과는 상당히 흥미로운 것인데 전체 중력장을 지배하는 은하에 의해 생겨야 하는 상이 은하 안의 한 별에 의해 상이 완전히 없어질 수도 있음을 보여주고 있기 때문이다. 또한 광원이 움직일 경우 (거시)상의 밝기가 별 때문에 크게 변할 수 있다.

4.7 두 개의 점질량 렌즈

축대칭성이 없는 또 다른 렌즈의 예로 두 개의 점질량으로 이루어진 렌즈를 살펴보자. 우리 은하 내 별의 절반 정도가 쌍성 또는 다성계로 여겨지고 또한 행성들을 지닌 항성계가 최근 많이 발견됨에 따라 두 개 또는 그 이상의 점질량으로 이루어진 렌즈계에 대한 관심이 증가하고 있다.

가장 간단한 예로 질량이 같은 두 점질량의 경우를 살펴보자(Schneider & Weiss 1986). 총 질량에 해당하는 특성거리 ξ_0로 규격화된 두 점질량의 위치를 각각 $(\pm\chi, 0)$라 하면 χ의 값에 따라 렌즈 특성들이 달라진다. $\chi < 8^{-1/2}$일 때는 두 점질량을 모두

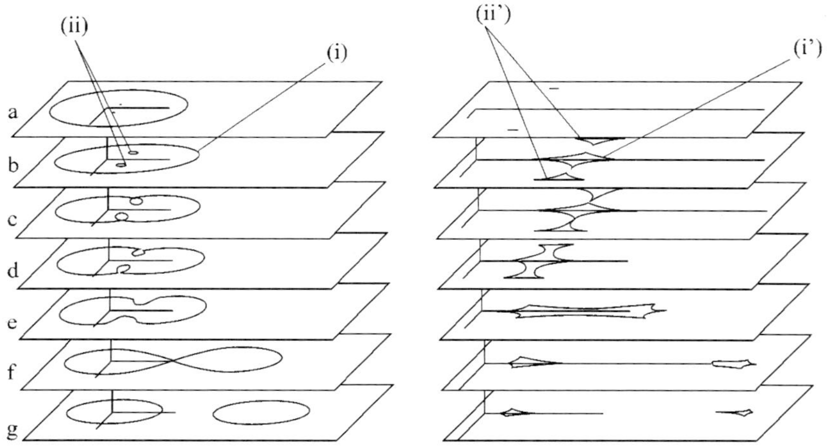

그림 4.12 질량이 같은 두 점질량 렌즈의 거리가 멀어짐에 따라 달라지는 임계곡선(왼쪽)과 화선(오른쪽) (Schneider, Ehlers & Falco 1992)

포함한 큰 임계곡선 한 개[그림 4.12의 (i)]와 수직축 상의 두 점 $(0,\pm\chi)$에 각각 위치한 작은 임계곡선 두 개[그림 4.12의 (ii)]가 생긴다. 전자는 두 질량을 합한 질량에 대한 임계곡선에 대응된다고 볼 수 있다(그림 4.12a, b). 그림에서 우측은 광원 면의 모습인데, 바깥 임계곡선에 대응되는 화선이 S_x 축 상에 날카로운 마름모 꼴[그림 4.12의 (i′)]로 나타나고 안쪽의 두 임계곡선에 대응되는 화선은 수직방향(S_y 방향)으로 양쪽에 세모꼴[그림 4.12의 (ii′)]로 나타난다. 두 점질량이 아주 가까워지면 안쪽의 두 임계곡선은 작아져서 바깥쪽의 큰 임계곡선만 남고 그 모습이 원에 가까워져 한 개의 점질량에 의한 경우와 같아진다(그림 4.12a).

거리가 정확하게 $\chi = 8^{-1/2}$이면 바깥쪽의 임계곡선과 안쪽의 두 임계곡선이 연결된다(그림 4.12c). 이때를 합해진 질량에 의한 렌즈 작용과 개별 질량에 의한 렌즈 작용이 구별되는 기점이라 볼 수 있다. 물론 화선들도 연결된다. 광원이 이 화선 안쪽에 있으면 5개의 상이 생기고 그 바깥쪽에 있으면 2개가 줄어들어 3개가 된다(그림 4.12의 오른쪽 그림). 거리가 더 증가해서 $8^{-1/2} < \chi < 1$이면 임계곡선과 화선은 한 개의 폐곡선으로 연결되고(그림 4.12d, e), 둘 다 두 x축 방향으로 늘어난다. 드디어 $\chi > 1$이 되면 임계곡선과 화선 모두 다시 떨어져서 임계곡선은 x축에 위치한 렌즈를 중심으로 두 개의 계란 모양이 되고 화선 또한 두 개의 화살촉 모양이 된다(그림 4.12g). 거리가 계속 멀어지면 임계곡선은 각 점질량을 중심으로 하는 독립된 두 개의 원이 되어 서로 독립된 두 점질량에 의한 렌즈 경우와 같아진다.

한편 이런 두 개의 점질량에 의해 생기는 상의 위치와 모습은 그림 4.13과 같다. 이는 두 질량 사이의 거리가 $\chi = 1/2$인 경우인데 삽입 그림은 실선으로 표시된 화선과 동심원으로 표시된 광원의 모습을 보여주고, 큰 그림은 점선으로 표시된 임계곡선과 일그러진 모양으로 나타나는 렌즈된 상의 모습을 보여준다. 왼쪽 그림처럼 광원이 화선에서 떨어져 있을 때는 분리된 5개의 상이 나타난다. 그러나 광원이 화선에 걸치게 되면 2개의 상이 연결되면서(오른쪽 그림) 아주 밝아진다. 더 나아가 광원이 화선을 완전히 벗어나면 연결된 상이 없어지고 3개의 분리된 상만 남게 된다.

일반적으로 점광원의 수가 2개보다 많을 경우에는 대수적으로 접근하는 것이 어렵고 비효율적이어서 대부분 수치적으로 다루게 된다. 그러나 몇 가지 일반적 성질들을 대수

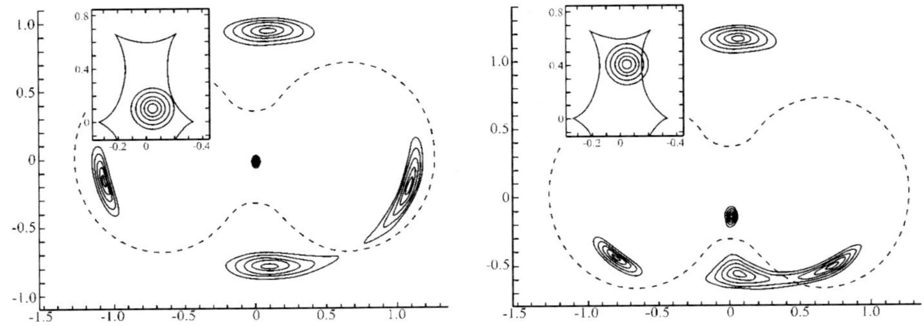

그림 4.13 두 점질량렌즈에 의해 생긴 상들의 위치와 모습(Schneider & Weiss 1986)

적으로 증명할 수 있는데 그중 하나가 N개의 점질량에 의해 생길 수 있는 상의 최대 수는 N^2+1이라는 것이다. 즉 2개의 점질량에 의해 최대 5개의 상이 만들어질 수 있으며 3개의 점질량에 의해서는 최대 10개의 상이 만들어질 수 있다는 것이다.

두 개 이상의 질량체에 의한 렌즈 경우는 쌍성계나 다중성계 또는 별 주위에 행성들이 있는 행성계 등에 의한 미시중력렌즈 현상에서 중요하다. 다중 질량체에 의한 미시중력렌즈의 특성에 대해서는 제10장에 설명되어 있다.

4.8 타원 렌즈

대부분의 다상중력렌즈계는 암흑물질을 포함한 한 개 또는 여러 개의 은하들에 의해 형성되는 것으로 보인다. 그러나 실제 관측되는 타원은하나 나선은하 팽대부(bulge)의 천구 상에서의 2차원 밝기 분포는 대부분 원이 아니라 타원으로 근사된다. 경우에 따라서는 방향과 축비가 중심에서의 반경에 따라 달라서 한 종류의 타원으로 기술하기 어려울 때도 있다. 게다가 질량의 분포가 반드시 빛의 분포를 따르지도 않는다. 그럼에도 불구하고 중력렌즈 연구에서는 많은 타원은하와 나선은하의 팽대부(bulge)는 방향과 축비가 같고 크기가 다른 일련의 타원으로 질량이 분포하고 있다고 가정하는 타원 렌즈(elliptical lens)로 대체로 잘 기술된다고 볼 수 있다.

그런데 일반적인 예상과는 달리 타원으로 분포하는 질량들에 의한 퍼텐셜은 타원으로 나타지지 않는다. 따라서 타원질량에 의한 중력렌즈방정식은 쉽게 풀리지 않는 형태로 변해서 수치적인 접근이 더 효율적이다.[9] 이 같은 이유로 타원질량이 아니라 퍼텐셜 자체가 타원 형태로 주어지는 타원 퍼텐셜을 자주 활용한다.

예를 들어 꺾임퍼텐셜 ψ가 아래와 같이 한 변수 u만의 함수로 주어질 경우

$$\psi = \psi(u); \quad u \equiv (1-\epsilon)x_1^2 + (1+\epsilon)x_2^2 \tag{4.51}$$

꺾임각 $\alpha = \nabla\psi$ (식 3.30)으로부터

$$\alpha = 2\frac{d\psi}{du}\begin{bmatrix}(1-\epsilon)x_1 \\ (1+\epsilon)x_2\end{bmatrix} \tag{4.52}$$

로 계산되어 2차원 렌즈방정식은

$$\begin{aligned} y_1 &= x_1 - 2(1-\epsilon)\psi'(u)x_1 \\ y_2 &= x_2 - 2(1+\epsilon)\psi'(u)x_2 \end{aligned} \tag{4.53}$$

로 정리된다. 주어진 광원의 위치 (y_1, y_2)에 대한 상의 위치 (x_1, x_2)를 찾고자 할 때는 위 식에서 ψ'을 소거하여 x_2 (또는 x_1)을 구하고

$$x_2 = \frac{y_2 x_1(1-\epsilon)}{(1+\epsilon)y_1 - 2\epsilon x_1} \tag{4.54}$$

를 식 (4.51)에 대입하여 $u(x_1)$을 구하고 이를 다시 식 (4.53)에 대입하면 x_1에 대한 방정식으로 표현된다. 이 방정식을 만족하는 모든 근 x_1을 구하면 식 (4.54)로부터 x_2도 쉽게 계산되므로 상의 위치 $\boldsymbol{x}$가 결정된다.

렌즈의 질량분포가 한 가지 모양의 타원으로 기술되지 않는 일반적인 경우에는 면질량밀도 $\sigma(r,\phi)$와 꺾임퍼텐셜 $\psi(r,\varphi)$를 모두

---

9) 임의 타원 질량에 의한 꺾임각도 약간 복잡하긴 하지만 1차원 적분 형태로 표시될 수 있다(Schramm 1990).

$$2\sigma(r,\varphi) = \sum_{m=0}^{\infty} \sigma_m(r)\cos(2m\varphi) \tag{4.55}$$

$$\psi(r,\varphi) = \sum_{m=0}^{\infty} \psi_m(r)\cos(2m\varphi)$$

같이 여러겹극전개(multipole expansion)할 수 있다. 식 (3.29)에 2차원 Laplacian을 작용하면

$$\nabla \cdot \nabla\psi = 2\sigma \tag{4.56}$$

가 되어 위 전개식은

$$\frac{d^2\psi_m}{dr^2} + \frac{1}{r}\frac{d\psi_m}{dr} - \frac{4n^2}{r^2}\psi_m = \sigma_m(r) \tag{4.57}$$

을 만족한다. 이 미분방정식은 간단한 2차원 Greens 함수가 존재하므로 중력이나 전자기력에 대한 여러겹극 해를 구할 때와 같이 임의의 $\sigma_m(r)$에 대한 해 $\psi_m(r)$을 계산할 수 있다. 퍼텐셜이 구해지면 이를 미분해서(식 3.30) 꺾임각 α가 계산되고 렌즈방정식이 결정된다. 물론 일반적인 여러겹극전개의 경우에서와 같이 $m = \infty$까지 전개하면 정확한 해가 구해지지만 실질적으로 불가능하므로, 실제 질량분포를 잘 기술할 수 있는 적당한 최대값 $m_{\max}$항까지만 고려하여 효율적으로 해를 구하게 된다.

4.9 준항성 미시중력렌즈

4.7절에서 렌즈 작용을 하는 질량의 수가 늘어날수록 만들어지는 상의 수도 많아질 수 있음을 설명하였다. 따라서 많은 별이나 질량체로 이루어진 은하에 의해 준항성이 렌즈되는 경우 관측되는 몇 개의 거시상들은 사실 은하 내 별의 수에 버금가는 수의 작은 미시상들로 이루어지게 된다(그림 4.14). 다만 거시상을 이루는 미시상들의 크기와 미시상들 사이의 간격이 너무 작아서 따로 분해되어 관측되지 않고 Q0957+561의 경우

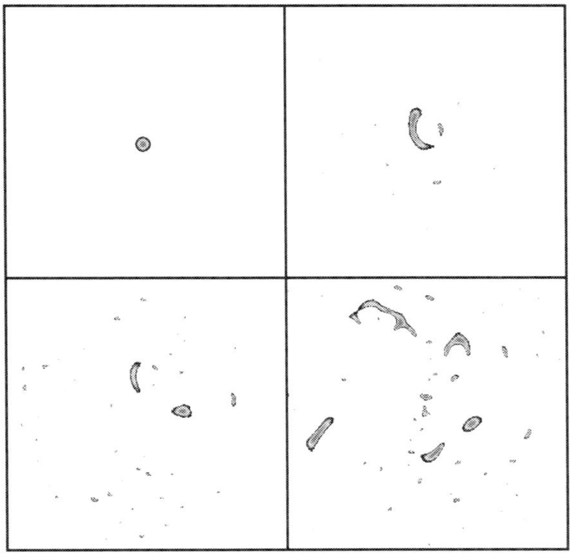

그림 4.14 한 개의 광원 준항성(왼쪽 위)이 렌즈 은하 내 별들의 수가 증가함에 따라 여러 개의 미시상들로 나누어지는 과정을 보여주고 있다(Wambsganss 1998).

처럼 몇 개의 거시상으로만 관측되는 것이다. 하지만 이 미시상들 중 일부는 아주 밝아지거나 어두워지면서 이 미시상이 속한 거시상 전체의 밝기에 변화를 일으킬 수 있고 이 밝기 변화가 충분히 클 경우 측광관측으로 확인이 가능하다. 이런 이유로 미시상을 직접 볼 수는 없지만 거시상의 밝기 변화에 의해 중력렌즈 현상을 확인할 수 있는 경우를 미시중력렌즈라 부르게 되었다. 그러나 1993년 이후 우리 은하와 근처 은하들 내 별들만에 의한 미시중력렌즈 현상이 많이 발견되면서 이와 구별하기 위해 최근에는 은하 등에 의한 거시상에 나타나는 미시중력렌즈 현상은 준항성 미시중력렌즈(quasar microlensing)라 부르고 있다.

준항성 미시중력렌즈의 특징은 거시상을 구성하는 미시상들이 서로 독립적이므로 각 거시상의 밝기 변화가 거시상마다 독립적으로 다르게 나타난다는 것이다. 즉 미시중력렌즈가 작동하는 경우에는 렌즈된 개별 거시상들의 밝기가 제각각 변하는 것을 볼 수 있게 된다.

최초의 중력렌즈 Q0957+561이 발견된 직후 장경애와 Refsdal은 렌즈된 준항성

상의 밝기가 미시중력렌즈 효과를 보일 수 있음을 발견하였다(장경애 & Refsdal 1979). 이어서 Gott(1981)도 작은 질량을 가진 별로 이루어진 halo를 가진 은하들에 의해 준항성이 렌즈될 경우 상들의 밝기가 1~14년 정도의 시간척도를 가진 밝기 변화를 보일 것이라 예측했다. 이 같은 미시중력렌즈 효과는 후에 Irwin et al.(1989)에 의해 준항성 Q2237+0305에서 처음 확인되었다.

많은 작은 질량체들의 모임으로 이루어진 렌즈에 의한 빛의 꺾임은 각각의 질량체에 의한 빛 꺾임을 모두 더해야 한다. 그러나 1,000억 개 정도에 해당하는 은하 내 별의 효과를 직접 다 더할 수는 없으므로 은하 전체에 의한 평균 꺾임 효과는 적절하게 단순한 렌즈 모형으로 근사하고 여기에 몇 개의 별에 의한 직접적인 효과를 더하게 된다. 장경애 & Refsdal(1979)은 은하 전체의 효과를 사극자 렌즈로 근사하고 여기에 한 개의 별에 의한 효과를 더해서 미시중력렌즈의 특성을 밝혔다(4.6절). 그러나 Q2237+0305처럼 광원의 빛이 지나가는 렌즈 은하 부분의 별 밀도가 높아질 경우 더 많은 수의 별에 의한 꺾임 효과를 직접 더해주어야 한다. 그러나 N-체 항성역학 계산에서 많은 수의 별에 의한 중력을 직접 더하기 위해서는 엄청난 계산이 필요해지는 것과 같이 많은 수의 별에 의한 빛의 꺾임을 계산하기 위해서도 많은 계산이 필요하다. 그러나 항성역학(stellar dynamics)에서 개발된 방법으로 이 같은 계산의 양을 어느 정도는 효율적으로 줄일 수 있다(5.4절 참조).

그림 4.15는 광원인 준항성이 광원면의 특정한 위치에 있을 경우 여러 개의 미시렌즈(별)들에 의해 거시상이 얼마나 밝아지는가를 보여주는 지도(magnification map)이다. 예를 들어 광원이 광원면에서 밝은 무늬가 있는 곳에 위치할 경우 렌즈된 상은 밝아지게 되고 어두운 무늬가 있는 곳에 위치할 경우 상이 어두워지게 된다. 특히 광원이나 렌즈가 움직이게 되면 광원 면에서 광원의 위치가 이동하게 되는데 이에 따라 상의 밝기가 변하는 미시중력렌즈 현상이 일어나게 된다. 그림 4.16은 그림 4.15에 표시된 점선 궤적을 따라 광원이 움직이는 경우 예상되는 상의 밝기 변화를 보여주는 그래프이다. 그중 실선은 광원이 작아서 광원의 많은 부분이 동시에 밝아지거나 어두워져서 밝기 변화가 크게 나타남을 보여주고 있고, 점선의 경우에는 광원이 커서 광원의 일부분만 확대되어 밝아지므로 나머지 밝아지지 않은 부분과 희석되어 밝기 변화가 줄어들고

부드러워짐을 보여주고 있다. 이런 특성을 거꾸로 활용하면 렌즈의 미시중력렌즈 성분을 잘 알고 있는 경우에 미시중력렌즈 현상이 관측되면 이로부터 광원의 크기나 밝기 분포에 대한 정보를 알아낼 수 있다(8.5.3절 참조).

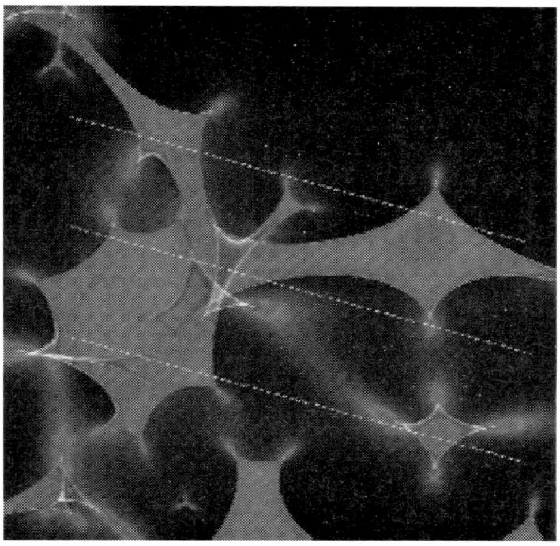

그림 4.15 여러 개의 미시렌즈 별에 의한 화선과 밝기 증가 값을 보여주는 지도. 흰 점선은 광원이 지나가는 궤적(Wambsganss 1998)

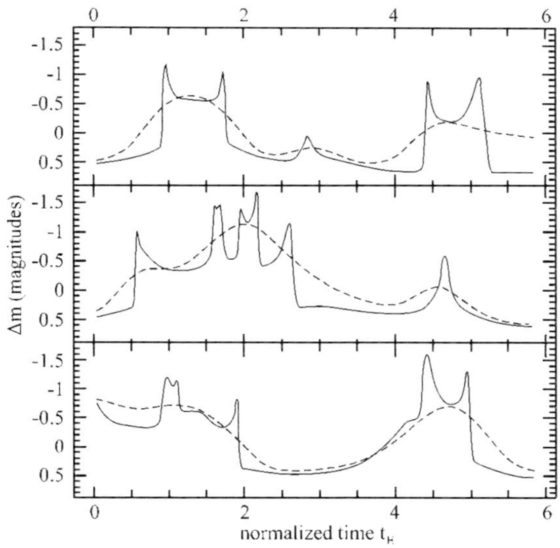

그림 4.16 그림 4.12에 나타낸 3가지 궤적을 따라 광원이 움직일 경우 겪게 되는 미시중력렌즈 효과에 의한 밝기(등급)의 변화. 실선은 작은 광원, 점선은 큰 광원의 경우(Wambsganss 1998)

Young(1981)은 최초로 발견된 중력렌즈계 Q0957+561에 이 미시중력렌즈 효과를 적용하여 렌즈된 상 각각의 밝기가 100년 정도의 시간척도로 50%까지 변할 것임을 예측하였다. Wambsganss, Paczyński & Katz(1990)는 그 발견 직후부터 미시중력렌즈 현상 관측이 가능할 것으로 예상되었던 Q2237+0305 중력렌즈계에 대해 무려 60,000여 개의 개별 별들에 의한 미시중력렌즈 효과를 수치적 방법으로 계산하여 그 효과가 이미 관측되었거나 관측될 것임을 예측하였다.

5 수치적 방법

중력렌즈방정식은 광원의 위치가 결정된 경우 상의 위치, 상의 위치가 알려진 경우에는 광원의 위치를 결정해주는 방정식이다. 렌즈방정식(식 3.13)

$$\beta = \theta - \frac{D_{ls}}{D_s}\alpha(\theta) \tag{5.1}$$

에서 알 수 있듯이 꺾임각 $\alpha(\theta)$을 알고 있는 경우 상의 위치 θ가 알려지면 광원의 위치 β는 바로 결정된다. 그러나 일반적으로는 광원의 위치 β가 주어지고 식 (5.1)을 만족하는 모든 근(root) θ를 찾아야 하는 경우도 많다. 이 방정식은 2차 연립 비선형 방정식이므로 점질량이나 등온구 같이 대칭성이 존재하는 특별한 경우에만 해석학적 근을 구할 수 있고 대부분의 경우에는 수치적으로 근을 구해야 한다(제4장 참조). 그 외에도 유한한 크기와 모습을 가진 광원이 어떤 모양으로 변형되고 또 얼마나 확대되어 밝기가 얼마나 증가하는가를 알기 위해서도 수치적인 계산이 필요하다. 이럴 때 어떤 수치적인 방법을 사용할 수 있는지를 살펴보자.

5.1 1차원 렌즈방정식

제4장에서 설명된 여러 렌즈모형의 경우에서 알 수 있듯이 렌즈 작용을 하는 질량의 분포, 즉 면질량분포가 점질량이나 등온구, 원반 등과 같이 축대칭인 경우에는 렌즈방정식이 1차원 방정식으로 환원된다. 따라서 이 경우는 임의의 1차원 방정식 $f(x)=0$의

실수 근 x를 모두 찾는 경우에 해당한다. 모든 근이 포함되는 x의 구간을 알고 있는 경우에는 이분법(bisection method) 등 모든 근을 놓치지 않고 찾는 수치 알고리듬(algorithm)이 존재하므로 이런 알고리듬 들을 활용하면 큰 어려움이 없다. 다만 광원이 화선 가까이 위치한 경우 근접한 2개 또는 3개의 상들이 생기므로 이런 의심이 드는 경우에는 $f'(x)=0$의 근을 이용하여 인접한 중근이 있는지를 확인해볼 수도 있다.

그렇지만 일반적인 경우에는 모든 근이 존재하는 구간을 미리 알지 못하는 어려움이 있다. 하지만 유한한 질량에 의해 중력렌즈될 경우에는 상이 렌즈의 중심이나 광원의 위치에서 아주 멀리 떨어져 만들어지지는 않는다. 광원이 렌즈에서 아주 멀리 떨어진 경우, 즉 $|y|$가 아주 큰 경우, 한 개의 상은 광원 근처, 즉 $x \approx y$이고 다른 상은 렌즈의 중심 근처에서 생긴다. 따라서 이런 기본적인 중력렌즈의 특성을 기초로 상의 위치를 대략 짐작하거나 적어도 제한할 수 있다.

5.2 2차원 렌즈방정식

렌즈의 질량분포가 축대칭성을 가지지 않을 경우 렌즈방정식은 연립 비선형 방정식이 되어 1차원 경우처럼 손쉽게 근을 구할 수 없고 좀 더 복잡한 방법을 사용해야 하는데, 1개 이상의 비선형 연립방정식을 일반적으로 잘 풀 수 있는 방법은 존재하지 않고 근을 찾는데 실패하는 경우도 잦으므로 각각의 경우에 맞추어 적절한 방법을 사용하여야 한다.

Young et al.(1980)은 Q0957+561의 은하와 근처 은하단에 의한 중력렌즈 모형 계산에서 2차원 Newton-Raphson 방법을 활용하여 관측된 상의 위치와 밝기 비를 설명할 수 있는 모형의 매개변수들을 찾았고, 주된 은하 외에 주변 여러 은하들의 영향을 받아 중력렌즈되는 경우를 연구한 윤소윤 & 박명구(1996)의 연구에서도 2차원 Newton-Raphson 방법으로 상의 위치를 계산하였다. Newton-Raphson 방법은 처음 시작 값이 좋을 경우 아주 효율적이지만 그렇지 못한 경우 쉽게 실패하는 단점이 있는데 1차원이 아닐 경우 이 문제는 더 심각하다.

이런 점을 어느 정도 극복할 수 있는 방법은 렌즈면(또는 상면)에 적당한 크기로 촘촘하게 격자(grid)를 깔고 각 격자점을 광원면으로 사상한 다음 대응되는 점들을 계산한다. 그 다음 렌즈면과 광원면의 격자점들을 3개씩 삼각형으로 모아서 전체 렌즈면과 광원면을 채우면, 광원면의 임의의 점이 렌즈면의 어느 점으로 사상되는가와 그 점에 대한 확대인수를 결정할 수 있다. 물론 상의 위치를 더 정밀하게 결정하기 위해서는 더 촘촘한 격자를 사용하여야 한다. 이런 격자를 이용한 탐색 방법은 대부분의 상을 잘 찾을 수 있지만 임계곡선 근처에서는 어려움을 피할 수 없다.

5.3 렌즈 모형 계산

특정한 중력렌즈계에서 관측으로 결정된 상의 위치, 밝기 비 등의 조건을 만족하는 렌즈 질량분포를 찾아내는 계산도 중력렌즈 연구에서 자주 등장한다. Falco et al.(1991)은 다차원에서 비선형 함수의 최대 또는 최소 값을 찾아낼 때 사용되는 방법 중 하나인 모사풀림(simulated annealing) 방법으로 관측 값들과 모형의 예측 값들의 차이를 계량화한 χ^2를 최소화하여 최적의 모형을 찾았다. 채규현 et al.(1999)의 Q0957+561 모형 계산에서는 χ^2를 최소화하는 17개의 모형 매개변수를 찾기 위해 상대적으로 중요한 관측 조건들을 우선 맞춘 후 나머지 조건에 대해 매개변수들을 찾는 방법으로 접근하였다.

다차원 비선형 연립방정식의 근을 구하거나 다차원에서 주어진 함수를 최소화 또는 최대화하는 방법은 아주 다양한데 Numerical Recipes(Press et al. 1992) 등에 잘 설명되어 있다.

5.4 광선사격방법

5.4.1 원리와 방법

지금까지 언급된 수치적 방법은 한 개 또는 몇 개의 광원이 중력렌즈되는 경우 상의 위치와 밝기 등을 알아내는 데 필요한 방법들이다. 그런데 경우에 따라서는 퍼진 광원 내의 많은 점들에 대해 같은 계산을 해야 할 때가 있는데 대표적인 예가 은하 내 많은 수의 별 등에 의해 렌즈되는 과정을 추적해야 하는 준항성 미시중력렌즈이다.

이럴 경우 각 광원에 대해 비선형 렌즈방정식을 일일이 푸는 것은 상당히 비효율적이다. 예를 들어 특정한 모양을 가진 광원이 얼마나 밝아지는지 알아내기 위해서는 그 광원의 내부에 충분히 많은 점을 설정한 후 각 점에 대한 상의 위치와 확대인수를 렌즈방정식을 풀어 계산한 다음 각 점들에 대해 이 확대인수를 가중해서 적분해야 하므로 많은 계산을 필요로 하게 된다. 이 같은 경우에 적합한 방법이 바로 광선사격방법(ray shooting method)이다.

사격이란 특정 방향으로 총을 조준해서 발사한 후 그 결과를 보는 행위이다. 수치적분에서 사격방법이라 함은 어떤 초기 조건을 선택한 후 무조건 적분하여 그 결과가 원하는 값에서 얼마나 벗어나 있는지를 확인한 후 이를 보정할 수 있도록 다시 사격(적분)하는 과정을 되풀이하여 원하는 값에 도달하는 조건들을 찾는 방법을 말한다. 중력렌즈 계산에서 광선사격은 광원면에서 출발한 빛이 렌즈면에 상을 만드는 물리적 과정을 거꾸로 추적하는 과정이다. 렌즈방정식 (5.1)의 특성 상 렌즈면에서 특정 상의 위치 θ에 대한 광원면의 광원의 위치 β는 꺾임각 함수가 알려져 있는 경우 바로 식 (5.1)의 우변 함수로 계산 가능하므로, 렌즈면 상의 특정한 점이 광원면 상의 어느 점으로 사상되는가를 쉽게 계산할 수 있다. 렌즈면에서 빛을 사격하여 광원면의 어느 점에 도달하는가를 찾는다는 의미에서 광선사격이라 불리는데 실제로는 빛의 진행과 반대 방향으로 계산하므로 실제로는 역광선사격(inverse/backward ray shooting)이 더 정확한 표현이라 할 수 있다.

광선사격방법으로 다수의 퍼진 광원의 총 확대인수를 계산하는 과정을 생각해보자. 우선 광원면에 광원을 구성하는 영역을 정의한다. 그 다음 렌즈면을 격자점으로 덮은 다음 각 격자점이 렌즈방정식 (5.1)에 의해 광원면의 어느 점으로 사상되는가를 계산한다. 그리곤 사상된 점들이 처음에 정의한 광원의 영역 안인지 밖인지를 판별하여 안에 떨어지는 모든 광선의 수를 센다. 전체 격자점에 대해 이 과정을 반복하고 나면 중력렌즈 되어 광원 안에 떨어지는 광선의 수와 중력렌즈가 없을 경우 광원 안에 떨어지는 광원의 수의 비가 바로 총 확대인수가 된다. 광원면에서 작은 크기의 광원이 중력렌즈에 의해 확대될 경우 렌즈면에서의 많은 격자점들이 광원면에서의 작은 광원 안으로 사상되므로 확대인수가 크게 되는 것이다. 물론 광원의 밝기가 일정하지 않은 경우에는 각 위치에서의 밝기에 확대인수를 가중하여 적분하면 되므로 임의의 밝기 분포에 적용 가능하다.

광선사격방법의 기본 원리는 이렇게 간단하지만 주의해야 할 부분들도 있다 (Schneider, Ehlers & Falco 1992). 우선 어떤 광선도 빠트리지 않도록 렌즈면에서의 격자의 전체 크기가 충분히 커야 한다. 즉 계산에 사용된 격자 바깥 쪽의 점들이 광원 내로 사상되는 경우가 생기면 광원의 일부는 고려하지 않은 셈이 되어 밝기를 원래보다 적게 추정하는 오류를 범하게 된다. 그다음 격자가 충분히 촘촘하지 않다면, 즉 충분히 많은 광선을 사용하지 않으면 정밀도가 떨어지게 된다. 예를 들어 광원의 모습이 아주 불규칙한 경우에 듬성듬성한 격자를 사용하게 되면 계산의 오류가 커지게 된다. 이런 문제점들이 생기지 않도록 충분한 크기와 적당하게 촘촘한 격자를 잡아서 광선사격방법을 적용할 경우 정확한 결과를 얻을 수 있다.

5.4.2 계층적 나무방법

렌즈의 수가 적은 경우 광선사격 계산의 양은 광선의 수, 즉 렌즈면에서의 격자점의 수에 의해 결정된다. 그러나 렌즈의 수가 많아지면 각 광선마다 모든 렌즈 질량에 의한 꺾임각을 계산해서 더해주어야 한다. 예를 들어 많은 수의 별로 이루어진 은하에 의한 중력렌즈 계산에서는 미시중력렌즈로 작용하는 각 별에 의한 꺾임각을 각각의 광선사격에 대해 계산해주어야 한다.

각 광선사격 당 꺾임각 계산에 필요한 연산의 수를 N_c, 광원면에서의 화소 수를 N_p, 각 화소 당 필요한 평균 광선의 수를 N_r, 별 같은 미시렌즈의 수를 N_s라 하자. 2차원에서 한 점질량에 의한 꺾임각 계산에는 대략 10번 정도의 연산이 필요하므로 $N_c \simeq 10$이고 통계적으로 의미 있기 위해서 $N_r \geq 100$이어야 하고, 적당한 해상도를 위해서 $N_p \geq 10^3 \times 10^3$이어야 한다고 하면 한 개의 미시렌즈 당 약 $N_c \cdot N_p \cdot N_r \simeq 10^9$번의 연산이 필요하다. 한편 미시렌즈의 수는 이 미시렌즈에 의한 총 질량밀도에 비례하는데, 규격화된 별의 면질량밀도 σ(3.4장 참조)가 0.5 정도인 경우(미시중력렌즈 확률이 0.5인 경우)에 필요한 별의 수는 300개 정도이지만 $\sigma \sim 0.98$인 경우에는 약 7.2×10^5 개의 별이 필요하고 $\sigma \rightarrow 1$에 접근하면 필요한 별의 수는 발산한다(Wambsganss 1990). 따라서 별의 밀도가 높은 은하에 의한 중력렌즈를 직접적인 방식으로 계산하기 위해서는 엄청난 연산을 필요로 하게 된다. 예를 들어 100만 개의 별에 의한 중력렌즈를 계산하기 위해서는 무려 10^{15}번의 연산을 해야 하므로 많은 계산 시간을 필요로 하게 된다.

다행스럽게 많은 수의 미시렌즈에 의한 꺾임각 계산 부분을 더 효율적으로 계산하는 방법이 고안되었다. 많은 질량체에 의한 중력을 효율적으로 계산하는 방법은 N-체 항성역학 계산에서 발명되었다(Barnes & Hut 1986). 계층적 나무방법(hierarchical tree method)이라 불리는 이 방법을 2차원 중력 계산에 해당하는 미시중력렌즈 계산에 도입하는 방법은 다음과 같다(Wambsganss 1990). 미시렌즈들이 분포한 렌즈면을 큰 정사각형 방으로 나눈다. 각 방에 한 개 이상의 렌즈가 존재하면 그 방은 다시 4개의 방으로 나누고 각 방에 또 한 개 이상의 렌즈가 존재하면 계속해서 방을 나누어 각 방에 렌즈가 한 개 아니면 없을 때까지 나누어 나간다. 이 계층적 방 나누기가 끝나면 렌즈가 들어있는 모든 방들에 대해 총 질량과 질량 중심, 여러겹극 모멘트(multipole moment)를 계산하다. 이 과정은 처음 한 번만 수행되면 된다. 각 방이 더 작은 방으로 나누어져서 연결되는 연결도가 뒤집힌 나무와 모습이 비슷하다고 해서 이 방법을 나무방법(tree method)이라 부르게 되었다. 이제 각 광선에 대해 사격 계산을 할 때 광선과 방의 거리가 방의 크기 보다 많이 클 때는 방 속의 모든 렌즈들을 일일이 계산할 필요 없이 방 전체를 하나의 렌즈로 보고 계산해주고 방의 크기가 광선과의 거리에 비해 많이 작지 않을 때는 더 작은 방들까지 내려가서 방의 크기가 광선과의 거리에 비해 작아질 때까지 나누어진 방들을 이용하여 꺾임각을 계산해준다. 각 렌즈들에 의한 꺾임각을 직접 모두 계산할 경우에 연산의 수는 대략 N_s에 비례하여 증가하지만 계층적 나무방법을 사용할 경우에는 $\log N_s$에 비례하여 증가하므로 나무방법을 적용하기 위해 필요한 추가 연산을 고려하여도 N_s가 큰 경우 100배 이상의 연산수를 절감할 수 있다. Wambsganss et al.은 준항성 미시중력렌즈 계산에 이 계층적 나무방법을 처음으로 적용하여 중력렌즈 준항성계에서 나타나는 개별 상의 밝기 변화 등 여러 미시중력렌즈 현상을 설명하였다(Wambsganss, Paczyński & Schneider 1990). 그림 5.1은 캥거루 모양의 광원(왼쪽 위 그림)이 여러 미시렌즈(별)에 의해 중력렌즈될 경우 어떤 모양의 상(오른쪽 아래 그림)으로 바뀌는지를 계층적 나무방법으로 계산하여 보여주고 있다. 미시렌즈들에 의한 밝기 증가 값과 화선들의 모습은 오른쪽 위 그림에 나타내었다.

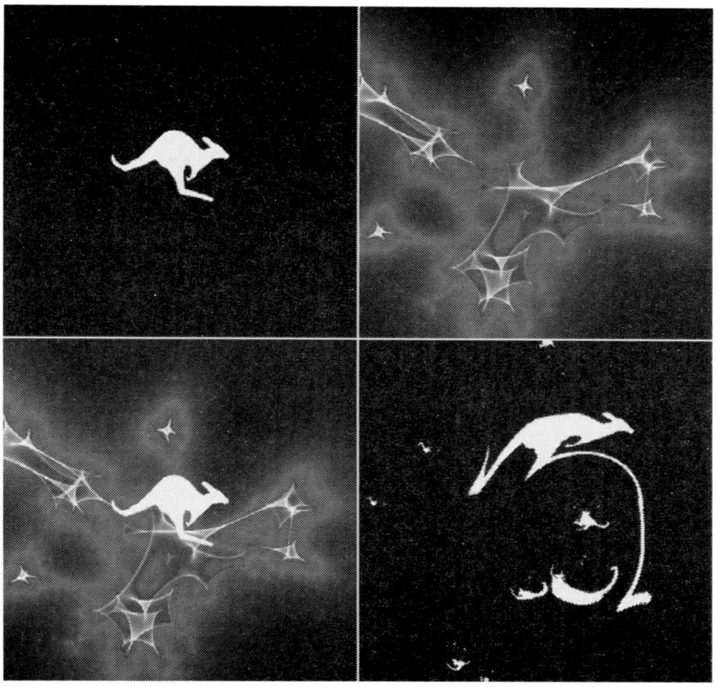

그림 5.1 왼쪽 위 : 광원의 모습. 오른쪽 위 : 계층적 나무방법으로 계산한 여러 개의 미시렌즈 별에 의한 화선과 밝기 증가 값 지도. 왼쪽 아래 : 광원과 밝기 증가 지도의 상대적 위치. 오른쪽 아래 : 최종 상의 모습(Wambsganss 1998)

5.5 다른 거리에 위치한 여러 렌즈들에 의한 중력렌즈

준항성 중력렌즈계의 경우처럼 대부분의 중력렌즈계는 어떤 광원이 거의 같은 거리에 있는 은하들 또는 은하단에 의해 렌즈되는 경우지만 일반적으로는 렌즈 질량체들이 각각 다른 거리에 위치하고 있을 수 있다. 이렇게 렌즈들이 서로 다른 거리에 분포되어 있으면서 중력렌즈 현상이 일어나는 경우는 렌즈 천체들을 거리에 따라 여러 구간으로 나눈 다음 이 구간 내의 질량들은 같은 렌즈 면에 분포하는 것으로 근사하여 다룰 수 있다(그림 5.2).

광원의 빛은 첫 번째 렌즈면에 위치한 렌즈들에 의해 꺾인 다음, 다시 두 번째 렌즈면에 위치한 렌즈들에 의해 다시 꺾이고 하는 식으로 차례차례 모든 렌즈들에

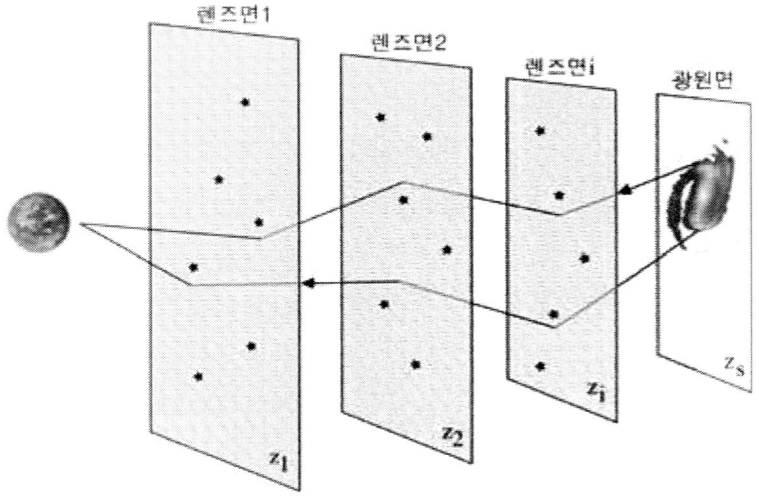

그림 5.2 여러 렌즈면에 위치한 렌즈들에 의한 중력렌즈. 렌즈면1이 관측자에 가장 가까이 있는($z_1 < z_2 < z_i < z_s$) 렌즈면이고 광원면의 적색이동이 z_s이다.

의해 꺾인 다음 최종적으로 관측자에 도착하는 것으로 생각할 수 있다. 지금까지와 마찬가지로 꺾임각이 작다는 가정을 하면 각 꺾임 과정은 선형적으로 누적되므로 아래와 같은 식으로 표현할 수 있다(Schneider, Ehlers & Falco 1992, 9장; Wambsganss, Cen & Ostriker 1998).

$$\beta = \theta - \sum_{i=1}^{N} \frac{D_{is}}{D_s} \alpha_i(\theta_i) \equiv A(\theta)\theta \tag{5.2}$$

위 식에서 β는 광원의 2차원 각벡터이고 θ는 첫 번째 렌즈면($i = 1$, 관측자에 가장 가까운 렌즈면, 적색이동이 가장 작은 렌즈면)에서 상의 2차원 각벡터이다. 각거리 D_s는 관측자에서 광원까지의 거리이고 D_{is}는 i-번째 렌즈면과 광원 사이 거리이다. α_i는 i-번째 렌즈면에서의 꺾임각으로 이 값을 계산하는 데는 i-번째 렌즈면에서의 상의 위치 θ_i가 필요하다. 2차원 렌즈방정식(식 3.12) $D_2\theta_2 + D_{12}\alpha_1 = D_2\theta_1$으로부터 $\theta_2 = \theta_1 - (D_{12}/D_2)\alpha_1(\theta_1)$를 결정할 수 있고, 다시 한 번 더 꺾이는 경우의 렌즈방정식 $D_3\theta_3 + D_{23}\alpha_2 + D_{13}\alpha_1 = D_3\theta_1$으로부터 $\theta_3 = \theta_1 - (D_{13}/D_3)\alpha_1(\theta_1) - (D_{23}/D_3)\alpha_2(\theta_2)$가 결정되므

로 이를 반복하면 $\theta_1 \rightarrow \theta_2 \rightarrow \theta_3 \rightarrow \cdots \rightarrow \theta_i = \theta_1 - \sum_{j=1}^{i-1} (D_{ji}/D_{i})\alpha_j(\theta_j)$까지 계산할 수 있다. 이 과정은 두 번째 렌즈면이 첫 번째 렌즈면에 대한 광원면이라 생각하여 렌즈방정식을 적용하고, 두 번째 렌즈면에 대해서는 세 번째 렌즈면이 광원면인 것처럼 생각하여 렌즈방정식을 적용하는 방식으로 최종 광원면까지 이 과정을 반복해서 적용한 결과이다. i-번째 렌즈면에서의 꺾임각 α_i는 이 면에 위치한 모든 질량 각각에 의한 꺾임각들의 벡터합 $\alpha_i = \sum_k \alpha_{ik}$이다.

식 (5.2)로 표현되는 상면(즉 렌즈면)에서 광원면으로의 사상의 2×2 Jacobi 행렬 $\boldsymbol{A}(\boldsymbol{\theta}) = \partial\beta/\partial\boldsymbol{\theta}$은 단일 렌즈면일 경우와는 달리 일반적으로 비대칭 행렬이다. 물론 단일 렌즈면에서와 같이 위치 $\boldsymbol{\theta}$인 상의 확대인수는 $\mu = [\det\boldsymbol{A}(\boldsymbol{\theta})]^{-1}$로 주어진다.

6
관측된 중력렌즈계

우주에서 보이는 수많은 천체들 중에서 중력렌즈된 천체를 찾아내고 이를 입증하는 것은 무척이나 어려운 일이다. 우선 중력렌즈는 아주 드문 현상이고 또한 발견된 천체가 진짜 중력렌즈계임을 입증하는 것 또한 쉽지 않기 때문이다. 이런 이유로 빛이 중력체 근처에서 꺾인다는 Einstein의 예측이 1919년 일식 관측에서 입증된 지 무려 60년이 지난 1979년에야 비로소 최초의 중력렌즈계가 발견되었다. 그후 대형망원경과 민감한 검출기의 발달로 이제는 중력렌즈라 부를 수 있는 천체 또는 현상이 손으로 꼽을 수 없을 만큼 많아졌고, 지금 진행되고 있는 대규모 천구측량(sky survey) 등으로 해서 그 수는 가파르게 증가하고 있다. 또한 적색이동과 스펙트럼이 같은 두 개의 동일한 상으로 발견되었던 최초의 중력렌즈계와는 많이 다른 다양한 종류의 중력렌즈계와 현상들도 발견되었다.

6.1 다상계

최초로 발견된 중력렌즈계 Q0957+561은 다른 여러 준항성(quasar)을 찾을 때처럼 전파원 중에서 준항성일 가능성이 높은 천체들을 광학영역에서 분광관측으로 준항성임을 확인하는 과정에서 발견되었다. Walsh, Carswell & Weymann(1979)은 Palomar R 건판에서 약 17등급이고 6″ 떨어진 두 개의 점광원으로 나타난 이 천체들(그림 6.1에서 A, B) 각각의 스펙트럼을 Kitt Peak 천문대의 2.1m 망원경으로 얻었을 때 이 두 스펙트럼이 거의 완벽하게 같다는 사실을 알게 되었다. 탄소 방출선에서 추정된

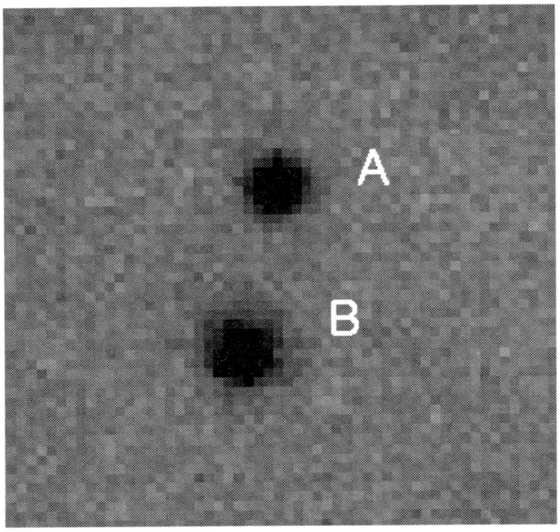

그림 6.1 1.8m 보현산 도약망원경으로 R 밴드(band)에서 관측한 Q0957+561의 두 준항성 상. 위 준항성이 A, 아래가 B이고 렌즈 은하는 어두워서 잘 보이지 않는다.(1997년 10월 관측)

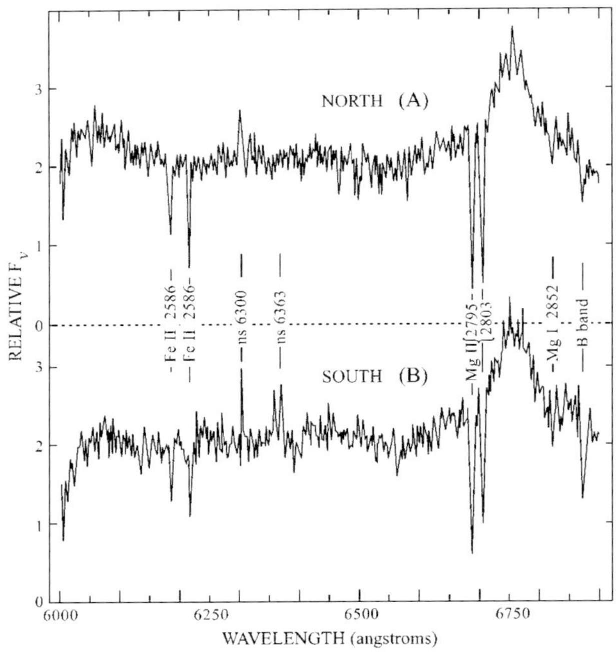

그림 6.2 Q0957+561 A, B의 스펙트럼(Weymann et al. 1979)

준항성 A와 B의 적색이동은 둘 다 $z = 1.405$로 동일했고, 게다가 방출선의 종류, 방출선의 모습, 바탕 연속 스펙트럼도 관측 오차 내에서 같은 것으로 판단되었다(그림 6.2의 A와 B 스펙트럼). 서로 다른 두 준항성이 이렇게 모든 면에서 동일한 스펙트럼을 지니면서 아주 가까이 존재할 가능성은 거의 없으므로 0957+561은 최초의 중력렌즈 경우로 받아 들여졌다. 이후 10여 년 동안 1년에 한 개 정도 이같이 동일한 스펙트럼을 지니고 수 각초 내로 가까이 붙어 있는 2개 이상의 준항성으로 된 천체들이 발견되었고 대부분이 원래 한 개인 준항성이 시선 방향에 위치한 은하 등에 의해 두 개 이상의 동일한 상으로 나타난 중력렌즈인 것으로 판별되었다.

천구상에서 아주 가까이 위치한 두 개 이상의 천체가 동일한 특성을 지닌 것으로 발견되었을 때 이 천체들이 한 천체가 중력렌즈된 상들인지 아니면 우연 등의 다른 요소에 의한 것인지를 엄격하게 판별하여야 한다. 중력렌즈되지 않은 경우라면 이는 서로 다른 두 준항성이 우연히 같은 시선방향에 존재하는 경우일 수도 있고, 또 상호작용하는(interacting) 물리적 쌍준항성(physical pair of quasars)일 가능성도 있다. 전자의 경우 두 준항성 사이의 거리가 가까울수록 우연일 확률이 작아지고 또한 스펙트럼까지 같은 특성을 지니기는 어렵다. 그러나 후자의 경우 두 준항성이 비슷한 조건하에서 같이 만들어졌다면 여러 면에서 유사성을 가질 수는 있겠으나 서로간의 중력에 의해 묶여 있을 때의 상대속도가 적지 않다면 이는 정밀한 분광관측에서 약간 다른 적색이동을 가지는 것으로 나타날 것이다. 또한 스펙트럼과 전파간섭계를 이용할 경우 관측되는 전파원의 모습까지 동일한 경우는 확률적으로 아주 드물 것이다.

한편 멀리 있는 준항성이 중력렌즈되기 위해서는 렌즈 작용을 하는 은하나 은하단 등 충분한 질량을 지닌 천체가 준항성 앞에 존재해야 한다. 따라서 광원인 준항성들과 더불어 렌즈 구실을 할 적당한 은하등이 같이 발견될 경우 중력렌즈일 가능성은 더 커진다. 물론 이때 은하의 적색이동은 준항성의 적색이동보다는 작아야 한다. 렌즈작용은 광원과 관측자 사이에 렌즈가 놓이는 경우에만 가능하기 때문이다. 이외에도 여러 상들의 밝기 변화에 존재해야 하는 시간지연의 관측 등도 아주 중요한 중력렌즈의 증거들이다. 현재 중력렌즈임을 판단하는 근거들은 렌즈 후보들이 많이 발견됨에 따라 점차 엄격해지고 있다.

지금까지 중력렌즈로 판별되거나 중력렌즈일 가능성이 높은 다상중력렌즈계(multiple image gravitational lens system)의 수는 이미 수백 개에 이른다. 그중 대부분은 2개 이상의 준항성 상으로 이루어진 다상준항성계(multiple image quasar system)이다. 특정 천체에서 관측된 특성으로부터 그 천체가 진짜 중력렌즈계인지를 판단하는 데는 학자들 간에 조금씩 차이가 있을 수 있지만 가능성이 높은 다상중력렌즈계 일부를 적경 순서대로 표 6.1에 정리하였다(CASTLES Lens Data Base : http://www.cfa.harvard.edu/castles). 이제 이들 중 특별한 몇 경우를 상세하게 살펴보면서 중력렌즈 이론을 실제 관측된 중력렌즈계에 적용하는 것이 얼마나 흥미로우면서도 복잡한 일인가 알아보자.

표 6.1 다상중력렌즈계: CASTLES(http://www.cfa.harvard.edu/castles)에 집계된 다상중력렌즈계 목록(2009년 현재)

번호	모습	이름	신뢰도[10]	광원의 적색이동	렌즈의 적색이동	상의 수[11]	상간거리[12] (″)
1	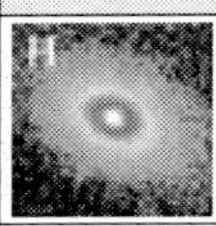	Q0047-2808	A	3.60	0.48	4ER	2.7
2	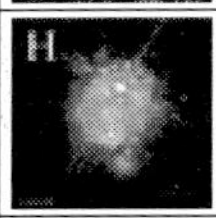	HE0047-1756	A	1.66	0.41	2	1.44
3	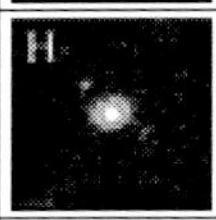	HST01247+0352	C			2	2.20
4	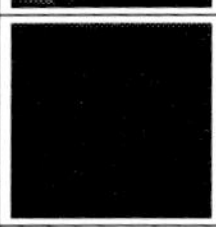	HST01248+0351	C			2	0.74
5	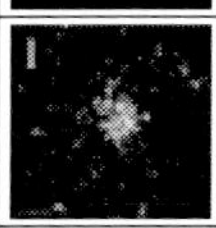	B0128+437	B	3.124		4	0.55
6	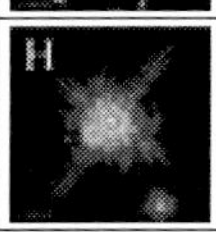	PMNJ0134-0931	A	2.216	0.77	5R	0.73
7	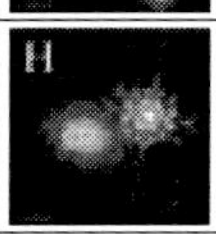	Q0142-100	A	2.72	0.49	2	2.24

10) CASTLES의 신뢰도 등급: A - 아주 확실, B - 상당히 확실, C - 약간의 의심(원문: A - “I'd bet my life.”, B - “I'd bet your life.”, C - “I'd bet your life and you should worry.”)

8	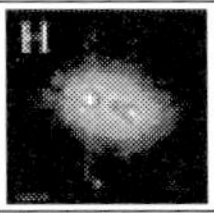	QJ0158-4325	A	1.29		2	1.22
9		B0218+357	A	0.96	0.68	2ER	0.34
10	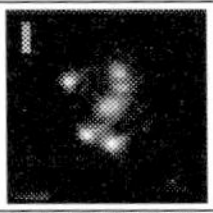	HE0230-2130	A	2.162	0.52	4	2.05
11		SDSS0246-0825	A	1.68		2	1.19
12		CFRS03.1077	B	2.941	0.938	2ER	2.1
13		J0332-2756	A		0.617	2E	3.64
14	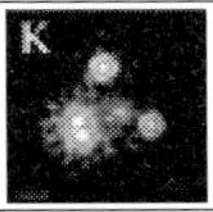	MG0414+0534	A	2.64	0.96	4E	2.40
15	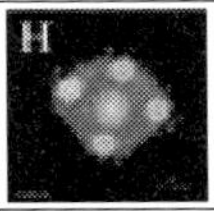	HE0435-1223	A	1.689	0.46	4	2.42
16	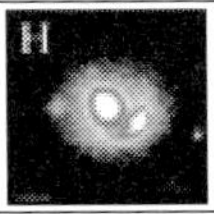	B0445+123	B		0.557	2	1.35
17		HE0512-3329	A	1.57	(0.93)	2	0.65
18	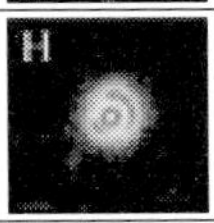	B0631+519	A		0.09/0.62	2R	1.16
19		B0712+472	A	1.34	0.41	4	1.46
20	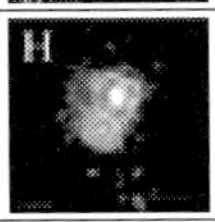	B0739+366	A			2	0.53

11) E - extended, R - Einstein ring

21		SDSS0746+4403	A	2.00		2	1.11
22	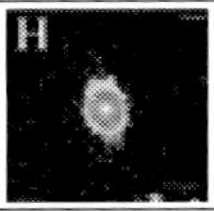	MG0751+2716	A	3.20	0.35	R	0.7
23		SDSS0806+2006	A	1.540	0.573	2	1.40
24	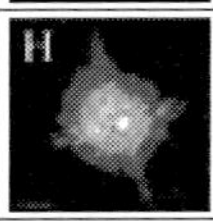	HS0810+2554	A	1.50		4	0.96
25	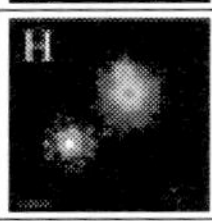	HS0818+1227	A	3.115	0.39	2	2.83
26		APM08279+5255	A	3.87		3	0.38
27	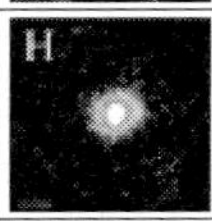	B0850+054	A	1.14/3.93 ?	0.59	2E	0.68
28	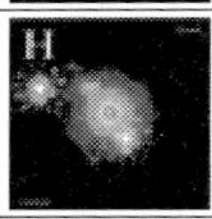	SDSS0903+5028	A	3.605	0.388	2	2.99
29	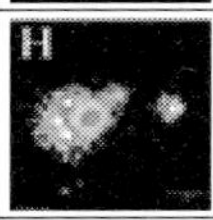	RXJ0911+0551	A	2.80	0.77	4	2.47
30	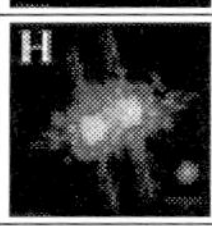	SBS0909+523	A	1.38	0.83	2	1.17
31	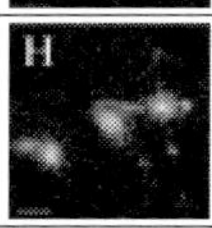	RXJ0921+4529	B	1.65	0.31	2	6.97
32	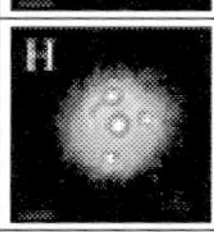	SDSS0924+0219	A	1.524	0.39	4	1.75
33	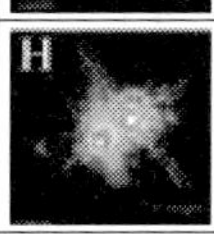	FBQ0951+2635	A	1.24	(0.24)	2	1.11

12) 상간거리는 가장 먼 상들 사이의 각거리 또는 Einstein 반경의 2배 등으로 경우에 따라 약간씩 다르게

34		BRI0952-0115	A	4.50	0.632	2	1.00
35	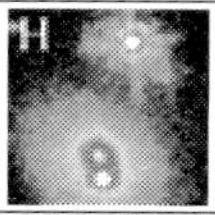	Q0957+561	A	1.41	0.36	2E	6.26
36	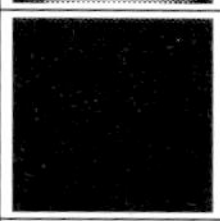	SDSS1001+5027	A	1.84		2	2.86
37		J1004+1229	A	2.65	0.95	2	1.54
38		SDSS1004+4112	A	1.734	0.68	4	15.99
39		SDSS1011+0143	A	2.701	0.331	4	3.67
40		LBQS1009-0252	A	2.74	0.87	2	1.54
41	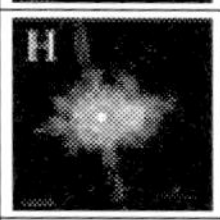	Q1017-207	A	2.55	(0.78)	2	0.85
42		SDSS1021+4913	A	1.72		2	1.14
43		FSC10214+4724	A	2.29	(0.75)	2E	1.59
44		SDSS1029+2623	A	2.197	0.55	4	22.5
45	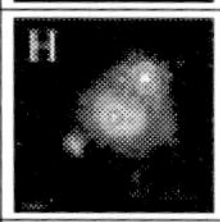	B1030+071	A	1.54	0.60	2	1.65
46	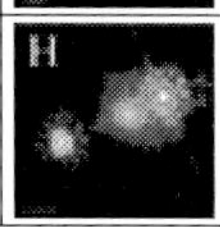	HE1104-1805	A	2.32	0.73	2	3.19

정의되었다.

47	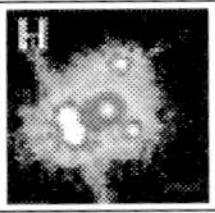	PG1115+080	A	1.72	0.31	4	2.32
48		B1127+385	A			2	0.71
49	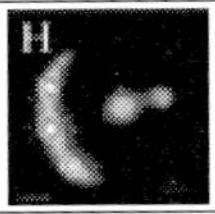	RXJ1131-1231	A	0.658	0.295	4	3.80
50		MG1131+0456	A		0.844	2R	2.1
51	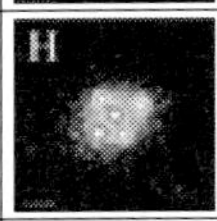	SDSS1138+0314	A	2.44	0.45	4	1.34
52	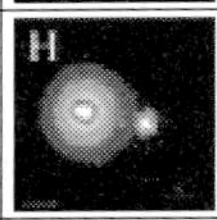	SDSS1155+6346	A	2.89	0.176	2	1.95
53		B1152+200	A	1.019	0.439	2	1.59
54		SDSS1206+4332	A	1.79		2	2.90
55		Q1208+101	B	3.80		2	0.48
56	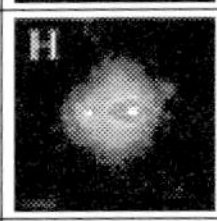	SDSS1226-0006	A	1.12	0.52	2	1.26
57		HST12368+6212	C			2E	1.17
58		HST12531-2914	A		(0.69)	4	1.23
59	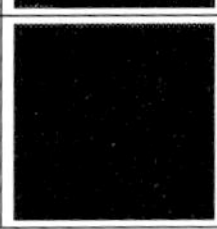	SDSS1332+0347	A	1.445	0.191	2	1.14

60	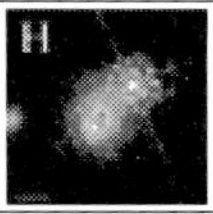	LBQS1333+0113	A	1.57		2	1.63
61		SDSS1353+1138	A	1.629	0.3	2	1.41
62	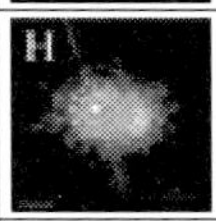	Q1355-2257	A	2.00		2	1.23
63		B1359+154	A	3.235		6	1.71
64		SDSS1402+6321	A	0.48	0.20	4	1.35
65		SDSS1406+6126	A	2.13	0.27	4	1.98
66		HST14113+5211	A	2.81	0.46	4	1.80
67		H1413+117	A	2.55		4	1.35
68	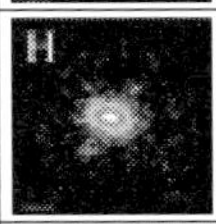	HST14164+5215	C			2	2.24
69	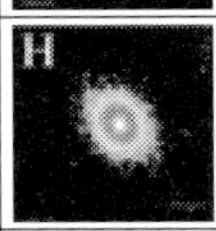	HST14176+5226	A	3.40	0.81	4	2.83
70		B1422+231	A	3.62	0.34	4E	1.68
71	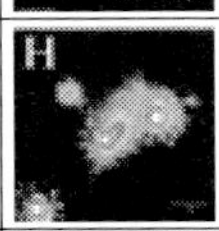	SBS1520+530	A	1.86	0.72	2	1.59
72	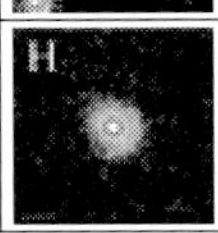	HST15433+5352	A	2.092	0.497	2R	1.18

73		MG1549+3047	A	1.17	0.11	R	1.7
74		B1555+375	A			4	0.42
75	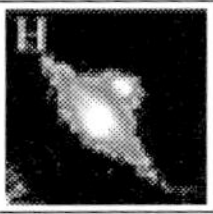	B1600+434	A	1.59	0.41	2	1.40
76	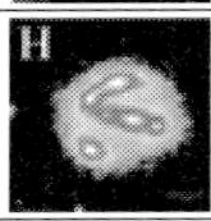	B1608+656	A	1.39	0.63	4	2.27
77		HST16302+8230	C			2R	1.47
78		HST16309+8230	C			2E	0.76
79	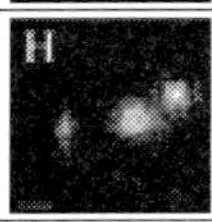	PMNJ1632-0033	B	3.424		2R	1.47
80	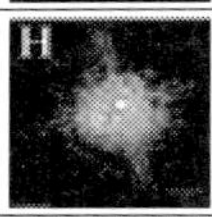	FBQ1633+3134	B	1.52		2	0.75
81		SDSS1650+4251	B	1.54		2	1.23
82	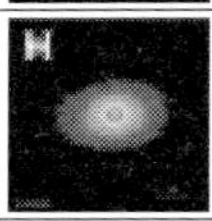	MG1654+1346	A	1.74	0.25	R	2.1
83		HST18078+4600	C			2E	0.91
84		PKS1830-211	A	2.51	0.89	2ER	0.99
85	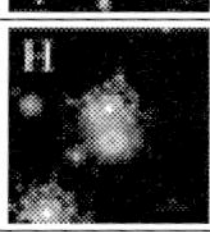	PMNJ1838-3427	A	2.78		2R	0.99

86		B1933+503	A	2.63	0.76	10	1.00
87		B1938+666	A		0.881	R	1.0
88		PMNJ2004-1349	A			2R	1.18
89	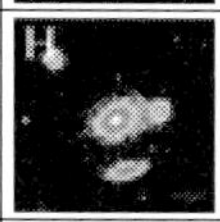	MG2016+112	A	3.27	1.01	2E	3.52
90		WFI2026-4536	A	2.23		4	1.34
91	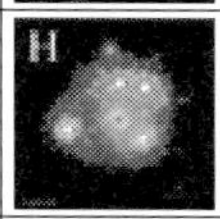	WFI2033-4723	A	1.66	0.66	4	2.33
92	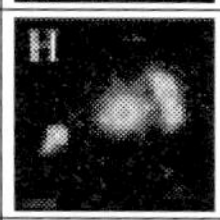	B2045+265	A	1.28	0.87	4	2.74
93	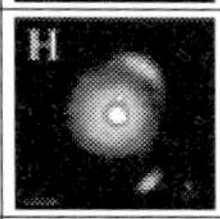	B2108+213	A			2	4.57
94	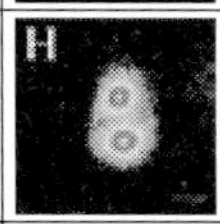	B2114+022	B	0.59	0.32	2+2?	1.31
95		HE2149-2745	A	2.03	0.50	2	1.70
96	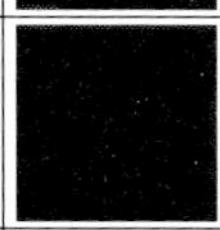	CY2201-3201	A	3.9	0.32	2	0.83
97	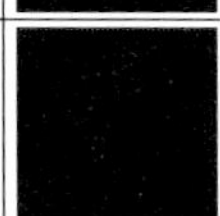	HDFS2232509-603243	C			4?E	0.9
98	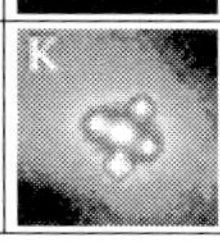	Q2237+030	A	1.69	0.04	4	1.78

99	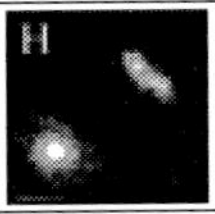	B2319+052	A		0.62	2	1.36
100		PSS2322+1944	B	4.12		2	1.49

6.1.1 Q0957+561

최초로 발견된 중력렌즈계인 Q0957+561은 역시 가장 많이 연구된 중력렌즈계이기도 하다. 1979년 발견 시 6″ 떨어진 두 상 A와 B의 적색이동 값이 같고 스펙트럼도 거의 같지만 장파장 영역에서는 B가 A보다 좀 더 밝아서 B는 A보다 더 붉은 색을 띠었다. 후속 관측에서 상B와 각거리로 약 1″ 정도 떨어진 곳에 있는 은하 G1이 발견되었는데(Stockton 1980; Young et al. 1980), B상과의 위치가 아주 가까워서 B상을 만드는 광선들이 은하 G1을 지나면서 적색화되어 상 A, B의 색깔이 약간 다른 것이라는 설명이 설득력을 가지게 되었다. 그림 6.3은 해상도가 지상 망원경의 10배쯤 되는 Hubble 우주망원경의 광시야행성사진기(Wide Field Planetary Camera 2)로 장파장에서 찍은

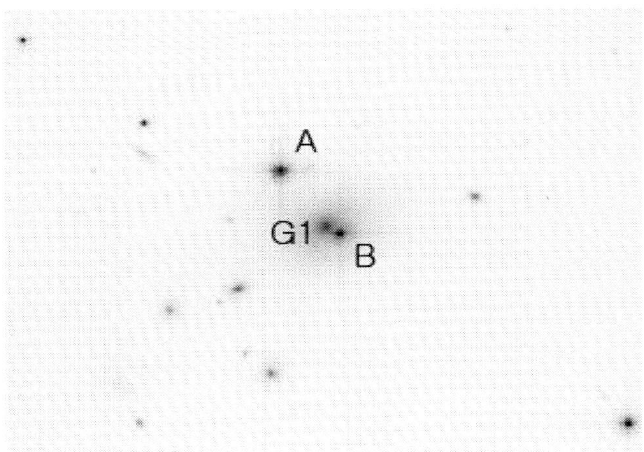

그림 6.3 Hubble 우주망원경 F814W 필터로 찍은 Q0957+561 주변 은하단과 은하들의 모습(HST Science Data Archive)

사진인데 밝은 준항성 A, B의 상이 뚜렷하게 보이고 렌즈 은하 G1의 모습도 뚜렸하게 나타난다. G1의 위치는 상 A와 B를 잇는 직선에서 약간 벗어나 있으며 형태로 보아 G1은 타원은하로 추정되며 밝기 분포도 약간의 타원율(ellipticity)을 가진 King 분포(profile)로 잘 설명된다. G1의 적색이동은 0.36으로 A, B의 적색이동 1.405보다 훨씬 작다(Garrett, Walsh & Carswell 1992).

그림 6.3에서 알 수 있듯이 Q0957+561 근처에는 G1이외에도 여러 은하들이 발견되어서 이곳이 은하단이라는 것이 밝혀졌다. 은하들의 분포로부터 추정된 은하단의 중심은 은하 G1의 서쪽인 것으로 추정된다. 현재 이 은하단에서는 200개 이상의 은하들이 발견되었으나 대부분 너무 어두워서 적색이동이 측정된 것은 G1을 포함하여 40여개쯤 된다(Young et al. 1981; Angonin-Willaime, Soucail & Vanderriest 1994). G1을 포함한 여러 은하들의 질량분포 - 즉, 은하단의 질량분포 - 는 이 렌즈계를 설명하는 모형을 정확하게 만드는 데 필수적이다. 다중상계에서 상간거리는 상들 사이에 포함된 모든 은하나 은하단들의 총 면적질량에 비례하므로 같은 관측자료를 설명할 수 있는 모형은 무한히 많을 수 있다. 예를 들어 초기 모형에서 상 A, B 간의 각거리를 설명하는데 은하 G1만을 가정할 경우 G1의 속도분산은 무려 470kms^{-1}라는 엄청난 값을 가져야 하지만 - 일반적인 은하들의 속도분산은 200~300kms^{-1}이다 - 은하단이 곁에 있다고 가정할 경우 260kms^{-1}의 무난한 속도분산을 지닌 은하로도 가능하다(Young et al. 1981). 이 같은 불확실성을 해결할 수 있는 유일한 방법은 은하단이나 은하 G1의 질량분포를 관측해서 결정하는 것이다. 그러나 은하단의 질량분포를 재는 것은 아주 어려운 일이며 은하 G1 또한 밝은 상 B에 너무 가까이 있으면서 어두워서 - V등급 20등급/□″ 이상 - 분광관측이 용이하지 않다. 그러나 직경 10m짜리 Keck I, II 망원경으로 각각 측정한 은하 G1의(정지계에서의) 속도분산은 279±12kms^{-1}, 288±9kms^{-1}로 서로 부합되는 값을 보여주고 있다(Falco et al. 1997).

주변 천체들에 대한 분광관측에서 대부분 은하들의 적색이동은 0.36이었으나 소수의 은하들은 0.5 근처의 값을 보이므로, 이곳에는 은하 G1을 포함한, 적색이동 0.36인 빈약 또는 중간 정도의 은하단(poor to medium-rich cluster)과 G1으로부터 2′정도 떨어져서 은하 G5를 중심으로 한 적색이동이 0.5인 또 다른 작은 은하단이 같이 있는 것으로 보인다(Garrett, Walsh & Carswell 1992; Angonin-Willaime, Soucail & Vanderriest 1994). 준항성의 스펙트럼 또한 간단하지 않은데 상 A, B 모두 적색이동이 1.41인 방출선 외에도 적색이동 1.39 근처인 흡수선들도 보이고 있다(Walsh, Carswell & Weymann 1979). 일반적으로 준항성들은 원래 적색이동보다 작은 값을 가지는 흡수선들이 자주 보이는데 이는 준항성 근처 은하들이나 Lyman 구름(cloud)이라 불리는 은하와 은하 사이 공간에 존재하는 작은 수소기체 덩어리에 의해 생길 수 있다.

한편 전파 영역에서도 광학영역에 버금가는 많은 관측이 행해졌다. Very Large Array(VLA)나 Very Long Baseline Interferometer(VLBI) 같은 구경합성 망원경을 이용하면 광학 관측보다 더 뛰어난 해상도(resolution)와 강약범위(dynamic range)를 얻을 수 있는데, VLA관측으로는 광학영역의 상 위치와 일치하는 두 개를 포함해서 4개의 전파 성분이 발견되었다(Pooley et al. 1979). 그림 6.4에 보이는 이 전파원의 구조는 상당히 복잡한 것으로 밝혀졌다. B와 A의 전파 강도비는 0.75로 광학관측의 값과 비슷하게 나타났으며 시간에 따른 강도의 변화도 있는 것으로 나타났다(Haarsma et al. 1999). 흥미로운 것은 그림 6.4에서 광학 상 A, B와는 다른 위치에 있는 전파 성분 C와 D가 A와 연결된 한 로브(lobe)로 나타나는 것이다. 만약 A와 B가 중력렌즈 작용에 의한 것이라면 관측 파장에 관계없이 A와 B는 정확하게 같은 모습을 보여야 하는 것으로 생각하기 쉽지만 렌즈의 질량분포가 비대칭적이고 가시광선이 방출되는 영역과 전파가 방출되는 영역의 크기와 모습이 다를 경우 상의 모습과 밝기가 파장대에 따라 같지 않을 수 있다. 이 경우에도 전파원 A와 B는 옹골찬 전파원이 렌즈되어 광학 상 A, B 사이의 간격과 밝기 비와 같은 값을 가진 반면, C, D, E는 분해될 정도로 크기 때문에 두 개의 상으로 나누어지지 않은 것으로 보인다. 또한 해상도가 더 뛰어난 VLBI 관측에서는 광학 상 A, B 둘 다의 위치에서 약한 옹골찬 성분(15mJy 내외 : Campbell et al. 1995)과 각각 길이 약 70과 100mas(1mas=1000분의 1각초) 정도 크기의 거의 평행한 방향의 제트(jet)가 발견되었다(그림 6.5). 흥미로운 것은 제트의 가운데에 혹이 있는데 이 혹의 방향으로 보아 VLBI 전파상 A, B의 홀짝성은 반대인 것으로 보인다. 이는 모든 일반적 렌즈 모형에서 예측되는 상대적 홀짝성과 일치한다.

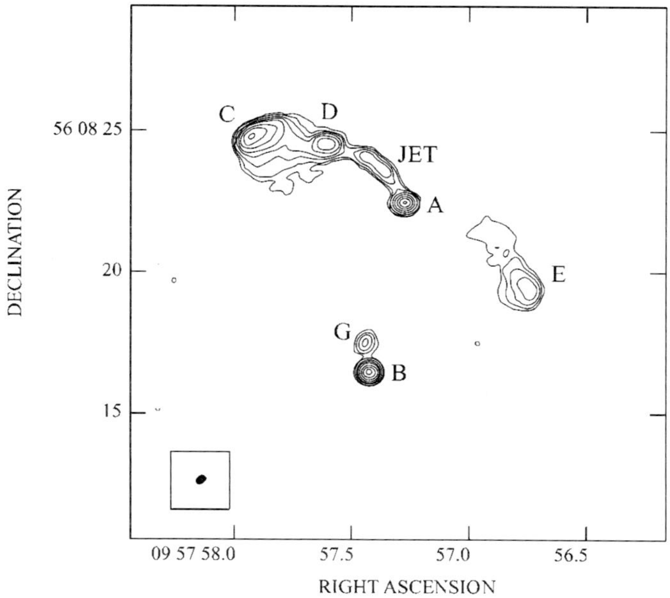

그림 6.4 VLA로 파장 6cm에서 관측된 전파 밝기 지도. 좌측 아래 작은 사각형 안 동그라미가 관측 beam pattern(Roberts et al. 1985)

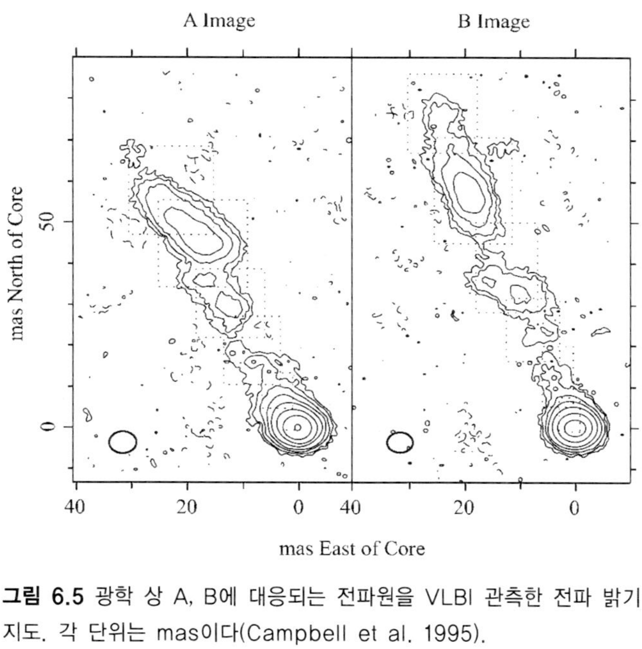

그림 6.5 광학 상 A, B에 대응되는 전파원을 VLBI 관측한 전파 밝기 지도. 각 단위는 mas이다(Campbell et al. 1995).

관측된 중력렌즈계에 대한 모형은 관측된 자료들과 부합하는 렌즈 모형을 건설함으로써 관측된 계가 중력렌즈에 의한 것임을 입증하기 위해서도 필요하지만 그 외에 렌즈작용을 하는 천체 자체를 이해하기 위해서나 관측된 자료들로부터 우주론적 정보를 얻어내기 위해서도 필수적인 과정이다. 왜냐하면 일반적인 중력렌즈는 우주 전체가 광선의 진행에 미치는 효과와 국부적으로 렌즈의 중력에 의해 생기는 렌즈현상이 복합되어 나타나기 때문에 렌즈에 대한 많은 관측자료들과 이들 자료들에 부합되는 정확한 렌즈 모형 건설은 중력렌즈와 우주론 연구에 아주 중요하다. 이런 이유로 가장 오래 많이 관측된 Q0957의 렌즈 모형을 구성하는 많은 연구들이 있었다.

그러나 우선 제3장과 4장에서 설명된 중력렌즈의 일반적 특성들을 적용하면 Q0957 렌즈계의 관측된 특징으로부터 구체적인 계산을 거치지 않고도 렌즈의 질량분포에 대한 여러 가지를 알 수 있다. 특이점이 없는 질량에 의해 렌즈된 경우에는 반드시 홀수의 상이 생기고, 축대칭 렌즈에서 만들어진 여러 상들과 렌즈는 같은 직선 상에 놓여야 하지만, Q0957의 경우 2개의 상만 보이고 이 상들과 G1이 같은 직선상에 있지 않다는 사실로부터 Q0957의 렌즈는 보다 더 복잡한 질량분포를 가지고 있음을 알 수 있다.

Q0957에 대한 최초의 모형은 Young과 동료들이 시도한 점질량 주변에 은하단이 공존하는 모형이었다(Young et al. 1980). 은하단의 중심이 은하 G1의 위치와 달라서 상과 렌즈가 직선 상에 있지 않는 문제가 해결이 되고, 은하단이 G1의 렌즈작용을 도움으로써 6″에 이르는 큰 상간거리를 만들어낼 수 있었다. 세 번째 상은 두 번째 상 B와 밝기 차이가 크면서 아주 가까이 붙어 있거나 아주 어두우면서 은하 G1과 겹쳐 있어 발견되지 않는 것으로 모형은 설명하고 있다.

렌즈의 질량모형을 구성할 때 관측된 여러 상들의 위치와 밝기 비는 모형을 제약하는 주된 조건으로 사용된다. 그 외에도 전파 관측에서 나타난 전파원의 모습 - 특히 로브(lobe) 성분은 한 개로 보이는 반면 옹골찬 성분은 2개로 나타나는 것 - 제트의 상대적 위치와 모습, 또 3번째 상이 발견되지 않는 사실 등의 여러 관측자료들도 모형을 제약하는 데 적용할 수 있다.

가장 발전된 최근 모형은 점질량이나 특이등온구 대신 중심 밀도가 일정해지는 심을 지닌 멱함수(power law) 형태 ($M \propto r^n$)를 은하 G1의 질량분포 모형으로 사용하고 주변 은하와 은하단의 효과는 수렴과 층밀림으로 기술되는 이차 퍼텐셜(quadratic potential)을 채택하고 있다(Grogin & Narayan 1996). 또한 채규현(1999)은 멱함수 형태의 질량분포를 가지고, 작은 심이 있는 타원형 질량분포로 은하를 근사하고 은하단은 특이점이 없는 멱함수형 구형 질량분포로 근사하여 은하와 은하단뿐 아니라 재분석된 VLBI 전파 관측자료까지를 가장 잘 맞추는 모형들의 매개변수들을 결정하였다. 이 같이 개선된 모형들은 필연적으로 이전의 모형들에 비해 결정되어야 하는 임의의 매개변수들을 더 많이 가지게 되는데 이는 전파관측 자료 등 더 많은 자료들을 설명하기 위해서는 어쩔 수 없이 모형이 더 유연해야하기 때문이다. 물론 바람직한 것은 매개변수가 거의 없는 간단한 모형으로 모든 관측자료들을 잘 설명할 수 있는 것이지만 앞서 말한 대로 0957+561은 원래부터 아주 단순한 모형으로는 기술할 수 없고 게다가 갈수록 여러 파장대의 다양한 관측들이 누적되어 모형이 설명해야하는 자료의 양이 점점 많아지고 있으므로 어쩔 수 없는 측면도 있다.

이렇게 모형이 복잡해짐으로 인해 중력렌즈가 처음 발견되었을 때 천문학자들이 순진하게 가졌던 Hubble 상수를 포함한 우주론의 여러 매개변수를 다른 방법들에 의존하지 않고 독립적으로 손쉽게 결정할 수 있을 것이란 희망이 쉽게 이루어지는 것이 아님을 알게되었다(8.1.1절 참조). 중력렌즈계에 내포된 우주의 정보를 추출하기 위해서는 국부적으로 작용한 렌즈 효과를 정확하게 파악하여 전체 우주의 작용과 분리하는 것이 필요한데, 일반적인 단순한 질량분포 모형으로는 대부분의 중력렌즈계에서 관측된 상세한 자료들을 설명할 수 없으므로 모형은 필연적으로 복잡해지고 이에 따라 모형의 임의성이 커져서 - 모형을 정해주는 매개변수가 많아져서 - 우주론적 정보에 대한 불확실성의 범위도 커지는 것이다.

게다가 은하단처럼 거의 질량판(mass sheet)에 가까운 질량분포가 추가로 있을 경우 관측된 상들의 위치, 밝기 비 등을 똑같이 만족하는 여러 개의 질량분포가 있을 수도 있고, 이 때문에 모든 관측자료들을 만족하는 모형이 한 개 이상 존재할 수도 있다(Falco, Gorenstein & Shapiro 1985). 이런 근본적인 어려움에다 최근의 연구에 의하면 구형인 렌즈 은하 모형은 모든 자료를 설명할 수 없고, 타원형의 렌즈 은하 모형을 시도할 경우 같은 관측 자료들을 비슷한 정밀도로 맞추는데도 불구하고 시간지연이 2배 정도 다를 정도로 모형에 의한 불확실성이 크다(Barkana et al. 1999).

이는 렌즈된 광학 및 전파상들의 위치, 밝기, 방향성과 렌즈 은하의 위치 등의 정보만으로는 렌즈 작용을 하는 은하와 은하단 각각의 질량분포를 완벽하게 결정할 수 없음을 뜻한다. 이 근본적인 어려움은 은하 G1의 질량분포와 은하단의 질량분포를 다른 방법으로 알아내어야 극복될 수 있다. 따라서 초대형 망원경을 이용한 렌즈 은하 G1과 그 주변 은하들에 대한 분광관측(Falco et al. 1997; Tonry & Franx 1999; Garrett, Walsh & Carswell 1992; Angonin-Willaime, Soucail & Vanderriest 1994)이나, 준항성 주변의 배경 은하들에서 보이는 약한 중력렌즈 현상(weak gravitational lensing, 제9장 참조)을 이용하여 은하단의 질량분포를 추정하거나(Fischer et al. 1997) ROSAT 같은 X-선 위성으로 은하단의 뜨거운 기체를 관측하고 이로부터 질량분포를 추정하는(Chartas et al. 1995) 등 다양한 시도들이 진행되고 있다. Q0957+561은 가장 먼저 발견되어 가장 많이 연구되고 가장 잘 알려진 중력렌즈계이지만 아직도 핵심적인 의문을 한꺼번에 풀어줄 수 있는 로제타석(Rosetta stone)이 되지는 못한 셈이다.

6.1.2 Q2345+007

3번째로 발견된 중력렌즈계인 Q2345+007은 7.1″ 떨어진 두 개의 준항성 A, B(그림 6.6)로 이루어져 있다(Weedman et al. 1982). 준항성 A는 B보다 1.7등급 밝으나 적색이동은 2.15로 거의 동일하고 스펙트럼 또한 관측오차 내에서 거의 일치한다(Foltz et al. 1984). 그러나 상간거리 7.1″는 최근까지 발견된 중력렌즈계 중 가장 큰 값으로 한 개의 은하 렌즈로 설명하기에는 너무 큰 값이다. 그럼에도 불구하고 장기노출 사진(deep image)에서도 렌즈 작용을 할 만한 은하는 발견되지 않았다(Tyson et al. 1986). 두 준항성의 각거리에서 예상되는 렌즈의 질량은 큰 데 반해 어떤 렌즈 후보도 발견되지 않았다는 이유와 상 A, B의 스펙트럼에서 보이는 약간의 차이 등으로 Q2345+007은 중력렌즈계가 아니라 서로 상호작용하는 물리적 쌍준항성(physical pair)이라는 주장도 있지만(Steidel & Sargent 1990; Weir & Djorgovski 1991), 적색이동 값과 스펙트럼

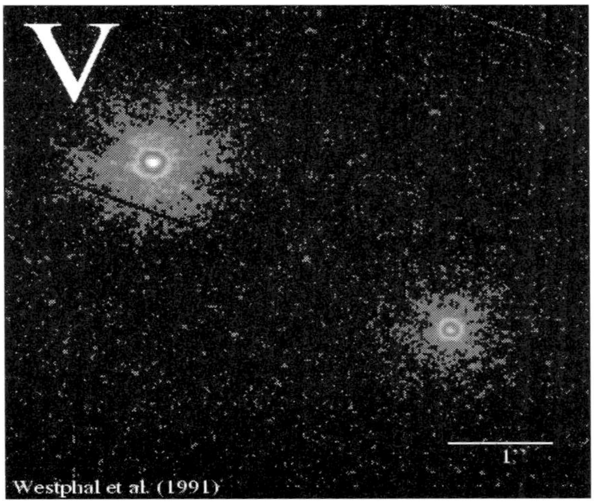

그림 6.6 Q2345+007 A(왼쪽), B의 V 밴드 Hubble 우주망원경 사진(CASTLES)

방출선과 흡수선의 유사함으로 보아 중력렌즈일 가능성은 크다고 할 수 있다(Steidel & Sargent 1991). 상 B의 약간 일그러진 모습으로부터 B가 다시 2개의 상이라는 자외선 관측(Nieto et al. 1988)도 있으나 우주망원경 사진에서는 명확하게 나타나지 않고 있다(Dolan et al. 1996).

그러나 장기노출 사진에서도 렌즈작용을 하는 은하나 다른 천체가 나타나지 않는다는 사실은 렌즈의 밝기에 대한 심한 제약을 주고 있고 큰 상간거리와 더불어 렌즈 천체의 질량-광도비(mass-to-light ratio)가 보통 은하와는 비교할 수 없을 정도로 큰 특별한 천체임을 말해준다. Tyson et al.(1986)의 관측에서 추정되는 질량-광도비는 태양 값에 비해서 1000배 이상으로 나타난다.

분광관측에서 상 A, B 모두에서 나타나는 적색이동 1.5의 흡수선은 1000kms^{-1}의 속도 차이를 보여주고 있어서, 이 흡수선이 한 개의 은하에 의한 것이라면 이 은하는 은하단에 필적할 정도로 속도분산이 크면서도 빛은 거의 내지 않는 은하여야 한다. 또 5개의 FeII선이 상 B에서는 발견되었으나 상 A에서는 보이지 않는다(Steidel & Sargent 1990). 이는 렌즈 은하가 있다면 상 B에 더 가까이 있음을 암시한다. 한편 두 상 모두에서 발견되는 금속 흡수선으로부터 적색이동 z=0.754에서 z=1.98 사이에 렌즈 후보가 있을 것으로 예상되기도 한다. 이런 복잡한 상황을 z∼1 근처의 은하단 내 2개의 은하에 의해 렌즈된 계로 설명하려는 시도가 있지만(Subramanian & Chitre 1984), 여전히 그 어느 렌즈 은하도 관측되지 않는다는 점이 문제이다. 최근 상 A, B 근처 관측은 근적외선에서 K′=20등급까지도 렌즈 후보가 발견되지 않음을 보여준다(McLeod et al. 1994).

최근에는 렌즈작용을 하는 천체가 상 A, B에 가까이 있지 않고 멀리 있을 가능성도 연구되고 있다. 배경 광원들에의 약한 중력렌즈 왜곡으로부터 은하단에 의한 것과 유사한 층밀림 장(shear field)의 존재가 보고되고 이 근처에 푸른 흐린 은하들이 많다는 것도 알려졌다(Bonnet et al. 1993). 더불어 근적외선 관측 및 기존 광학자료들로부터 적색이동 0.75 근처에서 은하들이 초과되어 나타나고(excess of galaxies), 이 적색이동 값은 준항성의 흡수선 자료와도 부합되는 것으로 보인다(Pello et al. 1996). 이런 지속적인 후속 관측에도 불구하고 Q2345+007은 여전히 의문스런 중력렌즈 후보로만 남아있어 CASTLES 팀들은 이 준항성계를 중력렌즈계가 아닌 단순한 쌍준항성(binary quasars)으로 분류하고 있다. Q2345+007은 어떤 천체가 중력렌즈계인지 아닌지를 판별하는 것도 경우에 따라서는 얼마나 어려운지 잘 보여주고 있다.

6.1.3 Q1634+267

Q2345+007과 같이 렌즈 은하가 발견되지 않은 또 다른 중력렌즈계 또는 중력렌즈 후보 계가 Djorgovski & Spinrad(1984)가 발견한 Q1634+267[13)]이다. 각거리 3.6″ 떨어진 두 개의 준항성 Q1634+267 A, B로 이루어진 이 계는 A, B의 적색이동이 1.96으로 거의 같아서 중력렌즈 후보가 되었다. 그러나 렌즈 은하가 발견되지 않고 더불어 초기 관측부터 알려진 스펙트럼상의 약간의 차이로 해서 중력렌즈계인지 단순한 쌍준항성인지 논란이 많았다.

이를 해결하고자 하는 이후의 분광연구에서는 상 A와 B의 분광선들이 선폭과 모습이 일치하는 반면, 이들이 비슷한 등급, 비슷한 적색이동을 가진 다른 준항성의

13) 처음엔 Q1635+267이라 불리었다.

분광선들과는 차이를 보이고 있다는 사실로부터 이 계는 중력렌즈라고 판단하고 (Turner et al. 1988), 몇 개의 방출선에 대해서는 상 A와 B의 분광선의 파장이 1000kms^{-1}까지 차이 나긴 하지만 선의 모습과 연속스펙트럼의 유사성으로 보아 중력렌즈계일 것으로 판단했다(Steidel & Sargent 1991). 이후 연구에서는 준항성 자체의 스펙트럼이 시간에 따라 변한다고 가정하면 이 준항성이 중력렌즈된 두 상을 보면 시간지연에 의해 상 A의 스펙트럼과 상 B의 스펙트럼이 한 관측시점에서는 차이가 날 수 있는데, 중력렌즈계가 아닌 유사한 다른 준항성에 대해 시간에 따른 변화를 살펴본 결과 스펙트럼이 전체적으로는 비슷하지만 사소하게는 1년 정도 시간단위로 바뀔 수 있음을 발견하였고 이는 Q1634+267이나 Q2345+007이 중력렌즈이면서도 각 상의 스펙트럼이 완전히 같을 필요는 없음을 입증한다 하였다(Small, Sargent & Steidel 1997). Hubble 우주망원경 관측에서도 Q1634+267 두 준항성의 스펙트럼은 다른 이중 준항성계보다 스펙트럼상의 유사성이 더 높은 것으로 관측되어, 보이지 않는 암흑렌즈(dark lens)에 의해 렌즈된 중력렌즈계일 가능성을 아직 배제하지는 못하고 있다(Peng et al. 1999).

6.1.4 BRI0952-0115

두 준항성의 거리가 0.99″인 BRI0952-0115는 Hawaii 대학 2.2m 망원경으로 1992년 발견된 중력렌즈계로 지금까지 발견된 중력렌즈계 중 가장 큰 적색이동 값을 가지고 있다(McMahon et al. 1992). 두 상의 밝기 비는 3.6이고 V, R, I 밴드(band) 색은 두 상 모두 동일하며 두 상의 수소 방출선의 적색이동이 4.5이고 전체적인 스펙트럼의 모습도 유사하다. 이 중력렌즈계는 가장 적색이동이 큰데도 불구하고 상대적으로 많이 관측되지 않았다. 하지만 CASTLES팀이 Hubble 우주망원경 H 밴드 관측에서 렌즈로 보이는 조기형 은하가 두 상의 중간 쯤(그림 6.7의 위쪽 상 A에서 0.65″)에 있음을 발견하였고 상 A 주변에 희미하게 보이는 호의 모습도 이 준항성의 모은하가 렌즈된 것으로 추정된다(Lehár et al. 2000). 중력렌즈를 우주론에 적용하는 연구에서 적색이동이 큰 중력렌즈계는 아주 중요한 의미를 지닐 수 있으므로(8.1.3절 참조), 앞으로 이 렌즈계에 대한 면밀한 관측이 있어야 할 것이다.

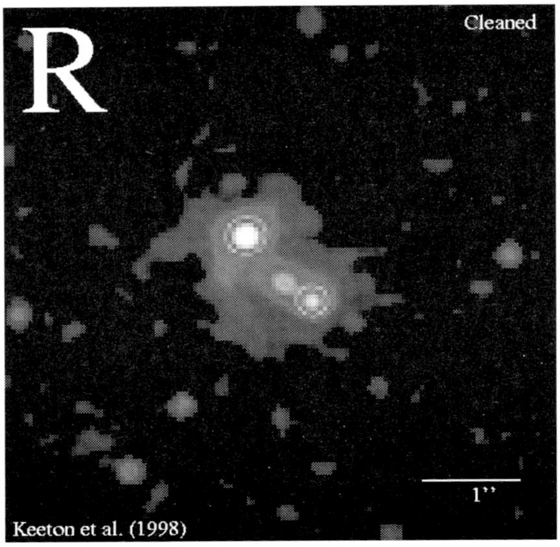

그림 6.7 BRI0952-0115의 Hubble 우주망원경 R 밴드 상(CASTLES)

6.1.5 MG2016+112

미국 국립전파천문대(NRAO)의 100m 전파망원경을 이용한 MIT-Greenbank 6cm 조사에서 처음 발견되어 MG2016+112로 불리는 이 전파원은 1981년 VLA 고해상 전파관측에서 3개의 성분으로 이루어졌음이 알려졌다(Lawrence et al. 1984). 이는 전파관측을 이용하여 준항성 중력렌즈를 찾는 일련의 연구에서 최초로 발견된 중력렌즈계이다. VLA 같은 전파간섭계를 이용한 관측은 중력렌즈를 찾는 데 아주 효율적이다. 우선 준항성은 광학관측에서는 별처럼 보이므로 수많은 별 가운데 숨어있는 준항성 자체를 찾는 것만도 아주 힘든 일이다. 게다가 다수의 중력렌즈계에서 상들 사이의 거리가 작기 때문에 시상(seeing)이 좋은 관측에서만 발견될 수 있고 게다가 상들 사이의 밝기 차가 크면 발견이 더더욱 어렵다. 이에 비해 VLA를 이용한 전파관측의 경우 각 분해능과 밝고 어두운 부분을 구별하는 능력인 강약범위(dynamic range)가 가시광 관측보다 뛰어나고 비교적 선택효과가 적은 고른 표본들을 얻을 수 있어서 중력렌즈의 통계적 연구에 아주 적합하다.

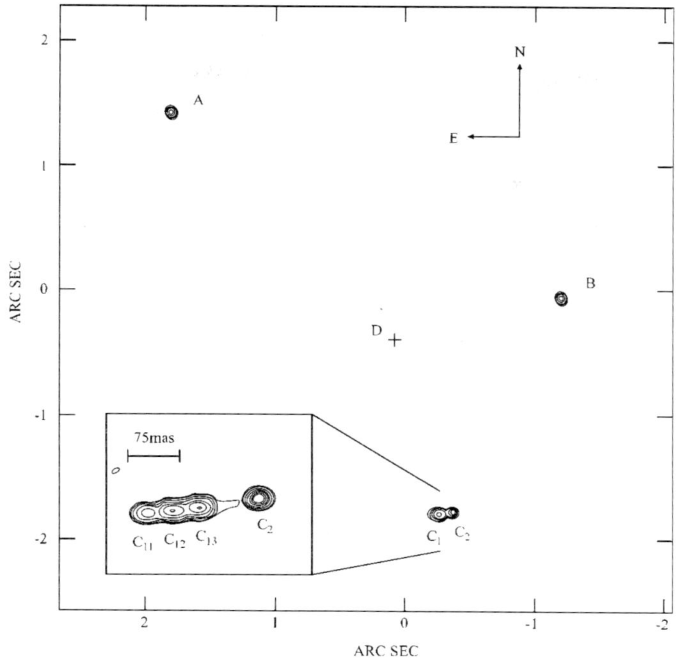

그림 6.8 파장 6cm에서 관측된 MG2016+112의 전파 세기지도. 전파원인 준항성 A, B, C와 광학에서만 보이는 은하 D로 이루어져 있다. C의 세부 구조들은 수십 mas의 크기를 보여주고 있다(Garrett et al. 1994).

이 중력렌즈계는 이후 후속 관측이 진행될수록 복잡한 양상을 보이고 있어서 여전히 제대로 이해되지 않은 수수께끼 중력렌즈로 남아 있다. 우선 이 렌즈계에는 적색이동이 3.273인 적어도 3개 이상의 A, B, C로 불리는 준항성 상이 있다(그림 6.8). 전파원이기도 한 A, B, C는 대략 직각 삼각형을 이루고 그 무게중심 근처에 큰 타원은하 D가 자리잡고 있다. 이 타원은하의 적색이동은 1.01로 주된 렌즈 작용을 하고 있는 것으로 여겨진다(Schneider et al. 1985; Langston, Fischer & Aspin 1991; Lawrence, Neugebauer & Matthews 1993). Hubble 우주망원경 사진(그림 6.9)에서도 상 A, B는 분해되지 않아서 점광원으로 보이지만 상 C는 전파 관측에서와 같이 길쭉한 모습임을 보여준다. 그리고 삼각형의 가운데에 큰 타원은하의 모습이 잘 드러나 보인다.

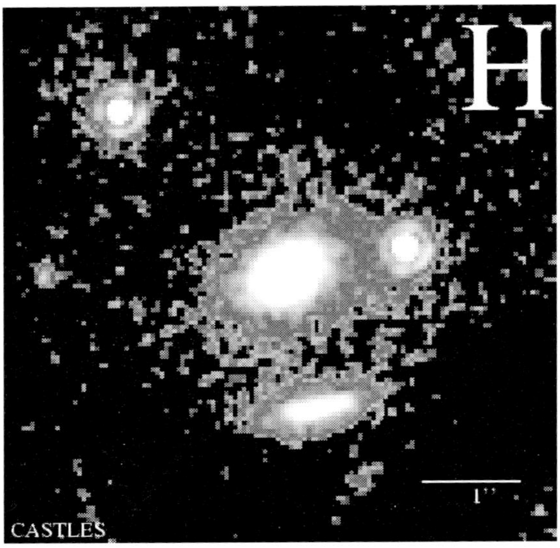

그림 6.9 Hubble 우주망원경으로 촬영한 MG2016+112의 H 밴드 모습(CASTLES)

이 특이한 계에 대해 관측된 사실을 우선 살펴보면 전파영역에서 상 A와 B는 비슷한 가파른 스펙트럼(steep spectrum)을 보이는 반면 상 C는 평탄 스펙트럼(flat spectrum)을 지니고 있고, 광학상 C에서도 적색이동이 3.273인 방출선이 보이긴 하지만(Schneider et al. 1985, 1986), A나 B에 비해 약하게 나타난다. 또한 최근 파장 18cm에서의 VLBI 관측에서는 그림 6.8의 아래 확대된 모습에서 보이듯 전파 상 C가 3+1개의 성분으로 이루어져 있음이 발견되었다(Garrett et al. 1996). 적외선 K 밴드 관측에서는 C가 A나 B 각각보다 2배 이상 밝게 나타난다(Lawrence et al. 1993; Langston et al. 1991).

문제는 이렇게 복잡한 계를 모형으로 설명하기가 쉽지 않다는 사실이다. 상 A와 B의 대부분의 성질들은 D 위치에 있는 타원은하에 의해 어렵지 않게 설명될 수 있다. 그러나 상C의 전파 영역에서의 모습 및 스펙트럼의 특이함 등은 설명이 쉽지 않다. 게다가 상 A와 B의 밝기 비는 전파 영역 6cm에서 20cm 사이에서는 비슷한 값을 보이나 적외선과 광학영역에서는 다른 값으로 관측된다. 전파에서는 밝은 C가 광학영역에서는 어둡게 나타난다. 더욱이 C와 A(또는 B)와의 밝기 비는 전파영역 안에서도 파장에 따라 다르고 - 예를 들어 VLA관측에서 파장 20cm에서는 C/B가 1.48인 반면

6cm에서는 C/B가 2.93이다 – 적외선과 광학영역에서는 더 큰 값 차이를 보인다(Nair & Garrett 1997에 정리된 참고문헌 참조). 이런 다양한 밝기 비는 결국 파장에 따라 빛이 방출되는 광원 내의 위치나 크기 등이 다르고 이들이 각각 다른 정도로 렌즈된 것으로 해석되어야 할 것이다.

복잡한 전파원 C를 설명할 수 있는 렌즈모형은 중력렌즈된 상과 또 다른 은하가 겹친 것으로 보거나(Schneider et al. 1985, 1986; Lawrence et al. 1993; Narasimha et al. 1987; Nair 1993), 여러 개의 성분을 가진 C 전체가 특별하게 렌즈된 것이라는 모형이다(Narasimha et al. 1987; Narasimha & Chitre 1989; Garrett et al. 1994). 그렇지만 이런 모형들도 C의 여러 특성들을 다 설명하는 데는 무리가 있다. 우선 2016+112는 다른 광학 중력렌즈계와는 달리 상의 수가 3개로 홀수이다. 3.6절에서 특이점이 없는 투명한 렌즈에 의해서는 반드시 홀수 개의 상이 생긴다고 했다. 그러나 렌즈 중심부가 옹골찬 분포를 하고 있을 경우에는 3번째 상이 아주 어두워져서 보이지 않게 되어 일반적으로 2개 또는 짝수 개의 상을 보게 되고 대부분의 다상준항성 중력렌즈계가 이에 해당된다. 그러나 MG2016+112의 경우 은하 D가 유일한 렌즈라면 세 번째 상이 D 근처에 있고 어두워야 하지만 그렇지 않으므로 실제 상은 5개이어야 한다. 물론 한 개의 타원은하만으로도 5개의 상은 생길 수 있지만(Blanford & Kochanek 1987), 문제는 관측된 MG2016+112의 여러 특성들과 부합하는 렌즈 모형이 가능한가이다.

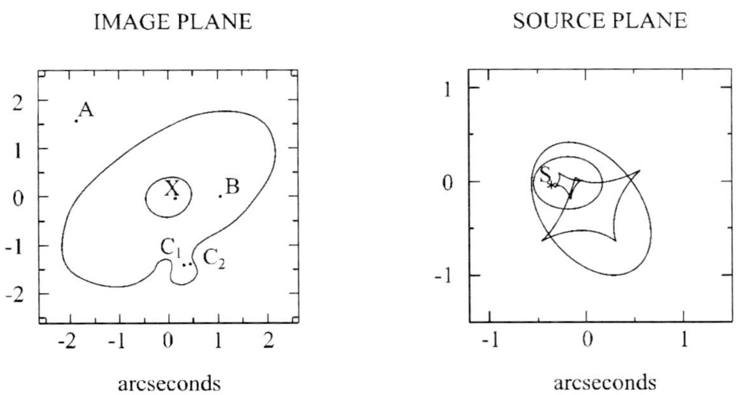

그림 6.10 MG2016+112의 렌즈 모형. 왼쪽 그림은 상면이고 오른쪽 그림은 광원면이다. 광원은 S, 상은 A, B, X, C_1, C_2로 표시되어 있다(Nair & Garrett 1997).

한 개의 렌즈를 설정하는 모형에서는 은하 D와 이에 딸려 있는 암흑물질에 의해 렌즈되며 C는 두 개의 상이 접선형 임계곡선에서 합쳐지고 있고 또 상들의 스펙트럼과 밝기 비의 특이성은 각 부분이 다르게 확대되는 차등확대(differential magnification)에 의한 것으로 설명하고 있다(Narasimha & Chitre 1989; Langston et al. 1991). 그러나 최근 연구에서는 VLBI 전파 특성 등을 인용하여 한 개의 타원은하 D에 의해서는 설명이 어렵다고 판단하고, D 은하와 더불어 C 근처에 D보다 더 큰 적색이동을 가지는 두 번째 타원은하 렌즈를 설정하고 있다(Nair & Garrett 1997). 게다가 광원 또한 심과 옹이(knot) 두 개의 성분으로 되어있으면서 화선 바로 근처에 존재해서 심이 렌즈된 두 개의 상은 A, B로 나타나지만, D 위치에 나타나는 한 개의 상은 너무 어두워져서 보이지 않고(그림 6.10에서 X) 나머지 두 개의 상은 가까이 붙어서 그림 6.10의 C_1을 구성하는 3개의 성분 중 C_{12}, C_{13} 2개에 해당한다. 또 나머지 C_2와 C_{11} 성분은 혹의 렌즈 상 중 하나로 해석하고 있다. 혹의 나머지 2개 상은 A, B에서 심의 상과 같이 나타난다. 그 외에도 C_2는 A, B와 관계된 상이지만 C_1은 전혀 별개의 광원이 렌즈된 것으로 해석하는 것도 가능하다(Nair & Garrett 1997).

6.1.6 PG1115+080

Weymann et al.(1980)에 의해 발견된 두 번째 중력렌즈 PG1115+080은 첫 관측에서 적색이동이 1.722인 세 개의 준항성 A, B, C가 발견되었으나 이후 관측에서 A가 다시 A1, A2 두 개로 나누어짐이 밝혀짐으로써(Hege et al. 1981) 이 렌즈계는 원래 5개의 상이 있지만 그중 하나는 숨어 있는 것으로 보인다(Young et al. 1981). 렌즈은하는 4개의 상들 가운데쯤에서 발견되었고(Henry & Heasly 1986) 은하의 적색이동은 0.310로 밝혀졌다(Angonin-Willaime, Hammer & Rigaut 1993; Kundić et al. 1997; Tonry 1998).

Hubble 우주망원경의 적외선 사진기로 찍은 이 렌즈 계의 모습이 그림 6.11a인데 상 A가 A1과 A2 두 개로 되어 있고 멀리 떨어져 있는 나머지 두 상 B, C와 넓게 퍼진 렌즈 은하 G의 모습이 보인다(Impey et al. 1998). 상 A1, A2 근처의 무늬들은 적외선 사진기와 자료처리오차에 의한 것이다. 여기서 상 A1, A2, B, C와 은하 G를 모형으로 근사시키고 이를 원래 사진에서 제거하면 그림 6.11b가 된다. 원래 사진

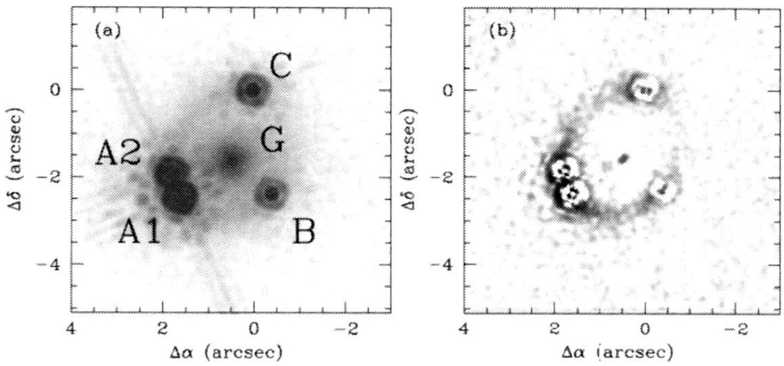

그림 6.11 (a) Hubble 우주망원경의 근적외선 사진기로 촬영한 PG1115+080의 모습 (b) 여기서 4개의 준항성 상 A1, A2, B, C와 가운데 은하 G를 삭제한 모습. 거의 완전한 Einstein 고리가 보인다(Impey et al. 1998).

(a)에서 보일 듯 말 듯한 고리(ring)의 모습이 잘 나타나고 있다. 이 고리는 준항성을 포함하는 모은하(host galaxy)가 렌즈되어 나타난 것으로 판단된다(Impey et al. 1998). 즉 은하 중심에 위치한 점광원인 준항성 부분은 떨어져 있는 여러 개의 상으로 렌즈되지만 퍼진 광원인 은하는 연결된 고리로 렌즈되어 나타난 것이다.

이 렌즈계에 대한 모형에서 렌즈는 거의 둥근 은하 G와 PG1115+080의 남서쪽에 위치한 10여개의 은하들로 이루어진 은하단으로 구성되고, 은하 G의 질량은 $10^{11}M_{\odot}$, 속도 분산은 230kms^{-1}정도이고 은하단의 속도분산은 300~400kms^{-1}의 범위에 있다(Impey et al. 1998). 이 렌즈 계에서도 시간지연이 관측되었으므로(Schechter et al. 1997) 이로부터 Hubble 상수를 구하기 위해서는 정확한 렌즈 모형이 필요하다(8.1.1절 참조).

6.1.7 Q2237+0305(Einstein의 십자가)

렌즈계 Q2237+0305는 원래 은하들의 적색이동을 측정하던 CfA 적색이동측량(Center for Astrophysics Redshift Survey)에서 확인된 나선은하였다. 그러나 이 측량관측 스펙트럼에서 폭넓은 방출선이 발견되었고 후속 관측에서 이 방출선은 적색이동이 1.695인 준항성에 의한 것임이 밝혀졌다(Huchra et al. 1985). 이 준항성들은 적색이동이 z=0.039밖에 되지 않은 가까운 은하의 핵 바로 주위에 그림 6.12에서 보이는 것과 같이 각 크기가 1.2″에서 1.8″ 정도인 십자 모양으로 4개가 위치하고 있었다(Yee 1988; Schneider et al. 1988). Einstein의 십자가로도 불리는 이 렌즈계처럼 렌즈은하와 광원이 거의 정확하게 겹치는 경우는 드물고 더욱이 렌즈은하가 아주 가까이 있는 경우도 드물기에 Q2237+0305는 특별한 렌즈계라 할 수 있다.

이 렌즈계의 4개의 상은 광학영역에서 밝기 차이가 1등급 이하로 거의 비슷하게 밝고 VLA 관측에서 검출된 상들의 밝기도 상 D를 제외하고는 광학에서의 밝기 비와 유사하다(Falco et al. 1996). 상 D는 광학영역에서보다 전파영역에서 상대적으로 더 밝게 나타난다. 상들의 색깔은 은하보다 푸른색을 띠지만 색색도(color-color diagram)에 표시된 4개의 상은 소광곡선(extinction curve)에 놓이는 것으로 보아서 상들의 색깔 차이는 렌즈 은하에 의한 차등소광(differential redenning)의 결과로 보인다. 또한 4개의 준항성 상은 모두 관측오차 내에서 같은 적색이동 값과 선폭이 관측되었다(De Robertis & Yee 1988; Adam et al. 1989). 나선은하인 렌즈 은하 자체도 중심부에서 뚜렷한 막대 모습을 보여주고 있고 원반 외에 팽대부도 관측된다(Yee 1988). 최근 Hubble 우주망원경 H 밴드 사진에서도 대략 원을 이루고 있는 상 4개가 잘 분해되어 보이고 그중 2개가 조금 더 가까이 위치했으며 가운데 은하의 핵도 잘 드러나고 있다(그림 6.12).

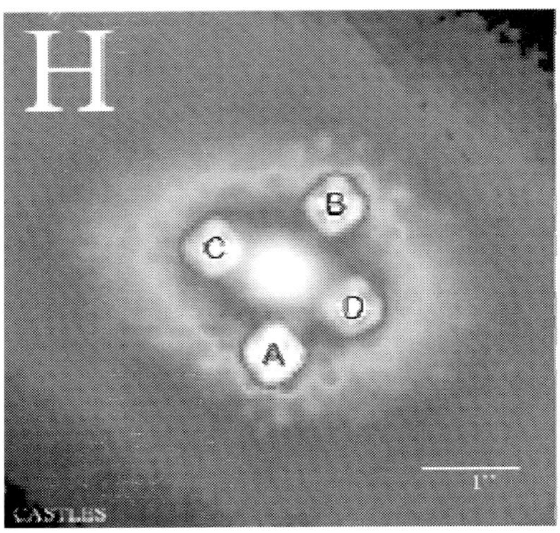

그림 6.12 Hubble 우주망원경으로 H 밴드에서 찍은 Einstein의 십자가 2237+0305의 모습. 대략 십자를 이루는 4개의 준항성 상과 가운데 은하의 핵이 잘 보인다(CASTLES).

이 같은 특성들로 인해 Q2237+0305는 다른 렌즈계 보다 더 쓸모가 있을 수 있는데 우선 (1) 렌즈 은하가 가까이 있어서 상세하게 관측할 수 있고, (2) 광원까지의 거리와 렌즈까지의 거리의 비가 커서 미시중력렌즈의 시간척도가 작아지고, (3) 특히 상들의 모습이 대칭성을 지녀서 시간지연이 하루 이하로 작을 것으로 예상되어 밝기 변화가 미시중력렌즈에 의한 것인지 준항성 자체의 밝기 변화에 의한 것인지를 구별할 수 있게 한다.

렌즈은하가 잘 관측된다는 것은 렌즈 모형을 건설하는 데 아주 큰 도움을 준다. 만약 이 은하 내의 질량분포가 빛의 분포와 일치한다고 가정하면 관측된 은하의 표면밝기 분포에 질량-광도비를 곱하면 바로 투영된 2차원 표면질량분포가 된다. 따라서 Q2237+0305의 모형 중 우선적으로 시도된 것이 바로 이 가정하에서 모형을 세워서 관측된 결과를 설명하는 것이다(Schneider et al. 1988). 이 경우 모형의 자유변수의 수는 고작 3개뿐이다. 질량분포는 이미 밝기 표면분포에 한 상수만 곱하면 결정되므로 바로 이 온곳 질량-광도비(global mass-to-light ratio)가 첫 번째 자유변수이고 나머지 두 변수는 광원인 준항성의 원래 2차원 위치이다. 물론 이 3개의 변수로 결정되는 모형의 수는 무한히 많으므로 이 모형의 예측과 관측된 자료의 차이를 정량화한 뒤 이 양을 최소화하는 변수의 값을 찾아내게 된다. 이때 모형을 제약하는 중요한 관측자료는 일반적으로 상들의 위치가 우선이며 상들 간의 밝기 비도 그 다음으로 중요한 자료이다. 구체적으로는 이 수학적 모형의 예측에는 실제 관측의 불완정성, 예를 들어 시상 등으로 인한 유한한 분해능에 의해 상이 퍼져 보이는 효과 등도 고려되어야 한다. 이런 방법으로 구성된 Schneider et al.(1988)의 모형은 3개의 변수만으로 관측된 상들의 특성을 비교적 잘 설명하고 있어서 이 다상준항성계가 진짜 중력렌즈계라는 확신을 주고 있으며 Q2237+0305의 나선은하의 경우 질량분포와 빛의 분포가 대략 일치한다는 간접 증거도 된다. 그 후 Rix et al.(1992)의 Hubble 우주망원경 광시야사진기를 이용한 고해상도 관측결과를 같은 방법으로 모형을 만들어서 상들의 위치를 0.03″ 이내로 맞출 수 있었다. 그런데 이 같은 성공에도 불구하고 이 모형들은 Hubble 망원경 관측의 위치 오차인 <0.015″의 정밀도까지는 맞추지 못했다. 또한 일반적인 나선은하에서 빛의 분포와 질량의 분포가 일치한다고 막연히 가정하기 어려우므로 좀 더 복잡하고

자유도가 많은 모형이 이어서 시도되었다.

그런데 여기서 만약 광원이 구대칭성을 지닌 렌즈의 중심과 정확하게 일치한다면 고리 상(ring image)이 나타날 것이다. 그러나 광원이 렌즈의 중심에서 조금 벗어난다면 고리는 부서져서 2개의 길쭉한 호의 모습으로 나타날 것이다. 반면에 이번에는 렌즈의 질량분포가 타원형이든가 해서 축대칭성이 깨진다면 고리는 반대편에 있는 상과 밝기가 비슷한 4개의 상으로 변형되게 된다. 관측된 2237+0305의 모습은 4개의 상으로 되어 있으므로 렌즈의 질량분포에 비대칭성이 있는 모형이 가장 잘 맞을 것이다(Schneider et al. 1988).

이 같은 비대칭성 때문에 렌즈은하의 질량분포를 타원질량분포로 기술하거나 또는 렌즈 자체는 구형대칭이지만 층밀림으로 비대칭성을 도입하는 대략 2가지 방법이 시도되었다(Kochanek 1991; Wambsganss & Paczyński 1994). 1990년대에 들어서 Hubble 우주망원경을 이용하여 상들의 위치 정밀도를 0.005″까지 줄였고(Crane et al. 1991), 다시 하와이의 지상 망원경으로 위치를 0.002″, 상대적 밝기를 0.01등급까지 줄였다(Racine 1991). Racine은 이 연구에서 은하의 중심 아주 가까이(남남동 쪽으로 0.07″ ±0.035″)에 5번째 상의 증거를 발견하였다고도 했다(Racine 1991; Rix et al. 1992). 그러나 그 이후 Hubble 우주망원경 자외선 관측에서는 5번째 상의 증거를 발견하지 못했다(Blanton, Turner & Wambsganss 1998). 한편 최근 연구에서는 심이 있는 거듭제곱 형태의 비대칭 질량분포 모형으로 상들의 위치, 은하 팽대부의 중심 위치, 전파 밝기 비 등 모두 11개의 제약 조건을 만족하는 일련의 모형이 제시되고 있다(채규현, Turnshek & Khersonsky 1998). 그러나 이 모형에서 상들의 밝기 확대 정도는 질량분포의 편평도에 따라 민감하게 달라진다는 사실과 5번째 상의 밝기는 단순한 등온구 렌즈의 경우(4.2절)의 3번째 상의 밝기와 같이 렌즈의 심 크기와 연관되어 있음도 보여주고 있다. 이는 상들의 위치가 원하는 정밀도로 확정되고 상들의 밝기 비도 명확하게 결정되면 이로부터 질량분포를 추정할 수 있음을 의미한다.

그러나 Q2237+0305의 경우 은하의 중심부에 상들이 겹쳐 나타난 경우이므로 각 상에 대한 정밀한 측광이 쉽지 않고 더욱이 미시중력렌즈에 의한 밝기 변화도 겹쳐 있을 수 있으므로 밝기 비의 측정은 쉽지 않다. 그런데 Houde & Racine(1994)은

Lucy(1974)의 알고리듬에 기초하여 시상 크기보다 가까이 위치한 상들의 측광방법을 개발하여 이를 Q2237+0305에 적용하였다. 그 결과 상 A, B, C, D가 0.5등급 내외에서 밝기가 변하는 광도곡선을 재구성할 수 있었는데 상 A에서 1988년에서 1989년 사이에 0.35등급에 이르는 광도변화가 있었고, 상B는 1990년에서 1991년을 거쳐 0.5등급에 이르는 광도변화를 보이고 있음이 밝혀졌다. Q2237+0305의 각 상 간에 예상되는 시간 지연은 하루 이하일 것으로 예상되므로 이 같은 광도변화는 광원의 빛이 통과하는 렌즈 은하 내의 각 별들에 의한 미시중력렌즈에 의한 것으로 판단된다(Houde & Racine 1994).

이 렌즈계는 전파영역에서도 관측되었는데 VLA 관측에서 상들은 평탄한 스펙트럼을 보여주고 있으며 그 위치들은 광학관측에서 결정된 위치와 잘 일치한다(Falco et al. 1996). 그러나 상들의 전파 밝기 비는 광학영역의 밝기 비와는 다른 값을 보여주고 있다. 일반적으로 전파가 방출되는 광원의 영역이 가시광선이 방출되는 영역보다 클 것으로 추정되므로 상들의 밝기는 광학영역에서 미시중력렌즈에 의해 더 심하게 영향받을 것이다. 따라서 성공적인 모형은 전파영역에서의 상들의 밝기 비도 설명할 수 있어야 할 것이다.

6.1.8 H1413+117(네잎클로버)

일명 네잎클로버(cloverleaf)라 불리는 H1413+117은 Hazard 등에 의해 처음 발견된 준항성으로(Hazard et al. 1984) Magain et al.(1988)에 의해 4개의 상으로 이루어진 중력렌즈계임이 밝혀졌다(그림 6.13). Q2237+0305와 비슷한 십자가 모습을 지닌 이 렌즈계는 4개의 준항성 상 모두 방출선의 적색이동이 2.55로 Q2237+0305의 적색이동 1.69보다 크지만 4개의 상을 포함하는 원의 반경은 겨우 0.6″밖에 되지 않는다. 또한 상들의 모습으로 보아 중심 근처에 존재할 것으로 여겨지는 렌즈 은하는 Hubble 우주망원경이나 Keck 망원경 등의 관측에서도 발견되지 않았으나(Turnshek et al. 1997; Kneib et al. 1998a) Hubble 우주망원경의 관측한계로 보아 렌즈 은하의 적색이동은 1 이상인 것으로 추정된다(Turnshek et al. 1997). 그러나 최근 Hubble 우주망원경 적외선 사진에서 4개의 준항성을 제거한 잔상의 가운데에 렌즈 은하로 보이는 천체가

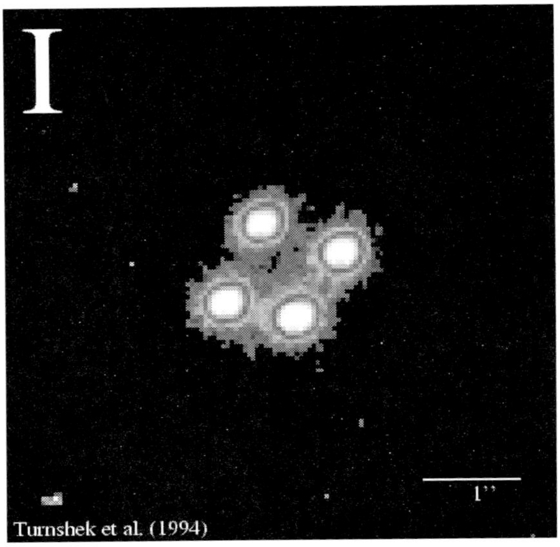

그림 6.13 네잎클로버라 불리는 H1413+117의 Hubble 우주 망원경 I 밴드 사진(Turnshek et al. 1994)

있는 것처럼 보인다(Kneib, Alloin & Pelló 1998b). 물론 이 천체에 대한 적색이동이 제대로 측정되기 전에는 확신하기 어렵다고 하겠다.

분광관측에서는 4개 상의 스펙트럼이 모두 비슷하고 폭이 넓은 흡수선을 가진 Broad Absorption Line(BAL)계임이 밝혀졌다(Angonin, Vanderriest & Surdej 1990). 렌즈된 준항성 중에 BAL계는 드물고 이 렌즈계의 V-등급이 17등급 정도로 아주 밝아서 H1413+117은 특별한 렌즈계라 하겠다. 또한 H1413+117에는 적색이동이 0.6에서 2.55에 이르는 금속선들과 1.7에서 2.5에 이르는 Lyman α 숲(Lyman alpha forest)[14)]이 발견되었다(Monier, Turnshek & Lupie 1998 참조). 다상중력렌즈계에서 발견되는 Lyman α 숲은 Lyman 흡수구름(absorption cloud) 연구에 아주 중요하다. 흡수선의 모양으로부터 추정되는 기둥밀도(column density) 같은 정보 이외에도 인접한 여러 상 중 선이 발견되지 않는 상이 있다든가 또는 모든 상에서 선이 다 발견된다든가 하는 사실로부터 Lyman 구름의 크기를 짐작할 수 있게 해주기 때문이다. 특히 4개의

14) 여러 적색이동 값을 가진 Lyman α 흡수선들이 거의 겹쳐져서 숲의 모양을 이루는 스펙트럼

상이 아주 가까이 인접하고 있는 H1413+117의 경우는 Lyman 구름의 크기를 더 정확하게 제약할 수 있다.

마지막으로 H1413+117는 상간거리가 작아서 미시중력렌즈의 시간척도가 짧아지므로 미시중력렌즈 관측에 유리하기도 하지만 반대로 작은 각거리는 정밀한 광도변화 관측을 어렵게 해서 불리한 점으로 작용할 수도 있다.

6.1.9 B2114+022

B2114+022는 영국의 Jodrell Bank와 미국의 VLA 전파망원경 배열을 이용한 Jodrell-VLA Astrometric Survey(JVAS)에서 발견된 특이한 중력렌즈계이다(Augusto et al. 2001). 대부분의 중력렌즈계에서 렌즈된 상들은 서로 간에 비슷한 각거리로 떨어져 있는 데 비해 B2114+022의 A, B, C 세 개의 상들은 약 0.3″ 떨어져 있는 반면 네 번째 상인 D는 2.4″나 떨어져 있다. 또한 A, B, C에 아주 가까이 위치한 z=0.32인 은하 G1 외에도 z=0.59인 은하 G2도 근처에 위치하고 있다. 전파 상인 A, B, C, D의 적색이동 값은 아직 확인되지 않고 있다.[15] 채규현 et al.(2001)은 자세한 모형 계산을 통해 B2114+022가 아주 멀리 있는 전파원이 두 은하 G1과 G2에 의해 렌즈된 것임을 보이고 전파관측과 Hubble 우주망원경 관측에서 알려진 특성들을 설명하기 위해서는 다른 거리에 있는 은하 G2가 반드시 필요다고 주장하였다. 즉 B2114+022는 다른 거리에 위치한 렌즈 은하 2개에 의해 렌즈된 중력렌즈계일 가능성이 높다는 것이다.

6.1.10 SDSS J1004+4112

거의 대부분의 다상중력렌즈계에서 광원은 준항성, 렌즈는 은하이다. 광원이 멀리 있을수록 렌즈될 확률이 높아지지만 반면에 멀수록 그 천체의 밝기가 어두워지므로 멀리 있으면서도 충분히 밝아서 잘 발견될 수 있는 천체로는 준항성이 가장 유리하다. 또한 여러 개의 상으로 렌즈되기 위해서는 렌즈작용하는 천체의 투영된 면질량밀도가 임계치보다 높아야 하는데(3.6절 참조) 이 조건을 만족하는 천체는 대부분 은하들이다.

---

15) 전파에서만 상이 관측되는 경우 그 전파 스펙트럼에는 스펙트럼 선이 없는 경우가 대부분이어서 적색이동 값을 결정할 수 없다.

그러나 Sloan Digital Sky Survey(SDSS)[16]의 방대한 자료에서 다상중력렌즈계를 찾아내는 체계적인 노력에서 발견된 SDSS J1004+4112는 4개의 렌즈 상(그림 6.14의 A, B, C, D)이 발견되었는데 그 중 가장 거리가 먼 상사이의 거리가 무려 14.62″로 당시까지 발견된 가장 상간거리가 큰 다상중력렌즈계 보다도 몇 배 더 컸다(Oguri et al. 2004). 일반적인 은하에 의해 중력렌즈될 경우 예상되는 상간거리는 수 각초 정도이므로(8.1.2절 참조) 이 중력렌즈계는 은하보다 훨씬 무거운 천체에 의해 렌즈되었어야 한다. 후속관측으로 이 렌즈계는 z=1.734인 준항성이 z=0.68에 위치한 은하단(그림 6.14의 G1, G2 등)에 의해 렌즈된 것임을 알게 되어 은하단에 의해 렌즈된 최초의 다상준항성렌즈계가 되었고, 그 후 Hubble 우주망원경으로 관측된 상에서 은하 G1(그림 6.14)의 모형을 제거하는 방법으로 어두운 5번째 상을 발견했으며 또한 광원인 준항성의 모은하도 발견되었다(Inada et al. 2005). 또한 발견 이후 4년간의 지상관측으로 상대적으로 밝은 4개 상들 간의 시간지연 값도 결정되었다(Fohlmeister et al. 2008).

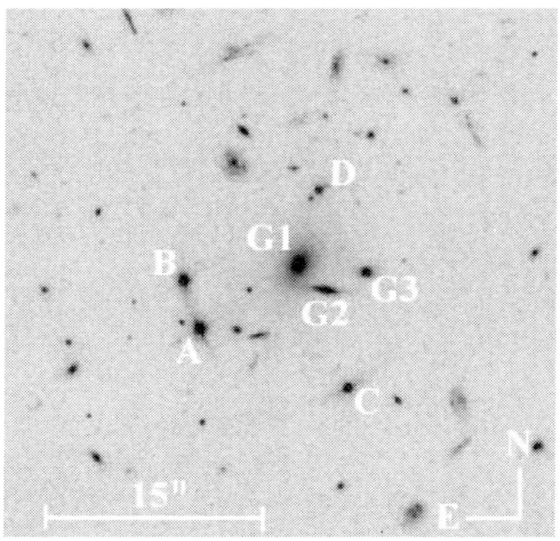

그림 6.14 Hubble 우주망원경으로 관측된 SDSS J1004+4112의 4개 상 A, B, C, D와 렌즈 은하 G1, G2(Inada et al. 2005). C-D 사이 각거리가 14″에 이른다.

16) 2000년에서 2008년까지 8년간에 걸쳐 자동화된 2.5m 망원경으로 천구의 1/4을 측량관측하여 약 3.6억 개의 천체에 대한 측광자료와 약 100만 개의 은하 및 12만 개의 준항성에 대한 분광자료를 확보한 프로젝트(http://www.sdss.org)

6.1.11 SDSS J1029+3423

SDSS J1004+4112에 이어 두 번째로 발견된 은하단에 의해 렌즈된 렌즈계가 SDSS J1029+3423이다(Inada et al. 2006). SDSS J1004+4112와 같이 SDSS 관측에서 발견된 이 천체는 z=2.197인 준항성이 각거리 22.5″ 떨어진 2개의 상으로 은하단(z~0.6)에 의해 렌즈된 다상준항성계이다(그림 6.15). 후속 관측에서 어두운 3번째 상은 두 번째 상 B에 거의 붙어 있고 렌즈 은하들은 렌즈 상들 안쪽이 아닌 한쪽 편에 위치해 있음이 알려졌다(Oguri et al. 2008). 주된 렌즈 은하가 대체로 렌즈된 상들 안쪽에 위치하는 일반적인 다상계와 다른 이런 모습으로부터 이 렌즈계는 렌즈의 면질량밀도가 임계치에 가까울 때 만들어지는 벌거벗은 화선(naked caustic)에 광원이 놓여서 생긴 것으로 짐작된다(Oguri et al. 2008).

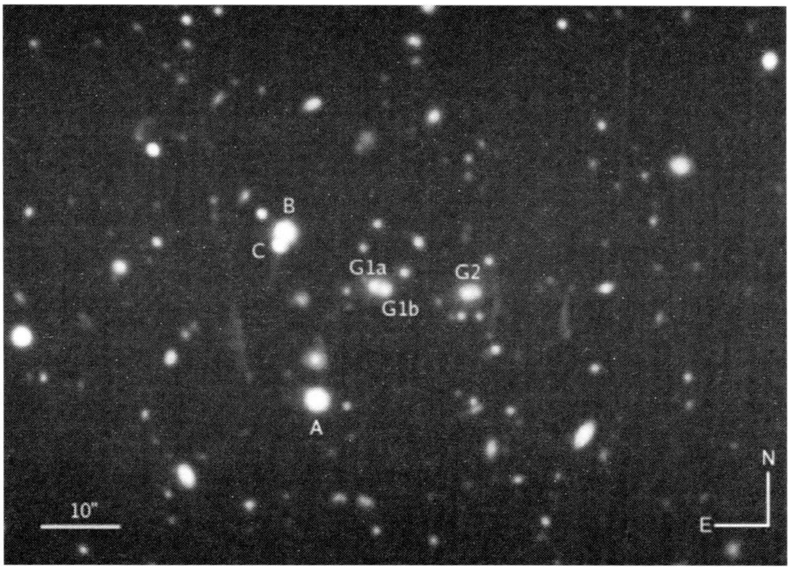

그림 6.15 Keck 망원경으로 관측된 SDSS J1029+3423. 준항성의 상 A와 B가 보이고 3번째 상 C는 상 B에 거의 겹쳐 보인다(Oguri et al. 2008). 렌즈작용을 하는 은하단(G1a, G1b, G2 등)은 3개의 상 한쪽 편으로 치우쳐 있다.

6.2 호

준항성은 거의 점광원으로 보이므로 중력렌즈될 경우에 여러 개의 서로 떨어져 있는 점 형태의 상들, 즉 다상계로 나타난다. 그러나 중력렌즈되는 광원이 유한한 크기를 가지면 렌즈되어 만들어지는 상들은 원래 모습에서 변형되어 나타나게 된다. 점광원인 경우와는 달리 상이 한 개만 형성되는 경우에도 그 모습이 중력렌즈에서 예상되는 특별한 모습과 성질들을 가질 경우에는 중력렌즈계임을 알 수 있다. 중력렌즈될 만큼 멀리 있으면서 작지 않은 크기를 가진 대표적인 천체는 바로 은하이다. 따라서 멀리 있는 은하들이 전방의 은하단 같은 질량체들에 의해 강하게 중력렌즈될 수 있고 이때 형성되는 상들이 바로 호(arc)이다.

개별 상이 점상(point image)으로 보이는 다상준항성계는 비교적 밝아서 분광관측으로 스펙트럼을 분석할 수 있지만, 렌즈된 호는 상당히 어두워서 분광관측이 상대적으로 더 어렵다. 그 대신 분해 가능한 유한한 크기로 변형되고 확대되어 관측되므로 준항성계와는 다른 정보를 제공할 수 있다. 특히 다상준항성계는 주로 은하 규모의 질량분포에 대해 알려주지만 호는 은하단 규모의 질량분포를 알려줄 수 있다.

호 중에서 아주 크고 길게 나타나는 큰 호(giant arc)는 광원이 화선 또는 그 근처에 위치하여 강한 렌즈작용을 받을 때 생기고, 같은 은하단에 의해서도 중간 정도의 중력장에 의해 렌즈되면 호조각(arclet)으로 불리는 작은 상들이 생기고, 은하단의 외곽과 같이 아주 약한 중력장에 의해 겨우 렌즈되는 경우에는 개개 은하들이 변형되는 정도가 너무 작아서 직접 검출되진 않지만 은하들의 정렬방향이 중력장의 층밀림을 반영하게 되는데 이 경우를 약한 중력렌즈라고 부른다. 이 단원에서는 지금까지 발견된 호와 호조각에 대해서만 설명하고 약한 렌즈는 제9장에서 자세하게 설명한다.

6.2.1 Abell 370

중력렌즈된 준항성이 발견된 초기에는 은하와 달리 은하단의 중심 면질량밀도는 충분히 높지 않아서 은하단 단독으로는 여러 개의 상으로 중력렌즈할 수 없을 것으로 예상되었지만 실제로는 많은 은하단에서 호의 형태로 렌즈된 은하들이 발견되었다.

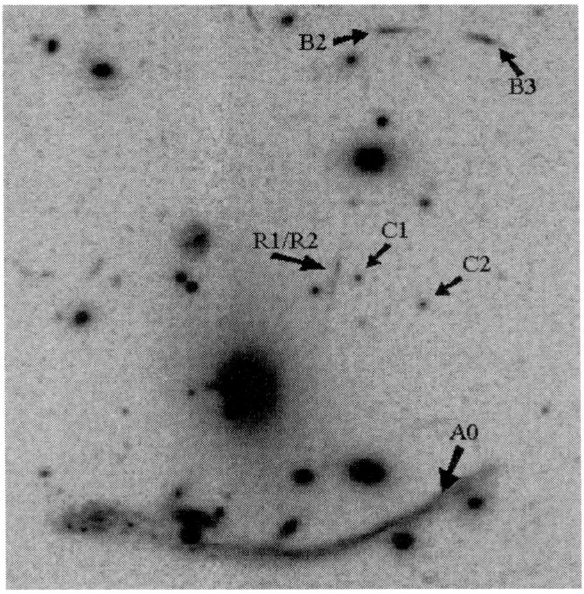

그림 6.16 Hubble 우주망원경으로 촬영한 Abell 370의 호의 모습(www.iap.fr)

은하단에 의해 중력렌즈될 확률은 은하에 의한 경우보다 낮아서 준항성이 은하단에 의해 강하게 중력렌즈된 경우는 거의 없지만 상대적으로 수가 많은 은하들은 은하단에 의해 강하게 또는 약하게 렌즈되어 발견되는 것이다.

Abell이 목록화한 은하단 중의 하나인 Abell 370(A370)은 A2218, Cl2244-02와 더불어 호가 처음 발견된 은하단이다. A370은 Abell 은하단 중 적색이동이 z=0.37로 가장 크고 많이 연구된 부자은하단(rich cluster)이다(그림 6.16). 많이 관측되었고 연구된 은하단이지만 은하단 내의 두 개의 큰 은하 중 아래 쪽 은하 바로 밑의 푸른 색의 이상한 호 모양의 구조(그림 6.16에서 A0)는 그 이전의 관측에서도 이미 보였지만 언급되지 않았다(Butcher et al. 1983, Hoag 1981). 특히 최초의 이중 준항성계 Q0957+561이 발견되기 전이었기에 중력렌즈와 관련되어 주목받지는 않았다. 그러다 검출기의 발전으로 1985년에야 뚜렷한 사진을 얻게 되었고[17] 1986년에 밝은 호

17) 전하결합소자(CCD) 이전에 사용되었던 사진건판으로는 은하단 내의 호처럼 면밝기가 낮은 천체를 촬영하는 것은 거의 불가능했다.

(luminous arc)란 이름으로 공개되었다(Lynds & Petrosian 1986; Soucail et al. 1987a). 호의 흥미로운 특징 하나는 주변 은하들에 비해 푸른색을 띠고 있다는 것이었다. 그림에서 보이듯이 호의 모습은 길이는 대략 21″, 두께는 약 2″로 초생달 모양이고(적색이동에 의한 거리로 환산할 경우 길이 약 100kpc, 두께 약 10kpc) 곡률반경(radius of curvature)은 약 15″이다. Hubble 우주망원경으로 근래 촬영한 그림 6.16을 자세히 보면 호의 밝기가 일정하지 않고 군데군데 덩어리진 모습을 보이고 완전한 원호(circular arc)도 아니고 끝부분이 약간 꺾인 듯한 모습을 보이고 있어서 비교적 복잡한 구조가 존재함을 알 수 있다.

A370의 호가 발견되자 이 호의 정체에 대한 여러 설명들이 시도되었다. 은하단의 냉각흐름(cooling flow)에 의한 별 탄생(Soucail et al. 1987a, b), 충격파(Begelman & Blanford 1987), 빛 메아리(light echo: Katz 1987; Milgrom 1987) 등의 모형이 시도되었는데 이들 모형은 모두 이 호가 은하단과 같은 위치에 있다는 가정을 기초로 하고 있다. 호를 중력렌즈된 천체라고는 대부분 생각하지 않았는데 Toulouse 그룹조차도 호가 중력렌즈된 결과라면 반대편에 다른 호가 보여야 하므로 중력렌즈의 가능성을 인정하지 않았다. 그러나 Princeton 대학의 Paczyński(1987)는 그의 어린 아들에게 이 새로운 현상을 설명하던 중 호의 여러 관측 특성들 - 특히 푸른색과 낮은 표면밝기 - 은 멀리 있는 어두운 은하가 전방의 은하단에 의해 중력렌즈되어 일그러진 모습을 보고 있음을 입증하는 강력한 증거라는 생각에 이르게 되었다. A370의 호가 중력렌즈된 은하일 경우 앞서 언급된 설명들과의 가장 중요한 관측상의 차이는 적색이동이다. 은하단 내에서 일어난 현상일 경우 호의 적색이동은 은하단의 그것과 같아야 하지만 중력렌즈되었다면 호의 적색이동이 은하단의 적색이동보다 더 커야 하기 때문이다. 호의 면밝기(surface brightness)는 하늘배경(sky background)에 비해 고작 수 % 정도만 더 밝기 때문에(24.6 B등급/□″) 호를 분광관측한다는 것은 아주 어려운 일이었지만 Soucail et al.(1988)은 마침내 European Southern Observatory(ESO)의 3.6m 망원경으로 A370 호의 몇몇 위치에서 스펙트럼을 얻는 데 성공했다. 스펙트럼에서 발견된 강한 산소 금지선([OII] λ3727)과 다른 분광특성으로부터 호의 스펙트럼은 적색이동 z=0.724인 나선은하(Sa/Sb)에 해당된 것으로 판명되어 호의 적색이동이

A370 은하단의 적색이동(z=0.37)의 약 2배이므로 호는 은하단보다 멀리 있음이 증명되었다. 같은 시기 Miller & Goodrich(1988)과 Lynds & Petrosian(1988)의 관측도 독립적으로 이를 입증하여 A370의 호가 중력렌즈라는 해석이 받아들여지게 되었고 호의 빛들이 거의 편광되어 있지 않아서 빛 메아리 모형에서와 같이 반사에 의해 생긴 구조일 수는 없었다. 더불어 Tyson & Seitzer(1988)가 12개의 고은위(high galactic latitute) 빈하늘에서 발견한 적색이동이 1 이상인 먼 은하들이라고 추정되어진 많은 수의 어둡고(faint) 퍼진(extended) 푸른 천체들과 은하단에서 발견된 호의 색 및 면밝기가 비슷하다는 사실은 중력렌즈 가설을 뒷받침하였다. 나아가 이런 멀리 있는 은하들이 은하단에 의해 중력렌즈된다면 여러 개의 작은 상들이 같이 생길 것으로 추정되었는데 A370에서도 큰 호 외에 여러 개의 작은 호조각(arclet)들이 발견됨으로써(Fort et al. 1988) 호가 중력렌즈 이외의 다른 현상일 가능성은 사라지게 되었다. 실제 이들 호조각들은 그림 6.16에서도 쉽게 찾을 수 있는데 우측 상단부에 쌍으로 나타난 호조각 B2와 B3는 같은 은하의 다중 상 중 2개이고 C1과 C2도 한 은하의 이중 상으로 밝혀졌다. 다른 호나 호조각과 달리 R1/R2는 지름형 호조각(radial arclet)으로 두 개의 상이 거의 합쳐진(merged) 경우이다.

A370 호에 대한 최초의 렌즈 모형들은 단순하게 호의 전체적인 모습을 설명했다. Soucail et al.(1987b)의 모형에서는 은하단을 9개의 점질량으로 기술하되 점질량의 위치는 은하들의 중심에 위치하지 않게 하였다. 만약 점질량의 위치가 은하들의 중심에 가까울 때는 개별 은하에 의한 효과가 렌즈된 상인 호에 영향을 미치게 되기 때문이다. 질량-광도비가 일정한 이 단순 모형으로도 호의 전체적인 모습은 비교적 잘 설명되었다. Hammer(1987)는 구형 헤일로와 개별 은하들과 관련된 점질량들의 분포로 호를 설명했다. 한편 Petrosian(1989)은 대응호(counter arc)가 생기기 위해서는 가장 밝은 은하에 엄청나게 많은 양의 암흑물질이 있어야만 함을 밝힘으로써 호가 반드시 쌍으로 만들어지지 않음을 보였다. 이런 초기 연구에서 공통되는 중요한 결론은 은하단의 빛 분포 중심과 일치하지 않는 암흑물질이 존재해야하고 이들의 질량-광도비는 100 $M_{\odot}/L_{\odot}$ 이상이어야 한다는 것이다.

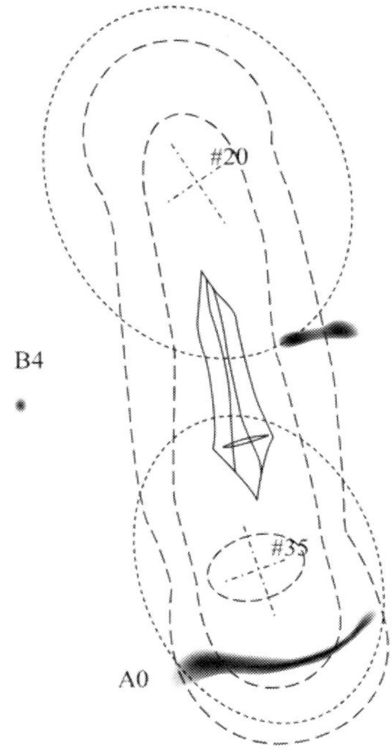

그림 6.17 A370의 중력렌즈 모형. 실선은 화선, 파선은 임계곡선, 점선은 타원 퍼텐셜의 심을 나타낸다(Kneib et al. 1993).

최초로 호가 발견된 이후 더 많은 수의 작은 호조각들이 발견되고 이들을 설명하기 위해 모형들은 더 복잡하고 구체화되었다. 이들 모형 중 하나를 살펴보면 구형으로 분포하는 은하단으로는 발견된 호와 호조각들을 설명할 수 없으므로 두 개의 타원 퍼텐셜의 합으로 전체 퍼텐셜을 표현하였는데 한 타원 퍼텐셜은 속도분산, 타원율(ellipticity), 방향, 심의 크기, 중심의 위치를 나타내는 6개의 자유변수(free parameter)로 결정되므로 전체 모형은 모두 12개의 자유도를 가진 비대칭 모형이다(Kneib et al. 1993). 관측된 호와 호조각의 위치, 타원율, 방향 등으로부터는 12개의 강한 조건들을 이끌어낼 수 있으므로 이를 적용하여 χ^2을 최소화하는 모형을 결정한다. 이렇게 결정된 모형의 화선과 임계곡선 및 이 모형에서 재생된 상들의 위치 및 모습이 그림 6.17이다. 가운데 돌칼 모양의 실선이 모형 퍼텐셜에 의한 화선(안쪽 실선은 큰 호의 적색이동인 z=0.724에 위치한 광원에 대한 화선이고 바깥쪽 실선은 모형에서 결정된 상 B2, B3의 적색이동 z=0.895[18]에 해당하는 화선)이고 파선은 임계곡선(안쪽과 바깥쪽 파선도 같이 z=0.724와 z=0.895에 각각 해당)이다. 점선은 두 타원 퍼텐셜의 심의 반경과 타원율 및 방향을 나타낸다. 모형에서 결정된 두 타원 퍼텐셜의 속도분산은 각각 823kms^{-1}와 846kms^{-1}로 은하단 전체 관측결과와 부합한다. 흥미로운 것은 큰 호 A0의 관측된 적색이동 값에 의해 호조각 C1/C2의 적색이동은 비교적 정확하게 $z_C \simeq 0.81 \pm 0.01$로 예측된다는 사실이다. 이 모형을 개선한 최근 모형은 주된 두 타원 퍼텐셜에 은하단 내의 타원/렌즈 은하들의 효과를 덧붙였다(Bézecourt et al. 1999). 새로 맞추어진 주 타원 퍼텐셜의 속도분산은 1050kms^{-1}와 1100kms^{-1}로 더 커졌으나 C1/C2의 적색이동은 여전히 $z_C \simeq 0.75 \pm 0.1$로 거의 같고 방사상 호조각 R1/R2의 적색이동은 $z_R \simeq 1.7 \pm 0.2$로 추정된다. 나아가 이렇게 결정된 모형으로부터 먼 배경 은하들에 대한 중력렌즈 효과, 특히 적색이동의 분포를 예측하고 이를 관측과 비교할 수 있게 되면 은하 진화 모형들까지 결정할 수 있을 것으로 기대된다.

6.2.2 Abell 2218

중력렌즈된 천체 중에서 가장 극적인 모습을 보여주는 것이 바로 Abell 은하단 A2218이다. 한눈에도 금방 많은 은하들이 있고 그 주위에 둥근 모양의 호가 수없이 많이 널려있음을 알 수 있다(그림 6.18). A2218은 적색이동이 z=0.175이고 은하들의 속도분산이 $\sigma_v = 1370$kms^{-1}로 중력퍼텐셜이 깊은 은하단이다. Pello et al.(1992)은 이 은하단에서 700여 개의 대상들 중 고적색이동(high redshift) 은하들과 유사한 색을 가진 호 및 호조각을 32개 발견하였고 그중 밝은 두 호의 적색이동이 z=1.034(그림 6.18에서 359)와 z=0.702(그림 6.18에서 289)임도 분광관측으로 밝혔다. Hubble 우주망원경을 이용한 호 관측은 관측 시야는 좁아지지만 더 작거나 더 어두운 대상들도 발견할 수 있는 장점을 지녔는데 Kneib et al.(1996)은 Hubble 우주망원경 6500초 관측으로 무려 235개에 이르는 호나 호조각 후보들을 발견하였다. 이들 중 호384는 특히 흥미로운데 그림을 자세히 보면 호384에는 밝은 옹이 두 개가 가까이 붙어 있는 것을 알 수 있는데, 푸른별 탄생 은하의 HII 영역으로 의심되며 이는 홀짝성이 반대인 두 상이 병합된 경우에

18) 후속 관측에 의하면 상 B2의 z=0.806, 상 B3의 z=0.805이다(Bézecourt et al. 1999).

해당한다. 한편 이 호의 다른 상은 호468로 짐작된다. 그 외에도 한 은하의 여러 상이거나 여러 상이 병합된 상으로 짐작되는 호들은 호359/337/389/328 무리, 호289, 호444, 호730, 지상 관측에서는 나타나지 않는 가늘고 긴 호H1/H2/H3 무리를 포함하여 모두 7개이다(Kneib et al. 1996). 이런 다중 호들은 임계곡선의 위치를 잘 결정해주므로 모형을 건설할 때 아주 중요한 의미를 지닌다.

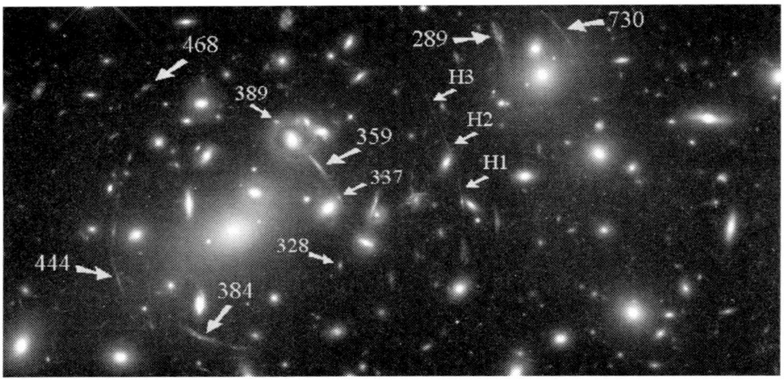

그림 6.18 Abell 은하단 A2218의 모습. 많은 은하들과 호들이 눈에 띈다(Couch, Ellis and NASA).

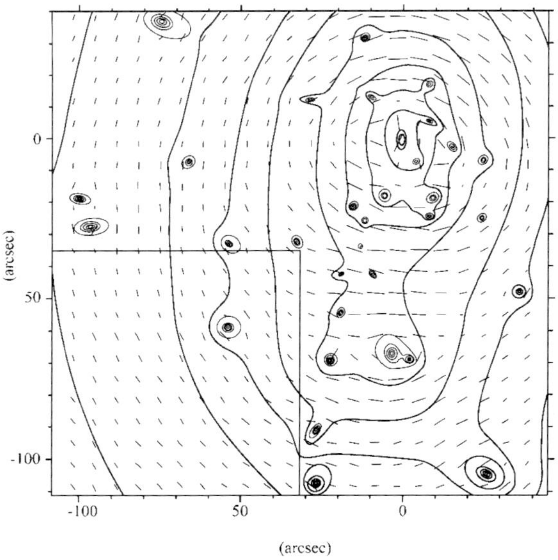

그림 6.19 Hubble 우주 망원경 관측에서 발견된 호와 호조각들을 이용하여 재구성한 은하단 A2218의 질량분포 지도와 이로부터 예상되는 층밀림(짧은 막대) 지도(Kneib et al. 1996)

A370에서와 같이 Kneib et al.(1996)은 Hubble 우주망원경 관측에서 보이는 다중상과 호조각들의 평균 방향에 대한 정보를 이용하여 은하단과 밝은 은하들의 헤일로 질량 모형들을 추정하였다. 그림 6.19는 이렇게 재구성된 은하단의 질량분포 지도와 이로부터 예상되는 층밀림을 보여주고 있다.

A370에서와 같이 Kneib et al.(1996)은 A2218에서도 밝은 호들에 대한 관측자료들을 이용해서 역시 비대칭인 은하단의 질량 모형을 구성하고 이로부터 80여 개의 호조각의 적색이동을 예측하고 있다.

6.2.3 Cl0024

적색이동이 z=0.39인 은하단 Cl0024+1654의 호는 Koo & Worthey(1989)에 의해 처음 발견되었다. 지상관측에서 3개로 보이는, 같은 색과 같은 면밝기를 가진 푸른색의 호는 Hubble 우주망원경 사진에서는 5개(그림 6.20에서 A, B, C, D, E)로 뚜렷하게 보인다(Colley, Tyson & Turner 1996). 특히 호 A, C, D는 일그러진 고리 모양으로 비슷한 모습을 보여주고 있다. Colley et al.(1996)은 많은 더 작은 호조각에 대한 약한렌즈 계산으로 결정되는 은하단의 큰 퍼텐셜에 각 은하들에 의한 퍼텐셜을 모형화해서 총 퍼텐셜을 정하고 이로부터 상 A, C, D의 원래 모습(광원면에서의 모습)이 같은

그림 6.20 은하단 Cl0024+1654와 A, B, C, D, E로 표시된 다중 호의 모습(Colley et al. 1996)

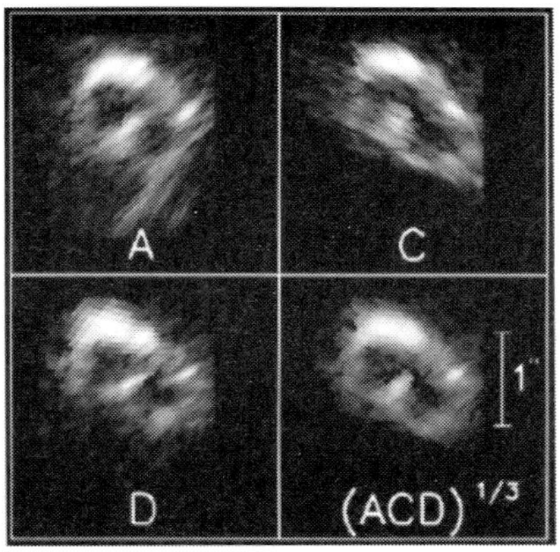

그림 6.21 상 A, C, D로부터 재구성된 광원의 모습. 마지막 상은 A, C, D를 평균한 상이다(Colley et al. 1996).

모습이 되도록 복원하였다. 그림 6.21의 상 A, C, D로부터 복원된 광원의 모습이 비슷하다는 것은 상에서 광원으로의 역변환(inversion)이 성공적임을 입증하고 있다. 이는 중력렌즈 관측을 통해 은하단 내의 질량분포를 확인할 수 있을 뿐만 아니라 원래 광원의 모습도 찾아낼 수 있음을 뜻한다. 즉 자연의 확대경으로서의 은하단 중력렌즈의 가능성을 보여주고 있는 예라고 하겠다.

6.2.4 Cl1358

확대경으로서의 은하단의 가능성과 더불어 은하단이 어두운 천체를 밝게 중력렌즈해서 은하단 없이는 관측이 어려운 천체를 관측 가능하게 한 경우도 있다. 은하단 Cl1358+62는 Hubble 우주망원경 사진에서 은하단 중심의 남서쪽에 붉은 호를 가지고 있는데(그림 6.22에서 B/C로 표시된 호) 이 호는 두 상의 병합상(merged image)으로 추정된다. 이 호를 10m Keck 망원경으로 분광관측한 결과 λ7204Å에서 Lyman α 방출선과 함께 흡수선이 발견되었다(Franx et al. 1997). 이는 적색이동이 z=4.92인 은하의 스펙트럼으로 추정되어 당시로선 가장 적색이동이 큰 천체가 되었다.

그림 6.22 적색이동 z=4.92인 은하가 렌즈되어 호로 나타난 은하단 Cl1358+62(Franx et al. 1997)

이 외에도 Q0957+561이 포함된 은하단을 비롯해서 많은 은하단에서 호와 호조각이 발견되어 1994년 Fort와 Mellier(1994)가 정리한 자료에서 호나 호조각이 발견된 은하단의 수가 이미 30여 개를 넘어섰다(표 6.2 참조).

표 6.2 호나 호조각이 발견된 은하단의 적색이동(z_C)과 호의 적색이동(z_S)

은하단	z_c	z_s	참고논문
A2104	0.155	–	Pierre et al. 1994
A2218	0.176	0.702, 1.034	Pelló et al. 1992
A1689	0.18	–	Tyson et al. 1990
MS0440+02	0.19	0.53	Luppino et al. 1993; Luppino et al. 1994
A2163	0.201	0.742, 0.728	Soucail et al. 1993
A963	0.206	0.771	Lavery & Henry 1988; Ellis et al. 1991
A1942	0.22	–	Smail et al. 1991
MS1006+12	0.221	–	Le Fèvre et al. 1994
A2390	0.231	0.913	Pello et al. 1991
A2397	0.24	–	Smail et al. 1991
MS1910+67	0.246	–	Le Fèvre et al. 1994
MS1455+22	0.259	–	Le Fèvre et al. 1994
Cl0017	0.272	–	Infante et al. 1991
S295	0.299	0.93	Le Borgne et al. 1993; Mellier et al. 1994
MS1008-12	0.301	–	Le Fèvre et al. 1994
AC118	0.31	–	Smail et al. 1991
AC114	0.31	–	Smail et al. 1992
MS2137-23	0.313	–	Fort et al. 1992
Cl0500-24	0.316	0.913	Giraud 1988; Giraud 1992
GHO2154+0508	0.32	0.721	Lavery et al. 1993
Cl1358+62	0.33	4.92	Franx et al. 1997
Cl2244-02	0.331	2.237	Lynds & Petrosian 1986; Mellier et al. 1991
Q0957+561	0.36	–	Bernstein et al. 1993
A370	0.375	0.724, 1.305	Soucail et al. 1987; Fort et al. 1988; Soucail et al. 1988; Mellier et al. 1991
Cl0024+17	0.39	–	Koo 1988; Colley et al. 1996
MS0302+17	0.423	–	Mathez et al. 1992
MS1621	0.426	–	Luppino & Gioia 1992
Cl1409+52	0.46	–	Tyson et al. 1990
MS0451-03	0.55	–	Le Fèvre et al. 1994; Luppino et al. 1994
Cl2236	0.56	1.11	Melnick et al. 1992
MS2054-04	0.583	–	Luppino & Gioia 1992
3C 200.1	0.620	–	Dickinson 1993
Q2345+01	?	–	Bonnet et al. 1993

6.3 고리

준항성같이 점광원이 강하게 중력렌즈되면 여러 개의 상이 생기고(다상중력렌즈계) 은하같이 퍼진 광원이 강하게 렌즈되면 호와 같이 변형된 상으로 나타난다. 후자의 경우 중에서 광원이 렌즈와 거의 일직선에 위치하거나 화선에 놓이게 되면 렌즈된 상은 고리 모양으로 나타나게 되고 이를 Einstein 고리(ring)라고 한다. 최초의 고리는 전파 관측에서 발견되었고 이후 Hubble 우주망원경의 높은 해상도 관측으로 광학 고리도 발견되고 있다.

6.3.1 MG1131+0456

다상중력렌즈를 찾는 아주 효율적인 방법 중의 하나는 전파 관측이다. 앞서 설명한 대로 VLA 같은 구경합성 전파망원경을 이용한 전파관측은 두 상의 거리가 가깝거나 밝기 차이가 심한 경우까지 잘 발견할 수 있는 장점을 가지고 있다. 또한 적지 않은 수의 준항성이 전파원이라는 것도 도움이 된다. 이 같은 이유로 최초의 중력렌즈 Q0957+561이 발견된 직후부터 이미 전파관측에서 중력렌즈를 찾고자 하는 시도가 있었다(Hewitt 1986). MIT-Greenbank Survey(Bennett et al. 1986)가 그중 하나인데 이 전파측량에서 발견된 고리모양의 전파원 MG1131+0456이 최초로 발견된 Einstein 고리이다.

그림 6.23는 VLA 전파망원경으로 관측한 MG1131+0456의 모습이다. 전파 밝기를 음영(grayscale)으로 표현한 것으로 직경이 2″정도인 타원 고리 모습을 띠고 있고 각각 A, B로 불리는 혹 같은 밝은 옹골찬 전파 성분(compact radio component)이 반지에 붙은 보석처럼 고리 양쪽에 위치하고 있다(Hewitt et al. 1988). 반면 고리의 중심부에서는 아무런 전파 신호도 검출되지 않는다. 초기 광학관측에서 전파고리(radio ring)와 같은 위치에서 비슷한 크기의 광원이 발견되었으나 스펙트럼에서 특별한 방출선을 보이지 않았고 적외선에서도 검출되지 않아서 렌즈 천체나 광원의 적색이동은 밝혀지지 않았다. 한편 전파에서의 스펙트럼 기울기(spectral index)는 다른 전파 은하의 기울기와 비슷한 값을 보여주고 있다. 이런 이유들로 MG1131+0456은 렌즈된 전파은하일 것으로 추정되고 있다.

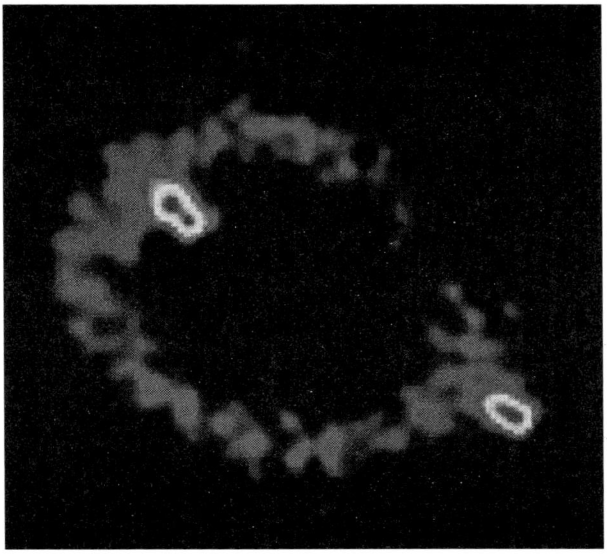

그림 6.23 전파고리 MG1131+0456의 모습. VLA로 15GHz(파장 2cm)에서 관측한 밝기 지도이다(Hewitt et al. 1988).

흥미로운 것은 6cm 장파장 전파 관측에서는 고리가 완전하게 나타나는 반면 그림 6.23과 같은 2cm 단파장 전파 관측에서는 북서쪽의 고리 부분이 끊어져 보인다. 이는 장파장에서는 크고 단파장에서는 작게 보이는 전파원이 화선 근처에 위치하면 큰 광원일 경우에는 완전한 고리가 형성되는 반면 작은 광원의 상은 불완전한 고리로 나타나므로 관측 파장과 광원의 크기가 연관된 결과로 보인다. 또한 타원렌즈의 경우 화선 바깥쪽에 위치하면 3개의 상이 생기나 특이등온구의 경우 처럼 렌즈의 심이 충분히 작으면 2개의 상이 렌즈의 반대편에 나타나므로 옹골찬 두 성분은 화선 바로 바깥 쪽에 위치한 옹골찬 전파원의 두 상으로 짐작된다. 전파관측에서의 두 성분의 편광 자료는 이 경우 예상되는 바와 같이 편광방향이 서로 평행함을 보여주고 있다.

최근 광학관측에서도 퍼진 붉은 광원이 전파고리와 정확하게 같은 위치에서 보이는데 이 광학 광원의 중심부를 타원은하로 근사하여 이 성분을 제거하면 고리 모양의 잔상이 남고 흥미롭게도 북서쪽의 고리 부분이 역시 끊어진 모습을 보여주고 있어서 전파와 가시광선 모두에서 Einstein 고리가 만들어졌음을 알 수 있다(Hammer et al.

1991). 이 퍼진 붉은 광원의 스펙트럼은 역시 방출선을 보여주진 않았지만 파장 7400Å과 8550Å 근처 두 곳에서 꺾어짐(break)을 보여주고 있다(Hammer et al. 1991). 다파장 측광 값들과 전체 스펙트럼이 먼 은하단 내의 밝은 타원은하들과 비슷하므로 두 꺾어짐을 타원은하들의 4000Å(정지 파장) 꺾어짐으로 해석할 경우 발견된 광학 광원은 적색이동이 0.85인 은하와 1.13인 광원이 합쳐진 것으로 추정해 볼 수도 있다.

호의 경우에서와 마찬가지로 고리의 경우에도 렌즈된 상의 모습으로부터 렌즈작용을 하는 은하의 중력퍼텐셜을 재구성할 수 있다. Kochanek et al.(1989)은 MG1131+0456에 대해 계수화된 렌즈퍼텐셜 모형과 원 광원의 밝기 분포 모형의 최적화를 통하여 광원과 렌즈를 재구성하고 이로부터 렌즈된 상을 다시 계산하여 관측과 비교한 결과 대략 잘 일치하는 결과를 얻었다. 이 과정에서 결정된 렌즈퍼텐셜은 보통 은하 같은 타원 퍼텐셜이었고 광원은 평범한 쌍엽(double-lobe) 모습을 지닌 전파원이었다. 그러나 Hammer et al.(1991)의 전파 및 광학자료를 이용한 모형 계산에 의하면 MG1131+456 같은 전파고리의 경우 렌즈의 질량분포를 엄밀하게 결정하기는 어려운 것으로 밝혀졌다. 이는 호의 경우 상이 가늘고 길어서 임계곡선의 위치를 잘 결정해주지만 전파고리의 경우에는 고리 두께가 너무 두꺼워서 임계곡선을 잘 결정하기 어려워서 관측자료를 설명하는 다수의 모형들이 가능해지기 때문이다.

6.3.2 MG1654+1346

두 번째로 발견된 전파고리 MG1654+1346은 얼핏 보기에 MG1131+0456과 비슷한 점이 많다(그림 6.24). 전파고리이며 고리 크기도 약 2″로 거의 같고 고리 양쪽에 옹골찬 성분(A, B로 표시된 성분)이 있는 등 MG1131+0456과 비슷한 모습을 보여주고 있다(Langston et al. 1989). 그러나 MG1654+1346은 MG1131+0456과 달리 전파고리의 중심 위치(그림 6.24에서 G로 표시된 십자)에서는 은하가, 전파고리의 북동쪽(그림 6.24에서 Q로 표시된 십자)에서는 준항성이 발견되었다. 그림 6.25는 이들 은하와 준항성을 근적외선 H 밴드에서 Hubble 우주망원경으로 촬영한 것이다(CASTLE Survey). 가운데 은하 G의 모습이 뚜렷하게 나타나고 은하의 왼쪽 위에 준항성 Q가 보인다.

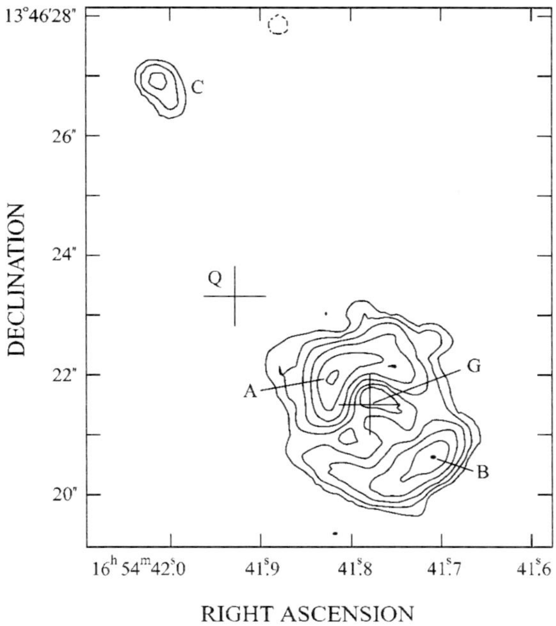

그림 6.24 전파고리 MG1654+1346의 5GHz VLA 전파 밝기 등고선도(Langston et al. 1989)

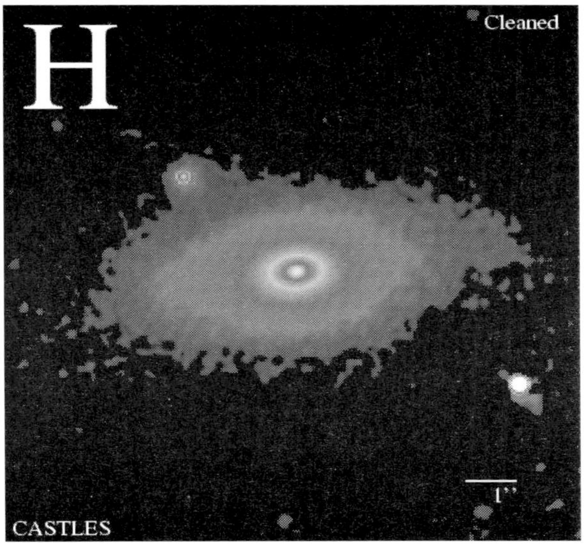

그림 6.25 전파고리 MG1654+1346을 근적외선에서 Hubble 우주망원경으로 촬영한 모습. 가운데에 은하 G와 그 왼쪽 위에 준항성 Q가 보인다(CASTLES).

6.3.3 B1938+666

준항성 B1938+666은 평탄한 스펙트럼을 가진 전파원에 대한 Jodrell Bank와 VLA 전파망원경을 이용한 측성관측(Jodrell-VLA Astrometric Survey: JVAS)에서 발견된 중력렌즈계이다(Patnaik et al. 1992). 5-GHz Multi-Element Radio Linked Interferometer Network(MERLIN) 전파 관측에서는 그림 6.26에서 보이듯이 1″이내의 영역에 두 쌍의 옹골찬 성분과 한 개의 호로 이루어진 단순하지 않은 모습을 보여주고 있다(King et al. 1998). 이에 대해 King et al.(1997)은 전파원이 3개의 성분으로 된 간단한 모형을 제시하였다. 한편 Rhoads et al.(1996)은 Apache Point Observatory 관측으로 이 전파원의 위치에서 적외선 광원을 검출했으나 해상도의 부족으로 이 적외선원이 광원인지 렌즈인지를 구별할 수는 없었다. 이를 해결하기 위해 King et al.(1998)은 Hubble 우주망원경의 근적외선 사진기 Near Infrared Camera and Multi-Object Spectrometer (NICMOS)를 이용하여 총 3시간에 걸친 해상도 0.14″ 관측결과 적외선에서 B1938+666은 완벽한 고리모양을 보이고 있음을 발견하였다. 그림 6.26에 나타난 중심의

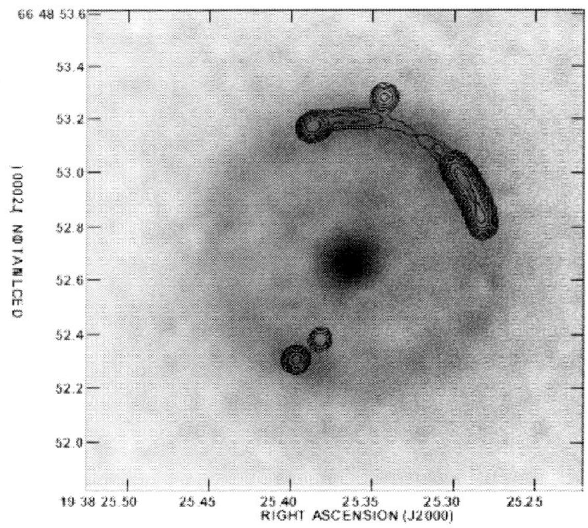

그림 6.26 B1938+666의 전파 지도(등고선)를 Hubble 우주망원경 근적외선 사진기로 촬영한 모습(음영그림)에 겹친 그림(King et al. 1998)

밝은 광원(짙은 부분)은 렌즈 은하의 중심이고, 직경 0.95″ 크기의 고리는 렌즈 상이다. 고리 상을 잘 살펴보면 위쪽과 아래쪽의 밝은 부분이 등고선으로 표시된 옹골찬 전파원의 위치와 잘 일치함을 알 수 있다. 전체적으로도 등고선으로 표시된 전파 호와 음영으로 표시된 적외선 고리의 위치와 곡률 등이 잘 일치함을 볼 수 있다. King et al.(1998)은 전파 관측을 설명할 수 있는 두 개의 전파 광원과 타원 퍼텐셜 렌즈 모형을 결정하고 같은 렌즈퍼텐셜에서 그림 6.26의 적외선 자료를 설명할 수 있는 적외선 광원을 찾았다. 전파 상은 호인 데 반해 적외선 상은 완전한 고리를 이루고 있으므로 적외선 광원의 크기가 전파원의 크기보다 커야 한다. 이렇게 구성된 렌즈와 광원의 모형이 그림 6.27에 나타나 있다. 중심 위치 G1인 타원 퍼텐셜에 의해 상이 3개에서 5개로 나누어지는 화선이 다이아몬드 형으로 만들어졌고 이에 가장 가까이 위치한 전파원 R1이 전파호와 아래 옹골찬 성분 한 개로 렌즈되었고 화선 바깥쪽의 전파원 R2는 단순하게 2개의 상으로 렌즈되었다. 한편 화선 약간 바깥 쪽에 위치한 적외선원 IR은 그 크기로 인해 완전한 고리로 렌즈된 것으로 모형은 설명하고 있다.

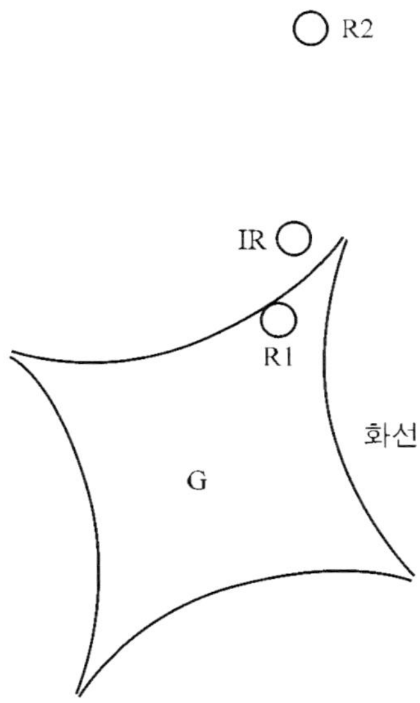

그림 6.27 B1938+666의 모형. 타원 렌즈퍼텐셜에 의해 생긴 화선과 전파원 R1, R2, 적외선원 IR의 위치를 나타내었다(King et al. 1998).

이 렌즈계의 렌즈 은하 및 광원들의 적색이동은 아직 결정되지 않았고 다만 모든 성분의 H등급은 18.0±0.3이고 모형에 따르면 약 19 H등급인 고리의 렌즈되기 전 원래 밝기는 약 21.5 H등급으로 추정되어 전형적인 z=2인 전파은하들의 밝기보다 3등급 정도 어두운데 아마도 렌즈 은하의 소광에 의한 것일 가능성이 큰 것으로 짐작된다(King et al. 1998).

6.3.4 광학 Einstein 고리들

1990년대에는 Sloan Digital Sky Survey로 영상 및 분광관측 된 약 20만 개의 은하들 중에서 적색이동이 작은 연속 스펙트럼에 적색이동이 큰 방출선이 포함된 은하들을 찾고 이들을 Hubble 우주망원경의 Advanced Camera for Surveys(ACS)로 관측하여 131개의 강하게 중력렌즈된 천체들이 발견되었다(Bolton et al. 2008). 그림 6.28은 그중 Einstein 고리들을 보여주고 있는데 전파고리에서처럼 대부분 중심 은하 주위에 대칭적인 고리형태를 띠면서 군데군데 렌즈된 옹이들의 모습도 같이 보인다.

그림 6.28 Hubble 우주망원경으로 발견된 Einstein 고리들(NASA/STScI)

7 중력렌즈의 통계적 특성

관측된 중력렌즈를 이용하여 우주의 모습을 연구하는 방법은 크게 두 가지로 나눌 수 있다. 첫째는 관측되는 한 개 또는 소수의 중력렌즈계로부터 우주론적 정보를 얻어내는 것이다. 이를 위해서는 그 특정 중력렌즈계의 특성에 대해 관측이나 이론적 연구를 통해 상세하게 알고 있어야 한다. 예를 들어 Q0957+561의 경우에서처럼 관측된 자료들로부터 상들의 특성 및 렌즈 작용을 하는 은하와 주변 천체들에 대한 정보를 끌어내고, 이런 자료들을 가능한 한 잘 만족시키는 구체적인 렌즈 모형을 구성한다. 이런 과정이 성공적일 경우 시간지연 같이 또 다른 관측자료에 영향을 미치는 우주 전체에 의한 중력렌즈 효과를 결정할 수 있고 이로부터 Hubble 상수 같은 정보들을 얻어낼 수 있다. 두 번째 방법은 여러 중력렌즈계가 가지는 통계적인 특성들을 연구하고 이를 관측된 여러 중력렌즈계에 통계적으로 적용하여 우주에 대한 정보를 찾아내는 것이다. 이 방법은 각 중력렌즈계의 특성들을 정확하게 알고 있지 못한 경우에도 적용될 수 있고, 전체 우주의 구조나 진화의 여러 특성들을 알 수 있다는 장점이 있다.

중력렌즈계에 대한 통계적인 여러 특성들 중에서 가장 널리 연구되는 것은 (1) 어떤 광원이 여러 개의 상으로 나누어져 보일 확률, (2) 상들 사이의 거리, 즉 상간거리의 분포와 (3) 특정 광원이 중력렌즈에 의해 원래 밝기에 비해 얼마나 더 밝아져 보이며, 이에 의해 원래 광원들의 밝기 분포가 어떻게 달라지는가 하는 것이다. 이제 이들 각각에 대해 살펴보자.

7.1 렌즈단면적

물리학에서 한 입자가 근처를 지나가는 다른 입자와 충돌하거나 진행경로를 바꾸는 등의 상호작용을 할 때 이 입자의 영향이 미치는 범위를 충돌단면적(scattering cross section)이라 부른다. 중력렌즈에서도 이 개념을 적용하는 것이 가능하다. 예를 들어 멀리 있는 준항성이 여러 개의 상으로 보이기 위해서는 준항성의 위치가 렌즈 작용하는 은하 바로 근처에 있어야 한다. 이때 은하의 질량이 크면 준항성이 조금 멀리 떨어져 있어도 여러 개의 상이 만들어지지만, 은하의 질량이 작은 경우 아주 가까이 위치할 경우에만 여러 상이 생길 것이다. 따라서 각 은하들은 그 주위에 광원이 위치할 경우 여러 개의 상을 만들 수 있는 각자의 영향권을 지닌 셈이다. 이를 다상중력렌즈단면적(multiple-image gravitational lensing cross section)이라 부를 수 있을 것이다. 물론 여러 개의 상이 만들어질 확률이 아닌 다른 현상, 예를 들어 밝기가 증가할 확률에 관심이 있는 경우에는 이에 해당하는 단면적을 정의할 수 있다. 일반적으로 이 같은 단면적은 광원의 크기 및 렌즈내의 질량의 분포에 따라 달라지는 복잡한 양이다. 그러나 광원이 점광원이고 렌즈 질량분포가 단순할 경우 단면적은 간단한 함수들로 표현될 수 있다.

7.1.1 점질량의 경우

우선 광원도 점광원이고 렌즈도 점질량인 가장 간단한 경우에 여러 개의 상이 생기는 렌즈단면적을 계산해보자. 3.1절에서 살펴본 바와 같이 점질량 렌즈에 의해서는 언제나 2개의 상이 생긴다. 그래서 단순히 2개의 상이 만들어지는 단면적을 구한다면 무한대가 된다. 좀 더 정확한 질문은 두 상의 거리가 어떤 값보다 작을 단면적, 또는 두 상의 밝기 비가 어떤 값보다 작을 단면적 등이 된다.

렌즈면에서의 특성길이 $\xi_0^{PM} \equiv (4GMc^{-2}D_{ls}D_lD_s^{-1})^{1/2}$ (식 3.7)로 규격화된 단위로 렌즈면에 투영된 광원과 렌즈면에서의 상의 위치를 각각 x, y라 하면, 두 상의 위치 x_1, x_2 사이의 상간거리 $\Delta x \equiv |x_1 - x_2| = (y^2+4)^{1/2}$이다(4.1절 참조). 언제나 $\Delta x \geqq 2$이고 y의 증가에 따라 Δx는 무한히 커질 수 있다. 따라서 상간거리가 주어진

값 Δx_m 보다 큰 단면적은 무한대이고, Δx_m 보다 작은 단면적은 광원과 렌즈의 거리가 $\Delta x_m = (y^2+4)^{1/2}$를 만족하는 y 보다 작은 경우에 해당하므로 규격화된 단면적은

$$\tilde{\sigma}(\Delta x < \Delta x_m) = \pi(\Delta x_m^2 - 4) \tag{7.1}$$

이 된다.

한편 실제 관측에서 두 상의 밝기가 너무 차이가 나면 관측이 불가능하므로 두 상의 밝기 비가 어떤 값 r_m 보다 작게 되는 단면적도 유용하다. 식 (4.4)에서 y를 밝기 비 r로 표현하면

$$y = r^{1/4} - r^{-1/4} \tag{7.2}$$

로 간단하게 정리된다. 따라서 $r < r_m$ 인 단면적은

$$\tilde{\sigma}(r < r_m) = \pi(r_m^{1/2} + r_m^{-1/2} - 2) \tag{7.3}$$

가 된다.

한편 광원의 여러 개 상의 밝기를 모두 더한 총 밝기 증가, 즉 확대인수가 일정 값 μ_m 이상인 단면적은 식 (4.5)로부터

$$\tilde{\sigma}(\mu > \mu_m) = \frac{2\mu_m}{(\mu_m^2 - 1)^{1/2}} - 2 \tag{7.4}$$

가 된다. 점질량 중력렌즈의 경우 광원은 언제나 더 밝아지는데 $\mu_m \to 1$이면 단면적은 무한대가 된다.

경우에 따라서는 광원이 렌즈의 Einstein 원 안에 위치한 단면적을 여러 상이 만들어지는 렌즈단면적으로 사용하기도 하는데 이 경우 규격화된 단위로 $\tilde{\sigma}_0 = \pi$가 된다. 점질량 렌즈의 경우 광원이 Einstein 원에 위치하면 두 상의 밝기 비 $r = 6.85$, 총

밝기 증가 $\mu = 1.34$이므로 $\widetilde{\sigma_0} = \tilde{\sigma}(r < 6.85) = \tilde{\sigma}(\mu > 1.34)$에 해당한다.

7.1.2 특이등온구의 경우

관측된 중력렌즈계에서 렌즈는 대부분 은하 또는 은하+은하단인데 은하 내의 질량분포는 점질량이라기보다는 퍼져 있다. 은하 내의 질량분포는 여러 방법으로 추정되는데 대부분의 은하들은 질량밀도가 반경의 역제곱에 비례하는 $\rho \propto r^{-2}$ 특이등온구로 비교적 잘 기술된다.

특이등온구의 경우 꺾임각이 충격맺음변수에 상관없이 일정하므로, 언제나 두 개의 상이 생기는 점질량 렌즈와는 달리 광원이 렌즈를 중심으로 한 Einstein 원 안에 위치한 경우에만 떨어진 거리가 일정한 두 개의 상이 생기고, 그렇지 않은 경우에는 원래 광원에서 조금 벗어난 위치에 한 개의 상만 만들어진다(4.2절 참조). 따라서 특이등온구의 경우에는 상이 여러 개 만들어질 단면적이 잘 정의되고 이 단면적은 Einstein 원 안의 면적과 같다. 렌즈면에서 특성길이 $\xi_0^{SIS} = 4\pi(\sigma_v/c)^2(D_l D_{ls}/D_s)$로 규격화된 단위에서 Einstein 원의 반경은 1이므로 다상렌즈단면적은

$$\tilde{\sigma}_{\text{다상}} = \pi \tag{7.5}$$

이다.

특이등온구 렌즈에 의해 만들어지는 두 상 사이의 거리는 일정하지만 밝기 증가는 광원과 렌즈 사이의 거리에 따라 달라진다(4.2절 참조). 두 상이 생긴 경우($y < 1$), 두 상의 밝기 비 $r = (1+y)/(1-y)$로 주어지므로 두 상의 밝기 비가 r_m 보다 작게 되는 렌즈단면적은

$$\tilde{\sigma}(r < r_m) = \pi\left(\frac{r_m - 1}{r_m + 1}\right)^2 \tag{7.6}$$

이다. 한편 두 상의 확대인수의 합 $\mu = 2/y$ (식 4.11)이므로 두 상의 총 밝기 증가가 μ_m 이상인 렌즈단면적은

$$\tilde{\sigma}(\mu > \mu_m) = \frac{4\pi}{\mu_m^2} \tag{7.7}$$

이다.

7.2 렌즈될 확률과 상간거리

이제 위에서 계산된 단면적들을 이용하여 특정한 우주모형에서 임의의 광원이 여러 개의 상으로 렌즈될 확률을 계산해보자. 렌즈가 특이등온구일 경우에는 상이 두 개 생기는 경우와 그렇지 않은 경우가 명백하게 구분되어 더 간단하므로 이 경우부터 살펴보자.

렌즈 면에서 한 개의 특이등온구에 의한 다상렌즈단면적은 규격화된 단위로 π이다(식 7.5). 이는 천구 상에서 각반경이 $\beta_0 = \xi_0^{SIS}/D_l = \alpha_0(D_{ls}/D_s)$, $\alpha_0 \equiv 4\pi(\sigma_v/c)^2$인 원 내부에 해당하므로 실제 입체각으로는

$$\sigma_{다상} = \pi\beta_0^2 = \pi\left[4\pi\frac{\sigma_v^2}{c^2}\frac{D_{ls}}{D_s}\right]^2 \tag{7.8}$$

이 되어, 한 개의 렌즈를 중심으로 이 입체각 안에 광원이 위치할 경우 두 개의 상이 생기게 된다. 따라서 천구 상에 이런 렌즈들이 여러 개 있을 경우 어떤 광원이 이들 중 어느 하나에 의해 렌즈될 확률은 각 렌즈들의 입체각 단면적을 더해주면 된다.

각 렌즈들에 의한 단면적을 더하기 위해서는 거리에 따른 렌즈의 밀도 분포를 부피에 대해 적분해야 하므로 우주의 시공간을 표현할 구체적인 좌표계가 필요하다. 제2장에서 설명된 균질하고 등방한 우주를 나타내는 Robertson-Walker 우주(식 2.1)를 표현하는 여러 계량 중에서 특이등온구에 의해 중력렌즈되는 경우 가장 편리한 계량은 아래와 같다(Gott, 박명구 & 이형목 1989).

$$c^2 d\tau^2 = c^2 dt^2 - a^2(t)\left[d\chi^2 + \mathrm{sinn}^2\chi\,(d\theta^2 + \sin^2\theta d\phi^2)\right] \tag{7.9}$$

이 계량의 동행거리(comoving distance) χ 는 일반적인 Robertson-Walker 계량의 거리 좌표 r(식 2.1)과

$$r = \Delta^{-1}\,\mathrm{sinn}\,\chi \tag{7.10}$$

의 관계를 가진다.[19] 여기서 함수 $\mathrm{sinn}\,\chi$ 는 평탄한 우주($k=0$)의 경우 $\mathrm{sinn}\,\chi = \chi$, 양으로 휜 우주($k=+1$)에서는 $\mathrm{sinn}\,\chi = \sin\chi$, 음으로 휜 우주($k=-1$)에서는 $\mathrm{sinn}\,\chi = \sinh\chi$ 를 뜻하고, 인수 $\Delta = |\Omega_m + \Omega_\Lambda - 1|^{1/2}$($k=\pm 1$ 일 때) 또는 $\Delta = 1$ ($k=0$ 일 때)이다. 우주의 크기척도 $a(t)$는 식 (2.1)의 크기척도 $R(t)$와 $a(t) = \Delta^{-1}R(t)$로 연관되어 있어서, 현재 $t=t_0$에서는

$$a_0 \equiv a(t_0) = \frac{R_0}{\Delta} = \frac{cH_0^{-1}}{\Delta} \tag{7.11}$$

이 된다.

동행거리 χ를 적색이동 z로 표시하면

$$\chi = \Delta \int_0^z \left[\Omega_m(1+t)^3 + (1-\Omega_m-\Omega_\Lambda)(1+t)^2 + \Omega_\Lambda\right]^{-1/2} dt \tag{7.12}$$

이고, 거슬러본 우주시간(lookback time)인 t로 표현해보면

$$a_0 d\chi = a_0(1+z)cdt = \frac{\Delta}{R_0}(1+z)cdt \tag{7.13}$$

로 간단하게 표현된다. 한편 이 좌표계에서 고유운동거리 D_M(2.3.5절)은

$$D_M = R_0 r = a_0\,\mathrm{sinn}\chi \tag{7.14}$$

19) 1.1절의 2차원 구면 공간에서 정의된 r과 χ를 일반적인 3차원 공간으로 확장한 것으로 χ는 구 표면을 따라 잰 거리, r은 구면을 수평하게 잘랐을 때 단면의 반경에 해당한다.

이 된다(Kochanek 1993). 이 좌표계에서 $\chi \sim \chi + d\chi$ 사이의 미분 동행부피(comoving volume)는 $4\pi a_0^3 \,\mathrm{sinn}^2 \chi\, d\chi$ 이므로, 렌즈의 동행밀도(comoving number density)를 $n(\chi)$라 하면 이 미분 동행부피 안의 렌즈의 수는

$$dN_l = 4\pi a_0^3 n(\chi)\,\mathrm{sinn}^2 \chi\, d\chi \tag{7.15}$$

이다. 그리고 이 좌표계에서는 χ_1에 있는 관측자가 χ_2에 있는 천체를 보았을 때의 각직경거리는 간단하게

$$D_{12} = \frac{a_0}{1+z_2}\mathrm{sinn}(\chi_2 - \chi_1) \tag{7.16}$$

로 나타나므로, 렌즈-광원 대 광원까지 각직경거리의 비는

$$\frac{D_{ls}}{D_s} = \frac{\mathrm{sinn}(\chi_s - \chi_l)}{\mathrm{sinn}\,\chi_s} \equiv \frac{D_{ls}^{\chi}}{D_s^{\chi}} \tag{7.17}$$

이다.

7.2.1 렌즈될 확률

거리 χ_s에 있는 천구 상의 어떤 광원이 거리 $0 < \chi_l < \chi_s$에 있는 렌즈에 의해 여러 개의 상으로 렌즈될 확률(lensing probability)인 광학적 깊이(optical depth) $\tau(\chi_s)$는 렌즈 각각의 입체각 단면적(식 7.8)을 광원의 위치 χ_s까지 적분한 뒤 천구 전체의 입체각 4π로 나눈 값이 된다(Gott, 박명구 & 이형목 1989).

$$\begin{aligned}\tau(\chi_s) &= \frac{1}{4\pi}\int_0^{\chi_s} 4\pi a_0^3 n(\chi_l)\,\sigma_{\text{다상}}\,\mathrm{sinn}^2 \chi_l\, d\chi_l \\ &= \int_0^{\chi_s} \pi\alpha_0^2 a_0^3 n(\chi_l)\left[\frac{\mathrm{sinn}(\chi_s - \chi_l)}{\mathrm{sinn}\chi_s}\right]^2 \mathrm{sinn}^2\chi_l\, d\chi_l\end{aligned} \tag{7.18}$$

만약 한 종류의 렌즈가 우주 공간에 고르게 분포하고 있다면, 즉 동행밀도가 거리에

무관한 상수 $n(\chi_l) = n_0$라면 위 적분은 간단하게

$$\tau(\chi_s) = \pi\alpha_0^2 n_0 a_0^3 \left[\frac{1}{8}(1+2\mathrm{cosn}^2\chi_s)\chi_s - \frac{3}{8}\mathrm{sinn}\chi_s\mathrm{cosn}\chi_s\right]\mathrm{sinn}^{-2}\chi_s \quad (7.19)$$

로 표현된다(Gott, 박명구 & 이형목 1989; Kochanek 1993). 특히 평탄 우주에서는

$$\tau(\chi_s) = \frac{\pi}{30} n_0 \alpha_0^2 a_0^3 \chi_s^3 \propto z_s^3 \qquad (z_s \ll 1 \text{일 때}) \quad (7.20)$$

이어서 렌즈될 확률은 광원의 적색이동의 세제곱에 비례한다(Turner 1980). 이 식에서 인수 $\pi n_0 \alpha_0^2 a_0^3$는 광원이 여러 개의 상으로 렌즈될 확률의 대략적 크기를 결정하는 인수이다(Turner, Ostriker & Gott 1984). 우주가 평탄한 경우, 양으로 휜 경우, 음으로 휜 경우 모두에 대해 $\tau(\chi_s)$를 거리 χ_s의 함수로 그려보면 그림 7.1과 같다. 같은 χ_s에 대해 다상렌즈될 확률은 양으로 휜 우주($k = +1$)에서 가장 크고, 평탄 우주에서

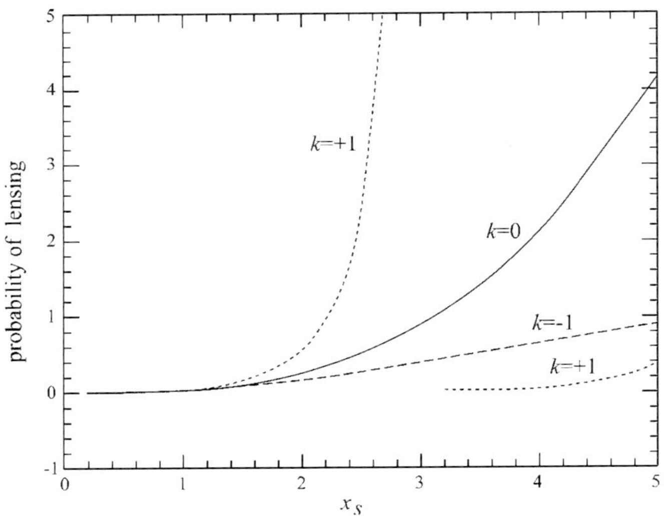

그림 7.1 닫힌 우주($k=+1$, 점선), 평탄 우주($k=0$, 실선) 및 열린 우주($k=-1$, 파선)에서 광원까지의 거리 χ_s의 함수로 표시된 다상렌즈될 확률

는 중간정도이고 음으로 휜 우주($k=-1$)에서 가장 작다. 이는 양으로 휜 우주는 우주 그 자체가 빛을 모으는 볼록렌즈 구실을 하고 음으로 휜 우주는 오목렌즈 구실을 하기 때문이다. 물론 양으로 휜 우주이기 위해서는 우주 내에 많은 물질들이 있어야 하므로, 결국 우주 전체에 의해 빛이 모이는 것은 우주내의 모든 물질들의 렌즈작용이 합해진 결과라고 볼 수도 있다. 또한 같은 이유로 양으로 휜 우주의 경우 광원이 우주대척점 $\chi_s=\pi$에 가까워짐에 따라 렌즈될 확률이 발산하게 되는데, 이는 광원이 대척점에 가까워짐에 따라 각직경거리가 아주 작아지기 때문인 것으로 생각할 수도 있다. 광원이 대척점에 있는 경우에는 광원에서 출발한 빛이 모두 우주 전체의 기하학적 구조에 의해 관측자에 도달하므로 아무런 개별 렌즈 없이도 렌즈현상이 일어나게되는 것이다 (8.1.3절 참조).

7.2.2 상간거리

이제 특이등온구 렌즈에 의해 두 개의 상들이 생겼을 때 이들 상들 사이의 거리, 즉 상간거리(image separation)는 어떻게 되는지 살펴보자. 이미 한 광원이 특정거리에 있는 특이등온구 렌즈에 의해 렌즈될 미분확률 $d\tau$(식 7.18)를 계산했으므로, 이를 이용하면 상들의 상간거리 $\Delta\theta=2\beta_0=2\alpha_0(D_{ls}/D_s)$의 평균은 쉽게 계산된다.

$$<\Delta\theta>_{\chi_s}=\tau^{-1}\int_0^{\chi_s}\Delta\theta(\chi_s,\chi_l)\,d\tau \tag{7.21}$$

$$=\tau^{-1}\int_0^{\chi_s}2\pi\alpha_0^3a_0^3n(\chi_l)\frac{\mathrm{sinn}^3(\chi_s-\chi_l)}{\mathrm{sinn}^3\chi_s}\mathrm{sinn}^2\chi_l\,d\chi_l$$

$$=2\alpha_0\frac{\int_0^{\chi_s}n(\chi_l)\mathrm{sinn}^3(\chi_s-\chi_l)\mathrm{sinn}^2\chi_l\,d\chi_l}{\int_0^{\chi_s}n(\chi_l)\,\mathrm{sinn}\chi_s\,\mathrm{sinn}^2(\chi_s-\chi_l)\mathrm{sinn}^2\chi_l\,d\chi_l}$$

이 식을 적분해보면 평탄한 우주에서는 거리 χ_s에 있는 어떤 광원이 $0<\chi_l<\chi_s$에 균질하게 분포한 렌즈 중 어느 한 개에 의해 두 개의 상으로 렌즈될 때, 상간거리의 평균값인 $<\Delta\theta>_{\chi_s}$가 간단하게

$$< \Delta\theta >_{\chi_s} = \alpha_0 \equiv 4\pi\left(\frac{\sigma_v}{c}\right)^2, \quad (k=0) \tag{7.22}$$

으로 광원의 거리에 상관없이 일정한 값을 가진다(그림 7.2에서 실선). 이 결과는 $k=0$ 이기만 하면 되므로 Ω_m이나 Ω_Λ 각각의 값에 무관하다(Gott, 박명구 & 이형목 1989).

어떤 광원이 다양한 거리에 있는 특이등온구 렌즈에 의해 다중상이 생기는 경우를 생각해보자. 상간거리가 크게 나타나는, 가까이 있는 렌즈에 의한 경우 렌즈단면적 $[\propto (\chi_s - \chi_l)^2/\chi_s^2]$은 큰 대신 렌즈의 수가 작고($dV \propto \chi^2 d\chi$), 상간거리가 작아지는, 멀리 있는 렌즈에 의한 경우에는 렌즈의 수가 많은 대신 렌즈단면적이 작아서 평균 상간거리는 이들 모두의 상대적 기여도에 의해 결정된다. 평탄한 우주의 경우 거리 χ_s에 있는 광원은 렌즈의 거리가 $\chi_s/2$ 이하인 렌즈에 의해 렌즈될 확률과 그 이상인 렌즈에 의해 렌즈될 확률이 같고 이 거리 $\chi_s/2$에 있는 렌즈에 의해 렌즈될 때 상간거리가 바로 $\Delta\theta = 2\alpha_0(\chi_s - \chi_l)/\chi_l = \alpha_0$이다. 즉 렌즈가 가까이 위치한 경우와 멀리 위치한 경우의 기여도가 균형을 이루어서 평균 상간거리는 광원의 거리에 관계없이 일정해진다.

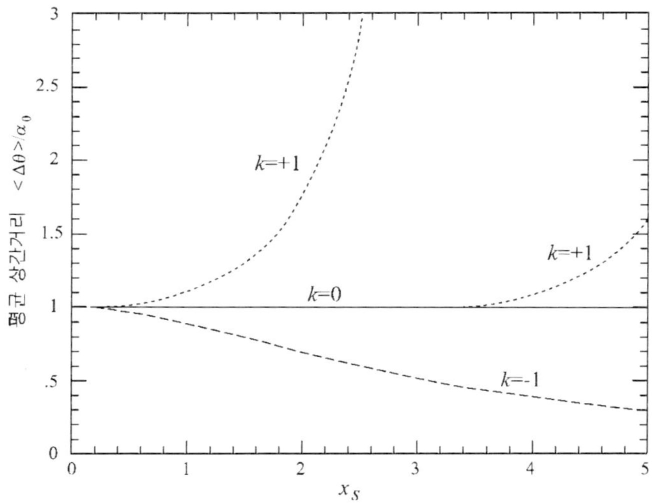

그림 7.2 닫힌 우주($k=+1$, 점선), 평탄 우주($k=0$, 실선) 및 열린 우주($k=-1$, 파선)에서 상들 사이 각거리의 평균

반면 음으로 휜 우주($k = -1$)에서는 평탄 우주에 비해 우주전체가 오목렌즈 작용을 하므로 평균 상간거리는 작아지고(그림 7.2의 파선), 양으로 휜 우주($k = +1$)에서는 정반대로 우주전체가 볼록렌즈 작용을 하므로 평균 상간거리는 커지게 된다(그림 7.2의 점선). 특히 양으로 휜 우주에서 광원이 우주대척점($\chi_s = \pi$)에 위치하게 되면 렌즈의 밀도 n_0나 속도분산 σ_v의 관계없이 평균 상간거리는 발산한다. 이는 우주 전체의 렌즈작용에 의한 것이며, 각직경거리가 0이 되어 광원 바로 앞에 있는 것과 같은 것으로 생각할 수 있다.

위 결과는 다상렌즈계를 관측하여 광원까지의 거리 χ_s와 상간거리의 평균값을 조사하면 우주의 곡률을 측정하는 것이 가능함을 의미한다(Gott, 박명구 & 이형목 1989). 그런데 준항성 같은 중력렌즈계의 광원까지의 거리 χ_s는 직접 측정되는 양이 아니고, 다만 광원의 적색이동을 분광관측으로 측정할 수 있다. 적색이동으로부터 동행거리 χ로 변환하기 위해서는 특정한 우주론 모형을 선택하여야 한다(8.1.2절 참조).

7.2.3 점질량 렌즈의 경우

점질량 렌즈일 경우에는 특이등온구 렌즈의 경우와 달리 언제나 상이 두 개가 생기므로 편의상 광원의 위치가 Einstein 원 안에 위치하여($|y| \leqq 1$) 두 상의 총 밝기가 원래의 1.342배 이상일 때($\mu \geqq 3/\sqrt{5} = 1.342$)를 다상렌즈되었다고 정할 수 있다(Turner, Ostriker & Gott 1984). 이 경우 규격화된 다상렌즈단면적 $\tilde{\sigma}_{\text{다상}} = \pi$이므로 천구면에서의 입체각으로는

$$\sigma_{\text{다상}} = \frac{\pi\xi_0^2}{D_l^2} = 4\pi\frac{GM}{c^2}\frac{D_{ls}}{D_sD_l} \tag{7.23}$$

이 되어, 전체 렌즈들에 의해 렌즈될 확률은

$$\begin{aligned}\tau(\chi_s) &= \frac{1}{4\pi}\int_0^{\chi_s} 4\pi a_0^3 n(\chi_l)\sigma \,\mathrm{sinn}^2\chi_l \,\mathrm{d}\chi_l \\ &= 4\pi\frac{GM}{c^2 a_0}\int_0^{\chi_s} a_0^3 n(\chi_l)(1+z_l)\frac{\mathrm{sinn}(\chi_s-\chi_l)\,\mathrm{sinn}\chi_l}{\mathrm{sinn}\chi_s}\mathrm{d}\chi_l\end{aligned} \tag{7.24}$$

으로 대략 점질량의 Schwarzschild 반경 $2GM/c^2$을 우주의 반경 a_0로 나눈 값 곱하기 총 렌즈의 수에 해당한다.

렌즈된 두 상 사이의 상간거리는 특이등온구 경우와는 달리 광원과 렌즈의 각거리에 따라 다른 값을 가지므로(3.1절, 4.1절 참조), 특정 거리에 있는 렌즈들에 의해 두 개의 상이 만들어지는 경우에도 가능한 모든 상간거리의 평균을 취해야 한다. 물론 이 경우에도 두 상의 밝기 비가 너무 심하면 발견되기 어려우므로 광원의 위치가 Einstein 원 안에 있는 경우(r<6.85)에 대해서만 평균을 취하면

$$\overline{\Delta\theta} = \int_0^1 \Delta\theta(y) 2\pi y dy \bigg/ \int_0^1 2\pi y dy = \frac{10\sqrt{5}-16}{3}\frac{\xi_0}{D_l} \qquad (7.25)$$

로 나타난다. 이를 다시 관측자와 광원 사이에 각각 다른 거리에 있는 렌즈들에 대해 평균하면

$$< \Delta\theta >_{\chi_s} = \tau^{-1}\int_0^{\chi_s} a_0^3 \overline{\Delta\theta}(\chi_s, \chi_l) n(\chi_l) \sigma \,\mathrm{sinn}^2 \chi_1 \mathrm{d}\chi_1$$

$$= \frac{10\sqrt{5}-16}{3}\left[\frac{4\pi GM}{c^2 a_0}\right]^{1/2} \cdot \frac{\displaystyle\int_0^{\chi_s} n(\chi_l)(1+z_l)^{3/2} \mathrm{sinn}^{3/2}(\chi_s - \chi_1)\, \mathrm{sinn}^{1/2}\chi_1 \,\mathrm{d}\chi_1}{\displaystyle\int_0^{\chi_s} n(\chi_l)(1+z_l)\,\mathrm{sinn}^{1/2}\chi_s \,\mathrm{sinn}(\chi_s - \chi_1)\,\mathrm{sinn}\chi_1 \,\mathrm{d}\chi_1} \qquad (7.26)$$

로 표현된다. 평탄 우주에서 렌즈가 균질하게 분포한 경우 위 식은 그림 7.3과 같은 모습으로 나타난다. 특이등온구 렌즈의 경우와는 달리 평탄 우주에서도 광원이 멀어지면 평균 상간거리는 작아진다. 그러나 양으로 휜 우주에서는 광원이 우주대척점으로 접근하면($\chi_s \to \pi$), 상간거리가 역시 발산함을 보여준다.

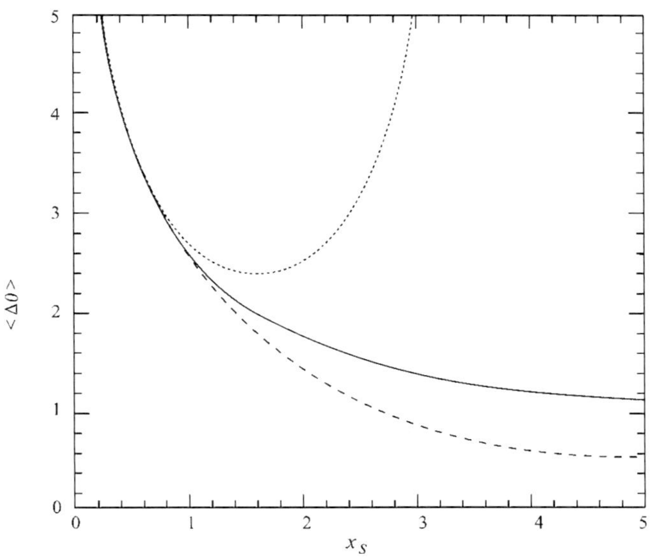

그림 7.3 위에서부터 차례로 양으로 휜 우주(점선), 평탄 우주(실선) 및 음으로 휜 우주(파선)에서의 점질량 렌즈에 의한 평균 상간거리

7.2.4 확대바이어스

중력렌즈에 의해 광원들이 여러 개의 상으로 만들어지는 것 못지않게 중요한 렌즈 작용이 밝기 증가, 즉 확대(magnification)이다. 모든 관측은 일정한 한계를 지니고 있다. 예를 들어 광원이 너무 어두우면 관측되지 않고, 여러 개의 상이 생겨도 이들이 너무 가까이 있거나 밝기의 차가 너무 심해도 발견할 수 없다. 중력렌즈에 의한 확대는 주로 전자에 영향을 미친다. 원래 어둡던 천체가 렌즈되어 밝아질 수도 있고, 드물지만 원래 밝은 천체가 어두워질 수도 있다. 준항성이나 은하 등의 밝기에 따른 수와 분포는 우주의 구조와 진화, 은하의 생성과정을 연구하는 데 아주 중요한 자료들이다. 그런데 이들 광원들이 중력렌즈 확대에 의해 밝기 분포가 왜곡되면 이를 기초로 한 연구들은 엉뚱한 결론에 이르게 될 수도 있으므로 중력렌즈 확대가 광원들의 밝기 분포에 미치는 영향을 파악하는 것은 우주론적으로 아주 중요하다.

또한 일정한 밝기 이상의 표본 중에서 중력렌즈계를 찾는 경우에도 원래는 어두워서 발견되지 않아야 되는 천체들이 밝게 렌즈되어 발견되면 렌즈될 확률이 증가하게 되는데 이를 확대바이어스(magnification bias)라고 부른다. 실제 관측에서는 무한히 어두운 천체까지 관측할 수는 없으므로 반드시 이 바이어스가 렌즈계의 통계적 특성에 미치는 효과를 고려하여야 한다.

확대바이어스의 효과는 일반적으로 겉보기 등급 m의 함수인, 바이어스인수(bias factor) $B(m)$로 나타낸다. Turner, Ostriker & Gott(1984)와 Fukugita & Turner(1991)는 아래와 같은 가정들이 만족될 경우에 대해서 이 함수를 계산했다. (1) 관측된 광원, 예를 들어 준항성의 개수-등급 관계(number-magnitude count)는 완전(complete)하다. (2) 렌즈되지 않은 일반 광원을 모두 포함하는 광원에 대한 개수-등급 관계는 중력렌즈 작용에 의해 영향을 받지 않는다. 즉 관측된 광원들 중 아주 일부가 모든 등급에서 골고루 렌즈되므로, 모든 광원에서 얻어진 개수-등급 관계를 원래의 개수-등급관계로 사용할 수 있다. (3) 렌즈될 확률은 광원의 원래 밝기에 의해 달라지지 않는다.[20] (4) 여러 개의 상으로 렌즈된 계에서 총 밝기가 μ배 이상 증가할 확률 $p(\mu)d\mu$는 점광원의 경우와 같다.[21]

이런 가정하에서 다상렌즈되어 등급 m으로 관측되는 어떤 종류의 광원의 개수-등급함수 $N_{LS}(m)dm$는 밝기 증가에 의한 등급변화 $\Delta \equiv 2.5\log\mu$에 대한 적분으로 표시할 수 있다.

$$N_{LS}(m) = \tau \int_0^\infty N_S(m+\Delta)p(\Delta)d\Delta \tag{7.27}$$

여기서 $N_S(m)$은 준항성의 원래의(렌즈되지 않은) 개수-등급함수(광도함수, luminosity function)이고 τ는 다상렌즈될 확률이다. 이 식은 원래 어두웠던 준항성이 $-\Delta$ 등급만큼 밝아져서 등급 m의 밝기에 도달할 수 있는 모든 준항성 중 다상렌즈된 개수가 바로 N_{LS}임을 표현하고 있다. 렌즈 확대에 의한 등급변화 확률함수 $p(\Delta)d\Delta$는 $p(\mu)d\mu$로부터 정의 $\Delta \equiv 2.5\log\mu$를 이용하여 변환된 것이다. 이로부터 렌즈되어 등급

20) 이 가정은 당연한 것 같지만, 만약 광원의 밝기와 각크기 사이에 상관관계가 있을 경우 광원의 각크기에 따라 렌즈되는 정도가 달라질 수 있다. 그러나 광원이 준항성인 경우에는 대부분 전혀 분해되지 않는 점광원으로 나타나므로 이 가정이 잘 만족된다.

21) 이렇지 않을 경우 밝기 증가의 정도는 광원의 크기와 모습에 따라 달라진다.

m 으로 밝아진 광원 대 원래 등급이 m 인 광원이 렌즈된 개수의 비인 확대바이어스

$$B(m) = \frac{N_{LS}(m)}{\tau_{GL} N_S(m)} \tag{7.28}$$

이 되는데, 이 값은 다상중력렌즈 확률 τ_{GL}에 무관한 값이 된다. $B(m)$은 현재 특정 등급 m 으로 관측되는 중력렌즈 수가 원래 등급 m 에서 렌즈되어 조금이라도 더 밝은 등급이 된 중력렌즈 수의 몇 배인가를 말해주는 양이다. 밝기 증가 없이 중력렌즈되는 경우가 생길 수 있다면 $B(m)=1$로 등급 m 인 중력렌즈는 전부 원래 등급이 역시 m 이었던 광원이 중력렌즈된 것이란 뜻이다. 만약 $B(m)$이 1보다 아주 크다면 현재 관측되는 등급에 따른 중력렌즈의 수가 원래 등급에 따른 광원의 수 분포에서 많이 달라진 것임을 말한다. 이 확대바이어스는 일정한 형태의 함수가 아니라 식 (7.27)과 (7.28)에서 알 수 있듯이 관측하는 광원의 광도함수 $N_S(m)$ 및 렌즈들의 확대확률함수 $p(\mu)d\mu$에 따라 달라진다. 원래 등급 m 보다 어두운 여러 광원 중 일부가 각각 다른 정도로 밝아져서 등급 m 이 되므로, 겉보기 등급이 m 으로 보이게 되는 광원의 수는 원래의 광도함수가 렌즈 확대에 의해 얼마나 달라지는지에 달려 있기 때문이다. 따라서 이 확대바이어스의 효과는 어떤 광원들이 어떤 렌즈들에 의해 렌즈되는가에 따라 달라지게 된다. 렌즈들의 특성은 확대확률함수 $p(\mu)$를, 광원들의 특성은 $N_S(m)$을 결정하므로, 광원들이 준항성인지 은하들인지, 렌즈작용을 하는 천체들이 은하들인지 별들인지에 따라 경우마다 달라지게 된다.

구체적으로 점광원들이 특이등온구들에 의해 렌즈되는 경우에 대해 살펴보자 (Fukugita et al. 1992). 우선 확대인수의 확률분포를 계산해야 하는데, 특이등온구에 의한 확대인수가 μ 보다 클 규격화된 단면적은 $4\pi/\mu^2$ 이다(식 7.7). 두 개의 상이 생길 총 단면적은 π(식 7.5)이고, 확대인수가 μ 인 미분단면적은

$$\frac{d\tilde{\sigma}}{d\mu} = \frac{d}{d\mu}\left(\frac{4\pi}{\mu^2}\right) = -\frac{8\pi}{\mu^3} \tag{7.29}$$

이므로 두 상이 생겼을 때 확대인수가 μ 가 될 확률분포는

$$p(\mu)d\mu = 8\mu^{-3}d\mu, \quad \mu \geq 2 \tag{7.30}$$

가 되고, 이를 등급변화로 표시하면

$$p(\Delta)d\Delta = \frac{16\ln 10}{5}10^{-\frac{4}{5}\Delta}, \quad \Delta \geq \frac{5}{2}\log 2 \tag{7.31}$$

이다. 이제 이를 식 (7.27)에 대입하면 식 (7.28)로부터 특정 광원들에 대한 최종적인 확대바이어스 효과를 계산할 수 있다. 준항성에 대한 이같은 계산 결과 밝은 준항성에 대한 확대바이어스는 수십 정도에 달하는 것으로 밝혀졌다(Fukugita & Tuner 1991).

7.3 호의 통계적 성질

일반적으로 준항성은 각크기가 아주 작아서 분해되어 관측되지 않으므로 점광원으로 취급할 수 있지만 은하 같은 광원들이 중력렌즈될 경우에는 그 크기가 유한하므로 이를 고려하여야 한다. 지금까지 이 장에서 논의된 경우는 모두 광원이 분해되지 않아서 관측가능한 렌즈 현상이 여러 개로 상이 많아지는 다상렌즈계 들이다. 그러나 광원의 크기가 유한할 경우에는 광원의 형태가 변형되어 관측되고 그 대표적인 예가 바로 은하단에서 보이는 호 또는 호조각이다. 6.2절에서 보았듯이 호는 배경 은하가 전방의 은하단에 의해 접선 방향 또는 지름 방향으로 늘어나 보이는 것을 말한다. 그렇다면 이렇게 생긴 호의 길이나 폭 등은 어떤 통계적 분포를 보이는지를 살펴보자.

일반적으로 호를 만드는 은하단의 질량분포로는 은하의 질량분포를 근사할 때 사용하던 특이등온구보다는 심이 있어서 중심부의 밀도가 발산하지 않는 심 있는 등온구(isothermal sphere with core)가 적합하다. 여기서는 Grossman & Saha(1994)가 사용한 면질량분포

$$\Sigma(\theta) = \frac{\sigma_v^2}{2GD_l}(\theta_c^2 + \theta^2)^{-1/2} \tag{7.32}$$

를 택하고 이를 적분하여 꺾임각(식 3.28) $\alpha(\theta)$를 렌즈면에서의 각거리 θ로 표시하면

$$\alpha(\theta) = 4\pi\left(\frac{\sigma_v}{c}\right)^2 \frac{(\theta_c^2+\theta^2)^{1/2}-\theta_c}{\theta} \tag{7.33}$$

가 되어 렌즈방정식은

$$\theta - \beta = \beta_0 \frac{(\theta_c^2+\theta^2)^{1/2}-\theta_c}{\theta} \tag{7.34}$$

로 주어진다. 여기서 $\beta_0 \equiv 4\pi(\sigma_v^2/c^2)(D_{ls}/D_s)$는 특이등온구 때의 Einstein 반경이다. 축대칭 렌즈의 경우 렌즈 사상의 Jacobi 행렬 A_{ij}의 두 고유치는 렌즈면에서 규격화된 단위로 $(1-\alpha/\theta)$와 $(1-d\alpha/d\theta)$인데, 전자는 상이 임계곡선에 접하는 방향으로 길어지는 정도를 나타내는 접선형 확대인수, 후자는 임계곡선에 수직인 지름방향으로 길어지는 정도를 나타내는 지름형 확대인수에 해당한다(3.7절, 4.3절 참조). 따라서 접선형 확대인수를 μ_T, 지름형 확대인수를 μ_R이라 하고 이들을 θ의 함수로 표현하면

$$\begin{aligned} \mu_T^{-1} &= 1 - \frac{D_{ls}}{D_s}\frac{\alpha}{\theta}, \\ \mu_R^{-1} &= 1 - \frac{D_{ls}}{D_s}\frac{d\alpha}{d\theta} \end{aligned} \tag{7.35}$$

이 된다. 위 식에서 $\theta(\mu_T)$와 $\theta(\mu_R)$을 구해서 렌즈방정식에 대입하여 이에 해당하는 광원의 위치 $\beta(\mu_T)$와 $\beta(\mu_R)$을 구하면 이들이 접선방향으로 μ_T배, 지름방향으로 μ_R배 늘어나는 광원의 위치가 된다. 따라서 접선방향으로 μ_T배 이상, 지름방향으로 μ_R배 이상 커지게 되는 접선 및 지름방향 렌즈단면적들은 각각 $\sigma(\mu_T) = \pi\beta^2(\mu_T)$와 $\sigma(\mu_R) = \pi\beta^2(\mu_R)$이 된다.

이제 식 (7.35)에서 $\theta(\mu_T)$를 구해서 렌즈방정식 (7.34)에 대입하면 $\beta(\mu_T)$가 구해져서

$$\sigma(\mu_T) = \pi\beta_0^2\left[\frac{1}{(\mu_T-1)^2} - \frac{2\theta_c}{\beta_0\mu_T(\mu_T-1)}\right] \tag{7.36}$$

임을 알 수 있다. 당연하지만 $\sigma(\mu_T)$는 대략 특이등온구일 때의 다상렌즈단면적

$\sigma_{SIS}= \pi \beta_0^2$ 정도의 크기를 가지고 $\theta_c = 0$이면 정확하게 특이등온구 때의 단면적이 된다.

이 $\sigma(\mu_T)$를 그래프로 그려보면 그림 7.4가 된다. 이 그림에서 세 곡선은 위에서 차례로(오른쪽 곡선들은 거의 겹쳐있다) 등온구 심의 크기가 각각 $\theta_c = 0$, $\theta_c = 0.125\beta_0$, $\theta_c = 0.25\beta_0$인 경우에 해당한다. 그림에서 $\sigma=$상수인 수평선(점선)과 곡선들이 만나는 점들이 개별 상의 확대인수이다. 오른쪽의 곡선은 렌즈 중심에서 가장 멀리 있으며 가장 밝은 상을 나타내고 왼쪽의 곡선은 중심에 어두워져서 보이지 않는 상과 임계곡선 안에 나타나는 상에 해당한다. 우선 $\theta_c = 0$ 즉 특이등온구의 경우를 살펴보면 A와 같이 상이 한 개만 생기는 경우에는 접선방향으로 1.8배 정도 늘어나고, B와 같이 상이 3개 생기는 경우에는 가장 밝은 상은 2.2배 정도 늘어나지만 임계곡선 안에 나타나는 두 번째 상은 0.2배 정도 축소되어 거꾸로($\mu_T < 0$) 나타난다(3.3절 참조). 그러나 심이 있는 경우(위에서 두 번째 또는 세 번째 곡선)에는 C와 같이 광원이 위치한 경우 가장 밝은 상은 접선 방향으로 거의 3배 정도 늘어나게 되는 반면, 두 번째 상은 0.8배 정도로 약간 축소되어 가장 밝은 상의 정반대 방향에 나타나야 한다. 또한 접선방향의 확대 정도는 큰 호의 경우($\mu_T \gg 1$) $\tilde{\sigma}(\mu_T) \propto \mu_T^{-2}$으로 분포함을 식 (7.36)에서 알 수 있다. 그런데 이렇게 큰 호가 생긴 경우에는 반드시 정반대 방향에 작은 대응호가

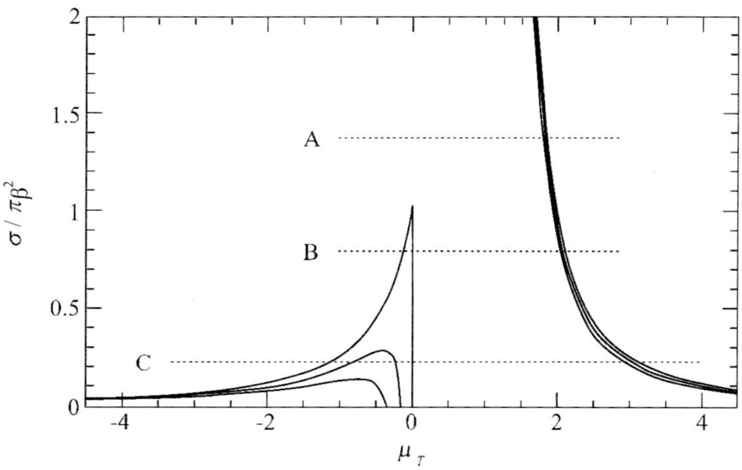

그림 7.4 렌즈된 상이 접선방향으로 μ_T배 이상 확대될 렌즈단면적(Grossman & Saha 1994)

생겨야 함도 그래프에서 알 수 있다(C의 경우). 그러나 실제 은하단에서 관측된 큰 호는 대응호가 없는 경우가 대부분이다. 이 같은 차이는 은하단의 렌즈퍼텐셜이 축대칭이라 가정한 데서 생긴 문제이다. 따라서 호를 제대로 설명하기 위해서는 축대칭 퍼텐셜에서 벗어나 사극자 퍼텐셜이나 타원 퍼텐셜 등 비축대칭 퍼텐셜을 사용하여야 함을 알 수 있다. 여하튼 이 같은 문제점에도 불구하고 축대칭 등온구에서 나타나는 호의 특성들은 일반적인 경우의 특성들을 잘 반영하고 있다. 한편 지름방향의 확대인수는 간단하게 계산되지 않고 수치적으로 풀어야 한다.

8 중력렌즈의 응용

현재까지 발견된 각각의 중력렌즈들에 대한 개별적인 연구나 중력렌즈들의 통계적인 특성 연구는 개별 은하로부터 전체 우주에 이르기까지 그들의 구조나 특성들을 밝혀내는 데 응용될 수 있다. 이런 예들을 차례로 살펴보자.

8.1 우주론 인수들

Hubble 상수 H_0, 물질밀도계수 Ω_m, 우주상수인수 Ω_Λ, 감속인수 q_0 같은 인수들은 우주의 전체적인 구조와 특성 및 그 과거와 미래를 규정짓는 중요한 값들이다(2.4.2절 참조). 따라서 이들 우주론 인수(cosmological parameter)들을 정밀하게 결정하는 것은 아주 중요하지만 어려운 과제들이다. 중력렌즈는 렌즈 작용을 하는 천체들에 의해 빛의 경로가 달라지는 효과와 우주 전체의 공간적·시간적 구조에 의해 빛의 경로가 달라지는 효과가 겹쳐서 나타나므로 우주적 크기에서 나타나는 중력렌즈 현상들, 예를 들어 다상 중력렌즈 준항성계 등을 연구하면 이들 우주론 인수들에 대한 소중한 정보들을 알아낼 수 있다.

8.1.1 시간지연과 Hubble 상수

렌즈작용에 의해 여러 개의 상이 생긴 경우 원래 광원의 밝기가 변화하면 대략 거리÷빛의 속도 후에 각 상들의 밝기도 변화한다. 그러나 서로 다른 상의 경우 상마다 그 경로가 다르므로 각 상을 구성하는 빛이 광원에서 관측자에 도달하는 데 걸리는 시간이 다르게 되는데 이 시간 차이를 시간지연(time delay)이라 부른다.

중력렌즈계가 발견되기 오래 전 Refsdal(1964)은 원 광원의 밝기가 변할 경우 여러 개의 렌즈 상들이 동시에 밝아지지 않고 차례로 밝아지는 시간지연 현상이 생기고, 이 시간지연의 값은 개별 상들을 이루는 빛들이 각기 우주를 가로질러 온 거리의 차이에 직접 비례하므로 이로부터 우주의 크기, 즉 Hubble 상수를 결정할 수 있음을 예측했다.

여러 개의 상으로 이루어진 다상중력렌즈계의 경우 시간지연 관측은 필요한 기간 동안 각 상들의 밝기를 지속적으로 측정하면서 한 상의 밝기가 갑자기 변하고 일정 기간 후 같은 형태의 변화가 다른 상에 나타남을 발견하면 된다.

두 상간의 시간지연은 각 상을 이루는 광선 경로의 길이 차이와 이 경로 상의 퍼텐셜 차이에 의해 결정된다. 이들 경로는 광원의 위치와 상의 위치로 표현되므로 렌즈의 적색이동을 z_l, 렌즈, 광원 및 렌즈에서 광원까지의 각직경거리를 각각 D_l, D_s, D_{ls} 라 하고 광원의 각좌표를 β, 상의 각좌표를 θ 라 하면(그림 3.3 참조) 상의 위치에 따른 시간지연은

$$\Delta t = \frac{(1+z_l)}{c}\frac{D_l D_s}{D_{ls}}\left[\frac{1}{2}(\theta-\beta)^2 - \psi(\theta)\right] \quad (8.1)$$

로 표현된다. 여기서 ψ 는 2차원 꺾임퍼텐셜이다(3.4절 참조). 즉 시간지연은 빛이 멀리 돌아옴으로써 생기는 기하학적 시간지연 $\frac{1}{2}(\theta-\beta)^2$과 중력퍼텐셜에 의한 시간지연 $-\psi(\theta)$의 두 부분으로 되어 있다. 관측된 상의 위치 θ와 꺾임퍼텐셜 ψ가 알려지면 광원의 원래 위치 β도 결정되고, 특정한 우주모형을 선택하면 관측된 광원과 렌즈의 적색이동 값에 의해 각직경거리들이 결정되므로 위 식의 우변 값은 Hubble 상수 H_0^{-1}에 비례하는 값이 된다. 따라서 각 상들의 밝기 변화로 부터 시간지연 값이 결정되면 유일하게 남은 미지수 Hubble 상수 H_0를 결정할 수 있게 된다. 이제 이런 방법으로 시간지연 값이 결정되고 이로부터 Hubble 상수가 결정된 중력렌즈계를 차례로 살펴보자.

(가) Q0957+561

다른 관측과 마찬가지로 시간지연 관측 또한 최초로 발견되어 가장 많이 연구된

이중 준항성계 Q0957+561에 먼저 집중되었다(6.1.1.절). 광학 영역에서의 시간지연 관측은 발견 직후부터 시작되어 여러 학자들에 의해 시도되었으나 적지 않은 값의 차이를 보이다가, 관측자료들이 10년 이상 누적된 후에야 비로소 415일 근처와 540일 근처의 시간지연 값으로 좁혀지게 되었다(Haarsma et al. 1997). 10여 년 이상의 관측에도 불구하고 시간지연 값이 믿을 만하게 결정되지 않은 것은 얼핏 아주 단순해 보이는 시간지연 측정이 의외로 복잡함을 시사한다. 우선 광원인 준항성들의 밝기가 여러 시간 척도에서 변하므로 두 상의 밝기 곡선(light curve)에서 한 상의 특정 변화가 다른 상에서 나타나는 많은 유사한 변화 중 어느 것에 해당하는지를 찾아내야 한다. 더욱이

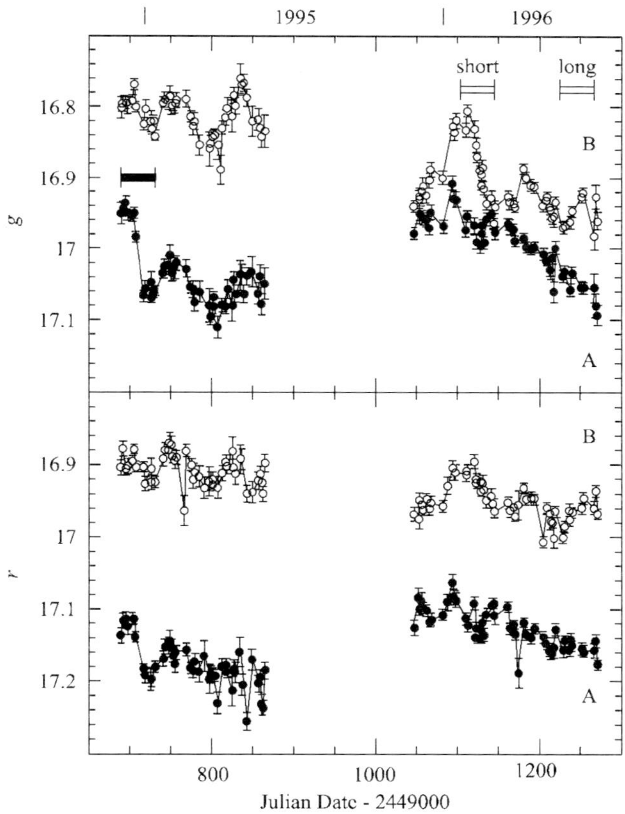

그림 8.1 1995년과 1996년에 걸친 Q0957+561 상 A와 B의 g(위 그림)와 r(아래 그림) 밴드 광도곡선(Kundić et al. 1997)

광학 영역에서 상의 일반적인 밝기 변화가 0.1등급 내외의 크지 않은 값을 가지므로 측광 정밀도는 0.01등급 정도에 이르러야 한다. 좀 더 근본적인 문제점은 중력렌즈된 두 상 A와 B의 밝기 곡선이 원래 광원의 밝기 변화뿐만 아니라, 렌즈 작용을 하는 은하 내 개개의 별들에 의해 미시중력렌즈되어 두 상 중 한 개만이 밝아질 수 있기 때문이다. 이로 인해 상 B의 밝기 곡선이 시간지연 만큼 이동하여 상A의 밝기 곡선과 겹쳤을 경우 두 곡선이 일치하지 않을 수도 있다. 그 외에도 관측된 측광자료들이 연속하지 않으므로 자료들을 어떻게 내삽(interpolation)하는가, 또 어떤 분석방법을 적용하는 가에 따라 시간지연 값이 다르게 결정되기도 한다. 예를 들어 같은 분석방법을 다른 측광자료들에 적용할 경우에도 시간지연 값이 달라지지만 같은 관측자료에 다른 분석방법을 적용할 경우에도 시간지연 값이 달라지는 결과를 보이고 있다. 심지어 한 가지 분석방법을 같은 자료에 적용할 경우에도 측광자료들이 추가됨에 따라 시간지연 값이 달라지기도 하였다.

이러한 어려움 가운데 1995년 초 상 A의 밝기가 갑자기 어두워졌고 이에 해당하는 밝기 변화가 1996년 초 상 B에서 관측되어 비교적 높은 신뢰도로 Q0957+561의 시간지연 값은 417±3일로 결정되었다(Kundić et al. 1997). 그림 8.1이 이 기간 동안 Kundić et al.(1997)에 의해 관측된 g와 r 밴드 광도곡선이다. 그림에서 상 A의 g 밴드 광도가 1994년 12월에서 1995년 1월 사이에 0.15등급 어두워졌고(위쪽 그림에서 짙은 수평 막대로 표시된 부분) 이에 해당하는 상 B의 g 밴드 광도는 1996년 2월에 비슷한 형태의 광도변화가 있음(위쪽 그림에서 short로 표시된 빈 수평 막대 부분)을 알 수 있다. 이에 해당하는 시간지연은 417일이고 이전까지 거론되었던 시간지연 540일은 1996년 6월에 해당하는데(그림에서 long으로 표시된 빈 막대 부분) 이때는 상 A에서 보였던 것과 유사한 밝기 변화가 상 B에서는 전혀 나타나지 않고 있음을 알 수 있다. 위에서 언급되었듯이 광도곡선의 분석방법에 따라 시간지연 값이 바뀔 수도 있으므로 Kunić et al.(1997)은 일반적인 선형내삽 방법 외 다른 여러 분석방법들도 모두 적용하여 거의 일치되는, 믿을만한 결과를 얻었다.

한편 Q0957+561은 전파원이기도 한데 중력장에 의해 빛의 경로가 휘어지거나 진행 속도가 늦어지는 것은 빛의 주파수에 무관하므로 두 전파상으로부터도 시간지연을 결정할 수 있다. 초기 전파관측은 가시광 관측에 비해 높은 시간지연 값을 보여주었으며 전파관측의 경우 잡음이 포함되고 비균질하게 표본추출된 광도곡선의 특성에 대해 잘 알려지지 않아서 전파로 결정된 시간지연 값은 그대로 신뢰하기 어려웠다. Haarsma et al.(1997)이 15년간 VLA 전파망원경으로 6cm에서 관측한 광도곡선이 그림 8.2인데 대략 1989년에서 1990년에 걸친 상 A의 밝기 증가가 1990년에서 1991년에 걸쳐 상 B에 나타남을 알 수 있다. 그러나 관측이 충분히 자주, 고르게 이루어지지 않아서 시간지연을 정밀하게 결정하기 어려워 보인다. 실제 Haarsma et al.(1997)이 이 자료에 적용한 3가지 통계적 분석 결과는 상 B의 변화가 상 A 이후에 나타나고 그 시간지연은 398일에서 461일 사이임을 보여주고 있다. 따라서 전파관측으로 시간지연을 정밀하게 결정하는 것은 어렵지만 일단 가시광 관측과 부합됨을 알 수 있다.

이렇게 결정된 시간지연 값으로부터 Hubble 상수를 결정하기 위해서는 렌즈의 중력 퍼텐셜 분포가 잘 알려져 있어야 하지만 일반적으로 질량분포는 단순히 빛 분포를 따르지는 않기 때문에 이 단계에서 많은 어려움이 존재한다. 식 (8.1)에서 퍼텐셜 $\psi(\theta)$가

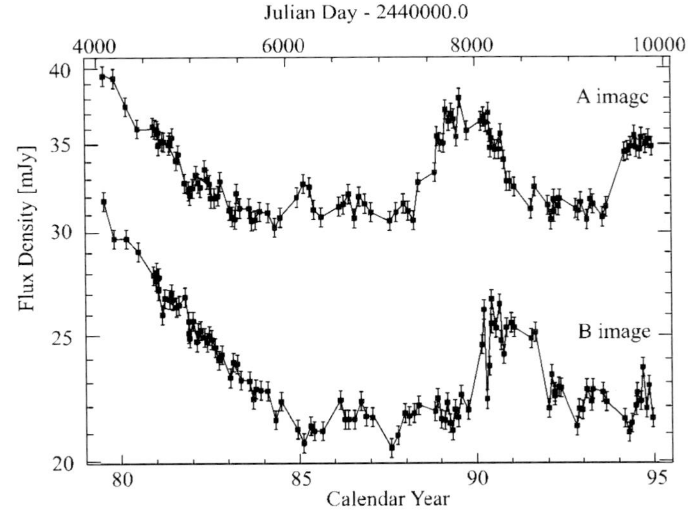

FIG. 1.-The 6 cm light curves of gravitational lens B0957-561, from 1979 to 1994

그림 8.2 Q0957+561 상 A(위)와 상 B(아래)의 VLA 6cm 전파 광도곡선(Haarsma et al. 1997)

알려져 있지 않으면 H_0를 결정할 수 없게 되기 때문이다. 하지만 기존의 관측치들, 예를 들어 상들의 위치, 상들의 밝기, 전파상의 모습 등의 관측 결과들을 만족하는 적절한 렌즈 모형을 구성할 수 있고 여기에 시간지연 값을 적용하면 Hubble 상수가 결정될 수 있다. Kunić et al.(1997)이 417일로 결정된 시간지연 값을 Grogin & Narayan (1996)의 모형에 적용하여 추정한 Hubble 상수의 값은 $H_0 = 64 \pm 13\ \mathrm{km\,s^{-1}Mpc^{-1}}$ ($\Omega_m = 1$, $\Omega_\Lambda = 0$ 우주모형, 95% 신뢰도)이다.

한편 여러 가지 질량모형을 적용해서 결정되는 Hubble 상수의 값을 살펴본 Bernstein & Fischer(1999)의 연구에서 추정된 값은 $H_0 = 104^{+31}_{-23}\ \mathrm{km\,s^{-1}Mpc^{-1}}$(95% 신뢰도)로 위의 값과 상당히 다른 값을 보이는 반면, 렌즈 은하를 작은 심을 가진 멱함수타원질량분포, 은하단을 멱함수 구로 근사하고 광학 및 전파 관측 자료를 가장 잘 맞추는 모형을 찾은 채규현(1999)의 연구에서는 렌즈 은하 근처 은하단의 질량에 대한 제약이 있고 없고에 따라 $H_0 = 69^{+18}_{-12}(1-\kappa)\,\mathrm{km}s^{-1}\mathrm{Mpc}^{-1}$ 또는 $H_0 = 74^{+18}_{-17}(1-\kappa)\mathrm{km}s^{-1}\mathrm{Mpc}^{-1}$($\Omega_m = 1$, 68% 신뢰도)로 나타났다. 은하단의 면질량밀도를 나타내는 수렴 κ를 Fischer et al.(1997)에서 결정된 $\kappa \approx 0.26 \pm 0.08$(68% 신뢰도)를 택할 경우 $H_0 = 51^{+14}_{-10}\ \mathrm{km\,s^{-1}Mpc^{-1}}$ 또는 $H_0 = 55^{+15}_{-14}\ \mathrm{km\,s^{-1}Mpc^{-1}}$가 되어 Kunić et al.(1997)의 결과와는 좀 다른 값을 보여주고 있다.

이상에서 알 수 있듯이 가장 많이 관측되고 연구된 Q0957+561의 경우에도 렌즈 질량분포가 관측자료 자체에 의해서만 정확하고 유일하게 결정할 수 없는 상태여서 그 질량분포모형을 기초로 결정되는 Hubble 상수의 값들이 당초 기대와는 달리 서로 다르면서 작지 않은 오차를 포함하고 있음을 알 수 있다.

(나) PG1115+080

두 번째로 발견된 중력렌즈인 PG1115+080은 A1, A2, B, C 네 개의 상으로 이루어진 렌즈계로 Q0957+561과 함께 가장 많이 관측되고 잘 연구된 준항성계이다(6.1.6절 참조). 이 렌즈계는 네 상의 적절한 기하학적 형태와 렌즈 은하의 위치, 각 상들의 밝기, Q0957+561에 비해 단순한 렌즈퍼텐셜, 짧은 시간지연이 예상되고 상의 수가 많아 시간지연을 비교할 짝이 많은 점 등 시간지연 관측에 유리한 성질들을 가지고 있다. 반면에 상들이 가까이 붙어 있고 작은 변광폭을 가지며, 시간지연에 비해 긴 준항성의 변광 시간척도, 미시중력렌즈 등은 이 렌즈계에서의 시간지연 관측을 어렵게 만들고 있다.

그림 8.3은 Schechter et al.(1997)에 의해 1995년 11월에서 1996년 6월에 걸쳐 측정된 V 밴드 광도곡선이다. 제일 위에 별로 표시된 밝기는 상 A1과 A2를 합한 밝기이다. 0.48″ 떨어져 있는 상 A1과 상 A2 사이의 시간지연은 수 시간 정도로 예상되므로 수일 정도인 상 B나 C와의 시간지연 결정에 A의 두 상을 합한 밝기를 사용하여도 상관이 없기 때문이다. 상 C의 밝기는 위에서 두 번째 빈 원으로 표시되었고 상 D의 밝기는 검은 원이다. 비교성은 가장 아래 네모로 표시되어 있다. 관측기간 중 상들이 0.1등급 내외의 밝기 변화를 보이고 있으며 각 상들의 변화 모습이 비슷함을 알 수 있다. 상 A1+A2의 변화가 상대적으로 작은 것은 미시중력렌즈에 의한 효과일 수도 있다(Witt, Mao & Schechter 1995).

Schechter et al.은 몇 가지 통계적인 방법을 적용하여 상 B가 상 C보다 23.7±3.4일 시간지연되어 변하고, 상 A1+A2는 상 C보다 9.4일 시간지연됨을 보이고 있다(Schechter

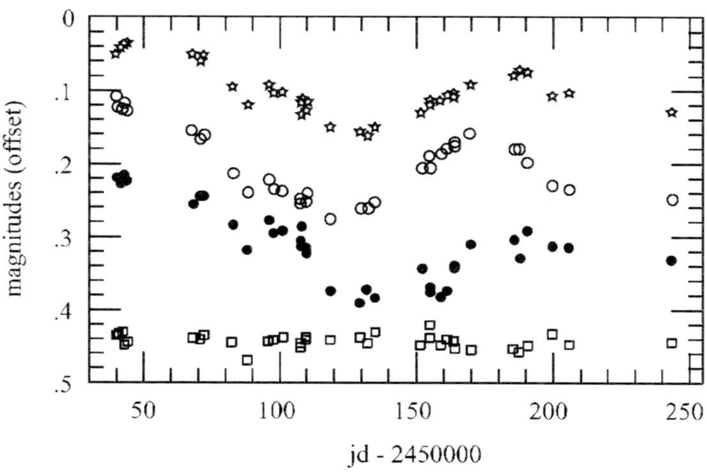

그림 8.3 PG1115+080의 여러 상들의 등급변화. 별은 상 A1과 A2의 합, 빈 원은 상 C, 검은 원은 상 D, 네모는 비교성의 등급이다(Schechter et al. 1997).

et al. 1997). Impey et al.(1998)은 적외선 영역의 Hubble 우주망원경 관측 자료들을 개선된 렌즈 모형에 적용하여 렌즈은하가 암흑물질을 지녀서 평탄 회전곡선을 가진다면 $H_0 = 44 \pm 4\,\mathrm{km\,s^{-1}Mpc^{-1}}$임을 보여주었다. 다만 만약 렌즈은하가 고정된 질량-광도비를 가졌다고 가정할 경우에는 그보다 더 큰 값 $H_0 = 65 \pm 5\,\mathrm{km\,s^{-1}Mpc^{-1}}$으로 결정된다고 하였다. 그런데 일반적으로 알려진 은하들의 헤일로는 고정된 질량-광도 값을 가지기보다는 암흑 헤일로(dark halo)에 가까우므로 이 가정을 택했을 때의 값 $H_0 = 44 \pm 4\,\mathrm{km\,s^{-1}Mpc^{-1}}$는 일반적으로 다른 관측을 통해 정해진 H_0보다 상당히 작은 값이다. 한편 Treu & Koopmans(2002)의 연구에서는 빛을 내는 성분과 암흑 성분 두 성분으로 이루어진 모형을 중력렌즈, 항성역학 및 질량-광도비 제약조건으로 맞추어 $H_0 = 59^{+12}_{-7}\,\mathrm{km\,s^{-1}Mpc^{-1}}$($\Omega_m = 0.3$, $\Omega_\Lambda = 0.7$ 우주모형, 68% 신뢰도)를 얻었다. Q0957+561의 경우에서처럼 PG1115+080의 경우에도 역시 Hubble 상수를 결정하는 데 있어 시간지연 값의 오차보다는 렌즈의 질량분포에 의한 오차가 더 큼을 알 수 있다.

한편 이 렌즈계는 접힘형 화선(fold caustic) 바로 안쪽에 광원이 위치해서 4개의 상이 만들어지는 전형적인 기울어진 4중상계(inclined quad system)인 것으로 판단되는데, 그럴 경우 가까이 위치한 두 개의 상이 거의 같은 밝기를 가지면서 서로 반전되어 있어야 하고 그중 한 상이 가장 짧은 시간지연 값을 보여야 한다(Keeton et al. 2005). 또한 그중 가까이 위치한 두 개의 상 중 하나가 가장 짧은 시간지연 값을 보일 것으로 예측되지만 관측결과는 이와 잘 맞지 않는 결과를 보이고 있으며 가시광선 영역에서보다 X-선 영역에서 이 문제가 더 심각한 것으로 관측되고 있다(Pooley et al. 2006). 이는 이 중력렌즈계에서는 미시중력렌즈 현상이 일어나고 있으며 가시광선을 방출하는 영역이 X-선을 방출하는 영역보다 훨씬 더 크다는 반증이라고 할 수도 있다.

(다) Q2237+0305

Einstein의 십자가로 불리는 4개의 상을 가진 Q2237+0305는 빛이 렌즈 은하의 최중심부를 통과하는 드문 경우이므로(6.1.7절 참조) 렌즈 은하 내의 별들에 의해 미시중력렌즈될 확률이 최대 0.4~0.9에 이를 것으로 예상되었다(Schneider et al. 1988). 더불어 렌즈에 대한 상들의 위치가 거의 대칭적이면서 상간거리가 작아서 예상되는 시간지연은

하루 또는 그 이하이다. 그에 비해 광원인 준항성의 밝기 변화는 하루 정도의 시간척도로 모든 상에 약간의 시간지연 후 공통으로 나타나야 하므로 원칙적으로는 각 상이 제각기 변하는 미시중력렌즈와는 구별될 수 있다. 그러나 실제 관측에서 Q2237+0305의 각 상들이 보여주는 어지러운 밝기 변화들 속에 숨어 있는 시간지연 효과를 명확하게 결정하는 일은 쉽지 않다.

Irwin et al.(1989)은 CCD 관측을 통해 Q2237+0305 4개의 상 중 하나에서 밝기 변화를 발견하였고 이는 최초로 발견된 준항성 미시중력렌즈 사건이 되었다. Corrigan et al.(1991)과 Østensen et al.(1996)은 후속 관측을 통해 이를 확인하였다. Østensen 등은 여러 번의 미시중력렌즈 경우를 발견하였는데 그중 한 경우는 짧게는 겨우 14일 정도의 시간척도를 가지는 것으로 밝혀졌다. 또한 OGLE 팀(10.1절 참조)에 의해 1997년에서 2000년에 걸쳐 관측된 Q2237+0305의 광도곡선(그림 8.4)을 보면 상 C에서 비교적 뚜렷한 미시중력렌즈 사건이 1999년 일어났음을 알 수 있다(Woźniak et al. 2000). 이후 이동욱 등도(Moreau et al. 2005) 상 A에 미시중력렌즈 현상이 일어났

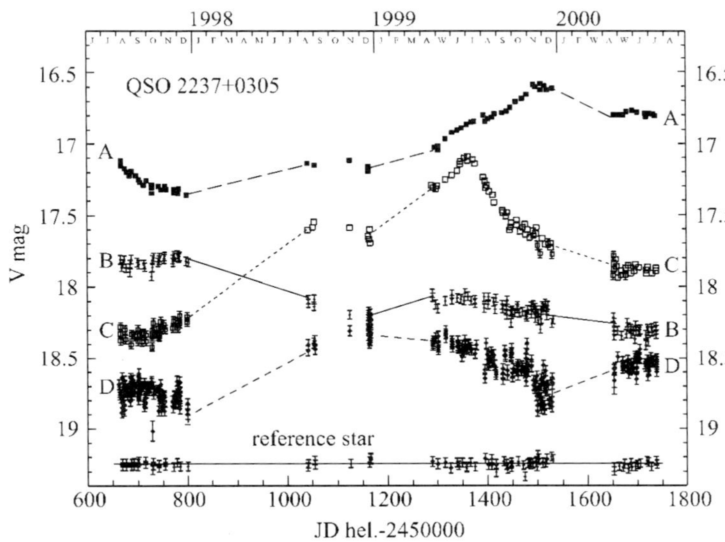

그림 8.4 Q2237+0305의 네 개의 상 A, B, C, D의 광도곡선. 가장 아래는 비교성의 광도곡선이다(Woźniak et al. 2000).

음을 확인하였다.

한편 미시중력렌즈 사건 중 특히 기대되는 것은 렌즈 내의 많은 별들에 의해 만들어지는 미시화선(microcaustics)을 광원이 가로지르면서 밝기가 크게 증가하는 경우이다. 이 같은 화선횡단(caustic crossing)은 광원인 준항성의 아주 작은 크기의 내부 밝기분포를 재현하는 데 활용될 수 있기 때문이다(Rauch & Blanford 1991; Jaroszyński, Wambsganss & Paczyński 1992). 현재까지 이 같은 고확대사건(high magnification event)은 검출되지 않았지만 그 중요성 때문에 지속적인 관측이 이루어지고 있다.

지금까지의 지속적인 관측에도 불구하고 준항성의 내적 밝기 변화를 네 상에서 검출하여 이들 사이의 시간지연 값을 결정하는 일은 쉽게 이루어지지 않았다. 그러나 Vakulik et al.(2006)은 2003년 관측에서 높은 상관관계를 보이는 0.1등급 정도의 밝기 변화를 네 상에서 찾아서 이로부터 상 A에 비해 상 B는 −6시간, 상 C는 35시간, 상 D는 2시간 정도의 시간지연을 보인다고 하였다(그림 8.5). 그러나 오차의 범위가

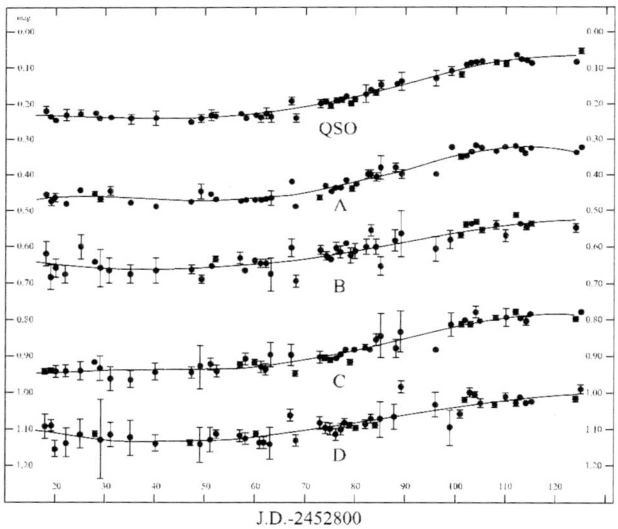

그림 8.5 2003년 6월 27일에서 10월 12일까지 Q2237+0305의 네 상 A, B, C, D의 밝기 변화. 전체적인 밝기 변화가 동기화되어 있음을 보여준다. 이 변화들에 비해 아주 짧은 시간척도의 시간지연이 존재한다고 주장되고 있다(Vakulik et al. 2006).

아주 크고 같은 방법을 OGLE 자료에 적용했을 때 결정되는 시간지연 값 또한 많이 달라서 아직은 시간지연 값이 잘 결정되었다고 하기 어려운 형편이다.

(라) B0218+357

B0218+357은 두 개의 옹골찬 전파 성분과 전파 Einstein 고리를 지닌 렌즈계이다(그림 8.6). 두 전파상 사이의 간격은 고작 0.335″여서 현재까지 발견된 중력렌즈계 중 상간거리가 가장 가까워서 두 상 사이의 시간지연이 짧을 것으로 예상된다. 또한 Einstein 고리가 있어서 렌즈 질량분포를 잘 제약할 수 있고 VLBI 관측에서 상들이 잘 분해되어 Hubble 상수 결정에 유리한 조건을 갖추고 있다.

Biggs et al.(1999)은 1996년 11월과 1997년 1월에 걸쳐 VLA로 두 옹골찬 전파원의 밝기 변화와 편광(polarization)을 측정하였다. 그림 8.7의 왼쪽은 성분 A의 15GHz 전파 광도변화이고 오른쪽은 성분 B의 광도변화이다. 성분 A에서의 플럭스 변화가 전체적으로 성분 B에 반복됨을 알 수 있다. 두 성분의 편광 방향각(position angle)도 같이 반복되는 변화를 보여주고 있고 다른 주파수 8.4GHz 관측도 같은 특성을 보여준다.

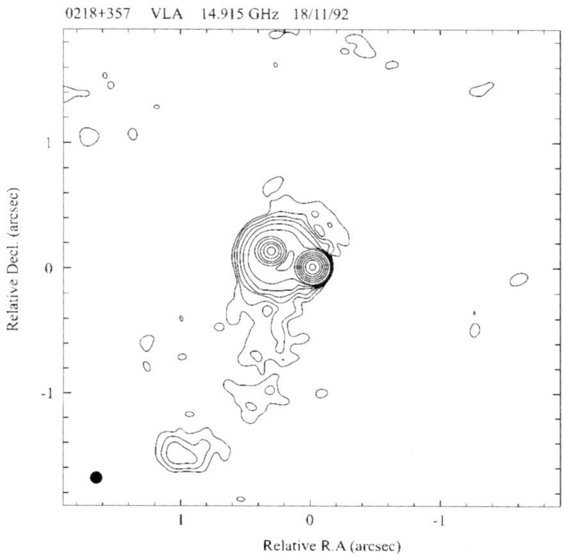

그림 8.6 VLA 전파망원경으로 관측된 B0218+357의 15GHz 밝기 지도(Biggs et al. 1999)

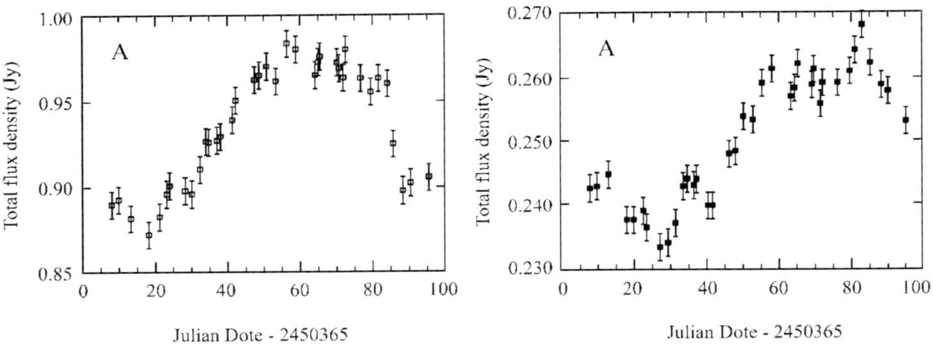

그림 8.7 15GHz에서 성분 A, B의 전파 광도변화(Biggs et al. 1999)

한 광도곡선을 일정한 시간만큼 이동하여 겹쳐진 자료의 χ^2를 최소화하는 방법으로 결정된 시간지연 값은 $10.6^{+0.7}_{-0.5}$일로 나타났고 8.4GHz 광도와 편광 방향각에서 결정된 시간지연 값도 이와 비슷하다. 모든 자료를 통합해서 결정된 시간지연 값은 10.5±0.4일 (95% 신뢰도)로 나타났다. 이 시간지연 값을 특이등온구 모형에 맞추어 결정된 Hubble 상수는 $H_0 = 69^{+13}_{-19}\ \mathrm{km\,s^{-1}Mpc^{-1}}$이다(Biggs et al. 1999). 최근에는 Hubble 우주망원경으로 렌즈 은하의 위치와 주변 은하들을 관측하여 수정된 Hubble 값은, 영상 분석 시 나선팔을 가리지 않은 경우에는 $H_0 = 70 \pm 5\ \mathrm{km\,s^{-1}Mpc^{-1}}$로 Biggs 등의 값과 잘 일치하지만 나선팔을 가린 경우에는 그보다 상당히 작은 $H_0 = 61 \pm 7\ \mathrm{km\,s^{-1}}$ $\mathrm{Mpc^{-1}}$으로 결정되었다(York et al. 2005). 그러나 Kochanek(2005)은 이러한 노력에도 불구하고 B0218+357이 시간지연으로 Hubble 상수를 결정하기에는 부적합한 경우로 판단하고 있다.

이 외에도 나선은하 렌즈에 의한 렌즈계 B1600+433에서는 전파 및 광학관측으로부터 (Koopmans et al. 2000; Burud et al. 2000), 전파고리 PKS1830-211에서는 전파관측으로 (Lovell et al. 1998) 시간지연이 관측되었고, RXJ0911+0551(Hjorth et al. 2002), HE1104-1805(Gil-Merino et al. 2002) SBS1520+53(Burud, Hjorth et al. 2002), B1608+656(Fassnacht et al. 2002), HE2149-2745(Burud, Courbin et al. 2002)에서도 시간지연이 관측되었다. 이들 시간지연 값으로부터 결정된 Hubble 상수의 값은 작게는 $H_0 = 48 \pm 2\ \mathrm{km\,s^{-1}Mpc^{-1}}$(HE1104-1805)에서 크게는 $H_0 = 71 \pm 2\ \mathrm{km\,s^{-1}Mpc^{-1}}$

(RXJ0911+0551)까지 분포하여 이 값들을 단순하게 평균하면 대략 $H_0 = 61 \pm 7$ $\mathrm{km\,s^{-1}Mpc^{-1}}$이 된다(Courbin 2003). 이 값은 Hubble 우주망원경으로 근처 은하들의 세페이드 변광성(Cepheid variable)들을 관측하여 결정된 $H_0 = 72 \pm 8\,\mathrm{km\,s^{-1}Mpc^{-1}}$와 대체로 부합된다(Freedman et al. 2001).

이처럼 다상중력렌즈 준항성계의 시간지연으로부터, 거리 사다리(distance ladder) 같은 복잡한 과정을 거치지 않고 Hubble 상수를 직접 결정할 수 있고, 시간지연이 관측되는 중력렌즈계의 수 또한 증가하고 있어서 중력렌즈 시간지연을 이용한 Hubble 상수의 결정은 그 외의 다른 방법들에 비견할 정도가 되었다고 할 수 있다. 그러나 아직은 렌즈 질량분포의 임의성으로 인해 여러 준항성계에서 결정된 Hubble 상수 값들이 적지 않은 분산을 보여주고 있음은 아쉬운 일이다. 특히 비교적 단순한 시간지연 중력렌즈계인 PG1115+080, BGS1520+530, B1600+434, HE2149-2745의 자료는 질량-광도비가 일정해서 평탄 회전곡선을 설명할 수 없는 경우에만 국부적으로 측정된 (Freedman et al. 2001) Hubble 상수 값과 일치하고, 평탄 회전곡선을 설명하는 등온 헤일로를 가정할 경우에는 Hubble 상수 값이 너무 작아진다. 반면에 렌즈계 설명이 복잡하거나 문제가 있는 경우, 예를 들어 B0218+357이나 B1608+656는 평탄 회전곡선을 만족하면서 국부적으로 관측된 Hubble 상수 값과 일치하는 결과를 보여주고 있다 (Kochanek 2005). 결론적으로 중력렌즈의 시간지연 관측을 통해 Hubble 상수를 결정하는 것은 가능하지만 아직은 혼란스러운 결과를 보여주고 있어서 더 많은 중력렌즈계에서 시간지연이 관측되어야 이 문제가 해결될 수 있을 것으로 예상된다.

8.1.2 중력렌즈 통계와 우주상수

준항성이 여러 개의 상으로 렌즈될 확률 및 이 상들 사이 각거리는 우주 모형에 따라 다른 값과 경향을 보이므로 이를 관측 자료들과 비교함으로써 여러 우주 모형들을 검증하거나 렌즈 작용을 하는 천체, 주로 은하들에 대한 정보를 얻을 수 있는데, 여기서는 주로 특정한 우주상수와 물질밀도를 가진 우주 모형이 관측되는 준항성 중력렌즈들과 부합될 수 있는지를 검증하는 과정을 설명한다. 1984년 Turner, Ostriker & Gott(1984)의 연구로부터 본격적으로 시작된 이 방법은 크게 상간거리 분포를 이용하거나 렌즈될 확률을 이용하는 두 경우로 나누어 생각할 수 있다.

(가) 상간거리 분포

상간거리의 분포를 관측자료와 비교하는 방법 중에서 가장 간단한 것은 분포의 대표값, 예를 들어 상간거리의 평균값을 관측된 중력렌즈계의 상간거리 값들과 비교하는 것이다. 즉 검증하고자 하는 우주론 모형에 대해 특정 거리 χ_s에 있는 광원이 중력렌즈될 경우 예상되는 상간거리의 평균값 $< \Delta\theta >_{\chi_s}$ 를 적색이동 z_s의 함수 $< \Delta\theta >_{z_s}$ 로 변환한 후 이를 관측된 중력렌즈계의 상간거리들과 비교하는 것이다(Gott, 박명구 & 이형목 1989). 예를 들어 Friedmann–Lemaître–Robertson–Walker 우주에서 광원의 거리에 따른 평균 상간거리의 변화는 그림 8.8과 같이 나타난다. 그림 8.8에서 가운데 수평선 A는 평탄한 우주, 즉 $\Omega_m + \Omega_\Lambda = 1$인 우주에서 예상되는 상간거리의 평균값이다. 평탄한 우주에서는 은하들의 속도분산, 즉 중력퍼텐셜이 변하지 않는 한 광원의 적색이동에 관계없이 중력렌즈계의 상간거리의 평균값이 일정하다. 그 아래 파선 B는 $\Omega_m = 0.4$, $\Omega_\Lambda = 0$인 열린 우주, 가장 아래 파선 C는 $\Omega_m = 0$, $\Omega_\Lambda = 0$인 극단적인 빈 우주의 경우이다. 열린 우주에서는 Ω_m과 Ω_Λ의 값에 무관하게 특정한 χ_s의 함수로 나타나는데 광원이 멀면 멀수록 평균 상간거리는 작아진다(그림 7.2). 그러나 평균 상간거리(mean image separation)를 광원의 적색이동의 함수로 살펴보면 Ω_m과 Ω_Λ의 값에 따라 평균 상간거리가 줄어드는 정도가 다르게 나타난다. 음으로 많이 휜 우주일수록 상간거리가 작아지는 정도가 심하다. 반대로 양으로 휜 우주에서는 점선으로 나타난 것과 같이 광원의 적색이동이 클수록 평균 상간거리는 커지게 된다. 점선 D는 $\Omega_m = 2$, $\Omega_\Lambda = 0$인 양으로 휜 우주의 경우이다. 양으로 휜 우주의 경우 상간거리가 광원의 적색이동이 증가함에 따라 천천히 증가하는 모습을 보여준다. $\Omega_\Lambda = 0$인 우주모형에서는 우주대척점이 관측자의 지평선 밖에 있어서 대척점에 의한 효과를 볼 수는 없다. 그러나 $\Omega_m = 0.2$이지만 $\Omega_\Lambda = 1.43$이나 되는 우주에서는 우주대척점이 관측자의 지평선 안에 있어서($z_{대척점} = 6$), 적색이동이 6에 가까운 광원은 엄청나게 멀리 떨어진 2개의 상을 맺게 된다(점선 E).

이제 이런 이론적 예측들을 실제 관측된 준항성 중력렌즈계의 상간거리와 비교해보

자. 이 비교에 가장 적합한 중력렌즈계는 물론 다상준항성계이다. 광원이 멀리 있어서 중력렌즈될 확률이 상대적으로 높고 밝아서 잘 발견되며 그 적색이동을 손쉽게 측정할 수 있기 때문이다.

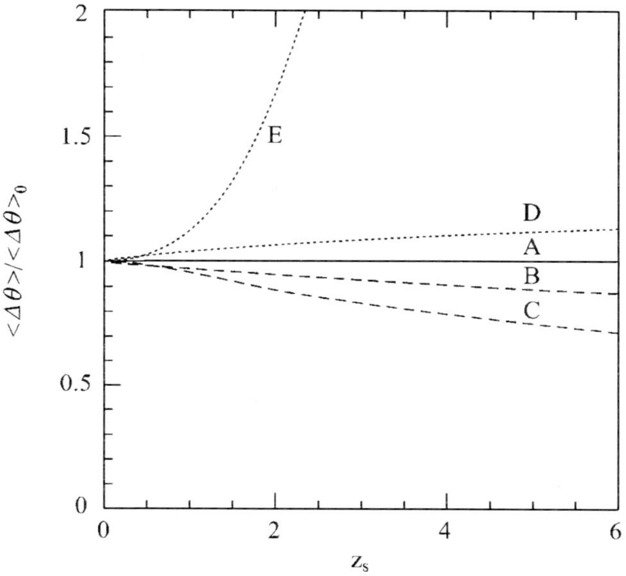

그림 8.8 평탄한 우주(A), 음으로 휜 우주(B, C), 양으로 휜 우주(D, E)에서 예상되는 상간 각거리의 평균 값 $<\Delta\theta>$(임의 단위)

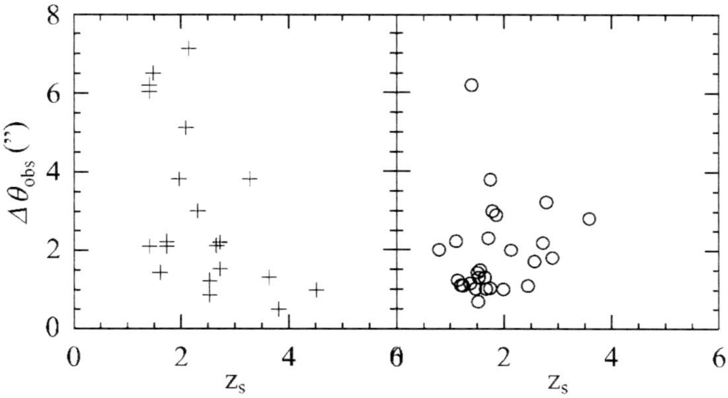

그림 8.9 실제 관측된 중력렌즈 준항성계의 상간거리 $\Delta\theta_{obs}$. 왼쪽은 박명구 & Gott(1997)에 사용된 샘플이고 오른쪽은 2007년 3월 현재 Sloan Digital Sky Survey에 의해 발견된 중력렌즈 준항성계

1996년까지 알려진 렌즈계들 중 이 비교에 적합한 계를 표시해보면(그림 8.9의 왼쪽 그림) 대체로 적색이동에 따라 줄어드는 경향을 보임을 알 수 있다. 광원이 멀수록 줄어드는 것은 음으로 휜 우주에서만 가능하므로 일단은 렌즈자료들이 음으로 휜 우주와 더 잘 맞는 것으로 보인다. 그러나 그 줄어드는 정도는 그림 8.8의 어떤 열린 우주 경우보다도 더 심한 것을 알 수 있고, 실제 통계적인 검증을 해보면 95% 이상의 신뢰도로 어느 열린 우주 모형과도 맞지 않음이 입증된다(박명구 & Gott 1997). 이로부터 우리 우주는 Friedman-Robertson-Walker 우주 모형으로 설명할 수 없다는 과격한 결론에 도달할 수도 있겠지만, 그보다는 일반적인 중력렌즈 통계 연구에서 아직 제대로 고려되지 않는 효과들이 있거나 검증에 사용한 중력렌즈 샘플이 적절한 샘플이 아니거나 관측 선택효과(selection effect)가 제대로 보정되지 않았을 가능성이 높다.

실제로 중력렌즈 발견 조건이 상대적으로 잘 정의된 Sloan Digital Sky Survey에서 최근까지 발견된 다상중력렌즈 준항성 자료(Inada et al. 2008의 참고문헌 참조)를 표시해보면(그림 8.9의 오른쪽 그림) Q0957+561(오른쪽 그림에서 상간거리 6.2″인 점)을 제외하면 상간거리의 경향성이 특별히 보이지 않음을 알 수 있다. 이는 아직도 준항성 중력렌즈 자료를 단순하게 이용하여 우주론 모형을 검증할 때 선택한 중력렌즈 샘플에 따라 검증 결과가 달라질 수 있음을 보여주고 있다.

지금까지 살펴본 준항성 상간거리의 분포는 모두 같은 질량이나 동일한 속도분산을 가진 한 종류의 은하들이 거리에 상관없이 동행부피 당 같은 개수밀도로 무작위로 분포한 경우를 가정한 것이다. 우주에서 실제 관측되는 은하들은 가벼운 은하부터 무거운 은하까지 다양한 은하들로 이루어져 있고 은하들의 개수밀도 또한 반드시 일정하다고 볼 수는 없다. 게다가 비록 여러 개의 상으로 중력렌즈 되었다 하더라도 상간거리가 너무 가까우면(지상 관측의 경우 대략 0.5″, 우주 관측의 경우 대략 0.1″ 이하일 경우) 개별 상으로 분해되지 않아서 이를 중력렌즈된 계로 인식하지 못하게 된다.

이 중 첫 번째로 먼저 실제 은하들의 질량이 다양하다는 사실을 고려해보자. 은하 전체의 질량 또는 은하들의 속도분산의 분포에 대한 직접적인 자료들은 최근에야 나타나고 있다. 그러나 은하들의 광도 분포는 비교적 관측이 쉽고, 은하의 광도와 은하 내 별들의 속도분산 사이에 경험적 관계식도 존재하므로 간접적으로 속도분산의 분포를

추정할 수 있다. 은하들의 광도 분포는 Schechter 광도함수(luminosity function)

$$\Phi(L)dL = \Phi^* \left(\frac{L}{L^*}\right)^\alpha e^{-L/L^*} dL \tag{8.2}$$

로 잘 표현되고(Schechter 1976), 각 은하의 광도는 은하 내 별이나 기체의 속도와 강한 상관관계

$$L \propto v^\gamma \tag{8.3}$$

를 가지는 것으로 알려져 있다. 타원은하(E)나 렌즈형 은하(lenticular galaxy; S0) 같은 조기형 은하(early type galaxy)의 경우에 v는 별의 속도분산(velocity dispersion)을 나타내며 대략 γ = 4이고(Faber & Jackson 1976), 나선은하(S)의 경우에는 v는 은하원반의 회전속도이며 대략 γ = 2.6이 된다(Tully & Fisher 1977). 이제 이 속도 v를 등온구 모형의 속도분산 σ_v와 동일시하면, 특이등온구로 근사한 은하들의 속도분산은

$$\Phi(\sigma_v)d\sigma_v = \gamma\Phi^* \left(\frac{\sigma_v}{\sigma_v^*}\right)^{(\alpha+1)\gamma-1} \exp\left[-\left(\frac{\sigma_v}{\sigma_v^*}\right)^{\gamma/2}\right] \frac{d\sigma_v}{\sigma_v^*} \tag{8.4}$$

의 분포를 따르게 된다. 대체로 Schechter 광도함수의 기울기는 $\alpha \simeq -0.9$, 은하들의 총 밀도 인수는 $\Phi^* \simeq 0.02\ h^3 \mathrm{Mpc}^{-3}$ 정도의 값을 가지며(최윤영, 박창범 & Vogeley 2007), σ_v^*는 L^* 은하의 속도분산(조기형 은하의 경우) 또는 회전속도(나선 은하의 경우)이다.

이제 은하들의 속도분산의 분포를 알았으므로 이들이 특정한 거리 또는 적색이동에 있을 때 이들에 의해 만들어진 상들 사이의 거리가 어떤 분포를 하는가를 계산할 수 있다. 예를 들어 적색이동 z_s인 준항성이 적색이동 z_l에 있는 은하들 중 어느 한 개에 의해 다상렌즈된 경우 상간거리가 어떤 확률분포를 가져야 하는지를 계산할 수 있다. 동행거리 χ_s인 광원이 χ_l에 있는 특이등온구에 의해 렌즈되는 경우 상간 각거리는

$$\Delta\theta = 2\alpha_0 \frac{D_{ls}^{\chi}}{D_s^{\chi}} = 8\pi \left(\frac{\sigma_v}{c}\right)^2 \frac{D_{ls}^{\chi}}{D_s^{\chi}} \tag{8.5}$$

이므로, 규격화된 상간거리 $\phi \equiv (\Delta\theta/\Delta\theta^*)$로 나타내면

$$\Phi(\phi)d\phi = \frac{\gamma}{2}\Phi^* \cdot \left[\phi \frac{D_s^{\chi}}{D_{ls}^{\chi}}\right]^{(\alpha+1)\gamma/2} \exp\left[-\left(\phi \frac{D_s^{\chi}}{D_{ls}^{\chi}}\right)^{\gamma/2}\right] \frac{D_s^{\chi}}{D_{ls}^{\chi}} d\phi \tag{8.6}$$

로 나타난다. 여기서 $\Delta\theta^* \equiv 8\pi(\sigma_v^*/c)^2$는 L^* 은하에 의한 렌즈 상들의 전형적인 상간거리 값을 나타낸다.

이제 한 은하가 특정거리에 있는 경우를 확장하여 은하들이 우주에 골고루 분포하고 있는 경우를 생각해보자. 이 경우 상간거리는 렌즈 은하까지의 거리와 은하의 질량 정도에 의해 결정되므로 은하들의 속도분산의 분포와 거리에 따른 분포를 모두 적분하여야 한다. 예를 들어 은하들의 동행부피 당 총 밀도를 나타내는 Φ^*가 χ_l 또는 z_l에 관계없이 일정할 때는 미분확률

$$d\tau = a_0^3 n(\chi_l)\sigma \,\mathrm{sinn}^2\chi_1 \,\mathrm{d}\chi_1 \tag{8.7}$$

에서 은하의 밀도 $n(\chi_l)$ 대신 $\Phi(\phi)$ (식 8.6)을 대입하면, 거리 $\chi_l \sim \chi_l + d\chi_l$에 있는 Schechter 광도함수를 따르는 은하들 중 하나에 의해 상간거리 $\phi \sim \phi + d\phi$로 다상렌즈될 미분확률

$$d\tau = \frac{\gamma}{2} \frac{F^*}{\Delta^3 \Gamma(\alpha + 4\gamma^{-1} + 1)} \left[\frac{D_s}{D_{ls}}\phi\right]^{\gamma(\alpha+1)/2+1} \cdot \exp\left[-\left(\frac{D_s}{D_{ls}}\phi\right)^{\gamma/2}\right] \frac{D_{ls}}{D_s} d\phi \,\mathrm{sinn}^2\chi_1 \,\mathrm{d}\chi_1 \tag{8.8}$$

를 구할 수 있다(Fukugita et al. 1992; 박명구 1996). 여기서 F^*는 렌즈될 총 확률을 결정하는 계수로서

$$F^* \equiv 16\pi^3 R_0^3 \int n_{\sigma_v} \left(\frac{\sigma_v}{c}\right)^4 d\sigma_v \tag{8.9}$$

$$= 16\pi^3 \Phi^* \left(\frac{\sigma_v^*}{c}\right)^4 R_0^3 \Gamma(\alpha + 4\gamma^{-1} + 1)$$

로 정의되며, $\int d\sigma_v$는 은하들의 σ_v 분포에 따른 적분이고, Γ는 감마함수이다. 정의에서 알 수 있듯이 F^*는 대략 Hubble 부피 $R_0^3 (R_0 \equiv c/H_0)$ 안에 있는 L^* 은하들의 렌즈단면적을 모두 합한 값에 해당한다(Fukugita et al. 1992). Fukugita et al.(1992)은 은하들의 형태에 따른 개수 비가 E:S0:S=12±2:19±4:69±4라면 대략

$$F^* = \begin{cases} 0.019 \pm 0.008 \text{ 타원은하} \\ 0.021 \pm 0.009 \text{ 렌즈형 은하} \\ 0.007 \pm 0.002 \text{ 나선은하} \end{cases}$$

정도의 값을 가진다고 추정하고 있다. 이는 Hubble 거리에 있는 준항성이 다상렌즈될 확률이 최대 ~2% 정도임을 말해주고 있다.

이제 구체적인 예를 들어 $\Omega_m = 1$, $\Omega_\Lambda = 0$인 우주에서 $z_s = 5$인 준항성이 $z_l = 1$에 있는 은하들 중 한 개에 의해 렌즈되는 경우를 식 (8.8)로 계산해보면 그림 8.10과 같이 나타난다. σ_v가 작은 가벼운 은하들에 의해서는 상간거리 $\Delta\theta$가 작은 상들이 만들어지고, σ_v가 큰 무거운 은하들에 의해서는 $\Delta\theta$가 큰 상들이 만들어지는데, 상간거

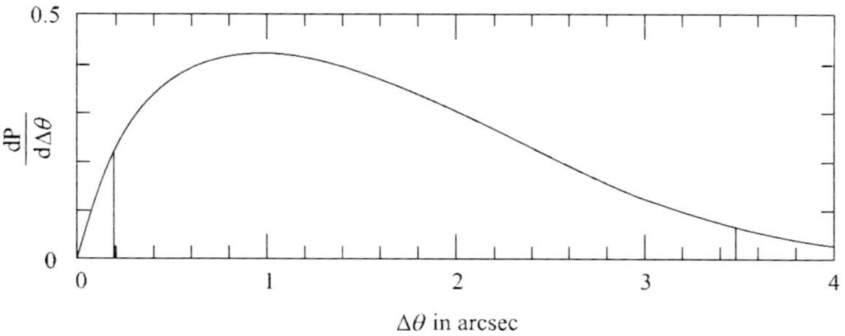

그림 8.10 $\Omega_m = 1$, $\Omega_\Lambda = 0$인 우주에서 $z_s = 5$인 준항성이 $z_l = 1$에 있는 한 은하에 의해 렌즈되는 경우 예상되는 상간거리의 분포(그림: 한두환)

리가 1″정도인 상이 만들어질 가능성이 가장 높다. 이 분포로부터 가운데 95% 구간을 찾아보면 [0.2″, 3.5″]이어서 대부분의 상들은 이 구간에 해당하는 상간거리를 가질 것이다. 물론 우주 모형이 다를 경우 이 분포도 달라지므로 이를 관측자료들과 비교하여 특정한 우주 모형을 검증할 수 있다. 경우에 따라서는 실제 관측 시의 선택효과, 예를 들어 너무 상이 가깝거나 밝기 차이가 너무 심하면 다상렌즈계로 발견되지 못하는 등에 의한 효과도 추가해야 한다. 이현아 & 박명구(1994)는 당시까지 알려진 소수의 다상준항성계들에 대해 각 준항성계가 특정 상간거리로 렌즈될 확률들로부터 가능도를 계산하여 Monte-Carlo 실험으로 그 같은 샘플이 특정 우주모형에서 실현될 확률을 계산하였다. 그 결과 심하게 휜 우주 모형들은 배제되었으나, 일반적으로 선호되는 $\Omega_\Lambda < 1$이고 평탄한 모형은 충분한 통계적 신뢰도로 배제되지는 않음을 확인했다. 이같이 상간거리의 분포를 이용하여 우주론 모형을 검증하는 방법은 최근에는 암흑에너지를 검증하는 데도 활용되고 있다(Dev, Jain & Mahajan 2004).

(나) 렌즈될 확률

렌즈된 상들의 상간거리 자료를 이용하는 것과 연관된 이 방법은 서로 다른 우주 모형에서는 광원이 다상렌즈될 절대 확률이 달라짐을 이용하여 특정 우주 모형을 검증하거나 렌즈 천체에 대한 정보를 검증하는 방법이다. 앞에서 설명된 방법은 상간거리의 크기들의 상대적인 분포를 대상으로 하는 반면 이 방법은 다상렌즈된 개체의 총수를 대상으로 한다.

앞서 유도된 광원의 동행거리 χ의 함수로 표현된 렌즈될 확률은 우주곡률에 따라 3가지 형태로만 나타난다. 그러나 동행거리는 직접 관측되는 양이 아니므로 실제 관측되는 양인 적색이동으로 변환해야하는데 이때 구체적인 우주론 모형이 필요하다. 따라서 적색이동으로 표현된 렌즈될 확률은 우주곡률뿐만이 아니라 Ω_Λ와 Ω_m의 개별적인 값에 따라 달라진다. 이로부터 적색이동이 특정한 값인 준항성들이 렌즈될 절대확률을 실제 알려진 준항성 총 개수 대 다상렌즈된 준항성의 개수의 비, 즉 관측된 확률과 비교함으로써 어떤 우주모형이 부합되는지 아닌지를 판별할 수 있다.

동행거리 χ_s에 있는 준항성이 $\chi_l \sim \chi_l + d\chi_l$에 있는 은하들에 의해 렌즈될 미분확률

$$d\tau(\chi_s) = F^* \Delta^{-3} \left(\frac{D_{ls}}{D_s}\right)^2 \mathrm{sinn}^2 \chi_l \, \mathrm{d}\chi_l \tag{8.10}$$

$$= F^* \Delta^{-3} \frac{\mathrm{sinn}^2(\chi_s - \chi_l)}{\mathrm{sinn}^2 \chi_s} \mathrm{sinn}^2 \chi_l \, \mathrm{d}\chi_l$$

을 χ_l에 대해 적분하면

$$\tau(\chi_s) = F^* \Delta^{-3} \left[\frac{1}{8}(1 + 2\mathrm{cosn}^2 \chi_s)\chi_s - \frac{3}{8} \mathrm{sinn}\chi_s \mathrm{cosn}\chi_s\right] \mathrm{sinn}^{-2} \chi_s \tag{8.11}$$

이 된다(Gott, 박명구 & 이형목 1989; 박명구 1996). 이 확률을 적색이동 값이 알려진 모든 준항성에 적용하면 이미 알려진 준항성 중 몇 개 정도가 다상렌즈될 것인지 그 기대값을 계산할 수 있다. 준항성들의 거리 χ_s는 각각 다르므로 그에 맞는 확률을 곱하여 전체를 더해주면

$$N_{\text{다상준항성}} = \int d\chi_s \, \tau(\chi_s) \frac{dN_{QSO}(\chi_s)}{d\chi_s} = \int dz_s \, \tau(z_s) \frac{dN_{QSO}(z_s)}{dz_s} \tag{8.12}$$

로 표시된다. 물론 실제 준항성에 대해 관측되는 양은 준항성의 적색이동 z_s이므로 χ_s로 표현된 함수들은 z_s로 변환하여 계산된다. Turner와 Fukugita 등은 일련의 연구를 통해 실제 발견된 중력렌즈 준항성의 수를 특정 우주모형에서 예상되는 중력렌즈 준항성의 수(식 8.12)와 비교하였다(Turner 1990; Fukugita, Futamase & Kasai 1990; Fukugita & Turner 1991; Fukugita et al. 1992). 이들은 같은 평탄 우주($\Omega_m + \Omega_\Lambda = 1$)에서도 Ω_m와 Ω_Λ 각각의 값에 따라 그 수가 달라지는데 특히 Ω_Λ의 값이 커질수록 광원이 렌즈될 확률이 급속하게 증가함을 발견하였다. 구체적으로 4,000여 개의 Hewitt & Burbidge 준항성 목록(Hewitt & Burbidge 1987, 1989) 중에서 $\Omega_m = 1$, $\Omega_\Lambda = 0$ 우주에서는 약 3개, $\Omega_m = 0.1$, $\Omega_\Lambda = 0$ 우주에서는 약 5개 정도가 다상준항성계로 관측될 것으로 예상되지만 $\Omega_m = 0.1$, $\Omega_\Lambda = 0.9$ 우주에서는 무려 18개, $\Omega_m = 0$,

$\Omega_\Lambda = 1$ 우주에서는 무려 46개 정도가 관측되어야 할 것으로 추정되었다. 그러나 Hewitt-Burbidge 목록 중에서 실제로 다상준항성계로 관측된 것은 고작 4개 정도이다. 따라서 대략 $\Omega_\Lambda \approx 1$, $\Omega_m = 0$인 평탄 우주는 관측과 부합되지 않는다고 판단하였다 (Fukugita et al. 1992). 이전까지 실험으로부터 우주상수 Ω_Λ의 값을 직접 결정하거나 제한하는 것은 거의 불가능했음을 감안하면 중력렌즈를 활용하여 우주상수의 값을 추정할 수 있다는 것은 상당히 놀라운 일이라고 할 수 있었다.

이 같은 이론적 예측과 관측과의 비교를 통해 우주론 인수를 결정하는 과정은 직관적이고 단순해 보이지만 실제로는 복잡한 문제들을 포함하고 있다. 우선 이런 중력렌즈 통계 연구에서 고려되는 렌즈들은 점질량 또는 특이등온구로 근사되고 공간에 균질하게 분포하는 것으로 가정되었다. 그러나 실제 우주에서 관측되는 렌즈 은하들의 질량은 아주 다양하고 은하들의 공간 밀도 또한 거리 또는 적색이동에 따라 달라진다. 또한 두 개 이상의 상이 만들어진 중력렌즈계가 모두 발견되지도 않는다. 상들 사이의 거리가 너무 가까우면 한 개의 상으로 관측되어 렌즈된 계인지 알 수가 없으며, 상들이 너무 어두워도 발견되지 않는다. 따라서 이론적인 예측을 실제 관측 자료들과 비교하기 위해서는 더 정밀한 통계적인 예측이 필요하고 실제 관측의 한계에 의한 효과들도 고려되어야 한다. 예를 들어 상간거리가 일정한 값 $\Delta\theta_c$ 이상이면 모두 발견되고 그 반대 경우에는 전혀 발견되지 않는 단순한 경우라면 렌즈될 확률이

$$\tau(z_s) = \int_0^{z_s} \int_{\Delta\theta_c}^{\infty} \frac{d^2\tau}{d\Delta\theta\, dz_l} d\Delta\theta dz_l \tag{8.13}$$

으로 바뀌어야 한다. 평탄 우주의 경우에 $\Delta\theta_c = 2''$이면 $z_s = 3$인 다상준항성계의 30% 정도만 발견되고 $\Delta\theta_c = 1''$ 경우에는 이 비율이 70% 정도에 이른다(Fukugita et al. 1992).

또 앞에서 유도된 이론적인 예측에서도 너무 단순화된 부분들이 있다. 우선 렌즈 작용을 하는 은하 내의 질량분포는 모두 특이등온구로 기술되었다. 여러 종류의 은하들 중 중력렌즈에 더 중요한 타원 및 렌즈형 은하는 일반적인 등온구 질량분포로 잘 근사된다. 문제는 이들 등온구의 심의 크기인데 Lauer(1985)의 관측에 의하면 많은 수의

조기형 은하들의 심은 지상관측에서는 분해되지 않을 정도인 수 파섹(parsec) 이하인 것으로 추정되고(Fukugita & Turner 1991), 무엇보다도 대부분의 다상중력렌즈계에서 상의 수가 홀수가 아니라 짝수(2개 또는 4개)라는 사실로부터 렌즈작용을 하는 은하들의 심이 작아야함을 쉽게 알 수 있긴 하지만 모든 은하들이 그렇지만은 않을 수도 있을 것이다. 유한한 크기의 심이 있는 등온구에 의해 렌즈될 확률은 심이 없는 특이등온구에 의해 렌즈될 확률보다 작으므로[22] 이 효과를 감안하면 렌즈될 확률은 최대 반 정도로 줄어들 수도 있지만 실제는 감소정도가 이보다 작을 것으로 추정된다(Hinshaw & Krauss 1987; Fukugita & Turner 1991). 더욱이 은하들에 대한 항성역학 및 렌즈 통계 연구결과, 또는 관측된 렌즈계를 설명할 수 있는 렌즈 모형 연구 등에서도 심이 큰 등온구보다는 특이등온구가 더 적합한 것으로 판단된다(Kochanek 1996a). 이 같은 이유와 특이등온구의 경우 여러 렌즈 통계 계산이 간단해진다는 이유로 대부분 중력렌즈 통계 연구에서는 특이등온구로 은하를 근사하고 있다. 물론 이 같은 근사가 모든 경우에 적합한 것은 아니므로 적절하게 사용되어야 하겠다.

마지막으로 다상렌즈된 광원의 수를 추정하는데 가장 중요한 효과인 확대바이어스 (7.2.4절 참조)를 살펴보자. 구체적으로 준항성들이 특이등온구 은하들에 의해 렌즈되는 경우에 대해 살펴보자(Fukugita et al. 1992). 준항성의 광도함수는 관측에 의해서만 결정되는데 발견된 준항성의 수가 작고 관측이 어려워서 자세하게 알려져 있지는 않다. 그중 Hartwick & Schade(1990)에 의한 준항성 관측자료를 비교적 간단한 B등급 m_B의 함수로 표시해보면(Fukugita & Turner 1991)

$$N_Q(m_B) = \begin{cases} \frac{10}{\square^\circ} 10^{0.86(m_B - 19.15)} & (m_B \leq 19.15) \\ \frac{10}{\square^\circ} 10^{0.28(m_B - 19.15)} & (m_B > 19.15) \end{cases} \tag{8.14}$$

와 같이 표현된다. 이 식은 준항성 분포의 일반적 특성을 잘 보여준다. 비교적 밝은 준항성들은 기울기가 급한 분포 - 더 어두운 준항성의 수가 급격히 증가하는 분포 -

22) 심이 있는 등온구는 중심으로 가면 밀도가 더 이상 증가하지 않고 일정해지므로 밀도가 계속 증가하는 특이등온구보다 렌즈 작용이 약하다.

를 보이는 반면, 어두운 준항성들은 기울기가 완만한 분포 – 더 어두운 준항성의 수가 느리게 증가하는 분포 – 를 보인다. 이제 식 (8.14)를 특정 렌즈 질량분포에 대한 등급변화분포(식 7.31)와 함께 식 (7.27, 7.28)에 대입하면

$$B(m_B) = \begin{cases} 59.5 \times 10^{0.06(19.15 - m_B)} & (m_B < 18.40) \\ 2.50 \times 10^{0.58(19.15 - m_B)} & (18.40 \leqq m_B < 19.15) \\ 2.50 & (m_B \geqq 19.15) \end{cases} \quad (8.15)$$

으로 나타난다. 이는 $m_B \geqq$ 19.15등급인 어두운 렌즈된 준항성들은 원래보다 2.5배 많은 것처럼 보이게 되고, $m_B \leqq$ 18.40등급인 밝은 준항성들은 무려 60배 이상 많아 보임을 의미하므로 렌즈된 준항성에서 이 확대바이어스가 중요함을 알 수 있다.

앞서 설명된 Hewitt–Burbidge 목록에서 예상되는 다상준항성의 수를 좀 더 정확하게 추정하기 위해서는 이 같은 각 선택효과, 은하 심에 의한 효과 및 확대효과 모두를 확대바이어스를 고려하지 않고 예측한 값에 곱해주어야 한다. 그 결과 Fukugita 등은 그림 8.11에 나타난 추정치를 얻었다. 구체적으로 $\Omega_m = 1$, $\Omega_\Lambda = 0$ 우주에서는 약 4개

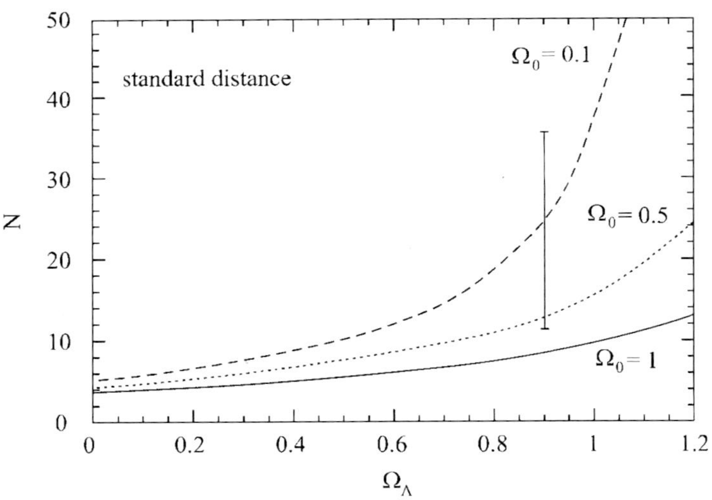

그림 8.11 여러 우주 모형에서 Hewitt–Burbidge 목록에 있는 4250개의 준항성 중 다상렌즈계로 관측될 것으로 기대되는 수. 오차 막대는 이론적 추정 값의 오차를 나타낸다(Fukugita et al. 1992).

(그림 8.11에서 실선 중 $\Omega_\Lambda = 0$일 때의 값), $\Omega_m = 0.1$, $\Omega_\Lambda = 0$ 우주에서는 약 5개(그림 8.11에서 점선 중 $\Omega_\Lambda = 0$일 때의 값), $\Omega_m = 0.1$, $\Omega_\Lambda = 0.9$ 우주에서는 무려 25개(그림 8.11에서 파선 중 $\Omega_\Lambda = 0.9$일 때의 값)로 보정된 값을 얻게 되었다. 그러나 실제 Hewitt-Burbidge 목록에서 발견된 다상준항성계의 총 개수는 약 4개[23]이므로 이론 및 관측 오차를 감안하여도 $\Omega_\Lambda > 0.95$인 평탄 우주는 높은 신뢰도로 배제할 수 있다고 이들은 결론 내렸다(Fukugita & Turner 1991; Fukugita, Futamase, Kasai & Turner 1992).

한편 Hubble 우주망원경 Snapshot Survey는 502개의 준항성을 일관되게 관측하여 6개의 중력렌즈계를 발견하였다. Maoz & Rix(1993)는 그중 상간거리가 특별하게 큰 Q0957+561과 Q1120+0154를 제외한 4개의 중력렌즈계를 샘플로 택하고 그 수와 상간거리 분포를 실제 관측된 표면밝기 분포와 역학적으로 결정된 광도-질량비를 적용하여 구한 조기형 은하들의 질량분포에 의해 중력렌즈될 경우 예상되는 중력렌즈계의 수와 비교하여 암흑등온 헤일로(dark isothermal halo)가 존재하는 경우에만 샘플에서 나타난 상간거리 2″ 이상인 중력렌즈 수를 설명할 수 있음을 보임으로써 조기형 은하에는 암흑등온 헤일로가 존재해야 한다고 했다. 하지만 Ω_Λ가 큰 우주모형에서는 조기형 은하에 헤일로가 없는 경우에는 상간거리가 작은 중력렌즈들이 너무 많이 생기게 되고 헤일로가 있는 경우에는 전체 중력렌즈가 너무 많이 생기게 되므로 Ω_Λ가 대략 0.7보다 작아야 한다고 결론내렸다.

(다) 최대가능도 방법

이렇게 어떤 준항성이 여러 상으로 렌즈될 확률이나 아니면 특정한 상간거리로 렌즈될 확률 둘 중 하나를 택해서 모형을 검증할 수도 있지만, 각 중력렌즈계에서 관측된 모든 정보를 다 활용하여 우주론이나 은하 모형을 검증하는 것이 가장 이상적일 것이다. 이 경우 가장 편리하게 쓰이는 통계적 방법이 최대가능도(최우도, maximum likelihood) 방법이다(Kochanek 1993).

---

23) 여러 개의 은하나 은하단의 도움에 의해 렌즈된 경우 등 이론적 가정과 다른 경우를 포함하고 안 하고에 따라서 이 개수는 최저 2개에서 최고 9개에 이른다.

총 N개의 준항성 표본이 있다고 하자. 그중 i-번째 ($i = 1 \cdots N$) 준항성이 다상렌즈될 것으로 예측된 확률을 p_i라고 하고 실제 총 N_L개의 준항성이 다상렌즈된 것으로 관측되었다고 하자. 이 경우 N_L개가 다상계로 렌즈되고 나머지 $N_U \equiv N - N_L$개는 렌즈되지 않게 관측될 가능도함수(우도함수, likelihood function) P는

$$P = \Pi_{i=1}^{N_U}(1-p_i) \cdot \Pi_{i=1}^{N_L} p_i \tag{8.16}$$

가 되어 $p_i \ll 1$일 경우

$$\ln P = -\sum_{i=1}^{N_U} p_i + \sum_{i=1}^{N_L} \ln p_i \tag{8.17}$$

로 적을 수 있다. 여기서 확률 p_i는 우주론 모형, 은하들의 종류 및 수밀도 모형의 계수들에 따라 다른 값을 가지므로, P도 모형에 따라 상대적으로 큰 값이 될 수도 있고 작은 값이 될 수도 있을 것이다. 문제는 P가 최대 값일 때 비해 상대적으로 얼마나 작으면 이론적 모형이 관측과 상충한다고 검증할 수 있는가 하는 것이다. 통계적으로 가능도 함수의 최대값 $P_{\max}$는 모형의 계수들에 대한 최적추정자(best estimator)이며, 특히 가능도 함수 대 최대값의 비의 대수값 $-2\ln(P/P_{\max})$은 χ^2-분포에 점근(asymptotic)하므로 이로부터 특정한 P값이 나타날 확률이 얼마인지를 알아낼 수 있다(Lupton 1993, 9.5절 참조).

예를 들어 p_i를 특정한 렌즈가 관측된 것과 같은 상간거리를 가질 확률이라고 하면 $P/P_{\max}$는 이 확률을 계산하는 데 사용된 모형의 계수들, 예를 들어 Ω_m과 Ω_Λ에 따라 달라진다. 따라서 특정한 $(\Omega_m, \Omega_\Lambda)$을 택했을 때의 가능도의 비 $P/P_{\max}$를 확률로 변환할 수 있다. 그림 8.12는 은하들의 특성에 대해 적당한 가정을 하고 특정한 다상렌즈 준항성 샘플을 택하여 여러 $(\Omega_m, \Omega_\Lambda)$에 대해 이 확률을 계산한 결과를 등고선으로 보여주고 있다. 등고선의 중심인 $\Omega_m = 0$, $\Omega_\Lambda = 0.65$은 이 같은 우주모형에서 관측된 것과 같은 상간거리들을 가진 다상준항성계가 나타날 가능도가 상대적으로 가장 높음을 보여준다. 그 다음 68로 표시된 등고선은 이 같은 중력렌즈계가 관측되는 우주모형이

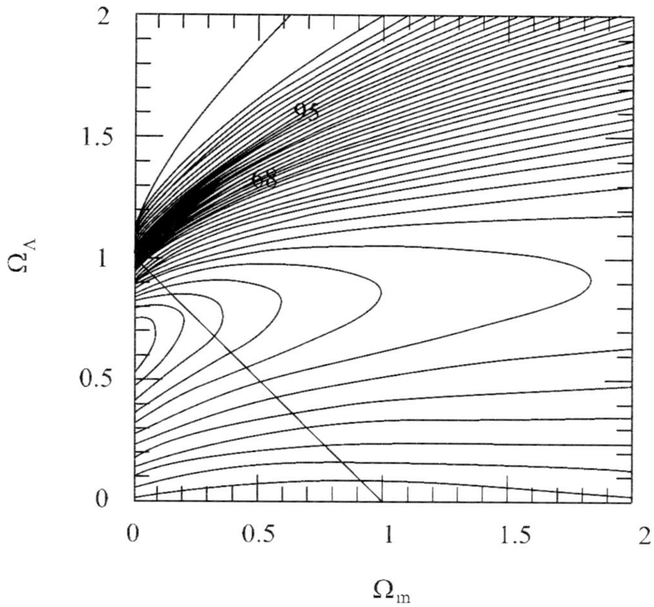

그림 8.12 가능도 등고선의 한 예. 특정한 은하 모형들을 가정하고 어떤 우주론 모형에서 관측된 것과 같은 중력렌즈 샘플들이 얻어질 가능도가 얼마나 큰지를 보여준다. 가로축은 우주밀도, 세로축은 우주상수이다.(그림: 이현아)

이 등고선 안에 있을 확률이 68%이고, 95로 표시된 등고선은 이 확률이 95%임을 나타낸다. 통계적 검증의 특성상 $\Omega_m = 0$, $\Omega_\Lambda = 0.65$인 우주 모형만이 잘 맞는 모형이라고 말할 수는 없지만 95% 등고선 밖의 우주 모형은 95%의 신뢰도로 관측자료와 상충됨을 말해준다. 물론 은하들의 특성을 나타내는 여러 인수 - 예를 들어 Φ^* 나 σ_v^* - 들을 달리 선택하면 다른 가능도 지도가 얻어진다. 즉 우주론 모형에 대한 검증 결과는 은하 특성에 대한 정보의 정확도에 따라 달라진다. 반대로 다른 관측들에 의해 우주론 모형이 정확하게 알려져 있다면 은하들의 여러 특성 인수들을 검증하는 것도 가능하다.

Kochanek(1996b)은 이 방법을 당시까지 알려진 다상중력렌즈계에 적용하여 95%의 신뢰도로 $\Omega_\Lambda < 0.66$임을 보였다. 이는 당시로서는 관측을 통해 우주상수 값을 가장 잘 제약한 예로 널리 인용되었다. 하지만 바로 이어서 타원은하가 렌즈로 작용한 7개의 준항성 중력렌즈계를 이용하여 우주론 모형을 검증한 임명신, Griffiths &

Ratnatunga(1997)의 연구에서는 $\Omega_\Lambda + \Omega_m = 1$인 평탄한 우주모형의 경우 $\Omega_\Lambda = 0.64^{+0.15}_{-0.26}$로 $\Omega_\Lambda < 0.66$ 한계와 겨우 부합되지만 $\Omega_m = 1$, $\Omega_\Lambda = 0$ 모형은 97%의 신뢰도로 배제되고 있어 Kochanek(1996b)의 결과와는 다른 결과를 보여주었다. Chiba & Yoshi(1997, 1999) 또한 Hubble 우주망원경 Snapshot Survey에서 발견된 준항성 렌즈 샘플을 수정된 은하 광도함수에서 유도되는 렌즈될 확률과 비교하여 $\Omega_m = 0.2$, $\Omega_\Lambda = 0.8$ 우주모형이 가장 가능도가 높은 우주론 모형임을 보였다.

그런데 앞서 언급되었듯이 이런 우주론 검증에 활용된 중력렌즈 샘플이 잘 정의된 샘플인지, 또 그 관측 선택 효과들이 제대로 알려졌는가 하는 점은 검증의 결과에 중요한 영향을 미친다. 1979년 이후 1990년대까지 발견된 대부분의 준항성 중력렌즈계들은 우연 등에 의해 그때그때 다른 관측 환경에서 발견된 렌즈계가 대부분이므로 발견되는 과정에서의 관측 선택효과들이 각각 달라서 정확한 통계분석을 어렵게 한다. 예를 들어 해상도가 낮은 지상 관측에서 상간거리가 0.5″ 이하인 중력렌즈가 발견되지 않았다고 상간거리가 0.5″ 이하인 중력렌즈의 존재를 예측하는 모형과 맞지 않다고 할 수 없기 때문이다.

이런 문제들을 극복하기 위해서는 정해진 망원경과 검출기로 관측 선택효과가 잘 정의된 일관된 측량관측을 해야 하는데 준항성은 드물게 발견되는 천체이고 그중 중력렌즈된 준항성은 더 발견하기 어려워서 통계적으로 의미있는 수의 중력렌즈계를 발견하기 위해서는 많은 천체들을 관측해야 한다. 또한 준항성이 어둡거나 중력렌즈된 상들 간의 각거리가 너무 작거나 밝기 비가 큰 경우에도 발견하기 어려워지므로, 렌즈계를 발견할 가능성이 높은 목표 천체들에 대해 밝기의 비가 크고 각거리가 작은 다상계까지 잘 발견할 수 있는 측량관측을 해야 한다. 구경합성법을 이용한 전파 관측은 각해상도가 높고 강약범위가 상대적으로 크므로 이런 렌즈 측량관측에 적합하다. 6년에 걸쳐 17,000여 개 이상의 평탄 스펙트럼을 가지는 전파광원을 미국 VLA와 영국 Jodrell Bank의 전파망원경으로 조사한 Cosmic Lens All-Sky Survey(CLASS)는 SDSS를 제외하고는 가장 대규모의 균질한(homogenous) 중력렌즈 측량관측으로 지금까지 총 22개의 다상중력렌즈계를 찾았다(Myers et al. 2003; Brown et al. 2003). 그중 8958개의 전파원에서 발견된 13개의 중력렌즈계는 통계적으로 잘 정의된 샘플이다. 채규현(2003)은 이 샘플을 은하 측량관측에서 결정된 은하 광도함수와 Faber-Jackson 및 Tully-Fisher 관계를 따르는 특이등온타원체(singular isothermal ellipsoid) 은하들에 의해 렌즈될 경우의 통계적 특성과 비교하여 우주론 인수들과 은하의 특성을 결정하였다. 2dF 은하 적색이동 측량관측(Folkes et al. 1999)에서 결정된 은하 광도함수를 선택할 경우 예상되는 렌즈될 확률과 특정 상간거리 및 상의 수와 렌즈의 적색이동 값을 가질 확률로 구성된 가능도는 그림 8.13과 같다. 가장 가능도가 높은 모형들은 $\Omega_m > 0.5$, $\Omega_\Lambda > 1$로 $\Omega_m + \Omega_\Lambda = 1$에서 벗어난 양으로 휜 모형($k = +1$)이며 $\Omega_m + \Omega_\Lambda = 1$인 평탄 모형($k = 0$) 중에서는 $\Omega_m = 0.31$, $\Omega_\Lambda = 0.69$인 모형이 가장 가능도가 높아서 다른 관측 결과들로부터 선호되는 조화모형(concordance model : Ostriker & Steinhardt 1995) $\Omega_m = 0.35$, $\Omega_\Lambda = 0.65$와 아주 잘 일치하고 있고 제1형 초신성 관측으로 알려진 우주의 가속팽창평탄 모형에 대한 68% 신뢰도 구간은 $0.42 < \Omega_\Lambda < 0.83$, 95% 신뢰도 구간은 대략 $\Omega_\Lambda > 0.1$이며, $\Omega_m = 1$, $\Omega_\Lambda = 0$인 모형은 95% 이상의 신뢰도로 배제됨을 알 수 있다. 즉 우리는

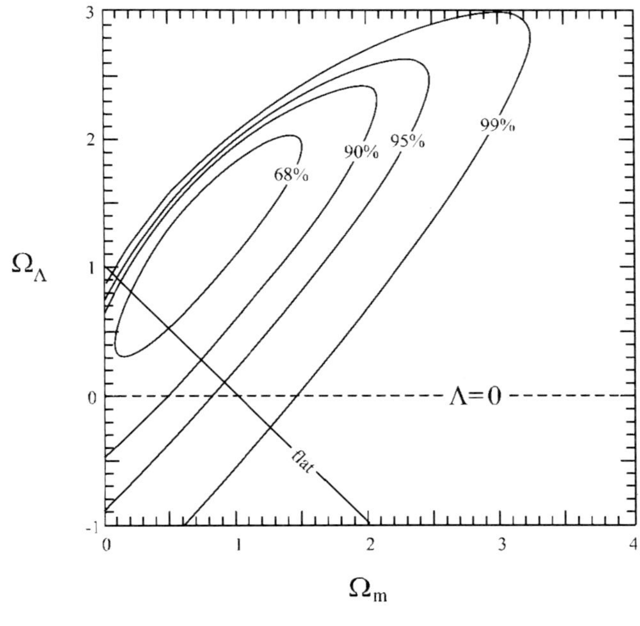

그림 8.13 CLASS 중력렌즈 샘플로 검증한 우주론 모형의 가능도 지도. 68%, 90%, 95%, 99%로 표시된 영역은 신뢰도 값을 의미하는데, 예를 들어 95% 영역 바깥 쪽에 있는 우주모형에서는 우연에 의해 CLASS 샘플과 같은 중력렌즈가 나타날 확률이 5% 이하임을 의미한다(채규현 2003).

95%의 신뢰도로 우주상수 $\Omega_\Lambda > 0.1$인 우주에 살고 있다고 말할 수 있는 셈이다.

한편 SDSS 이전에는 많은 은하의 속도분산에 대한 충분한 관측 자료가 없었으므로 채규현(2003)을 비롯하여 모든 연구에서 은하의 광도함수를 선택하고, 각 은하의 광도는 은하 내 별의 속도분산이나 원반의 회전속도의 거듭제곱에 비례한다는 광도-속도 관계(Faber-Jackson 또는 Tully-Fisher 관계)를 이용하여 은하 속도의 분포를 유도하여 개별 은하에 의해 중력렌즈될 확률과 상간거리를 계산하였다. 그러나 이런 접근 방법은 원래 적지 않은 광도함수의 오차에 광도-속도 관계의 오차가 더해져서 무시할 수 없는 체계적(systematic) 오차를 포함할 수 있다. 그러나 SDSS 관측으로 수만 개 이상의 은하의 중심부(1.5″ 이내) 속도분산 자료가 확보되었으므로 이젠 관측으로 직접 결정된 속도 분포함수를 활용할 수 있게 되었다. Mitchell et al.(2005)는 SDSS에서 결정된 30,000여 개의 조기형 은하의 속도분산 분포함수와 광도함수로부터 은하의 수나 광도 분포의 진화가 없다고 가정하고 렌즈될 확률을 계산하여 이를 채규현(2003)과 같은 CLASS 중력렌즈 샘플에 적용하여 우주론 모형을 재검증하였다. 그림 8.14는 나선은하에 의해 중력렌즈된 경우를 제외한 12개의 CLASS 중력렌즈계를 계산된 상간거리에

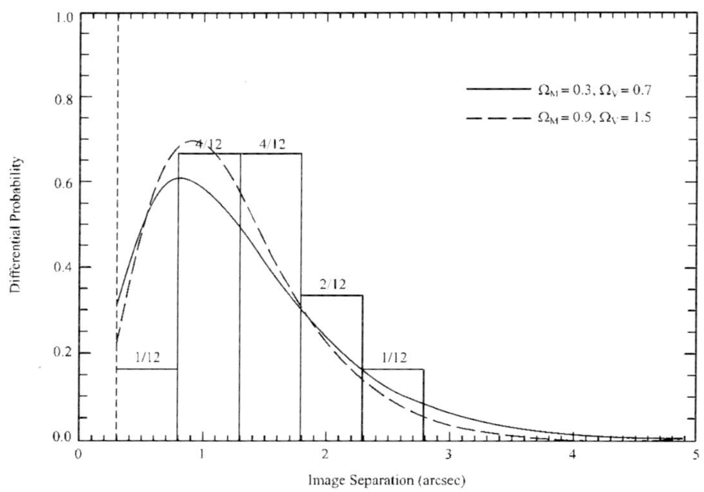

그림 8.14 SDSS 관측에서 결정된 은하 속도분포 함수를 선택했을 때 예상되는 CLASS 중력렌즈계의 상간거리 분포(실선 및 파선으로 표시된 곡선)와 실제 발견된 CLASS 중력렌즈계의 분포(실선 히스토그램) (Mitchell et al. 2005)

따른 분포와 비교한 그림이다. $\Omega_m = 0.3$, $\Omega_\Lambda = 0.7$ 우주모형에서 CLASS 광원들이 중력렌즈될 경우 예상되는 상간거리의 분포가 그림 8.14의 실선으로 표시된 곡선인데 그 평균값은 1.35″이다. 이에 비해 실제 발견된 CLASS 중력렌즈계의 상간거리 분포는 대체로 비슷하지만 약간 더 큰 값으로 이동되어 있는데 그 평균값은 1.56″±0.15″이다. Kolmogorov-Smirnov 통계검증으로 두 분포를 비교해보면 다르긴 하지만 신뢰도가 95%에 이르지는 못한다(Mitchell et al. 2005). 이는 1996년 당시로는 몇 개 안 되는 중력렌즈계의 상간거리 분포를 평탄 우주모형에서의 표준 중력렌즈 통계 모형에 의해 예상되는 분포와 비교했을 때 두 분포가 다르긴 하지만 95% 정도까지의 신뢰도에는 이르지 못한 결론과 비슷하다(박명구 1996).

한편 Kochanek(1996)에서와 같이 렌즈될 확률로 가능도함수를 만들어 12개 CLASS 중력렌즈 샘플로 우주론 모형을 검증해보면 그림 8.15의 왼쪽 그림과 같이 나타나는데 채규현(2003)에서와 같이 양으로 휜 우주상수가 큰 모형($\Omega_m = 0.9$, $\Omega_\Lambda = 1.5$)이 가장 큰 가능도를 보여주고 있다. 흥미롭게도 우주가 평탄하다는 가정을 하지 않을 경우에는 평탄 우주모형이 90% 이상의 신뢰도로 배제되고 있다. 반면에 우주가

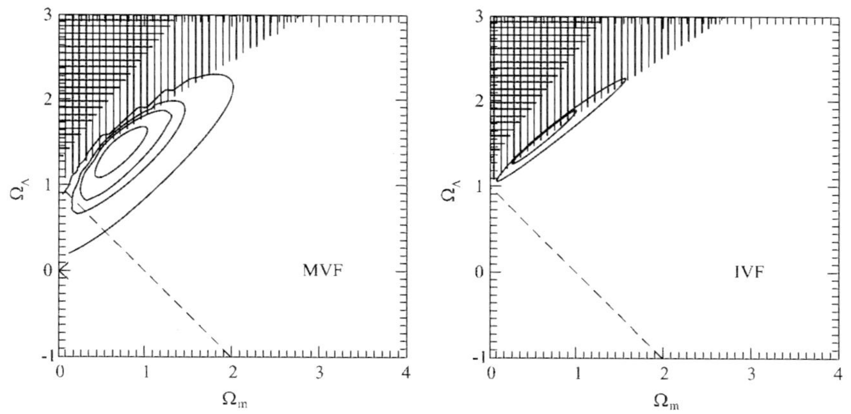

그림 8.15 SDSS 은하 분광자료에서 직접 결정된 속도 분포함수로 우주론 모형을 검증한 결과(MVF, 왼쪽 그림)와 광도함수를 광도-속도 관계를 변환하여 유도된 속도 분포함수(IVF, 오른쪽 그림)로 검증한 결과. 제일 안쪽 등고선부터 68%, 90%, 95%, 99% 신뢰도 영역을 나타낸다. 왼쪽 위 짙은 부분은 Big Bang이 일어나지 않는 우주모형들이다(Mitchell et al. 2005).

평탄하다는 가정을 할 경우에는 95% 신뢰구간이 $\Omega_\Lambda = 0.74^{+0.14}_{-0.28}$로 조화모형과 잘 일치하고 있다.

한편 그림 8.15의 오른쪽 그림은 이전 연구에서처럼 광도함수를 광도-속도 관계로 변환하여 유도된 속도 분포함수를 바탕으로 예측되는 분포를 검증한 결과인데 평탄 가정이 없을 경우에는 모든 평탄 우주모형이 99% 이상의 신뢰도로 배제되고 평탄 가정을 택할 경우에는 $\Omega_\Lambda < 0.9$인 모형은 95% 이상의 신뢰도로 배제되고 있어서 채규현(2003)의 결과와 차이를 보이고 있다.

이렇게 같은 중력렌즈 통계로 검증한 우주론 모형에 대한 결과조차 서로 다른 것은 준항성이 은하에 의해 여러 개의 상으로 중력렌즈되는 확률이나 모습, 예를 들어 상의 수, 상간거리, 밝기 비 등의 특성들이 우주론 모형에 의해서만 결정되는 것이 아니라 준항성의 적색이동에 따른 밝기 또는 개수 변화, 은하의 질량과 개수 등 비(非)우주론적인 요소에 의해서도 달라지기 때문이다. 그중에서도 특히 은하의 질량분포는 렌즈될 확률과 상간거리 분포를, 은하의 수는 렌즈될 확률을 직접적으로 결정한다. 따라서 은하의 질량분포를 규정하는 개별 은하 내 별들의 속도분산이나 은하에 따른 속도분산의 분포가 잘 알려져 있지 않거나 전파 측량관측에서처럼 광원의 적색이동에 따른 광도분포가 잘 알려져 있지 않아서 확대바이어스를 정확하게 추정하기 어려울 때는 중력렌즈 통계로 검증된 결과가 체계적 오차를 포함할 수밖에 없고 따라서 이에 기초한 검증 결과 역시 부정확할 수 있다. 이 외에도 위에서 언급된 중력렌즈 통계들은 한 은하에 의해 중력렌즈되는 경우들만 고려했으니 실제 은하들은 위성 은하 등을 동반하거나 주변에 다른 은하가 있는 경우도 있으므로 그 효과가 중요할 수도 있고(윤소윤 & 박명구 1996; Cohn & Kochanek 2004), CLASS 등 전파 측량관측에서 발견된 중력렌즈계의 상간거리가 광학 측량관측에서 발견된 상간거리보다 체계적으로 작은 것도 고민해야 할 부분 중의 하나이다(Kochanek 2005).

더불어 적색이동에 따른 광원의 광도함수가 잘 알려져 있으면서, 잘 정의된 관측환경에서 고르게 발견된 중력렌즈계의 수가 충분하지 않은 것은 원래 어떤 천체가 중력렌즈될 확률 자체가 낮기 때문에 생기는 근본적인 문제인데 이는 잘 계획된 대규모 측량관측으로만 극복될 수 있다. 2000년 시작되어 2008년 그 관측이 마무리된 SDSS는 약백만 개의 은하와 12만 개의 준항성을 영상 및 분광 관측하였다. Inada et al.(2008)은 전체 SDSS 자료의 절반 정도에 해당하는 Data Release 3에서 확인된 준항성 목록 중 적절한 22,683개에 대해 다상중력렌즈계에게 맞는 형태와 색 등의 조건에 맞추어 검색한 결과 총 220개의 후보를 발견하였다. 방대한 후속 관측을 통해 상들 간의 거리(1″–10″)와 밝기비(>$10^{-0.5}$)가 통계적으로 잘 정의된 렌즈계 11개를 확인하였고, 검출 조건이 잘 정의되지는 못한 렌즈계 11개를 포함하여 총 22개의 렌즈계(그중 7개는 이전에 발견된 렌즈계)를 확인하였다. Oguri et al.(2008)은 검출조건이 잘 정의된 11개의 렌즈계에 대해 특정 우주론 모형과 은하 모형에서 예상되는 렌즈의 수와 상간거리의 분포를 비교하여 우주상수 $\Omega_\Lambda = 0.74^{+0.11}_{-0.15}$(통계적 오차)$^{+0.13}_{-0.06}$(체계적 오차)와 밀도계수 $\Omega_m = 0.26^{+0.07}_{-0.06}$(통계적 오차)$^{+0.03}_{-0.05}$(체계적 오차)의 값을 결정하였다. 이는 임명신, Griffiths & Ratnatunga(1997), Chiba & Yoshi(1997, 1999) 및 채규현(2003)의 결론과 일치하고 제1형 초신성을 이용한 우주 가속팽창 결과(Riess et al. 1998; Perlmutter et al. 1999)와도 잘 일치한다.

8.1.3 과집중

렌즈된 상들의 상간거리는 우주의 기하학적 구조에 의해 극적으로 영향을 받을 수도 있는데 우주 전체가 중력렌즈로 작용하여 광원의 실상(real image)을 우주대척점에 만드는 경우가 이에 해당한다. 이때 만약 관측자가 그 대척점에 있을 경우 광원 바로 옆에 있는 것과 같아서 광원의 밝기는 무한하게 밝아진다. 물론 이런 현상은 대척점이 현재 관측 가능한 우주지평선(cosmic horizon), 정확하게는 입자지평선(particle horizon) 안에 있는 경우에만 가능하고, 우주상수가 0인 표준 Friedmann 우주는 여기에 해당되지 않는다. 하지만 우주상수가 아주 커서 우주가 양의 곡률로 심하게 휘어진 경우 우주대척점이 우주지평선 안에 들어올 수 있고 이럴 경우 원래 광원과 우주 전체에 의해 중력렌즈된 상이 180° 떨어진 방향에 나타나야 한다. 실제 천구 상에서 이렇게 180°로 쌍을 이루어 나타나는 유령상(ghost image)이 있는지를 전파관측으로 찾아보았으나 그 결과는 부정적이었다(Petrosian & Ekers 1969).

이런 별난 우주에서 국부적인 중력렌즈가 일어나면 은하에 의한 렌즈 작용에 우주 전체의 렌즈 작용이 더해져서 렌즈 작용이 너무 심하게 일어나는 현상, 즉 과집중(overfocusing)이 일어나게 된다. 이는 유리 렌즈에 의해 빛을 모을 때 관측자가 초점보다 멀리 있는 경우와 비슷하다. 따라서 은하에 의해 준항성이 렌즈되는 일반적인 경우에는 두 개의 상 가운데쯤에 렌즈 작용하는 은하가 위치하게 되지만 과집중된 경우에는 두 상 바깥쪽에 은하가 위치하게 된다(Gott, 박명구 & 이형목 1989). 따라서 은하가 두 상 사이에 위치한 정상 형태의 중력렌즈계는 일단 우주의 대척점이 이 중력렌즈계의 광원보다 더 멀리 있어야 함을 의미하게 되는데 현재까지 발견된 모든 준항성 중력렌즈계 중에 과집중된 경우는 없으므로 우리 우주의 대척점이 존재하지 않거나 우주지평선 안에 있지 않거나, 있더라도 적어도 중력렌즈된 준항성 중 가장 적색이동이 큰 값보다 대척점의 적색이동 값이 더 커야 함을 의미한다. 우주상수가 있는 표준모형의 경우 대척점의 적색이동이 같은 점을 연결하면 (Ω_m, Ω_Λ) 평면에서 곡선을 이루는데 (그림 8.16) 현재까지 발견된 준항성 중력렌즈계의 적색이동 최대값은 BRI0952−0115의 z=4.5이므로 우리 우주는 z=4.5 곡선 아래에 위치해야 한다(박명구 & Gott 1997).

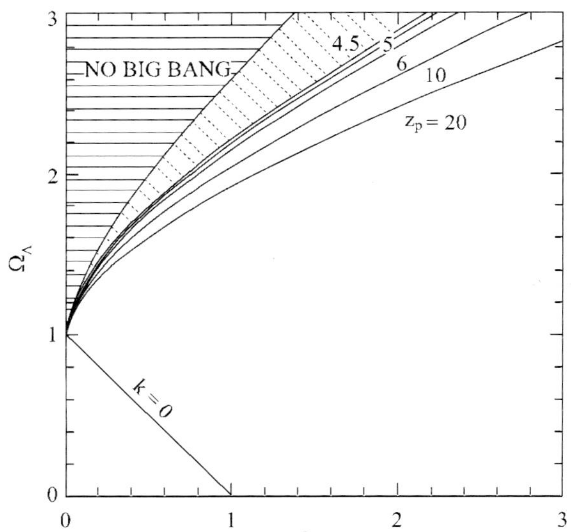

그림 8.16 정상적으로 중력렌즈된 천체들에 의해 배제되는 우주론 모형들. z=4.5인 정상 중력렌즈계는 점선으로 표시된 우주론 모형에서는 발견되지 않아야 한다. 왼쪽 구석에 NO BIG BANG으로 표시된 영역은 Big Bang이 일어나지 않는 영역이다.

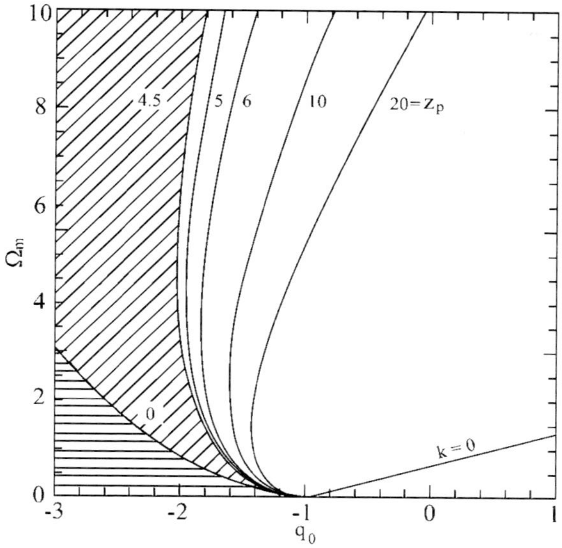

그림 8.17 그림 8.16과 같은 영역을 물질밀도계수 Ω_m 대 감속인수 q_0 공간에 표시한 그림. 아래 왼쪽 수평선으로 칠해진 부분이 Big Bang이 일어나지 않는 영역(박명구 & Gott 1997)

같은 조건을 물질밀도계수 Ω_m 대 감속인수 q_0 공간에 표시하면 그림 8.17과 같이 나타나 감속인수 q_0의 한계를 설정할 수 있다. 이렇게 제한된 우주밀도 및 우주상수의 값은 다른 방법으로 제약된 경우에 비해 그 영역이 넓지만 단 한 경우의 중력렌즈계만 필요하고 앞으로 더 큰 적색이동을 가진 중력렌즈가 발견될 것이므로 계속해서 제한되는 범위가 늘어날 것이다. 다만 그림에서 알 수 있듯이 평탄한 우주모형은 우주대척점이 없고 우주상수가 0, 즉 $\Omega_\Lambda = 0$인 고전적인 Friedmann-Lemaître 우주에서는 우주대척점이 우주지평선 안에 있지 않으므로 과집중에 의한 제약을 받지 않는다.

8.2 중력렌즈 통계와 은하의 특성

빛의 경로는 우주 전체의 기하학적 구조 및 진화과정과 렌즈 작용을 하는 은하 등의 국부적 질량분포에 의해 결정된다. 따라서 우주 전체의 특성에 대해 잘 알고 있을 경우 관측된 중력렌즈들의 성질들로부터 은하들에 대한 정보를 이끌어낼 수 있다.

예를 들어 우주의 구조가 결정되어 있다면 관측되는 다상준항성계의 상간거리는 은하의 질량에 직접적으로 연관되어 있다. 특히 은하에 대한 대부분의 천문학적 연구들은 은하들이 방출하는 빛을 이용한 것이어서 일반적으로 질량과 빛의 분포가 일치하지 않는 경우나 암흑물질 등에 대해서는 제한적인 정보만을 알아낼 수 있는 반면 중력렌즈는 물질들의 종류에 상관없이 질량에 의해서만 결정되므로 빛에 의존한 정보들을 보완할 수 있는 장점이 있다. 다상중력렌즈 준항성들의 통계에 영향을 주는 은하들의 특성은 은하들의 공간적 밀도와 각 은하의 질량분포, 그리고 은하 진화에 따른 이런 은하 특성들의 변화이다.

8.2.1 은하의 질량분포

렌즈 은하들의 질량이나 질량분포에 대한 정보는 관측된 개별 중력렌즈계를 이론적으로 설명하는 과정에서 얻어질 수도 있고 여러 중력렌즈계의 통계적 특성으로부터 얻어질 수도 있다. 우선 전자의 경우를 살펴보자.

6.1.1절에서 상세하게 설명된 Q0957+561에 대한 여러 연구에서 렌즈 은하와 주변 물질 분포에 대해 다양한 모형들을 만들어서 관측된 여러 양들을 설명하려는 시도가 있었다. 그중 채규현 등의 연구를 예로 들어보자(채규현 et al. 1999). Q0957+561은 광학과 전파 영역에서의 여러 관측을 통해 많은 관측 제약 조건들이 알려져 있다. 우선 상 A와 B의 위치, 밝기 비가 가장 기본이 되고 전파 VLBI 관측으로 상 A와 B 모두에서 발견된 제트의 방향과 플럭스 비(flux ratio), 렌즈 은하 G의 위치 등 중요한 제약이 15개이고, 불확실하지만 준항성 외 다른 광원들이 렌즈된 상의 위치와 밝기 비 등을 모두 포함하면 제약이 총 25개가 된다. 그 다음 멱함수 밀도 분포를 가지는 타원형의 렌즈 은하와 근처에 구형의 은하단이 있는 여러 모형들이 이 관측 제약을 얼마나 잘 맞추는가를 조사하였다. 살펴본 모형 중에서 가장 가능성이 높은(most likely) 모형은 편평도가 0.18이고 심의 반경이 0.1pc, 중심 면밀도가 $7.2\times10^{12}M_{\odot}kpc^{-2}$이며 반경이 큰 경우 면밀도가 $r^{-0.72}$(r은 반경)에 비례하여 줄어드는 은하와 각거리 9″ 떨어진 곳에 심의 반경이 15kpc, 중심 면밀도가 $2.5\times10^{9}M_{\odot}kpc^{-2}$이며 면밀도가 r^{-1}에 비례하는 은하단으로 이루어진 모형이었다. 즉 렌즈 은하는 심이 아주 작아서 거의

특이등온구에 가까운 살짝 찌부러진 은하이고 근처에는 은하단이 존재하며 이 은하단의 심은 15kpc라는 것이다. 이렇게 특정 중력렌즈계에서 관측된 정보들은 이론적 모형과의 맞춤을 통해 우주 전체뿐만 아니라 렌즈 작용을 하는 은하나 주변 물질에 대한 정보들을 결정할 수 있게 한다. 그렇지만 이런 방법은 가능한 모든 이론적 모형을 검증한 것이 아니어서 유일하게 일치하는 모형임을 입증한 것이 아니고 다른 모형들도 상대적으로 낮은 가능성을 가진 모형이어서 확정적으로 배제되지 못하는 경우도 많으므로 나름대로의 한계를 지닌다.

이번에는 중력렌즈 준항성계의 통계적 성질을 통해 은하들의 특성을 결정하는 방법을 알아보자. 우선 제7장에서 렌즈 은하들을 주로 특이등온구로 취급하였는데 실제 은하들의 심의 크기는 얼마나 되는지를 중력렌즈 자료들로 검증해볼 수 있다. 은하 중심 심의 존재 또는 크기는 항성역학적으로 중요한 의미를 지닌다. 은하 중심에 초거대질량 블랙홀 등이 있는 경우와 없는 경우 등 은하 중심부 질량분포에 따라 달라지기 때문이다. 그렇지만 대부분의 은하는 아주 멀리 떨어져 있어서 우주망원경으로도 핵이 분해 관측되는 경우는 많지 않다. 더구나 별이나 기체 등 빛을 내는 물질과 암흑물질의 분포는 또 다를 수도 있기에 중력렌즈 자료로부터 모든 종류 질량의 중심부 분포에 대한 정보를 얻는 것은 은하를 이해하는 데 아주 중요하다.

제4장에서 살펴보았듯이 렌즈 중심의 밀도가 특이값을 가지는 점질량이나 특이등온구의 경우에는 3번째 상이 생기지 않지만 심의 크기가 유한한 등온구 등 중심 밀도가 유한한 경우에는 어둡지만 3번째 상이 생기게 된다. 또 렌즈퍼텐셜의 모양이 원형일 경우 일반적으로 3개(중심 3번째 상을 제외할 경우 2개)가 생기지만 원형에서 벗어날 경우 5개(또는 4개)가 생기게 된다. 그런데 현재까지 발견된 대부분의 다상중력렌즈계에서는 렌즈 중심부분에서 생기는 3번째 어두운 상이 발견되지 않고 있고, 상의 수는 2개 또는 4개가 대부분을 차지한다. Wallington & Narayan(1993)은 이 점에 착안하여 렌즈 은하를 속도분산, 편평도, 심의 크기 세 매개변수로 표현하고 발견된 준항성 중력렌즈계의 상의 숫자의 통계적 분포를 이 은하들로 렌즈된 경우 예측되는 값들과 비교하였다. 그 결과 실제 관측되는 은하들의 편평도 분포를 택할 경우 2상 중력렌즈계와 4상 중력렌즈계와의 숫자 비를 대략 설명할 수 있으며, 렌즈 은하들의 심의 크기는 200pc

이하여야 상의 수가 홀수인 경우가 관측되지 않는 이유를 설명할 수 있음도 보였다. 이어서 Keeton, Kochanek & Seljak(1997)도 일반 은하들에서 관측된 축비(axis ratio)의 분포가 관측된 2상 중력렌즈계와 4상 중력렌즈계의 비를 설명하고 각 렌즈 모형에서 요구되는 렌즈 은하 모형의 편평도를 설명하는 데 필요한 축비 분포와 부합됨을 보였다.

Maoz & Rix(1993)는 중력렌즈 통계 연구에서 주로 사용하는 등온구 은하모형에서 벗어나 실제 측광 관측에서 얻어진 표면 밝기 분포에 역학적으로 추정된 질량-광도비를 곱하여 은하의 질량 모형을 만들고 이들에 의한 준항성 중력렌즈 효과를 계산하여 Hubble 우주망원경 Snapshot Survey에서 발견된 중력렌즈계와 비교하였다. 6개의 중력렌즈계 중 2개의 상간거리가 2″보다 크다는 사실로부터 질량-광도비가 일정한 은하 모형으로는 중력렌즈 자료를 설명할 수 없으나 어두운 등온 헤일로가 존재할 경우 자료를 설명할 수 있으며 이 헤일로의 심은 아주 작아야 하며 L^* 은하의 속도분산은 270kms^{-1} 이상이어야 함을 보였다.

한편 Keeton, Kochanek & Falco(1998)는 다상준항성계에 대해 렌즈 은하들에 대한 측광 자료들과 모형 계산을 종합하여 렌즈 작용을 하는 은하들이 대부분 수동적으로 진화하는 조기형 은하이며, 그 색과 길이척도(scale length) 및 편평도가 일반 조기형 은하들과 유사함을 밝혔다. 투영된 질량분포가 일부 강한 조석력이 존재하는 경우를 제외하고는 투영된 빛의 분포와 10° 이내로 일치함도 알아내었는데 이는 암흑물질 헤일로가 은하의 바리온(baryon) 성분들과 강하게 상호작용하고 있으며 별들의 분포와도 많이 어긋나 있지 않음을 뜻한다.

우리 은하에서 볼 수 있듯이 각 은하들은 위성 은하 등 더 작은 규모의 성분들을 포함할 수 있는데 외부 은하들의 경우 너무 멀어서 이런 성분들을 직접 관측으로 확인하기는 어렵다. 그러나 준항성 미시중력렌즈에서와 같이 렌즈작용을 하는 은하들이 더 작은 성분들을 가지고 있으면 그 영향이 상들에 나타나게 된다. 최대 상간거리가 1.3″인 준항성 B1422+231은 적색이동 z=3.62인 4개의 상으로 이루어져 있는데 각 상들의 밝기 비는 전파에서 A:B:C:D=0.98:1:0.52:0.02인데 이는 광학에서의 밝기 비와 차이난다. 이 중력렌즈계를 '단순한' 질량분포 모형으로 설명하려는 여러 시도는 대부분 실패했는데, 상들의 위치는 잘 맞출 수 있었지만 상들의 밝기 비를 맞추는 것이 불가능했기 때문이다. Mao & Schneider(1998)은 이 실패의 이유가 모형이 잘못 만들어진 것이 아니라 은하 자체가 대부분의 준항성 중력렌즈계를 잘 설명하는 일반적인 단순한 질량분포가 아니라 좀 더 복잡한 더 작은 규모의 성분들이 존재하기 때문이라고 주장하였다. Dalal & Kochanek(2002)는 이 같은 렌즈 은하 내의 작은 규모의 성분들이 미치는 영향을 통계적으로 계산하여 이를 4개의 상을 가진 전파 중력렌즈계와 비교함으로써 위성 은하 같은 작은 성분들의 질량이 전체 은하의 약 2%에 이르는데 이는 찬 암흑물질(cold dark matter; CDM) 은하생성 모형의 예측과 잘 일치함을 보여서 은하보다 작은 규모의 질량 성분들을 중력렌즈로 측정할 수 있는 가능성을 보여주었다.

8.2.2 은하의 진화

준항성은 멀리 있을수록 빛이 오는 도중 여러 개의 상으로 중력렌즈될 확률이 높아지므로(7.2.1절 참조) 이들 다상준항성계의 렌즈 은하들은 다양한 적색이동 값을 가지게 된다. 따라서 다상준항성계로부터 은하들의 진화에 대한 정보도 알아낼 수 있으며 다른 은하 진화 연구에서는 은하들이 방출하는 빛의 변화를 연구하는 데 비해 중력렌즈계를 활용할 경우에는 은하들의 질량 또는 퍼텐셜의 진화 과정을 직접 확인할 수 있다. 대부분의 은하 병합(galaxy merge) 모형에서 과거에는 작은 은하들이 많이 있다가 이들이 서서히 병합되어 적은 수의 큰 은하들로 변한다. 따라서 적색이동이 큰 준항성들은 다수의 작은 은하들에 의해 중력렌즈되므로 병합이 없어서 은하의 질량 또는 퍼텐셜이 변하지 않는 은하 모형에 비해 상간거리가 줄어든다. 반면 렌즈될 확률은 은하의 수와 각 은하의 퍼텐셜의 깊이에 의해 결정되어 대략 총 질량에 비례하는데 전형적인 은하 병합 모형에서는 은하 전체의 질량이 대략 보존되므로 은하가 병합되면서 진화하든 그렇지 않든 별 차이가 없다. Rix et al.(1994)은 은하들이 계층적으로 병합되는 모형에서 예상되는 중력렌즈 준항성의 수와 상간거리를 계산하여 이를 Hubble 우주망원경으로 관측된 중력렌즈 준항성 샘플과 비교하여 강한 병합이 일어나는 모형보다는 병합이 없거나 약한 은하 진화 모형이 관측자료들과 더 잘 일치함을 보였다. Mao & Kochanek(1994)도 수축, 병합, 부착(accretion)에 의해 진화하는 은하들에 의해 준항성이 중력렌즈될 확률과 상간거리 분포를 여러 중력렌즈 측량관측 결과와 최대가능성

방법으로 비교하여 대부분의 은하 형성이 적색이동 0.8 이전에 이루어졌으며 조기형 은하들이 나선은하들의 병합에 의해 생성되었다면 이 병합은 적색이동 0.4 이전에 이루어졌고, 큰 은하들이 작은 은하들의 병합에 의해 진화된 것이라면 병합율이 Hubble 시간 H_0^{-1} 동안 2.8번 이하여야 함을 보였다. 박명구 & Gott(1997)도 준항성 중력렌즈계의 적색이동에 따른 상간거리를 은하 병합 모형에서 예상되는 평균 상간거리와 비교하였다(그림 8.18). 또한 채규현 & Mao(2003)는 Cosmic Lens All-Sky Survey 중력렌즈 자료들을 이용하여 렌즈 은하들이 적색이동의 멱함수 형태의 수밀도진화(number density evolution)를 할 경우 적색이동 z=1일 때 조기형 은하들의 밀도는 최소 현재 밀도의 50%, 최대 현재 밀도의 164% 사이여야 하고(신뢰도 68% 구간), 은하들의 속도 분산이 같은 멱함수 형태의 진화를 할 때 적색이동 z=1일 때 은하들의 속도분산은 현재 속도분산의 57%에서 107% 사이에 있어야 함을 보였다.

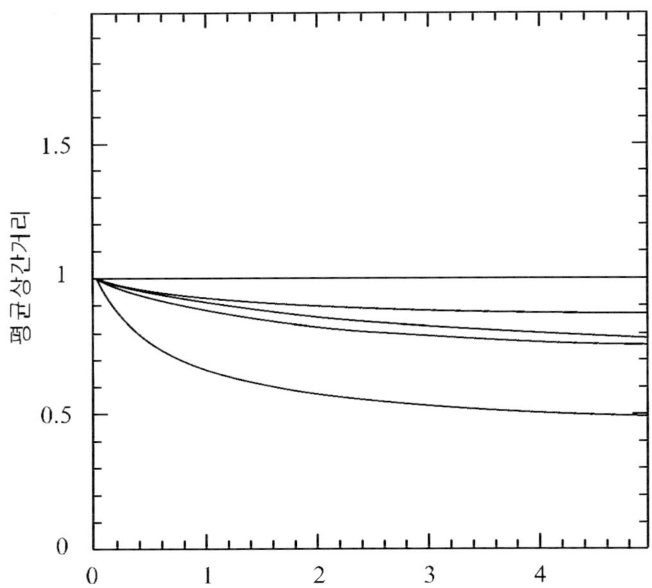

그림 8.18 평탄 우주에서 병합되는 은하들에 의해 렌즈되는 경우 준항성 중력렌즈계의 평균 상간거리(임의 단위). 병합이 없는 경우 상간거리가 실선이고 나머지는 여러 병합모형의 경우이다(박명구 & Gott 1997).

8.2.3 먼 은하들의 모습

중력렌즈는 말 그대로 중력에 의해 렌즈의 역할을 한다는 뜻이고 배경 우주보다 밀도가 높은 질량체에 의해 중력렌즈되는 경우, 즉 은하나 은하단 등 대부분의 렌즈 작용을 하는 천체들은 볼록렌즈의 역할을 하므로 렌즈되는 광원을 크게 확대하고 따라서 밝기도 증가시킨다(3.3절 참조). 준항성의 경우 중력렌즈된 이후에도 크기나 모습이 분해되지 않는 점광원으로 나타나므로 광원의 모습에 대한 정보를 알아내기는 어렵다. 그러나 은하단들에 의해 배경 은하들이 확대되고 밝아진 경우에는 은하단들에 의한 중력렌즈 효과가 없을 경우에는 관측하기 어려운, 아주 멀어서 어두운 은하들을 관측 가능하게 해서 우주의 돋보기 구실을 하게 된다. 6.2.3절에서 설명된 은하단 Cl0024+1654에서 관측된 푸른 호로부터 원 광원의 모습을 재구성한 것이 좋은 예이다. 이런 개별적인 경우 외에도 중력렌즈된 상들의 변형된 모습들의 통계적 특성으로부터 원래 광원에 대한 정보들을 알아낼 수 있다.

Miralda-Escudé(1993b)는 은하단들에 의해 은하들이 호로 중력렌즈되는 경우 전형적인 은하단들에 의해 관측 가능한 호들이 어느 정도 만들어지는지를 계산하였다. 관측 가능한 호의 수는 원 광원의 크기가 커질수록 증가하고 작아질수록 감소하므로 실제 관측된 은하단 내 호의 수와 비교하여 은하단에 의해 호로 렌즈되는 은하들의 크기가 대부분 0.5″ 이상이어야 한다고 추정했다.

8.3 호의 통계

8.3.1 호와 우주모형

멀리 있는 준항성이 은하들에 의해 중력렌즈되는 것과 같은 방식으로 멀리 있는 은하들이 은하단들에 의해 중력렌즈되어 한 개 또는 여러 개의 길쭉한 호로 중력렌즈되어 관측되고 이로부터 광원과 렌즈된 상, 은하단에 대한 관측 정보와 모형 계산을 통해 렌즈 작용하는 은하단의 질량분포나 암흑물질의 양 등을 결정할 수 있음은 이미 6.2절에서 설명되었다. 이 장에서는 은하단 등에서 예상되는 렌즈된 호들의 통계적인 특성을 실제 관측자료들과 비교하여 우주론 인수들을 결정하거나 은하단의 질량분포를 알아내는 방법에 대해 살펴보자.

중력렌즈된 호는 은하단 규모의 질량분포에 대해 알려주며 또한 광원이 적색이동 z~1 정도로 멀리 있는 은하이므로 은하들의 진화에 대한 정보도 제공할 수 있다. Wu & Mao(1996)는 광원의 적색이동 값이 알려져 있지 않다는 점에서 중력렌즈 준항성들과는 다르지만, 우주상수가 있는 우주에서 은하단들에 의해 긴 호가 얼마나 많이 생겨날 수 있는가를 계산하여 평탄 우주의 경우 우주상수가 큰($\Omega_m = 0.3$, $\Omega_\Lambda = 0.7$) 우주는 우주상수가 없는($\Omega_m = 1$, $\Omega_\Lambda = 0$) 우주보다 긴 호가 생길 확률이 2배 정도 더 크다는 것을 밝히고 렌즈될 경우 예상되는 긴 호들의 은하단 중심으로 부터의 각거리 분포도 계산하였다. 특히 $\Omega_m = 1$, $\Omega_\Lambda = 0$ 우주에서는 광원이 되는 배경 만기형 은하들의 수밀도에 대한 특정 진화 모형을 택할 경우 X-선에서 밝은 은하단들의 약 5%가 길이-대-폭 비가 10 이상인 긴 호를 가져야 하는데 이는 Einstein X-선 위성 관측에서 정해진 은하단 샘플 41개의 관측에서 발견되는 확률보다 4배 정도 낮은 값으로 밝혀졌다. 이는 비록 표본이 통계적으로 충분히 크진 않지만 은하단들이 단순한 등온구와는 다른 질량분포를 가지든지 아니면 우주상수 값이 제법 커야 하는 것으로 해석될 수도 있다.

Bartelmann et al.(1998)도 우주상수가 없는 평탄 우주와 열린 우주, 우주상수가 큰 평탄 우주 등 서로 다른 우주모형에서 찬 암흑물질에 의해 은하와 은하단 등이 형성될 경우 첫째로 은하단이 형성되는 시점이 달라지고 둘째로 각 우주모형에서 강하게 중력렌즈되는 정도가 달라짐에 따라 호가 형성되는 확률이 수십 배까지 달라질 수 있음을 수치적 계산으로 보였다. $\Omega_m = 0.3$, $\Omega_\Lambda = 0$인 열린 우주에서 긴 호가 형성될 확률이 가장 크며, $\Omega_m = 0.3$, $\Omega_\Lambda = 0.7$인 저밀도 평탄 우주에서 긴 호가 형성될 확률은 $\Omega_m = 0.3$, $\Omega_\Lambda = 0$인 열린 우주 때의 10분의 1 정도이며 $\Omega_m = 1.0$, $\Omega_\Lambda = 0$인 평탄 우주에서의 확률은 열린 우주 때의 100분의 1 정도밖에 되지 않아 $\Omega_m = 0.3$, $\Omega_\Lambda = 0$인 저밀도 열린 우주 모형만이 실제로 관측되는 긴 호의 수를 설명할 수 있다고 판단하였다. 그 후 제1형 초신성 관측 등으로 우주가 가속팽창하며 이를 설명하기 위해 우주상수가 있어야 함이 확인된 이후에 Bartelmann et al.(2003)은 대수적 계산으로 저밀도 평탄 우주와 저밀도 열린 우주에서 차가운 암흑물질에 의해 은하단이 만들어질 경우 렌즈된 긴 호가 생길 확률이 10배 이상 다름을 다시 확인하였고, 나아가 우주 암흑에너지의 상태방정식 매개변수 w가 증가하면 긴 호가 생길 확률이 증가하긴 하지만 실제 발견되는 긴 호의 수를 설명하지는 못함을 보임으로써 긴 호가 단순한 이론적 예측보다 많이 발견되는 문제는 우주론 모형을 우주상수에서 좀 더 복잡한 암흑에너지 모형으로 바꾼다고 해서 해결될 문제가 아니라 은하단 자체나 은하단의 진화 과정에 대해 우리가 아직 이해하지 못하고 있는 부분이 있다고 의심하였다.

한편 Li et al.(2005)은 대규모 우주론 N-체 수치모의실험(N-body numerical simulation)에서 찾은 은하단들이 일양분포(uniform distribution)를 가지는 타원형의 광원들을 중력렌즈하는 경우를 계산하여 광원의 크기와 타원율이 긴 호가 생성되는 확률에 미치는 영향을 계산하였으나 확률에 큰 영향은 없었으며 이론과 관측 둘 다에 내재한 불확실성에도 불구하고 여전히 실제 관측되는 긴 호의 수보다 적게 예측된다고 결론 내렸다. 또한 *Wilkinson Microwave Anisotropy Probe*(WMAP) 위성으로 관측된 우주배경복사 자료에서 결정된 우주모형에서도 여전히 적은 수의 긴 호가 예측되어서 은하단에 의해 긴 호가 만들어지는 중력렌즈 과정에 대해 광원이든 은하단이든 우리가 아직 제대로 이해하지 못하고 있는 부분이 있음을 다시 확인하였다. 이런 어려움은 은하들에 의해 준항성이 중력렌즈되는 경우에서도 그랬지만 중력렌즈 자체가 우주전체의 효과와 국부적인 중력의 효과가 동시에 작용한 결과이므로 둘 중의 하나를 정확하게 알고 있지 못한 경우 나머지를 정확하게 이해할 수 없게 되는 중력렌즈 연구의 일반적인 어려움이라 하겠다.

8.3.2 호와 은하단

호는 주로 은하단의 중력에 의해 만들어지므로 호의 특성들을 연구하면 은하단의 질량이나 질량분포에 대해 알아낼 수 있다. Miralda-Escudé(1993a)는 은하단에 의해 긴 호가 만들어지는 경우 그 호들의 폭, 곡률, 늘어진 방향 등 관측 가능한 양에 대한 확률분포를 계산하여 이를 관측된 호들에서 측정된 양들과 비교하였다. 이 중 호의 곡률반경(radius of curvature)은 광원의 크기나 모양과 무관하게 렌즈 작용하는 은하단의 퍼텐셜에 의해 결정되는 중요한 양인데 이 곡률반경은 대부분의 경우 임계반경(critical radius)과 비슷하며 은하단 심의 반경보다 작지 않게 나타난다(그림 8.19).

또한 심의 크기가 클수록 또 은하단의 타원율이 증가할수록 그 값이 증가하는 경향을 보여주고 있어서 관측된 호의 곡률반경 분포로부터 렌즈 작용하는 은하단의 심의 크기의 상한 값을 결정할 수 있고 그 값은 X-선으로 관측된 은하단 기체들의 심의 크기보다 작은 것으로 밝혀졌다. 호의 방향도 곡률과 더불어 은하단에서 호 내부 질량 윤곽에 대한 추가 정보를 제공하는데 이로부터 A963 은하단의 질량분포는 중심으로 갈수록 특이등온구보다 천천히 증가함을 보일 수 있고 다른 은하단들은 중심 성분이 1개 이상이며 그 분포는 은하단 내 은하들이 보여주는 분포 구조를 대략 따르고 있음도 보일 수 있었다. 마지막으로 Miralda-Escudé는 시선 방향으로 길쭉하게 위치한 은하단이 호를 만들 확률이 더 크므로 호를 가진 가장 크고 밀도가 높은 은하단은 시선 방향으로 정렬되어 있는 은하단이라고 주장하였다.

대부분의 은하단에 의한 중력렌즈 계산들은 은하단이 구형으로 근사될 수 있다고 가정하고 있으나 Oguri, 이정훈 & Suto(2003)는 은하단이 비구형일 경우 호가 만들어질 확률이 적지 않게 달라질 것으로 예상하여 우주론 N-체 수치모의실험에서 나타나는

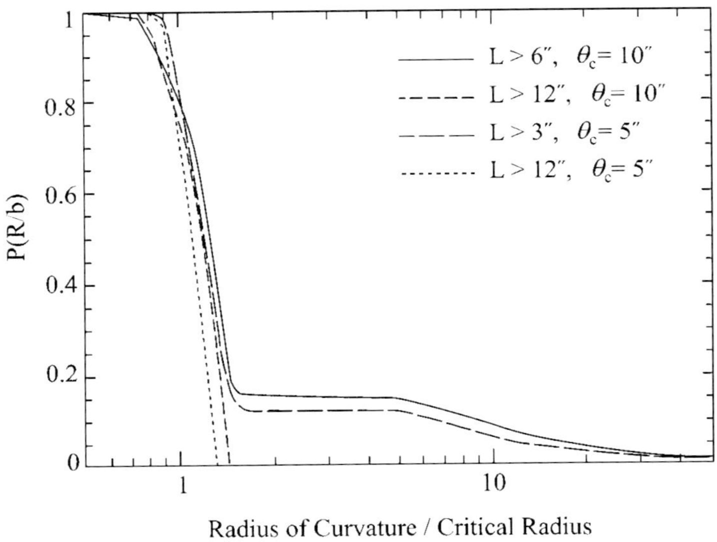

그림 8.19 은하단에 의해 중력렌즈되어 나타나는 호의 곡률반경의 누적확률분포. 곡률반경은 렌즈 작용하는 은하단의 임계반경과 대체로 비슷함을 보여주고 있다(Miralda-Escudé 1993a).

은하단의 축비 분포를 추정하고 이런 3축(triaxial) 은하단에 의해 중력렌즈 호가 만들어질 확률을 계산하여 구형대칭 은하단의 경우보다 그 확률이 증가함을 보였다. 이를 통해 앞서 설명되었던 우주상수가 있는 평탄 우주에서 은하단에 의해 호가 만들어질 확률이 관측된 확률보다 작았던 문제점을 설명할 수 있고, 또한 이는 거대 구조형성 이론에서 중요한 역할을 하는 암흑물질들이 서로 충돌하지 않는(collisionless) 입자들임에 대한 방증이라 결론내리고 있다. 서로 충돌할 수 있는 암흑물질이 있는 우주에서는 그 정도로 비구형인 은하단들이 생기기 어렵기 때문이다.

8.4 준항성

8.4.1 준항성의 광도함수

준항성 중 일부가 은하 등에 의해 중력렌즈되어 여러 개의 상으로 나타나는 경우에 대해서는 상세하게 설명되었다. 그런데 중력렌즈에는 상의 개수 변화 이외에도 상의 확대 또는 축소를 통한 밝기 변화가 동반되는데 대부분의 경우 밝기가 증가한다(3.3절, 3.6절 참조). 이는 준항성들이 중력렌즈에 의해 여러 개의 준항성계로 중력렌즈되지 않는 경우에도 원래 밝기보다 밝아진 준항성들이 생길 수 있음을 의미한다. 앞서 7.2.4절에서 준항성이 중력렌즈될 확률과 관련해서 설명된 확대바이어스가 바로 이 현상을 말하는 것이다. 그런데 이 확대바이어스가 작용하게 되면 우리가 현재 관측하는 준항성들의 겉보기 등급이 원래 등급이 아니라 중력렌즈에 의해 변화된 등급이므로 이에 기초해서 추정된 준항성의 광도함수(quasar luminosity function) 등은 원래와는 다른 값이나 함수 형태를 가지게 될 수 있다.

Canizares(1982)는 우주 전체에 분포한 질량체들에 의해 광원들의 수가 어떻게 달라지는가에 대한 기본적인 효과를 연구했는데, 준항성처럼 빛이 발생하는 영역이 작은 천체의 경우 밀도가 매끈한 은하들보다는 질량에 비해 크기가 작은 별이나 블랙홀, 또는 행성 같은 옹골찬 천체들이 밝기 증가에 더 큰 영향을 미침을 알아냈다. 이어서 Vietri & Ostriker(1983)는 점광원들의 겉보기 밝기(flux) 분포가 전방의 은하들에 의해 얼마나 달라지는지 계산하였다. Schneider(1987)는 이를 유한한 크기를 가진 준항성이 중력렌즈되는 경우로 확장하여 계산하였다. 렌즈로는 옹골찬 천체들이 은하의 형태로 모여 있는 경우와 개별적으로 우주에 고르게 분포되어 있는 경우가 모두 고려되었다. 그 결과 준항성 광도함수의 기울기가 급할 경우, 즉 밝은 준항성의 수가 어두운 준항성의 수에 비해 급격하게 감소하는 경우, 이런 옹골찬 천체들의 중력렌즈 작용에 의해 준항성의 겉보기 광도함수가 크게 달라짐을 확인하였다. 이 효과는 비교적 쉽게 이해될 수 있다. 우선 겉보기 밝기가 F_0인 준항성이 N_0개 있고 그보다 10배 밝은 밝기 $10F_0$인 준항성의 수가 $10^{-3}N_0$개 있다고 가정해보자. 그런데 만약 밝기 F_0인 준항성 1000개 중 한 개가 중력렌즈되어 밝기가 10배로 증가한다고 가정해보자. 이럴 경우 지구에서 밝기에 따른 준항성의 수를 세보면 밝기 $10F_0$인 준항성을 2개, 밝기 F_0인 준항성을 999개 발견하게 될 것이다. 밝기 F_0인 준항성의 수는 거의 변화가 없지만 밝기 $10F_0$인 준항성의 수는 2배 증가한 셈이 되어 원래 준항성의 겉보기 밝기 분포 함수와 많이 달라지게 된다. Schneider는 만약 준항성의 빛 방출 영역이 준항성의 밝기 변화에서 추정되는 정도로 작다면 중력렌즈의 영향이 커서 실제적으로 밝은 모든 준항성들은 중력렌즈에 의해 밝기가 크게 증가한 것이라 주장하였다. 이는 준항성의 원 광도함수를 알아내고자 할 때 반드시 중력렌즈의 효과를 검토해야 함을 의미한다.

8.4.2 은하-준항성 모임과 통계적 중력렌즈

천구 상의 특정 위치에서 준항성 같이 멀리 있는 광원의 수밀도는 중력렌즈에 의해 2가지 영향을 받는다. 첫 번째 효과는 전방의 렌즈에 의해 광원이 밝아지므로 특정한 등급까지 광원의 수를 셀 경우, 원래는 어두워서 관측되지 못하던 더 많은 광원이 이젠 밝아져서 관측되므로 그 수가 증가한다(8.4.1절 참조). 두 번째 효과는 중력렌즈는 대부분 볼록렌즈에 해당하므로 렌즈 방향의 하늘을 확대해서 단위 각 면적 당 광원의 수를 감소시킨다. 이 두 가지 효과는 반대로 작용하는데 일반적으로는 첫 번째 효과가 더 중요해서 준항성 같은 천체의 면 밀도를 증가시키게 된다. 물론 8.4.1절에서 설명한 바와 같이 구체적인 내용은 광원의 광도함수와 렌즈의 특성 등에 따라 달라지게 된다.

Turner(1980)는 전방 은하들에 의한 중력렌즈 밝기 증가에 의해 밝은 준항성들의 개수가 심하게 진화(evolution)하는 것으로 보일 수 있음을 처음으로 의심하였다. 이어

Canizares(1981)는 후방의 천체를 밝게 보이게 해주는 중력렌즈, 즉 전방의 은하에 의해 그 근처 준항성들이 더 밝아져서 특정 등급까지의 준항성 수를 셀 경우 은하 근처에서 준항성의 수 밀도가 증가할 수 있음을 지적하면서, 실제 2000여 개 은하와 주변 밝은 준항성에 대한 분석에서 보여지는 은하와 준항성의 모임(quasar-galaxy association)은 이 중력렌즈의 효과라고 주장하였다. 그러나 Vietri & Ostriker(1983)는 은하 주변에 있는 준항성들이 은하가 없는 맨 하늘에 위치한 준항성들보다 표면 밀도가 더 높아지는 정도를 좀 더 정밀하게 계산한 결과, 은하 주위에 준항성들의 겉보기 밀도가 상당히 증가하기는 하지만 약 3만 개 이상의 은하들을 조사하여야 통계적으로 의미 있는 결과가 나올 것으로 추정했다. 따라서 Canizares(1981)가 약 2000개 은하와 주변 밝은 준항성에 대한 조사에서 은하와 준항성의 연관이 존재함을 발견한 것은 중력렌즈에 의한 효과는 아닐 것으로 결론 내렸다. 이는 중력렌즈로 작용하는 은하나 비슷한 질량체 주위에 준항성 등의 수 밀도가 증가하기는 하지만 이를 통계적으로 명확하게 보여주는 것은 쉽지 않음을 시사하고 있다.

그 후 은하와 준항성 간의 모임에 관한 여러 연구들이 있었지만 통계적으로 의미 있는 결과를 보여주지 못하다가 Webster et al.(1988)이 많은 수의 은하와 잘 정의된 준항성 샘플에 대한 분석에서 준항성이 우연에 의해 은하 근처에 위치할 확률보다 더 자주 은하 주위에 위치하고 있다는 믿을 만한 증거를 보였다. 이 현상을 가장 자연스럽게 설명할 수 있는 방법은 전방 은하들에 의한 중력렌즈이고 그 빈도를 설명하기 위해서는 은하들의 질량분포가 천문관측에서 보이는 은하나 그 헤일로보다 훨씬 더 멀리까지 분포해야 함도 보였다. 이렇게 중력렌즈의 효과가 한 두 천체에 대한 관측을 통해 보여지는 것이 아니라 여러 개의 천체에 약하게 미치는 통계적인 효과로 나타나는 경우를 통계적 중력렌즈(statistical lensing)라 부르기도 하는데, 천구 상의 위치에 따른 확대바이어스의 차이로 생각할 수 있다.

최근에는 대규모 측량관측에 의해 많은 수의 은하와 준항성들이 발견되고 있어서 이 같은 은하-준항성 모임 효과에 활용될 수 있는 샘플의 크기가 커지고 있어 이 효과에 대해 좀 더 정량적으로 정확한 연구가 가능해지고 있다. 그럼에도 불구하고 여전히 어려움은 존재하는데 전방 은하들이 중력렌즈에 의해 배경 준항성을 밝게 만들 수도 있지만 은하에 너무 가까이 오게 되면 은하 내 먼지들에 의해 더 어두워질 수 있다. 이는 중력렌즈의 확대바이어스에 반대되는 효과이므로 두 효과가 동시에 일어날 때 중력렌즈에 의한 효과를 정확하게 찾아내기 어렵게 된다. 게다가 우리 은하 내의 먼지들도 은하-준항성 모임 효과에 영향을 미칠 수 있다. 은하 내 먼지들이 없는 방향에 외부 은하와 준항성들이 집중적으로 관측될 것이므로 하늘 전체로 보아서는 외부 은하와 준항성들이 모여 분포하는 듯한 효과가 생겨날 수 있다. 또한 준항성의 광도함수 기울기에 따라 모임의 효과가 양으로 나타날 수도 음으로 나타날 수도 있다.

비슷한 최신 은하 및 준항성의 자료를 분석하였지만 Myers et al.(2005)은 준항성과 전방 은하들이 음의 상관관계를 보임을 발견한 반면 Nollenberg & Williams(2005)는 양의 상관관계를 발견하였고 그 강도가 찬 암흑물질 은하형성이론에서 계산되는 것보다 크다고 주장하고 있다.

이런 연구들을 종합해보면 준항성같이 멀리 있는 광원들의 수나 공간적 분포는 전방의 은하 등에 의해 분명히 영향을 받지만 그 정도는 준항성의 광도함수, 은하들의 특성과 분포, 은하 내 먼지의 양과 분포 등 여러 가지 요인에 의해 복잡해져서 실제 관측되는 은하와 준항성 샘플에서 그 효과를 명확하게 구분해내기는 어려운 것으로 판단된다.

8.4.3 준항성의 방출영역

준항성은 좁은 영역에서 많은 에너지가 방출되어 멀리서는 별같이 보이지만 밝기는 은하보다 밝아 우주론적 거리에 떨어져 있어도 잘 관측되는 천체이다. 중력렌즈될 확률은 일반적으로 광원까지의 거리가 멀수록 높아지므로 먼 거리에서 잘 보이는 준항성은 중력렌즈의 광원으로 적합하고 따라서 대부분의 다상중력렌즈계의 광원은 준항성이다. 그렇지만 준항성에서 에너지를 방출하고 있는 것으로 추정되는 부착원반(accretion disk) 등으로 이루어진 방출영역(emission region)은 현재의 관측 분해능으로는 직접 관찰할 수 없다. 그러나 장경애 & Refsdal(1979)은 렌즈 은하 내의 별들에 의한 미시중력렌즈는 현미경처럼 광원의 일부분을 확대하여 밝게 보이게 할 수 있음을 보였다.

특히 미시중력렌즈가 일어날 때 광원의 크기가 여러 별에 의해 만들어지는 미시화선

(microcaustic)의 폭에 비해 작을 경우에는 광원 전체나 광원의 상당부분이 확대되어 밝아지므로 밝기의 변화가 크고 변화 속도도 빠르지만, 광원의 크기가 클 경우에는 광원의 일부분만 밝아지므로 밝기가 그대로인 광원의 나머지 부분과 합해질 경우 평균되는 효과가 생겨 밝기의 변화가 두루뭉술해진다(4.9절 참조). 또한 화선과 화선 사이의 간격에 비해 광원의 크기가 작을 경우에는 상이 밝아지는 미시사건(microlensing event)들이 분리되어 나타나지만 광원의 크기가 클 경우에는 밝아지는 미시사건들이 덩어리로 이어져 나타나게 되어 급격한 밝기 변화가 사라지게 된다(그림 8.20 참조). 따라서 다상준항성계의 상에서 미시중력렌즈 현상이 관측될 경우 미시중력렌즈 밝기 변화를 분석하여 준항성의 빛 방출영역에 대한 정보를 알아낼 수 있다.

Einstein의 십자가로도 불리는 렌즈계 Q2237+0305는 6.1.7절에서 설명한 대로

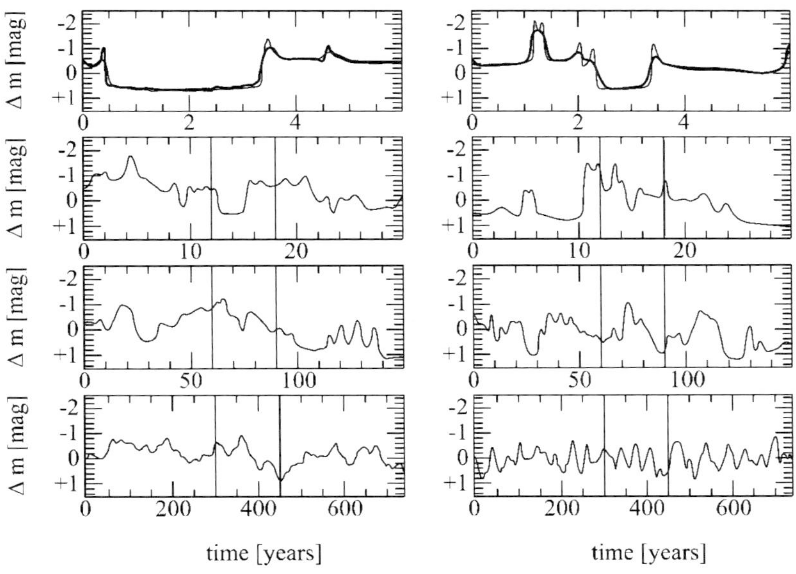

그림 8.20 Q2237+0305에서 예상되는 미시중력렌즈에 의한 상 A의 밝기 변화. 왼쪽 그림들은 관측자가 $600h_{75}^{-1/2}kms^{-1}$ 속도로 층밀림에 대해 평행으로 움직이는 경우이고 오른쪽 그림들은 층밀림에 대해 수직으로 움직이는 경우이다. 맨 위 그림에서 가는 선은 광원의 크기가 $2\times10^{14}h_{75}^{-1/2}$cm 인 경우이고 짙은 선은 $8\times10^{14}h_{75}^{-1/2}$cm인 경우를 보여주고 있다. 아래 세 그림들은 위에서부터 차례로 광원의 크기가 2×10^{15}, 10^{16}, $5\times10^{16}h_{75}^{-1/2}$cm인 경우를 차례로 보여주고 있다. 광원이 클수록 밝기 변화가 작아지고 두루뭉술해짐을 볼 수 있다(Wambsganss, Paczyński & Schneider 1990).

미시중력렌즈 밝기 변화를 관측하기에 아주 적합한 것으로 예상되었고 Irwin et al.(1989)은 4개의 상 중 A상에서 미시중력렌즈로 판단되는 밝기 변화를 발견하였다. 이에 Wambsganss et al.(1990)은 렌즈 은하에 대한 거시적 모형을 기초로 은하 내 별들의 적절한 질량분포를 가정하고 이들에 의한 미시중력렌즈 효과를 광선사격방식으로 계산한 후 예상되는 상의 밝기 변화의 특성을 분석하였다. 광원의 반경이 $2\times10^{14}h_{75}^{-1/2}$cm 정도로 작을 경우에는 미시사건들의 등급 변화가 0.2~1.5등급 정도이고 지속기간은 0.05~0.2년 사이인 반면 광원의 반경이 $8\times10^{14}h_{75}^{-1/2}$cm로 클 경우에는 등급 변화가 0.1~1등급으로 작아지고 지속기간도 0.1~0.5년 정도로 길어짐을 확인하였다(그림 8.20). 이를 Irwin et al.이 A상에서 관측한 22일 동안의 약 0.2등급 변화와 비교한 결과 광원의 반경은 $2\times10^{15}h_{75}^{-1/2}$cm 이상이어야 한다고 결론지었다(Wambsganss et al. 1990). 이어 Rauch & Blandford(1991)는 Irwin et al.의 관측 이후 Corrigan et al.(1991)이 발견한 상 B와 C에서 3년에 걸쳐 0.2등급과 0.4등급의 등급변화를 다양한 준항성 중심부 부착원반 모형이 겪게 되는 미시중력렌즈 효과와 비교하여 부착원반의 크기가 같은 밝기를 지닌 흑체복사 원반 크기보다 3배 이상 작아야 함을 보였다. 이는 부착원반이 비열적 과정에 의해 빛을 내거나 투명해야 함을 의미하게 된다.

한편 위에서 설명된 이런 연구의 결론들은 렌즈를 구성하는 별 등의 질량분포, 준항성 빛 방출영역 등을 어떻게 모형화 하는가에 따라 달라질 수 있으므로 결론의 신뢰도는 사용된 모형의 신뢰도를 넘을 수는 없음을 유념해야 한다.

준항성의 크기 외에도 렌즈가 광원에 대해 천구 상에서 움직일 경우 미시중력렌즈의 화선들이 준항성을 훑고 지나면서 확대하게 되므로 렌즈의 질량분포를 완전하게 알고 있다면 준항성의 2차원 모양을 원칙적으로 재구성할 수도 있다. 하지만 역시 아직 관측과 이론 모형의 정확도가 충분하지 않아서 실제 준항성 중력렌즈계에 적용하기에는 어려움이 많다.

8.5 우주거대구조

지금 우주에서 관측되는 은하, 은하단, 초은하단 또는 그 이상 규모의 우주 구조들은 아주 초기 우주에서 급팽창(inflation)이 일어날 때 만들어진 양자요동(quantum fluctuation)들에 의해 찬 암흑물질(cold dark matter, CDM)로 차있는 우주의 여기저기에 평균보다 약간 더 밀도가 높거나 또는 약간 더 낮은 지역들이 만들어지고, 이들 밀도요동(density perturbation)들에 의해 상대적인 중력의 차이가 만들어지므로 요동들이 점점 더 자라서 만들어진 것으로 생각되고 있다. 그런데 이런 요동들이 자라나는 과정은 배경 우주가 어떤 물질과 에너지로 채워져 있는지, 이 우주가 각 시점에서 얼마나 빨리 팽창하는지 등에 따라 달라진다. 즉 특정 우주론모형마다 과거 우주의 한 시점에 어느 정도의 은하나 은하단들이 어떤 규모로 형성되는지가 달라져서 이들 구조들에 의한 중력렌즈 효과도 달라지게 된다. 따라서 중력렌즈된 천체들의 통계적 특성들에는 우주의 거대구조 형성 과정에 대한 정보들이 숨어 있다.

Keeton(2001)은 당시까지 발견된 모든 중력렌즈계들의 수와 상간거리 정보와 가장 잘 일치하는 조기형 은하들의 모형을 결정하고 이 모형들이 찬 암흑물질 은하형성이론(galaxy formation theory)에서 예상되는 은하들의 특성들과 일치하는지를 점검하였는데 찬 암흑물질 은하형성이론에서 예상되는 은하 중심부는 홀수 개의 상을 가진 중력렌즈계가 별로 없다는 관측 사실을 설명하기에는 그 질량 밀도가 너무 낮은 것으로 나타났으며, 질량 밀도 분포 윤곽(profile)을 바꾸거나 초거대질량 블랙홀이 있다고 해서 해결될 수 없음이 밝혀졌다. 중력렌즈의 일반적 특성들은 주로 kpc 규모의 은하 질량분포에 의해 결정되지만 홀수 상의 존재 유무는 ~10pc 규모의 은하 최중심부 질량분포에 의해 결정되므로 이 부분의 질량분포가 kpc 규모 분포와 특별한 이유에 의해 달라진다면 이 의문점은 해결될 수도 있지만 여전히 이 홀수 상 문제는 은하의 최중심부 질량분포와 이와 관련된 은하 형성 이론에 흥미로운 숙제를 던져주고 있다.

한편 다상중력렌즈 준항성계에서 측정된 시간지연 값들도 은하의 질량분포와 우주의 크기에 의해 결정되므로 관측된 시간지연 값들과의 비교를 통해 은하형성 이론을 검증해 볼 수 있다. Kochanek(2003)은 표준 찬 암흑물질 은하형성 모형에서 전형적으로 예상되는 은하들의 헤일로에 의해 생기는 시간지연 값과 실제 관측된 값을 비교하여 별이나 성간기체 등 광학적으로 관측되는 은하 질량 성분이 암흑 헤일로 질량의 0.2배 이상이어야 Hubble 상수의 값이 다른 관측으로 결정된 값 H_0~70kms^{-1}Mpc^{-1}와 부합됨을 보였다. 그런데 이 값은 우주배경복사에서 결정된 0.15보다 큰 값이며, 여러 천문학적 방법으로 관측된 우리 은하의 가시적인 질량 전체의 값이 은하 회전곡선을 평탄하게 만드는데 필요한 헤일로 질량의 0.1배 정도에 지나지 않는다는 사실과도 상치되는 것이다. 우리 은하 근처 국부적 우주의 팽창속도가 우주 전체의 팽창속도와 달라서 주어진 적색이동 값을 거리로 바꾸는 환산 방법이 국부적으로 특이하다면 이 모순이 해결되긴 하지만 여하튼 시간지연과 찬 암흑물질 은하형성 이론, 국부적 우주 팽창은 서로 무언가 잘 맞지 않는 모습을 보이고 있다.

위에서 언급한 은하의 헤일로 말고도 표준 찬 암흑물질 은하형성 이론에서 예상되는 또 다른 구조들에 의한 중력렌즈 효과를 생각해볼 수도 있다. 일반적인 중력렌즈 준항성계에서 상의 위치는 매끈한(smooth) 은하 질량분포에 의해 쉽게 설명되지만 상들의 밝기 비는 설명하기 어려워 이를 '이상 밝기비 문제(anomalous flux ratio problem)'라고 부른다. 특히 상이 4개인 준항성계에서 거의 붙어서 관측되는 두 상들의 밝기 비나 세 상들의 밝기 비는 더 작은 규모의 질량 구조들이 있어야 설명이 가능하다. 그런데 표준 찬 암흑물질 은하형성 이론은 5~10% 정도의 질량이 은하 헤일로보다 작은 미니헤일로(mini halo) 같은 소구조(substructure)로 존재해야 한다는 예측이 있는데 그 수는 우리 은하 같은 은하 주위에서 관측되는 위성 은하 등의 수보다 많다. 따라서 이 소구조들의 일부는 관측되기 어려운 암흑 성분일 수 있는데 이럴 경우 별에 의해 미시중력렌즈 효과가 나타나듯 이들 소구조에 의한 밀리렌즈(millilensing)[24] 효과가 나타날 수도 있다. Mao et al.(2004)은 표준 찬 암흑물질 은하형성 이론에서 근접한 중력렌즈 상들의 밝기 비에 영향을 미칠 수 있는 성분들의 양을 수치모사계산으로 확인하고 이들에 의한 밀리렌즈 효과를 계산하여 이상 밝기 비 문제가 해결될 수 있는지를 살펴보았다. 그렇지만 찬 암흑물질 은하형성 이론에서 예상되는 소구조의 수와 질량은 관측되는 밝기 비 문제를 해결할 정도에는 미치지 못하는 것으로 확인되었다.

이처럼 중력렌즈는 어떤 규모에서든, 어떤 종류의 물질이든 질량이 있으면 그 효과가

---

24) 별에 의해 상이 마이크로각초(microarcsecond) 정도 거리로 생성되는 것을 미시중력렌즈(microlensing)라고 하는 것처럼 은하보다 작은 규모의 천체들에 의해 상이 밀리각초(milliarcsecond) 정도 거리로 생성되는 것을 밀리렌즈(millilensing)라 부를 수 있다.

나타나므로 원칙적으로는 이런 모든 종류의 우주 질량들에 대한 정보를 알아낼 수 있다. 그러나 실제로는 관측에 의해 결정되는 물리량들이 한정되어 있고 우주 전체의 기하학적 효과와 국부적인 질량들에 의한 효과, 렌즈작용을 하는 천체들의 진화 등 여러 복잡한 요인들이 종합되어 있으므로 이들 각각의 효과들을 분리하여 규명하는 것은 쉽지 않은 일이다.

한편 준항성 중력렌즈같이 우주론적으로 먼 거리에 있는 천체들에서 오는 빛은 우주 전체 시공간의 영향과 렌즈 작용을 하는 여러 천체들의 국부적 중력의 영향을 동시에 받아 중력렌즈 현상을 일으킨다. 그런데 이 모든 천체들의 중력렌즈 영향을 바로 계산하는 것이 쉽지 않아서 대부분의 경우 균질한 우주 내 특정 거리에 있는 한 개 또는 몇 개의 천체에 의한 중력렌즈로 근사하거나 아니면 통계적 접근 방법을 활용하였다. 그러나 컴퓨터의 연산능력이 증가함에 따라 우주 내의 3차원 거대구조 전체가 만들어내는 중력렌즈 계산을 직접 계산하는 것도 가능해지고 있다.

Wambsganss et al.(1995)은 우주론 수치모의 실험을 통해 우주의 3차원 질량분포를 구성하고 이들 전체에 의한 중력렌즈 효과를 직접 계산하였다. 이들은 암흑물질이 가득 찬 우주에서 우주의 물질들이 중력진화하는 과정을 우선 계산하였는데, 강한 중력렌즈 현상이 일어나는 10kpc 규모에서 부터 은하단과 은하단의 거리에 해당하는 100Mpc 규모까지 한 번에 계산하는 것은 불가능하므로 고해상도 작은 규모 계산과 저해상도 큰 규모 계산을 각각 한 다음 그 결과를 적당하게 접합하여 3차원 질량분포 모형을 만들었다. 여기에 5.5절에서 설명한 대로 다른 거리에 있는 질량들에 의한 중력렌즈 효과를 광선사격방법으로 직접 계산하였다. 이를 통해 실제 우주에서 일어나는 약한 중력렌즈, 강한 중력렌즈, 다상중력렌즈 등 모든 중력렌즈 현상을 일관된 방법으로 계산하였고 이를 분석하여 다상 준항성 중력렌즈계가 만들어질 확률, 다상 준항성 중력렌즈의 상간거리분포, 다상중력렌즈계 렌즈들의 적색이동 값 분포 등을 유도하여 이를 관측된 값들과 비교하여 우주상수가 없는 평탄한 찬 암흑물질 우주모형에서는 상간거리가 아주 큰 렌즈계가 현재 관측된 경우보다 더 많이 발견되어야 하므로 이 우주모형은 배제됨을 보였다.

또한 비슷한 방법으로 우주의 거대구조들이 미치는 약한 중력렌즈 효과에 의해 멀리 있는 광원의 밝기가 달라지고, 따라서 제1형 초신성 같은 표준광원을 이용한 거리측정에 0.02~0.04등급까지의 오차가 생길 수 있고, 따라서 이런 표준광원을 이용하여 감속인수를 결정할 때도 1% 정도의 오차가 더해짐을 보였다(Wambsganss et al. 1997).

한편 거대구조 형성의 기본 틀이 되는 암흑물질 외에 바리온(baryon)들의 효과도 연구되었는데 거대구조 형성 시 중심부의 바리온들이 식어서 더 높은 밀도의 덩어리를 은하단이나 큰 은하의 중심부에 형성하게 되면 호나 상간거리가 아주 큰 다상 준항성 중력렌즈계를 만들 가능성이 높아짐도 보였다(Wambsaganss, Ostriker & Bode 2008).

9 약한 중력렌즈

지금까지 논의된 중력렌즈 현상은 렌즈의 중력퍼텐셜이 비교적 강해서 상의 수가 달라지거나 모양과 밝기가 눈에 띄게 달라진 경우들이어서 이를 강한 중력렌즈(strong gravitational lensing)라 부를 수 있다. 이에 비해서 렌즈의 중력퍼텐셜이 약하면 상이 여러 개로 늘어나지도 않고 모양과 밝기가 크게 변하지도 않는다. 하지만 이 경우에도 중력렌즈가 일어났음을 알 수 있는 흔적들이 생기는데 이를 약한 중력렌즈(weak gravitational lensing)라 부른다. 예를 들어서 아래 그림 9.1a는 Hubble 우주망원경으로 관측한 부자 은하단 Abell 2218의 중심 1′×1′ 모습인데 은하단보다 멀리 있는 수많은

그림 9.1 (a) 강한 중력렌즈가 일어나고 있는 은하단 Abell 2218. (b) 약한 중력렌즈가 일어나고 있는 은하단 Abell 3667 [STScI, NED]

은하들이 강하게 중력렌즈되어 호 모양으로 길게 늘어져 있는 것이 뚜렷하게 보인다. 반면에 그림 9.1b는 지상망원경으로 관측한 부자 은하단 Abell 3667의 10′×10′ 모습인데 은하들의 모습에서 렌즈된 흔적이 육안으로는 보이지 않는다. 그러나 이들 은하들의 모습은 은하단의 중력퍼텐셜의 영향으로 약간씩 모양이 일그러지면서 방향성을 가지게 된다. 약한 중력렌즈에 대한 연구는 이 같은 약한 중력렌즈 영향을 찾아내고 이를 통해 렌즈작용을 하는 천체, 은하단 또는 은하들의 질량분포에 대한 정보나 광원의 모습과 밝기에 대한 정보, 우주 전체에 대한 정보 등을 찾아내는 연구이다.

9.1 상의 변형

약한 중력렌즈에서 나타나는 주된 현상은 상의 변형이다. 중력렌즈는 광원의 표면밝기를 보존하므로(3.3절 참조), 관측이 가능한 현상은 은하같이 유한한 크기를 지닌 광원의 일그러진 모습이다. 문제는 모든 은하들이 원 모양을 하고 있지는 않으므로 원래 원 모양의 은하가 렌즈작용에 의해 타원 모양이 된 것인지 원래 타원 모양의 은하를 렌즈되지 않은 상태로 보고 있는 것인지 구별할 수 있어야 한다. 그런데 개별 상에 대해서는 두 경우를 구별하기 불가능하므로 여러 개의 상에 대해 통계적인 접근을 하여야 한다.

은하들의 원래 모습이 타원형인 경우에도 그 방향이 무작위로 분포한다면 이들이 약한 렌즈된 후에는 렌즈 중력장의 조석장(tidal field)에 의해 상들이 방향성을 띠게 된다. 따라서 이 같은 상들의 방향성을 측정하고 이를 이론적 계산치와 비교함으로써 렌즈의 질량분포를 추정할 수 있게 된다. 이를 위해서는 렌즈된 은하 상들의 모양과 크기, 방향을 표현할 수 있는 양을 정의해야 한다.

은하들의 등광도선(isophote)들이 완벽한 타원으로 나타나는 이상적인 경우라면 특정한 밝기의 등광도선의 축비(axis ratio)와 그 안의 면적 등을 사용하면 되지만 실제 관측에서 나타나는 은하들의 등광도선은 완벽한 타원과는 거리가 멀다. 따라서 좀 더 일반적인 경우에 적용 가능한 양을 정의할 필요가 있는데, 2차원 천구에 나타난 상의 밝기 분포로부터 정의할 수 있는 모멘트(moment)들이 이에 해당한다.

상으로부터 구성할 수 있는 1차 모멘트로 상의 중심에 해당하는 2차원 벡터 $\overline{\theta}$ 를

$$\overline{\theta}_i = \frac{\int d^2\theta\, q(I)\, \theta_i}{\int d^2\theta\, q(I)}, \quad i = 1,2 \tag{9.1}$$

와 같이 정의해볼 수 있다. 함수 $q(I) = q[I(\boldsymbol{\theta})]$는 가중치 함수(weight function)인데 $q(I) = I(\boldsymbol{\theta})$ 이면 $\overline{\theta}$ 는 빛중심(center of light)을 나타내게 된다. 그런데 위 적분은 발산할 수도 있으므로 언제나 적분이 발산하지 않는 적당한 $q(I)$ 를 택해야 한다. 예를 들어 표면밝기함수(surface brightness function) $I(\boldsymbol{\theta})$가 $\theta \equiv |\boldsymbol{\theta}| \to \infty$ 일 때 θ^{-2} 보다 느리게 줄어들면 위 적분은 발산하게 된다. 따라서 이런 경우 $q(I) = H(I - I_c)I$ 같이 Heaviside 계단함수(step function)로 가중함수를 정의하면 $\overline{\theta}_i$ 는 한계밝기 I_c 보다 밝은 부분만의 중심을 나타내게 되어 발산하지 않는 양이 된다. 실제 관측에서는 관측의 한계로 인해 한계밝기 이상만을 제대로 관측할 수 있으므로 측정 가능한 빛의 중심은 $q(I) = H(I - I_c)I$일 때의 $\overline{\theta}$ 에 잘 대응된다.

이제 차수를 높여 2차 밝기모멘트(brightness moments)로 이루어진 텐서 Q_{ij} 를 같은 방법으로 정의해보면

$$Q_{ij} = \frac{\int d^2\theta\, q(I)\, (\theta_i - \overline{\theta}_i)(\theta_j - \overline{\theta}_j)}{\int d^2\theta\, q(I)}, \quad i,j = 1,2 \tag{9.2}$$

로 표현할 수 있다. 물론 이 경우에도 이 적분이 발산하지 않도록 $q(I)$ 를 택해야 한다.

이로써 우리가 일반적으로 상의 크기나 모양이라 부르는 양들을 구체적으로 정의할 수 있게 되었다. 예를 들어 보통 (입체각) 크기라고 부르는 양은

$$\omega = (Q_{11} Q_{22} - Q_{12}^2)^{1/2} \tag{9.3}$$

로 정의 가능하고, $q(I)$ 가 계단함수일 경우 이는 한계등광도선(limiting isophote)이

만드는 상의 입체각에 비례한다. 물론 이 정의는 크기와 연결시킬 수 있는 수많은 정의들 중 하나이므로 다른 정의도 가능하다. 그러나 실제 관측에서 유도할 수 있는 양 또는 이와 비교하기 적합한 양이 가장 유용할 것이다.

다음으로 상의 모양을 나타낼 수 있는 복소수 타원율(ellipticity)을

$$\tilde{\epsilon} \equiv \frac{Q_{11} - Q_{22} + 2i\,Q_{12}}{Q_{11} + Q_{22} + 2\,(Q_{11}Q_{22} - Q_{12}^2)^{1/2}} \tag{9.4}$$

로 정의할 수 있다. 만약 상의 등광도선이 축비 $b/a \leqq 1$가 일정한 타원들로 되어 있다면 $\tilde{\epsilon} = (a-b)(a+b)^{-1}\exp(2i\vartheta)$이고 ϑ는 주축(major axis)에 대한 타원의 위치각(position angle)이다. 따라서 복소수 $\tilde{\epsilon}$은 타원의 모습과 방향에 대한 정보를 지니고 있다.

렌즈된 상에 대한 이 같은 정의를 광원에 대해서도 같이 적용하면 광원의 중심에 해당하는 벡터 $\overline{\beta}$와 2차 모멘트 텐서 Q_{ij}^S 및 광원의 타원율 $\widetilde{\epsilon^S}$를 정의할 수 있다.

이제 약한 렌즈의 경우 상과 광원의 위치 및 밝기 분포의 관계를 살펴보자. 앞서 말한 바와 같이 투명한 중력렌즈의 경우 면적밝기, 즉 단위 입체각 당 밝기는 렌즈작용에 의해 변하지 않는 양이므로 광원의 한 점 β에서의 면적밝기 I와 이에 대응되는 렌즈된 상의 한 점 $\boldsymbol{\theta}$에서의 면적밝기 I^S는 같다.

$$I(\boldsymbol{\theta}) = I^S[\beta(\boldsymbol{\theta})] \tag{9.5}$$

특히 광원의 크기가 렌즈퍼텐셜이 변하는 크기척도보다 훨씬 작은 경우 렌즈 사상은 성분이 거의 일정해지므로 Jacobi 행렬(3.5절 참조)

$$\boldsymbol{A} = \begin{pmatrix} 1-\kappa-\gamma_1 & -\gamma_2 \\ -\gamma_2 & 1-\kappa+\gamma_1 \end{pmatrix} \tag{9.6}$$

로 표현하면 렌즈방정식은 선형식

$$\beta = \beta_0 + \boldsymbol{A}(\boldsymbol{\theta}_0) \cdot (\boldsymbol{\theta} - \boldsymbol{\theta}_0) \tag{9.7}$$

이 된다. 여기서 $\boldsymbol{\theta}_0$는 광원 내의 한 기준점 β_0에 대응되는 렌즈된 상에서의 기준점을 나타내고 $\boldsymbol{A}(\boldsymbol{\theta}_0)$는 이 점에서의 Jacobi 행렬이다. Jacobi 행렬을 결정하는 수렴 κ와 층밀림 γ_1과 γ_2는 $\boldsymbol{\theta}_0$에서의 렌즈 면질량밀도 대 임계면질량밀도 Σ_{cr}에 의해 결정되는 양으로 렌즈-광원 각직경거리와 관측자-광원 각직경거리의 비 D_{ls}/D_s에 따라 그 값이 달라진다(3.4절 참조).

식 (9.7)이 말해주는 것은 근처 점들의 사상을 한 기준점에서의 Jacobi 행렬만으로 근사할 수 있음을 뜻한다. 따라서 표면밝기 또한

$$I(\boldsymbol{\theta}) = I^S[\beta_0 + \boldsymbol{A}(\boldsymbol{\theta}_0) \cdot (\boldsymbol{\theta} - \boldsymbol{\theta}_0)] \tag{9.8}$$

로 표현할 수 있게 된다. 이 관계식을 밝기모멘트 Q_{ij}의 정의에 적용하면 상의 2차 밝기모멘트 $\boldsymbol{Q}$와 광원의 2차 밝기모멘트 $\boldsymbol{Q}^S$ 사이에는

$$\boldsymbol{Q}^S = \boldsymbol{A}\boldsymbol{Q}\boldsymbol{A}^T = \boldsymbol{A}\boldsymbol{Q}\boldsymbol{A} \tag{9.9}$$

가 성립함을 보일 수 있다. 이때 $\boldsymbol{A} \equiv \boldsymbol{A}(\boldsymbol{\theta})$는 렌즈면에서의 위치 $\boldsymbol{\theta}$에서의 렌즈 사상의 Jacobi 행렬이다.

앞서 3.5절에서 설명된 것처럼 광원과 상 사이의 사상에 의해 원형의 광원은 장반경대 단반경의 비가 $\boldsymbol{A}$의 고유치의 비

$$\frac{b}{a} = \frac{1-\kappa-|\tilde{\gamma}|}{1-\kappa+|\tilde{\gamma}|} \tag{9.10}$$

인 타원으로 변형된다. 복소수 층밀림 $\tilde{\gamma} \equiv \gamma_1 + i\gamma_2$로부터 환산층밀림(reduced shear) $\tilde{g} \equiv g_1 + ig_2$를

$$\tilde{g} \equiv \frac{\tilde{\gamma}}{1-\kappa} \tag{9.11}$$

로 정의하고, 복소수 변형도(distortion) $\tilde{\delta}$를

$$\tilde{\delta} = \frac{2\tilde{g}}{1+|\tilde{g}|^2} = \frac{2\tilde{\gamma}(1-\kappa)}{(1-\kappa)^2+|\tilde{\gamma}|^2} \tag{9.12}$$

로 정의하면, 식

$$\frac{a^2-b^2}{a^2+b^2} = |\tilde{\delta}| \tag{9.13}$$

이 성립함을 보일 수 있다. 따라서 렌즈된 상으로부터 등광도선 타원의 축비를 측정하면 변형도를 결정할 수 있다. 그러나 이는 광원의 등광도선들이 완전한 원인 경우에만 가능한데 실제 광원인 은하들의 등광도선은 타원이므로 이 방법을 그대로 적용할 수는 없다.

광원이 원이 아닌 경우에는 두 밝기모멘트의 관계식을 이용하여 광원의 타원율 $\widetilde{\epsilon^S}$와 상의 타원율 $\tilde{\epsilon}$ 사이의 관계식

$$\widetilde{\epsilon^S} = \begin{cases} \dfrac{\tilde{\epsilon}-\tilde{g}}{1-\widetilde{g^*}\tilde{\epsilon}}, & |\tilde{g}| \leqq 1 \\ \dfrac{1-\tilde{g}\widetilde{\epsilon^*}}{\widetilde{\epsilon^*}-\widetilde{g^*}}, & |\tilde{g}| > 1 \end{cases} \tag{9.14}$$

을 유도할 수 있다. 위 식에서 조건 $|\tilde{g}| \leqq 1$는 조건 $\det \mathrm{A} \geqq 0$와 같다. 여기서 $\tilde{g}$, $\tilde{\gamma}$, κ는 모두 위치 $\boldsymbol{\theta}$에서의 값이다. 역변환은 $\tilde{\epsilon} \Leftrightarrow \widetilde{\epsilon^S}$, $\tilde{g} \Leftrightarrow -\tilde{g}$로 치환하여 얻어진다. 식 (9.14)에서 두 타원율 사이 관계식이 층밀림 $\tilde{\gamma}$와 수렴 κ, 또는 면질량밀도가 조합된 양인 환산층밀림 $\tilde{g}$에 의해 결정되는 것은 수렴에 의해 상이 전체적으로 확대되더라도 타원의 모양이나 방향은 변하지 않기 때문이다. 예를 들어 $(1-\kappa) \to \lambda(1-\kappa)$, $\tilde{\gamma} \to \lambda\tilde{\gamma}$ 같은 선형변환에 의해 타원율은 전혀 변하지 않는다. 따라서 상들의 타원율

측정으로부터 결정되는 것은 환산층밀림뿐이다. Jacobi 행렬의 모습으로부터도 이 사실을 확인할 수 있는데 Jacobi 행렬을 $\tilde{g}$로 적어보면

$$\boldsymbol{A} = (1-\kappa)\begin{pmatrix} 1-g_1 & -g_2 \\ -g_2 & 1+g_1 \end{pmatrix} \tag{9.15}$$

이 되어 인수 $(1-\kappa)$는 상의 크기를 결정하지 상의 모양이나 방향을 바꾸지는 않음을 확인할 수 있다. 물론 상의 (입체각) 크기 ω와 광원의 크기 ω^S의 비는 확대인수 $\mu \equiv [\det A]^{-1} = [(1-\kappa)^2 - |\gamma|^2]^{-1}$ 와 같다(3.5절 참조).

$$\omega = \mu(\boldsymbol{\theta})\omega^S \tag{9.16}$$

이제 광원이 원이 아닌 경우에도 광원의 타원율을 미리 알고 있을 경우에는 식 (9.14)에 관측에서 얻어지는 상의 타원율을 적용하면 국부적인 환산층밀림 $\tilde{g}$를 결정할 수 있다. 그러나 일반적인 경우 렌즈되기 이전 광원의 모습이 방향이 알려져 있지 않으므로 이 방법을 바로 적용할 수는 없다.

그렇지만 만약 광원들이 모든 방향으로 무작위 분포하고 있을 경우에는 여러 개의 상들에서 나타나는 통계적인 성질로부터 중력장에 대한 정보를 얻어낼 수 있다. 예를 들어 여러 은하들의 상이 기준점에 충분히 가까워서 렌즈퍼텐셜의 수렴이나 층밀림이 거의 변하지 않는 경우를 고려해보자. 이때 원래 광원의 타원율의 기대값(expectation value)은 0이 되어야 한다.

$$< \widetilde{\epsilon^S} > = 0 \tag{9.17}$$

그런데 대부분의 약한 렌즈는 $\det A > 0$일 경우에 해당하고 따라서 식 (9.14)의 기대값을 취하면

$$\frac{\Sigma_i u_i \tilde{\epsilon}_i}{\Sigma_i u_i} \equiv < \tilde{\epsilon} > = \tilde{g} \tag{9.18}$$

가 된다. 즉 관측된 여러 개의 렌즈된 상들로부터 타원율 $\tilde{\epsilon}_i$을 구하고 이에 측정오차나 기준점에서의 거리에 의한 오차 등의 효과를 고려한 가중치 u_i를 곱해서 타원율의 기대값을 구하면 환산층밀림 $\tilde{g}$를 결정할 수 있게 된다(Schramm & Kaiser 1995; Seitz & Schneider 1997). 이렇게 결정된 환산층밀림의 제곱평균(root-mean square) 오차 σ_g는 광원의 원래 타원율의 분산(dispersion) σ_ϵ과

$$\sigma_g \approx \frac{\sigma_\epsilon(1-|g|^2)}{\sqrt{N}} \tag{9.19}$$

의 관계식을 유지하므로 광원의 원래 타원율의 분산이 작을수록 또 사용된 상의 수가 많을수록 오차는 줄어든다. 한편 경우에 따라서는 광원들의 원래 타원율 분포를 알 수 있는 경우도 있는데 이때 오차를 더 줄일 수도 있다. 그러나 원래 타원율의 분포가 거의 가우스분포(Gaussian distribution)를 하는 경우에는 위의 결과와 같아진다. 물론 광원의 원래 타원율을 측정하려면 광원인 은하들이 충분히 밝아야 하고 적색이동이나 관측하는 파장대의 영향을 쉽게 받을 수 있으므로 측정이 간단하지는 않다. 반면에 원래 타원율의 분포는 상의 방향 ϑ로부터 $\tilde{g}$를 결정하는 데 사용될 수도 있다.

이같이 층밀림을 결정하는 과정은 광원의 적색이동이 모두 같지 않고 서로 다를 경우에는 좀 더 복잡해진다. 위에서 사용된 수렴과 층밀림 모두 임계면질량밀도 Σ_{cr}로 환산된 양이어서 광원까지의 거리가 달라질 경우 더 일반화된 식으로 바꾸어주어야 한다.

최종적으로 알고자 하는 양인 면질량밀도 Σ는 $\Sigma = \kappa\Sigma_{cr}$이므로 앞서 결정된 환산층밀림 $\tilde{g}$로부터 층밀림 $\tilde{\gamma}$를 계산하고 이를 다시 수렴 κ로 변환하여야 결정된다. 일반적인 약한 중력렌즈의 경우에는 $\kappa \ll 1$, $|\tilde{\gamma}| \ll 1$이므로 $\tilde{\gamma} \approx \tilde{g}$여서 $\tilde{\gamma}$로부터 κ만 계산해낼 수만 있으면 된다. 두 양을 연결하는 기본 식은 층밀림이 렌즈퍼텐셜

$$\psi(\boldsymbol{\theta}) = \frac{1}{\pi}\int_{R^2} d^2\boldsymbol{\theta}'\,\kappa(\boldsymbol{\theta}')\ln|\boldsymbol{\theta}-\boldsymbol{\theta}'| \tag{9.20}$$

의 2차 미분 $\tilde{\gamma} = 2^{-1}(\psi_{,11}-\psi_{,22}) + i\psi_{,12}$으로 정의되므로 이로부터 복소수 관계식

$$\tilde{\gamma}(\boldsymbol{\theta}) = \pi^{-1} \int_{\mathbb{R}^2} d^2\theta' D(\boldsymbol{\theta} - \boldsymbol{\theta}')\kappa(\boldsymbol{\theta}'), \tag{9.21}$$

$$D(\boldsymbol{\theta}) = -(\theta_1 - i\theta_2)^{-2} \tag{9.22}$$

을 유도할 수 있다. 식 (9.21)이 의미하는 바는 어떤 질량분포 $\kappa(\boldsymbol{\theta}')$가 있으면 그에 대응되는 층밀림 $\gamma(\boldsymbol{\theta})$이 만들어짐을 의미한다. 그림 9.2는 주어진 질량분포(흑백 음영)와 그에 대응되는 층밀림(짧은 흰 막대들) 지도를 보여주고 있다. 질량이 많이 있는 곳(밝은 곳)을 중심으로 둥글게 층밀림이 만들어지는 것을 볼 수 있다.

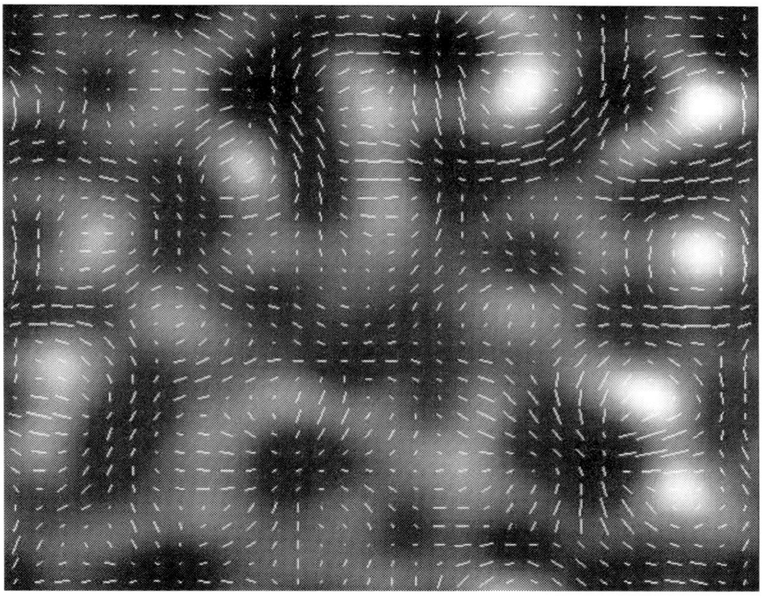

그림 9.2 질량분포(흑백 음영)와 그에 대응되는 층밀림(짧은 흰 막대) 지도(그림 : A. Refregier)

실제 관측을 통해 결정할 수 있는 것은 층밀림이므로 식 (9.21)로부터 수렴 κ를 얻기 위해서는 이 적분을 어떤 방법으로든 뒤집어 표현하여야 한다. Kaiser & Squires(1993)는 Fourier 변환을 이용하여 이 역변환이 가능함을 처음으로 보였다. 수렴 $\kappa(\boldsymbol{\theta})$를 Fourier 변환하면

$$\hat{\kappa}(\boldsymbol{\theta}) = \int_{\mathbb{R}^2} d^2\boldsymbol{\theta}\kappa(\boldsymbol{\theta})\exp(i\boldsymbol{\theta}\cdot\boldsymbol{l}) \tag{9.23}$$

로 표시되고, Fourier 공간에서 $D(\boldsymbol{\theta}) = -(\theta_1 - i\theta_2)^{-2}$는

$$\widehat{D}(\boldsymbol{l}) = \pi\frac{l_1^2 - l_2^2 + 2il_1l_2}{|\boldsymbol{l}|^2} \tag{9.24}$$

로 변환되므로, 식 (9.21)을 말림정리(convolution theorem)를 이용하여 Fourier 변환하면 $\boldsymbol{l} \neq 0$인 경우

$$\hat{\gamma}(\boldsymbol{l}) = \pi^{-1}\widehat{D}(\boldsymbol{l})\hat{\kappa}(\boldsymbol{l}) \tag{9.25}$$

로 주어진다. 양변에 $\widehat{D^*}$를 곱하고 $\widehat{D}\widehat{D^*} = \pi^2$을 적용하면

$$\hat{\kappa}(\boldsymbol{l}) = \pi^{-1}\hat{\gamma}(\boldsymbol{l})\widehat{D^*}(\boldsymbol{l}) \tag{9.26}$$

이 되어 Fourier 공간에서 층밀림으로부터 면질량밀도를 계산하는 것이 가능해진다. 이를 다시 Fourier 역변환하면 면질량밀도 분포 κ는 층밀림 $\tilde{\gamma}$와 D^*의 말림 또는 그의 실수부

$$\begin{aligned}\kappa(\boldsymbol{\theta}) &= \pi^{-1}\int_{\mathbb{R}^2} d^2\boldsymbol{\theta}' D^*(\boldsymbol{\theta}-\boldsymbol{\theta}')\tilde{\gamma}(\boldsymbol{\theta}') + \kappa_0 \\ &= \pi^{-1}\int_{\mathbb{R}^2} d^2\boldsymbol{\theta}' \Re\left[D^*(\boldsymbol{\theta}-\boldsymbol{\theta}')\tilde{\gamma}(\boldsymbol{\theta}')\right] + \kappa_0\end{aligned} \tag{9.27}$$

로 나타난다. 균질질량면(constant mass surface)은 층밀림을 유발하지 않으므로 적분상수 κ_0는 층밀림의 분포와 무관하게 언제나 존재할 수 있다. 적분에서 실수부분만을 취하는 것은 이론적으로는 $\Im(\widehat{D^*}\hat{\gamma}) = 0$이지만 실제 은하단에 적용할 때 κ가 실수가 되도록 하기 위해서이다.

이미 언급한 바와 같이 약한 렌즈의 경우에는 은하 상들의 타원율 평균으로부터 층밀림

$\tilde{\gamma}$를 결정할 수 있으므로 이로부터 구체적인 모형을 가정하지 않고 면질량 밀도 κ를 추정할 수 있다. 이를 은하단 곳곳에 적용하면 은하단 내의 투영된(projected) 질량분포를 알 수 있다. 이 방법은 배경 은하들의 적색이동이 각각 다른 경우나 은하단이 임계 밀도를 초과한 경우($\det \mathrm{A} < 0$)에도 적용되게 일반화할 수 있다. 물론 실제 적용과정에서는 관측 잡음, 시상에 의한 효과 등 포함되거나 보정해주어야 하는 세부 사항들이 많다.

9.2 상의 확대

강한 렌즈의 경우와 마찬가지로 약한 렌즈의 경우에도 광원은 모양이 변형되는 동시에 확대되고 또 더 밝아지게 된다. 또한 그 결과로 광원의 밝기에 따른 개수 분포가 달라진다. 약하게 렌즈된 상들에서 밝기에 따른 개수의 변화나 크기 변화를 감지할 수 있다면 이 또한 렌즈 내의 질량분포를 추정하는 데 이용될 수 있다.

9.2.1. 개수밀도에 미치는 영향

우선 상의 밝기에 따른 개수밀도 변화는 7.2.4절에서 준항성들의 광도함수가 강한 렌즈작용에 의해 달라져서 확대바이어스가 생기는 경우와 같다. 적색이동이 구간 $[z, z+dz]$에 있는 은하들이 렌즈면에서의 위치 $\boldsymbol{\theta}$에서 확대인수가 $\mu(\boldsymbol{\theta}, z)$인 중력장에 의해 상들이 확대되는 경우를 생각해보자. 플럭스가 구간 $[S,\ S+dS]$에 있고 적색이동 구간이 $[z,\ z+dz]$인 렌즈되기 전 광원 은하들의 단위 입체각 당 개수밀도를 $n_0(S,z)$라고 하고 렌즈된 후 은하들의 밀도를 $n(S,z)$라고 하면 렌즈의 확대작용에 의해 플럭스와 입체각 모두 μ배만큼 늘어나서 $S = \mu S_0$, $\omega = \mu\omega_0$가 된다. 상이 여러 개로 생기지 않는 약한 렌즈의 경우에는 광원의 총수와 상의 총수는 같으므로 $n_0(S_0,z)\,dS_0\,d\omega_0\,dz = n(S,z)\,dS\,d\omega\,dz$이고 따라서 밀도는

$$n(S,z) = \mu^{-2} n_0(\mu^{-1}S, z) \tag{9.28}$$

로 μ^{-2}배로 줄어든다. 즉 상의 확대에 의해 단위 입체각 당 밀도가 μ^{-1}만큼 낮아지고

거기에 플럭스의 증가로 인해 주어진 플럭스 구간 당 밀도가 다시 μ^{-1} 만큼 작아져서 총 μ^{-2} 배로 줄어드는 것이다.

반면에 $n(S,z)$ 를 S 에 대해 적분한 양인, 플럭스가 S 보다 큰 은하들의 단위 입체각 당 개수밀도를 $n(>S,z)$ 라고 하고 렌즈되기 전 은하들의 원래 밀도를 $n_0(>S,z)$ 라 하면

$$n(>S,z) = \frac{1}{\mu(\boldsymbol{\theta},z)} n_0\left(> \frac{S}{\mu(\boldsymbol{\theta},z)}, z\right) \tag{9.29}$$

가 되고, 개수밀도 함수의 형태에 따라 이 밀도는 증가할 수도, 감소할 수도 있다. 렌즈된 어두운 상에 대해 분광관측을 통해서 적색이동을 측정하는 것은 어려우므로 다시 모든 적색이동에 대해 합한 총 개수밀도를 구하면

$$n(>S) = \int dz \frac{1}{\mu(z)} n_0(>\mu^{-1}S, z) \tag{9.30}$$

가 된다.

관측에 의하면 어두운 은하들의 개수밀도는 거의 멱함수 형태를 가지고 있다. 예를 들어 렌즈되기 전 은하들의 밀도는

$$n_0(>S,z) = aS^{-\alpha} p_0(z;S) \tag{9.31}$$

로 플럭스의 거듭제곱과 플럭스>S 인 은하들의 적색이동 확률분포함수 $p_0(z;S)$ 의 곱으로 나타난다. 지수 α 의 값은 관측 파장영역에 따라 달라진다. 이를 식 (9.30)에 대입하여 적색이동에 대해 적분하면 플럭스가 S 이상인 렌즈되기 전 은하의 총 개수밀도와 렌즈된 후 은하 상들의 총 개수밀도의 비인 확대바이어스가

$$\frac{n(>S)}{n_0(>S)} = \int dz\, \mu^{\alpha-1}(z) p_0(z;\mu^{-1}S) \tag{9.32}$$

로 주어짐을 알 수 있다. 한편 우변의 적분이 S의 함수이므로 렌즈된 은하들의 개수밀도는 S의 거듭제곱 형태를 가지지 않을 수도 있다. 일반적으로 은하들의 적색이동 분포 $p_0(z;S)$는 알려져 있지 않으므로 확대에 의한 개수 증가는 추정할 수 없다. 그러나 아주 어두운 은하들까지 관측할 경우 적색이동이 큰 은하들이 전체 표본의 대부분을 차지할 것이고, 이때 렌즈작용을 하는 은하단의 적색이동이 아주 작은 경우라면 모든 광원 은하들이 무한히 멀리 있는 경우와 크게 다르지 않아서 $\mu(z)$를 $D_{ls}/D_s = 1$인 경우의 $\mu_0(\boldsymbol{\theta})$로 근사할 수 있을 것이다. 그럴 경우 확대바이어스는 간단하게

$$\frac{n(>S)}{n_0(>S)} = \mu_0^{\alpha-1} \tag{9.33}$$

이고, 렌즈되지 않은 은하들과 렌즈된 은하들을 비교하면 μ_0를 결정할 수 있다. 여기에 상들의 타원율로부터 환산층밀림 $\tilde{g}$가 결정되었다면 식 (9.11)에서 수렴 κ, 나아가 면질량밀도를 알 수 있게 된다.

9.2.2 크기에 미치는 영향

모든 중력렌즈 작용은 상의 (단위 입체각당) 면밝기를 보존하지만 그 크기는 확대할 수 있다. 원래 크기가 ω^S인 광원은 확대되어 크기가 $\omega = \mu\omega^S$인 상으로 나타난다. 그러나 광원이 은하인 경우 어떤 면밝기의 등광도선에 대한 크기로 정의하느냐에 따라 은하의 크기가 달라지므로 크기를 정의하는 데 필요한 면밝기 I를 정확하게 명시하여야 한다. 은하의 크기 ω를 2차 모멘트 Q_{ij}의 행렬식으로 정의할 경우(식 9.3) 면밝기 I와 은하 전체의 밝기에 해당하는 플럭스 S는 $I = S/\omega$로 표현된다.

이제 일정한 크기를 지닌 은하들의 밀도가 렌즈작용에 의해 어떻게 달라지는지 살펴보자. 면밝기가 I이고 적색이동이 z이며 그 크기가 ω인 은하 상들의 입체각 당 밀도를 $n(\omega, I, z)$라하고 렌즈되기 전의 광원의 밀도를 $n_0(\omega, I, z)$라 하면

$$n(\omega, I, z) = \mu^{-2} n_0(\mu^{-1}\omega, I, z) \tag{9.34}$$

이다(식 9.28). 특히 렌즈의 적색이동이 아주 작아서 광원들의 적색이동 차이가 중요하지 않은 경우라면 확대인수 μ는 국부적으로 광원 은하들의 적색이동에 무관한 상수가 된다. 따라서 이 경우에는 특정한 면밝기 I에 대한 은하들의 크기 $\omega(I)$에 대해 평균을 취하면

$$< \omega(I) > = \mu < \omega(I) >_0 \tag{9.35}$$

가 얻어진다. 좌변의 $< \omega(I) >$는 렌즈된 은하 상들로부터 직접 유도되는 양이고 우변의 $< \omega(I) >_0$는 렌즈되지 않은 은하들에 대한 크기이므로 일반적으로는 알려져 있지 않다. 그러나 은하단이나 은하 등 렌즈 작용을 할 수 있는 천체들이 근처에 전혀 없는 빈 하늘(blank field)의 렌즈되지 않은 어두운 은하들을 관측할 수만 있다면 $< \omega(I) >_0$를 결정할 수 있고 따라서 μ와 면질량밀도를 구할 수 있다(Bartelmann & Narayan 1995).

일반적으로 확대 효과 자체를 이용하여 μ를 결정하는 것은 9.1절에서 기술한 상의 타원율로부터 층밀림을 결정하는 것보다 신호-잡음비(S/N ratio)가 더 크다. 게다가 층밀림의 경우에는 렌즈되지 않은 은하들의 타원율의 분포에 대해서 비교적 잘 알고 있지만 확대 효과에서 필요한 렌즈되지 않은 은하들의 개수밀도나 크기 분포는 거의 알려져 있지 않고, 또 아주 어두운 은하들을 관측해야 얻어질 수 있기에 아주 정밀한 측광관측을 요구하는 반면 타원율의 측정은 시상만 좋으면 큰 문제가 없다. 이러한 이유로 대부분의 약한 렌즈 연구에서는 은하 상들로부터 층밀림을 결정하고 이로부터 궁극적으로 렌즈의 질량분포를 결정하는 연구가 대부분을 차지한다.

9.3 은하단에의 적용

현재까지 약한 렌즈 작용으로부터 질량 밀도 분포를 결정할 수 있는 경우는 주로 멀리 있는 은하들이 은하단에 의해 약하게 렌즈된 경우들이다. 이는 은하단이 관측 가능한 약한 렌즈작용을 일으킬 수 있을 만큼 질량이 크고 렌즈 작용이 일어나는 영역

또한 넓어서 충분한 수의 배경 은하들이 렌즈되기 때문이다. 또한 은하단의 경우에는 은하단 구성 은하들의 시선속도 측정이나 은하단 내의 뜨거운 기체에 대한 X-선 관측 등으로부터 질량을 추정할 수 있어서 약한 렌즈에 의해 결정되는 질량분포와 비교 가능하다. 광원이 은하인 이유는 준항성의 경우 은하들에 비해서 밝기는 하지만 천구상의 밀도가 낮아서 한 은하단에 여러 개의 준항성이 겹쳐질 확률이 별로 없는 반면 은하의 수는 어두운 등급으로 내려갈수록 엄청나게 증가하기 때문이다. 최근까지 약한 렌즈가 관측되지 못한 이유는 바로 이를 관측하기 위해서는 넓은 지역에 대해 아주 어두운 등급까지 관측 가능해야 하기 때문이다. 이 같은 이유로 은하단에 의한 중력렌즈 연구는 주로 배경 은하들이 강하게 렌즈되어 호나 호조각으로 나타나는 경우가 먼저 연구되었다. 그러나 Webster(1985)는 은하단같이 질량이 큰 천체들에 의해 배경 은하들의 모습이 변형되고 또 상들의 타원율의 분포로부터 은하단의 질량분포를 알 수 있음을 제시하였고, 이어 Fort et al.(1988)은 대형 호(giant arc)가 발견된 은하단 Abell 370에 어둡고 길쭉한 상들이 보이고 이들이 아주 멀리 떨어진 은하들이 약하게 렌즈된 것이라 추정하였다. 그 후 Tyson, Wenk & Valdes(1990)는 은하단 Abell 1689에 의해 아주 어두운 배경 은하들이 체계적으로 모양이 일그러져 있음을 극도로 민감한 관측을 통해 보였다. 이후로 이같이 약한 렌즈가 일어나는 여러 은하단에 대해 은하단의 질량분포를 결정할 수 있게 되었다.

9.3.1 은하단의 질량분포 재구성

이제 9.1절에서 설명한 층밀림 지도로부터 질량분포를 재구성(reconstruction)해 내는 방법을 실제 은하단에 적용한 예를 살펴보자. 가장 먼저 약한 중력렌즈 현상을 이용하여 질량분포가 유도된 은하단은 적색이동이 0.33인 MS1224+20이다(Fahlman et al. 1994). 이 은하단은 X-선에서 밝게 빛나는 은하단으로 2,000여 개 상들의 타원율로부터 시상의 비등방성(anisotropy)에 의한 효과를 보정한 결과 층밀림의 무늬(pattern)들은 광학과 X-선 관측에서 보이는 밝기중심 주위로 원 모양으로 배치됨이 발견되었고 앞서 기술된 역변환 방법을 적용하여 면질량분포 $\kappa(\theta)$를 결정할 수 있었다. 또한 이를 고리(ring)별로 적분하여 전체 은하단의 질량도 추정하였는데 이 값은 은하단 구성

은하들의 시선속도를 분광관측으로 결정하고 이에 비리얼정리(virial theorem)를 적용하여 추정된 은하단 질량의 약 3배에 달하는 높은 값으로 질량-광도 비로는 무려 $M/L \sim 800h$ 에 해당한다. 이 차이는 아마도 이 연구에서 사용된 단순한 질량분포 재구성법에서 시상 점퍼짐함수(point spread function)의 비등방성에 의한 오차가 보정되지 않아 생긴 것으로 추정된다.

그러나 Squires et al.(1996)이 Abell 은하단 A2218에 비슷한 방법을 적용하여 얻은 질량분포는 X-선 관측에서 추정된 질량분포와 어느 정도 일치함을 보여준다. Hubble 우주망원경으로 관측된 은하단에 대해서도 같은 방법으로 질량분포를 재구성할 수 있다. Hubble 우주망원경 관측의 경우 관측 시야(field)가 좁은 대신 뛰어난 해상도와 어두운 배경하늘(background sky) 때문에 형태가 제대로 측정 가능한 은하 상의 수가 지상관측에 비해서는 훨씬 높다. 따라서 지상 관측에 비해서 더 작은 영역이지만 더 세밀한 질량분포를 재구성해 낼 수 있다. Seitz et al.(1996)이 Hubble 우주망원경 Wide-Field Planetary Camera 2 관측으로부터 약한 중력렌즈 효과로 재구성한 은하단 Cl0939+4713(A851)의 질량분포는 밝은 은하들의 위치와 잘 일치하고 있다.

은하단보다 더 큰 초은하단 규모에 대해서도 같은 방법으로 질량분포를 추정할 수 있다. Gray et al.(2002)은 그림 9.3에 보이는 초은하단 A901/902 지역을 광시야

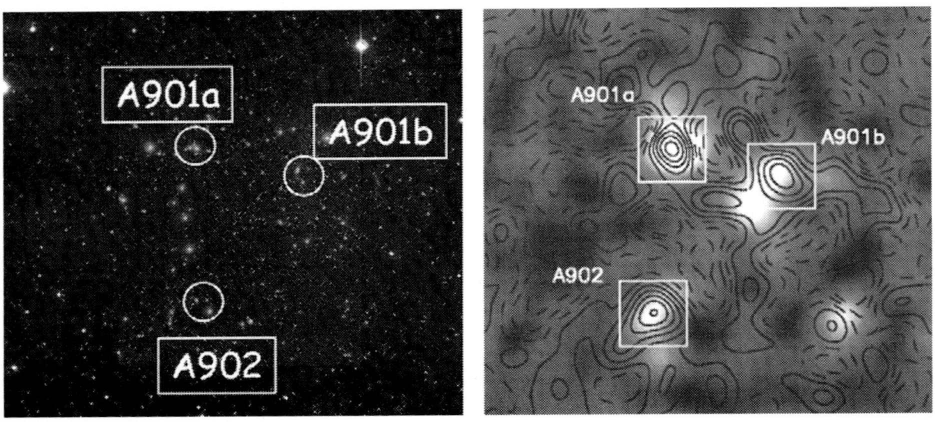

그림 9.3 초은하단 A901/902의 (a) R-band 영상과 (b) 약한 중력렌즈로 재구성한 질량분포 지도 (Gray et al. 2002)

관측하고 점퍼짐함수의 비등방성을 보정하는 복잡한 과정을 거쳐 이 지역의 층밀림지도를 얻었고 이로부터 질량분포를 계산하였다. 그림 9.3b에 나타낸 질량분포의 지도는 대략적으로는 밝은 은하단들의 위치와 일치하고 있으나 최대 질량분포 지역은 은하단 A901b에서 약간 떨어져 위치하고 있음을 알 수 있다. 즉 빛의 분포를 정확히 따르지는 않는 암흑물질들의 영향이 중요함을 알 수 있다.

9.3.2 최대가능성 재구성법

Kaiser & Squires(1993)의 은하단의 질량 재구성법은 관측된 상들의 타원율의 평균으로부터 층밀림을 통해 질량분포를 이끌어내는 직접적인 방법에 해당한다. 이 방법은 관측의 경계(boundary)에 의한 효과나 불규칙한 모습을 지닌 은하단일 경우 또는 전체 중력장이 약하지 않은 비선형 영역에서는 여러 문제점을 지니고 있으나 대부분 보정 가능하다. 그러나 상의 일그러진 방향에만 의존하는 방법에서는 소위 판질량 겹침(mass-sheet degeneracy) 때문에 관측을 만족하는 질량분포가 유일하게 결정되지는 못한다. 이는 9.1절에서 설명된 바와 같이 은하단 전체에 판질량을 더한다고 해도 타원율은 변화하지 않기 때문이다.

이중 준항성 Q0957+561의 렌즈 질량 모형 연구에서 Gorenstein, Falco & Shapiro (1988)에 의해 처음 밝혀진 판질량 겹침의 근본적인 어려움을 극복할 수 있는 한 방법은 은하 상들의 변형 방향(9.1절 참조)과 상들의 확대 정보(9.2절 참조)를 모두 활용할 수 있는 최대가능성 재구성법(maximum likelihood reconstruction)이다(Bartelmann, Narayan, Seitz & Schneider 1996). 이 방법은 층밀림을 이용한 직접 재구성 방법과는 달리 질량분포 재구성에 필요한 다른 정보들, 예를 들어 강한 중력렌즈 작용에 의해 만들어진 큰 호나 호 조각, 또는 다중상(multiple images)같이 질량분포를 제약할 수 있는 여분의 정보들이 있을 때 이를 포함시킬 수 있는 유연한 접근 방법이다.

Bartelmann et al.(1996)이 적용한 구체적인 방법은 우선 관측된 렌즈면 전체에 걸쳐 $(k,\ l)$로 표기되는 격자를 만들고 각 격자마다 국부적으로 평균된 타원율 $\tilde{\epsilon}(k,l)$과 확대인수 $\mu_{obs} \equiv <\omega> / <\omega>_0$ (9.2.2절 참조)를 관측된 상들로부터 계산한다. 그 다음 모형과 관측이 얼마나 잘 일치하는가를 정량화할 수 있는 χ^2-함수를 정의하고

$$\chi^2 = \sum_{k,l}\left\{\frac{|\tilde{\epsilon}(k,l) - \tilde{g}(k,l)|^2}{\sigma_\epsilon^2(k,l)} + \frac{|\mu_{obs}^{-1}(k,l) - \mu^{-1}(k,l)|^2}{\sigma_{\mu^{-1}}^2(k,l)}\right\} \tag{9.36}$$

이 값을 최소화하는 렌즈퍼텐셜 $\psi(k,l)$를 찾는다. 분모의 σ_ϵ는 은하들의 타원율 분산이고 $\sigma_{\mu^{-1}}$은 확대인수의 분산이다. 렌즈퍼텐셜 ψ의 2차 미분으로 표현되는 환산층밀림 $\tilde{g}$와 확대인수 μ는(3.5절 참조) 격자마다 정의된 $\psi(k,l)$의 2차차분(second-order finite-difference)으로 대치할 수 있다. 이렇게 계산된, 매개변수에 무관한(parameter-free) 퍼텐셜 $\psi(k,l)$로부터 질량밀도 분포 $\kappa(k,l)$을 최종적으로 결정할 수 있다. 모의 광원과 은하단에 대해 적용된 이 재구성법은 질량분포 및 총 질량을 만족스럽게 찾아내고 있다. 경우에 따라서는 은하단의 중심부에 더 촘촘한 격자들을 사용해야할 필요성이 있는데 이때는 최대 엔트로피 재규격화(maximum-entropy regularization) 방법을 적용하는 것도 가능하다(Narayan & Nityananda 1986).

9.3.3 은하단의 질량-광도비

현재 지상 또는 우주 관측으로 약한 중력렌즈 효과를 검출하고 이로부터 질량 등이 추정된 은하단은 20개가 넘는다. 이들 은하단의 적색이동 z, 관측된 은하들의 속도분산 σ_{obs}, 약한 중력렌즈 재구성법으로 추정된 속도분산 σ_{WL}과 질량-광도비 *M/L*, 재구성법이 적용된 길이척도가 표 9.1에 정리되어 있다. 이 결과들은 각각 다른 관측 환경과 조금씩 다른 재구성법으로 얻어진 것이므로 직접적인 비교는 문제가 있지만 한두 경우를 제외하고는 대체로 1Mpc 이내의 질량-광도비가 비슷한 값을 가짐을 보여준다. 구체적으로 중간값(median)이 *M/L*~300인 분포를 보이며 최소 약 100에서 최대 1,600 정도까지 분포하고 있다. 약한 렌즈를 이용한 이 은하단 질량 추정에서는 큰 호나 호조각같이 강한 중력렌즈 연구에서 추정된 질량과 X-선 방출 기체 관측에서 추정된 질량과의 차이는 나타나지 않고 있다. 또한 약한 중력렌즈 현상, 예를 들어 은하 상의 타원율에서 추정된 질량과 강한 중력렌즈 현상, 예를 들어 큰 호에서 추정된 질량이 렌즈작용의 강도가 비슷한 영역에서는 서로 부합한다. 이런 사실은 강한 렌즈 효과가 일어나는 작은 척도에서는 X-선 기체들과 암흑물질의 결합이 단순하지 않지만, 약한 렌즈 효과가 일어나는 큰 척도에서는 기체들의 세부적인 상태가 별로 중요하지 않음을 암시한다고 볼 수 있겠다.

9.4 우주거대구조에 의한 약한 중력렌즈 효과

우주 전체 규모에서 고르지 않은 질량분포에 의해 먼 천체들의 상이 변형되거나, 각 크기와 밝기가 달라질 수 있음은 Kristian & Sachs(1966)와 Gunn(1967a,b)에 의해 처음 연구되었다.[25] 그 후 Blandford & Jaroszyński(1981)는 외부 전파원에서 원래 곧은 제트가 비균질한 우주에서 꺾이는 등의 변형된 모습을 보일 가능성을 계산했다. 하지만 실제 은하단을 찍은 사진건판을 조사한 Kristian(1967)의 연구에서 이 같은 효과는 잘 드러나지 않았다. 그 후 Valdes et al.(1983)이 J-등급 22.5에서 23.5 사이에서 임의로 선택한 4만 개의 은하들에서 일관되게 정렬된 흔적을 찾았으나 명확한 결과를 얻지 못했다. 그러나 Kaiser et al.(1998)은 한 초은하단 관측에서 약 3만 개의 어두운 배경은하 상의 변형을 측정하여 이것이 초은하단 내 큰 은하들과 연관되어 있고 이 변형된 상으로부터 질량분포를 재구성해서 관측된 큰 은하들이 대부분 드러나는 것을 보이고 있다. 수치모사(numerical simulation) 계산에서도 은하단같이 작은 규모 구조가 중요할 경우 배경 은하들의 상의 타원율의 분포와 광도 함수가 달라질 수 있는 것으로 나타났다(Webster 1985; Schneider & Weiss 1988; Babul & Lee 1990). 따라서 우주의 거대 구조에 의해 생길 수 있는 중력렌즈 효과는 크게 2가지일 것으로 예상된다. 첫째는 배경 은하들의 개수밀도 분포가 거대 구조와 연관되어 나타나는 일종의 확대바이어스이고, 둘째는 배경 은하 상의 타원율 분포의 변화, 즉 층밀림 무늬(shear pattern)가 거대 구조와 연관되어 나타날 것이다. 7.2절과 8.4절에서 준항성과 은하의 광도함수에 미치는 중력렌즈의 영향에 대해서 이미 살펴보았으므로 여기서는 상의 변형에 의한 효과만 살펴보기로 한다.

---

25) 이론물리학자 R. Feynman은 1964년 비균질한 질량분포가 천체의 각 크기에 미치는 영향에 대해 언급하였다(Gunn 1967a).

표 9.1 약한 중력렌즈 현상이 관측된 은하단과 이로부터 재구성된 은하단의 속도분산과 질량-광도비 및 그 영역(Mellier 1999)

은하단 이름	적색이동	관측된 속도분산	재구성된 속도분산	질량-광도비	길이 척도[26]
	z	σ_{obs}	σ_{WL}	M/L	
		kms^{-1}	kms^{-1}	h_{100}	h_{100}^{-1}Mpc
A2218	0.17	1370	-	310	0.1
A1689	0.18	2400	1200-1500	-	0.5
			-	400	1.0
A2163	0.20	1680	740-1000	300	0.5
A2390	0.23	1090	≈1000	320	0.5
Cl1455+22	0.26	≈700	-	1080	0.4
AC118	0.31	1950	-	370	0.15
Cl1358+62	0.33	910	780	180	0.75
MS1224+20	0.33	770	-	≈800	1.0
Q0957+56	0.36	715	-	-	0.5
Cl0024+17	0.39	1250	-	150	0.15
			1300	≈900	1.5
Cl0939+47	0.41	1080	-	120	0.2
			-	≈250	0.2
Cl0302+17	0.42	1080	-	80	0.2
RXJ1347-11	0.45	-	1500	400	1.0
3C295	0.46	1670	1100-1500	-	0.5
			-	330	0.2
Cl0412-65	0.51	-	-	70	0.2
Cl1601+43	0.54	1170	-	190	0.2
Cl0016+16	0.55	1700	-	180	0.2
			740	740	0.6
Cl0054-27	0.56	-	-	400	0.2
MS1137+60	0.78	859	-	270	0.5
RXJ1716+67	0.81	1522	-	190	0.5
MS1054-03	0.83	1360	1100-2200	350-1600	0.5

26) $h_{100} \equiv H_0/100\text{kms}^{-1}\text{Mpc}^{-1}$

9.4.1 변형의 통계적 특성

은하나 은하단과는 달리 10Mpc 이상 척도에서 우주거대구조는 밀도요동의 비가 $\delta\rho/\rho < 1$이므로 선형건드림(linear perturbation) 이론을 적용할 수 있어서 배경 은하들의 타원율 및 방향 분포의 변화 계산이 좀 간단해질 수 있다. Blandford et al.(1991)과 Miralda-Escudé(1991)는 처음으로 Eddington-de Sitter 우주에서 거대 구조에 의한 상 변형의 통계적 특성, 예를 들어 은하 상의 타원율의 상관함수(correlation function)나 타원율의 제곱평균(rms) 값을 연구하였다. Kaiser(1992)는 이 연구들을 확장하여 상 변형의 각파워스펙트럼(angular power spectrum)이 3차원 질량밀도분포 파워스펙트럼(power spectrum)과 어떻게 연관되는지를 계산하였고, 이는 더 일반적인 우주에 대해서도 적용되었다(Villumsen 1996). 한편 Bar-Kana(1996)는 우주거대구조가 은하나 은하단에 의해 여러 개의 상이 만들어지는 강한 렌즈계에도 작지 않은 층밀림을 보탤 수 있음을 보이고 있다. 이런 일련의 연구들은 우주거대구조에 의한 변형의 진폭(amplitude)의 제곱평균 값은 1% 정도이고 상관길이(correlation length)는 약 1°에 이를 것으로 예상하고 있다. 이 정도의 변형은 현재 관측으로도 발견 가능한 것으로 여겨졌다.

따라서 넓은 영역에 걸친 영상관측에서 층밀림 분포를 이끌어내고 이를 이용하면 우주론 및 은하형성 모형을 검증할 수 있을 것으로 기대된다. 이런 우주거대구조에 의한 약한 렌즈 효과에 대한 연구 방법은 은하 목록이나 우주배경복사 지도에 대한 연구들과 질적으로 유사한 부분이 많아서 후자의 연구들에 많이 활용되는 건드림 이론(perturbation theory)과 통계적 추정량들은 약한 렌즈 연구에도 사용할 수 있다. Bernardeau et al.(1997)은 건드림 이론을 이용하여 수렴 κ의 2번째 및 3번째 모멘트가 우주론 모형 및 우주론 인수에 따라 변하는 정도를 연구하였다. 빛의 진행이 영측지선에서 약간만 꺾이는 선형 영역에서는 여러 개의 렌즈들에 의한 복합적인 효과를 무시할 수 있어서 먼 광원의 빛이 우주거대구조를 가로질러 오면서 겪게 되는 (방향 θ에 대해) 누적된 수렴은 렌즈까지의 거리에 따라 같은 질량밀도에 대해서 수렴이 달라지므로(3.4절의 Σ_{cr} 정의 참조) 이에 대한 가중치를 두어 적분하면

$$\kappa(\boldsymbol{\theta}) = \frac{3}{2}\Omega_0 \int_0^{z_s^{\max}} n(z_s) dz_s \int_0^{\chi_s} \frac{D(\chi_l, \chi_s) D(\chi_l)}{D(\chi_s)} \delta(\chi_l, \boldsymbol{\theta})[1 + z(\chi_l)] d\chi_l \quad (9.37)$$

로 표시된다. 위 식에서 D는 각직경거리이고, χ_s는 광원까지의 동행거리, $n(z_s)$는 광원의 적색이동에 따른 개수밀도이다. 방향 $\boldsymbol{\theta}$, 거리 χ 에서의 질량밀도대비를 나타내는 $\delta(\chi, \boldsymbol{\theta})$는

$$\delta(\chi[z], \boldsymbol{\theta}) = \int \delta_k D_+(z) e^{i\boldsymbol{k} \cdot \boldsymbol{x}} d^3k \quad (9.38)$$

로 Fourier 변환 밀도대비 함수 δ_k와 적색이동에 따라 자라는 모드 D_+의 곱에 대한 적분으로 나타난다. 표준 은하형성이론에서 모드별 파워스펙트럼 $P(k)$는 δ_k와 $< \delta_{\boldsymbol{k}} \delta_{\boldsymbol{k}'} > = P(k) \delta_D(\boldsymbol{k} + \boldsymbol{k}')$로 표현되고 여기서 δ_D는 보통의 Dirac delta 함수이다. 건드림 이론하에서 가우스적 요동(Gaussian fluctuation)을 가정하면 수렴의 분산(variance) $< \kappa^2(\boldsymbol{\theta}) >$과 비대칭도(skewness) $< \kappa^3(\boldsymbol{\theta}) > / < \kappa^2(\boldsymbol{\theta}) >^2$는 각각

$$< \kappa^2(\boldsymbol{\theta}) >^{1/2} \approx 10^{-2} \sigma_8 \Omega_0^{0.75} z_s^{0.8} \left(\frac{\theta}{1^\circ} \right)^{-(n+2)/2} \quad (9.39)$$

$$< \kappa^3(\boldsymbol{\theta}) > / < \kappa^2(\boldsymbol{\theta}) >^2 \approx -42 \Omega_0^{-0.8} z_s^{-1.35} \quad (9.40)$$

의 형태로 나타난다. 여기서 z_s는 광원의 적색이동, n은 밀도 요동의 파워스펙트럼 지수이고 σ_8은 8Mpc에서의 파워스펙트럼 값이다. 따라서 $< \kappa^2(\boldsymbol{\theta}) >$와 $< \kappa^3(\boldsymbol{\theta}) > / < \kappa^2(\boldsymbol{\theta}) >^2$가 측정되면 이로부터 밀도 요동의 크기와 Ω_m을 결정하는 것이 가능하다. Jain & Seljak(1997)은 이를 밀도요동의 비선형 진화 영역에까지 일반화하여 각거리 척도가 큰 규모에서는 선형 결과와 유사하지만, 각거리 척도가 10′보다 작은 규모에서는 $< \kappa^2(\boldsymbol{\theta}) >$가 선형결과의 2~3배로 커져서 약 2~5%에 이르는 우주적 층밀림(cosmic shear)이 관측 가능할 것으로 예상했다. 또한 비선형 영역인 작은 각 규모와 선형 영역인 큰 각 규모를 비교함으로써 독립적으로 밀도 요동의 크기와 Ω_m을 결정할 것을 제안하였

다. 최근 Schneider et al.(1998)은 은하단 등이 없는 한 천구 영역에서 2% 정도의 제곱평균 층밀림을 측정하여 이것이 우주적 층밀림이고 현재 우리가 알고 있는 우주거대구조와 잘 일치한다고 판단하고 있다.

한편 Villumsen(1996)은 은하 상의 변형도를 측정하기 위해서는 높은 화질의 관측이 필요하므로 이를 극복하기 위해 우주거대구조의 중력렌즈 확대바이어스가 은하들의 2점상관함수(two-point correlation function)에 미치는 영향을 살펴보았다. 렌즈 확대는 은하들의 밝기에 따른 개수밀도 분포를 변화시키므로 이에 의해 은하들의 겉보기 상관함수도 바뀌게 된다. 약한 렌즈 영역에서는 겉보기 상관함수가 수렴의 상관함수와 은하들의 개수밀도의 기울기에 따라 민감하게 변하게 된다. 따라서 렌즈의 영향을 받기 전 상태의 은하 2점상관함수를 알고 있다면 국부적으로 렌즈되어 변형된 겉보기 2점상관함수로부터 렌즈 작용을 하는 거대구조의 수렴, 즉 질량분포의 2점상관함수를 계산할 수 있다. 하지만 이 접근 방식에서도 은하들의 진화효과에 의해 2점상관함수들이 달라질 수 있기 때문에 렌즈에 의한 효과와 은하 자체의 진화효과를 분리해야 하는 어려움이 있다(Moessner, Jain & Villumsen 1998).

9.4.2 렌즈와 광원의 상관관계

배경에 있는 은하나 준항성 같은 광원들이 전방의 거대구조에 의해 약하게 렌즈될 때 위에서 설명된 겉보기 상들의 상관관계(correlation)도 달라지지만, 이와 더불어 광원의 상들과 렌즈작용을 하는 천체들과의 상관관계도 달라지게 된다. 예를 들어 렌즈작용을 하는 전방 은하들에 의해 특정 종류의 배경 광원들의 겉보기 밝기가 밝아지게 되면 전방 은하들 근처에 이들의 상들이 많이 나타나고 밝아지게 되어 배경 광원들의 겉보기 분포는 전방 은하들과 상관관계를 가지는 것으로 관측될 것이다. 실제 가까이 있는 은하들의 개수밀도 또는 밝기 분포는 멀리 있는 전파원, 적외선원 또는 X-선원들과 상관관계가 있는 것으로 발견되고 있다(Fugman 1990; Bartelmann & Schneider 1993a, b, 1994).

이 상관관계들이 렌즈 작용에 의해 배경 광원들이 밝아지는 확대바이어스에 의한 것이기 위해서는 전방의 렌즈 작용을 하는 물질들이 은하단같이 덩어리로 분포하고 있을 때만 가능하다. 질량이 고르게 분포한다면 상관관계들이 나타나지 않기 때문이다. 이를 증명하기 위해 Fort et al.(1996)은 선택된 밝은 준항성들 – 8.4절에서 설명한 대로 특별히 밝은 준항성들은 중력렌즈에 밝아졌을 가능성이 크므로 – 주위에 약한 층밀림 무늬들이 존재하는지를 찾았다. 그 결과 각 준항성들 주위에서 약한 층밀림의 증거를 찾을 수 있었고 이들은 은하군(galaxy group)이나 은하단들과 연관되어 분포하고 있었다. 또한 강한 전파원 주위에도 층밀림이 존재함이 이중 준항성계 Q2345+007의 관측에서 밝혀졌고 이 층밀림은 은하단과 연관되어 있었다(Bonnet et al. 1993). 그 외에도 네잎클로버 3C324 주변에서 먼 은하단들이 발견되었다(Kneib et al. 1998). 그런데 실제 밝은 준항성이나 전파원들에 미치는 확대바이어스의 효과를 정량화하기 위해서는 앞으로 충분히 많은 수의 준항성과 전파원들에 대한 관측이 수행되어야 될 것이다. 여하튼 이렇게 약한 층밀림 무늬로부터 잘 보이지 않는 질량을 찾아내는 방법은 앞으로 우주의 질량분포를 연구하는 데 널리 활용될 것이다.

은하 형성이론에서 많은 어려움을 주는 문제가 은하 형성의 바이어스(bias)이다. 우주의 물질들이 수축하여 덩어리를 만들 때 서로 충돌하지 않아서(collisionless) 중력에 대해서만 반응하는 암흑물질들의 분포와 서로 충돌할 수 있어서(collisional) 중력 외에 유체역학적인 영향도 받으면서 빛을 내는 물질인 기체들과 이로부터 만들어지는 별 등의 분포가 다른 정도를 바이어스라고 하는데 관측에서 암흑물질은 보이지 않으므로 일반적으로 그 분포가 알려져 있지 않다. 특히 은하나 은하단은 경우에 따라서는 역학적인 질량 추정이 가능하지만 거대구조 자체에 대해 보이지 않는 암흑물질의 질량분포를 알아내기는 어렵다. 따라서 천문학자들은 컴퓨터를 이용한 은하 형성 수치모사계산을 통해 이 바이어스의 정도를 알아내려고 하고 있다. 그러나 개별 은하가 만들어지는 과정에서 일어나는 작은 척도의 유체역학적인 효과와 아주 큰 척도의 중력의 효과를 한꺼번에 계산하는 것을 아직 어려운 일이어서 바이어스의 크기라든가 척도에 따른 변화 등은 알려져 있지 않다. 그러나 배경 광원에 대한 약한 중력렌즈 현상으로부터 추정되는 질량분포는 보이는 질량과 암흑질량을 모두 포함하고 있으므로 이로부터 이 바이어스에 대한 정보를 얻을 수 있는 가능성을 보여주고 있다. 예를 들어 Kaiser (1992)는 광원과 렌즈 은하들의 각상관함수로부터 바이어스에 대한 정보를 원칙적으로 결정할 수 있음을 보였고, Bartelmann(1995)은 약한 중력렌즈 영향을 받은 준항성과 은하 사이의 상관함수를 유도하고, 은하들의 원래 파워스펙트럼을 알고 있다면 이로부터 바이어스를 결정할 수 있음을 보였다. 또 Schneider(1998)와 van Waerbeke(1998)도 배경 은하들과 전방 거대구조의 투영된 질량 사이의 상관함수를 이용하여 바이어스 또는 각 척도에 따른 바이어스의 크기를 추정하는 방법을 연구하였다. 따라서 약한 중력렌즈 연구는 우주 거대구조의 모습뿐만 아니라 이들이 진화한 과정에 대한 연구에도 큰 도움이 된다.

9.5 은하와 은하 간 약한 중력렌즈

은하들이 암흑물질을 포함하는 헤일로를 가지고 있음은 여러 방법으로 입증되었다. 그러나 헤일로의 모양이라든가, 헤일로 내 암흑물질의 양이나 분포 또는 규모에 대해서는 잘 알려져 있지 않다. 따라서 기본적으로 물질의 밝고 어두움에 관계없이 총 질량의 영향을 받는 중력렌즈는 이런 암흑물질을 연구하는 데 안성맞춤이다. 중력렌즈를 통해 은하의 헤일로를 이해하는 연구는 주로 강한 중력렌즈 경우들에서 먼저 시작되었다. 전파고리 렌즈계를 이용하여 개별 은하들의 질량분포를 제약하는 것에 대해서는 6.3절에서 논의하였고, 다상중력렌즈계의 통계적 특성으로부터 은하 헤일로의 대략 질량이나 크기를 추정하는 것도 8.2절에서 설명하였다. 그러나 이런 강한 중력렌즈를 이용한 연구들은 강한 중력렌즈 현상이 일어나는 소수의 은하에 대해서만 적용 가능하므로 다수의 일반 은하들에 대해 이를 일반화하는 데는 어려움이 있다.

그러나 멀리 있는 배경 광원 은하들이 전방 은하의 헤일로에 의해서 약한 중력렌즈되는 경우는 강한 렌즈 경우보다 훨씬 더 흔할 것이고 이를 통계적으로 연구한다면 많은 수의 은하 헤일로에 대한 연구가 가능할 것이다. 은하-은하 간의 약한 중력렌즈 연구는 전방 은하들의 위치와 이 근처에 위치한 배경 은하들의 위치 및 정렬 사이의 상관관계를 분석하여 알아낼 수 있다. 만약 은하들의 정렬이 전방 은하 헤일로의 중력 층밀림에 의해 생긴 것이라면 전방 및 배경 은하들의 적색이동 값 분포가 알려진 경우 헤일로의 질량분포를 알아낼 수 있다. 속도분산이 200kms^{-1}정도인 전형적인 은하 헤일로에 의한

층밀림 정도는 중심에서 20kpc 떨어진 곳에서는 $|\gamma| \approx 1\%$ 정도밖에 되지 않는다. 하지만 아주 어두운 은하까지 관측할 경우 배경 은하들의 수가 많아지면 신호-잡음비가 좋아져서 검출 가능할 것이다.

첫 번째 이 같은 시도는 Tyson et al.(1984)이 겉보기 등급으로 구별한 약 47,000개의 배경 은하들과 12,000개의 전방은하들을 사용한 연구이다. 그러나 이 연구에서는 사진건판을 사용하여 신호-잡음비가 좋지 못했고 더불어 시상 또한 나빠서 상의 변형은 검출되지 않았다. 그 뒤 아주 좋은 시상 하에서 CCD를 활용하여 5,000여 개의 은하를 조사한 Brainerd et al.(1996)의 연구에서 비로소 배경 은하들의 변형이 검출되었다. 관측된 은하들을 수치모사와 비교한 결과 1% 정도의 변형이 발견되었다. 이로부터 헤일로의 크기가 적어도 $10h^{-1}$kpc 이상이어야 하고 $100h^{-1}$kpc에 이르는 헤일로도 가능함을 알 수 있게 되었다.

이런 종류의 연구는 높은 화질을 보여주는 우주망원경을 이용한 관측이 가장 적합하다. Griffiths, Casertano, 임명신 & Ratnatunga(1996)는 Hubble 우주망원경의 Medium Deep Survey를 이용하여 전방의 타원은하들과 나선은하 주위의 변형을 측정하여 Brainerd et al.(1996)과 거의 같은 결과를 얻었는데 특히 타원은하 주위에서 더 뚜렷하게 나타났다. Dell´Antonio & Tyson(1996)과 Hudson et al.(1998)은 Hubble Deep Field[27] 상에서의 은하-은하 간 중력렌즈 신호를 분석하였다. 우주망원경을 이용한 관측은 지상 관측에 비해 각면적으로 훨씬 더 좁은 부분만을 관측하지만 더 어두운 은하까지 볼 수 있으므로 은하의 수가 많아져서 신호가 강해진다. 따라서 지상관측은 비교적 큰 척도, 우주관측은 작은 척도를 연구하는 데 적합하다. Dell´Antonio & Tyson은 헤일로 중심에서 2″ 떨어진 곳에서 7% 정도에 이르는 변형을 발견하였는데 이는 헤일로의 내부속도 200kms^{-1}에 해당하는 값이다. Hudson 등의 연구에서도 거의 같은 결과가 나타났다. 그 이후에는 Wittman et al.(2000)이 약 0.5°에 이르는 영역의 145,000개의 은하들을 관측하여 우주 층밀림을 검출하여 분석한 결과들이 열린 우주나 우주상수가 큰 평탄 우주와는 부합되지만 우주상수가 없는 표준 찬 암흑물질 우주모형과는 상충됨을

27) 1995년 Hubble 우주망원경으로 큰곰자리 부근 하늘의 좁은 영역을 10일 동안 연속 촬영해서 지극히 어두운 은하와 천체들도 보이게 촬영한 사진

밝히고 있다.

이 같은 연구결과들은 은하들의 역학적인 모습을 밝히는 데 은하-은하 렌즈 현상이 기존의 측광이나 분광관측을 보완할 수 있는 가능성을 보여주고 있다. 특히 이들 연구에서 전방 은하들의 적색이동은 대체로 0.1 정도여서 관측이 쉬운 적색이동 0 근처 은하들과 비교함으로써 은하들의 역학적인 진화과정도 살펴볼 수 있다. 현재 은하-은하 렌즈 현상을 이용한 연구의 한계점은 이 접근 방법으로부터 헤일로의 속도분산은 쉽게 제한 또는 추정할 수 있지만 헤일로 전체의 크기를 알아내는 것은 쉽지 않다. 그 외에도 헤일로가 구형이라고 가정한 점이나 우주거대구조에 의한 층밀림 신호들이 은하-은하 렌즈 신호들과 뒤섞여서 나타날 수도 있기는 하다.

9.6 중력렌즈 단층촬영

지금까지 설명된 약한 중력렌즈를 이용하여 물질의 분포를 구하는 방법은 관측자로부터 층밀림을 재는 광원까지의 모든 질량이 천구에 투영되어 누적된 2차원 질량의 분포를 구하는 방법이다. 그런데 충분한 수의 광원들이 모두 같은 거리에 있지 않고 조금씩 다른 거리에 있다면 거리가 멀어짐에 따라 누적된 질량의 변화를 알 수 있게 되어 이로부터 특정 거리에 위치한 질량에 대한 정보를 알아내는 것도 가능해진다. 이런 방법으로 3차원 질량분포를 결정하는 방법을 중력렌즈 단층촬영(lensing tomography)이라 부른다. 이는 2차원 X-선 사진을 여러 장 찍어서 인체의 3차원 구조를 재현해내는 의학적 단층촬영과 유사한 방법이기 때문이다.

약한 비균질성이 존재하는 Friedmann-Lemaître-Robertson-Walker 우주는

$$ds^2 = -(1+2\Phi)dt^2 + a^2(t)(1-2\Phi)dr_i dr^i \qquad (9.41)$$

로 근사할 수 있다. $a(t)$는 우주의 크기척도이고 Φ는 Newtonian 중력퍼텐셜로, 건드린 물질밀도(perturbed matter density) $\rho_m \delta$와 Poisson 방정식

$$\nabla^2 \Phi = 4\pi G a^2 \rho_m \delta \tag{9.42}$$

를 만족한다. 거리 r에 있는 광원에 대한 2차원 꺾임퍼텐셜 $\psi(r,\boldsymbol{\theta}) \equiv \Psi(\boldsymbol{r})$을 정의하면 이 2차원 퍼텐셜 $\Psi(\boldsymbol{r})$은 주어진 $\boldsymbol{\theta}$에 대해 3차원 퍼텐셜 $\Phi(\boldsymbol{r})$을 거리 r까지 적분한 형태

$$\Psi(\boldsymbol{r}) = 2\int_0^r dr' \left(\frac{r-r'}{rr'}\right) \Phi(r') \tag{9.43}$$

로 주어진다(Taylor 2001; Taylor et al. 2004). 즉 2차원 퍼텐셜 $\Psi(\boldsymbol{r})$은 3차원 퍼텐셜 $\Phi(\boldsymbol{r})$을 Greens 함수 $G(r,r') = 2(r-r')/(rr')$ $(r' < r)$로 천구 면에 투영한 함수이다. 따라서 식 (9.43)을 뒤집어 풀면

$$\Phi(\boldsymbol{r}) = \frac{1}{2}\partial_r r^2 \partial_r \Psi(\boldsymbol{r}) \tag{9.44}$$

가 되어 $\Phi(\boldsymbol{r})$을 $\Psi(\boldsymbol{r})$로부터 재구성해 낼 수 있다. 실제 관측 가능한 양은 층밀림 $\tilde{\gamma}$이므로 $\tilde{\gamma}(\boldsymbol{r})$을 알면 이로부터 식 (9.27)과 (9.20)을 이용하여 2차원 퍼텐셜 $\Psi(\boldsymbol{r})$을 결정할 수 있고, 최종적으로 식 (9.44)로 3차원 중력퍼텐셜 $\Phi(\boldsymbol{r})$을 결정할 수 있다. 즉 여러 적색이동과 천구상의 여러 위치에서 층밀림을 관측할 수 있으면 3차원 중력퍼텐셜 $\Phi(\boldsymbol{r})$을 결정할 수 있고 식 (9.42)를 적분하면 임의의 위치에서의 3차원 질량분포 $\delta(\boldsymbol{r})$을 얻게 된다. 그러나 이론적으로 명확해 보이는 이 렌즈 단층촬영 방법을 실제 관측에 적용하게 되면 많은 잡음들에 의한 어려움들이 생기는데 적절한 필터링과 통계적 기법으로 이를 극복할 수 있다(Hu & Keeton 2002).

이제 이 방법을 실제로 적용한 예를 살펴보자. Taylor et al.(2004)은 초은하단 A901/902 지역에서 17개의 필터로 관측된 지상관측 영상으로부터 측광학적 방법으로 은하들의 적색이동 값을 결정하고 이 은하들에 나타난 접선방향 층밀림(tangential shear)을 측정하여 3차원 중력퍼텐셜을 결정하였다. 그림 9.4a는 이렇게 결정된 암흑물질의 2차원 퍼텐셜을 보여주고, 그림 9.4b는 3차원 퍼텐셜을 보여주고 있는데 z=0.16

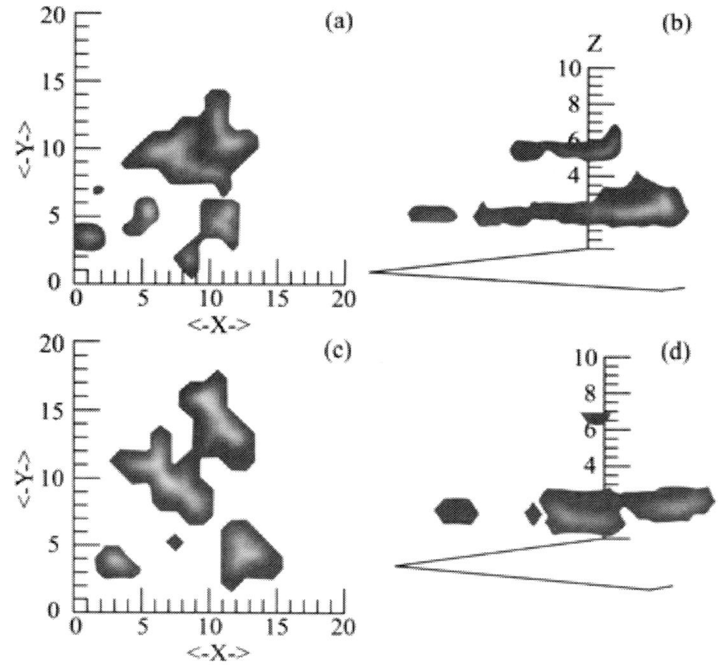

그림 9.4 A901/902 초은하단 근처의 (a) 2차원 암흑물질 퍼텐셜 지도, (b) 3차원 퍼텐셜 지도 (z-축은 적색이동 축으로 0.1의 단위로 표시되어 있다), (c) 은하들의 2차원 개수밀도 지도, (d) 은하들의 3차원 개수밀도 지도(Taylor et al. 2004)

은하단 뒤 z=0.48에 또 다른 은하단이 존재함을 볼 수 있다. 그림 9.4c와 4d는 같은 위치에서 은하들의 개수밀도 분포를 보여주고 있다.

지상 관측에 비해 월등하게 좋은 해상도를 가지고 더 어두운 은하까지 볼 수 있는 우주관측 자료를 활용한 연구도 이어졌다. Massey et al.(2007)은 Hubble 우주망원경의 ACS 광시야 카메라로 575번 촬영하여 만들어진 Cosmic Evolution Survey(COSMOS) 자료에서 약 50만 개의 은하들의 변형을 측정하여 z~1까지의 물질의 분포 지도를 만들었다. 그림 9.5a는 이렇게 얻어진 물질분포의 2차원 지도이고 그림 9.5b는 3차원 지도인데 지상관측의 결과인 그림 9.4보다 더 세밀한 모습을 보여주고 있다. 그림 9.5b에서 수직축은 적색이동 값을 나타내므로 위쪽 끝이 관측자 위치에서의 현재 우주의 모습이고 아래쪽 끝은 z=1인 먼 과거 우주의 모습을 나타낸다. z=1 과거에서 z=0 현재에 이르기까지 우주 내 물질들의 분포가 어떻게 변해왔는가를 보여준다.

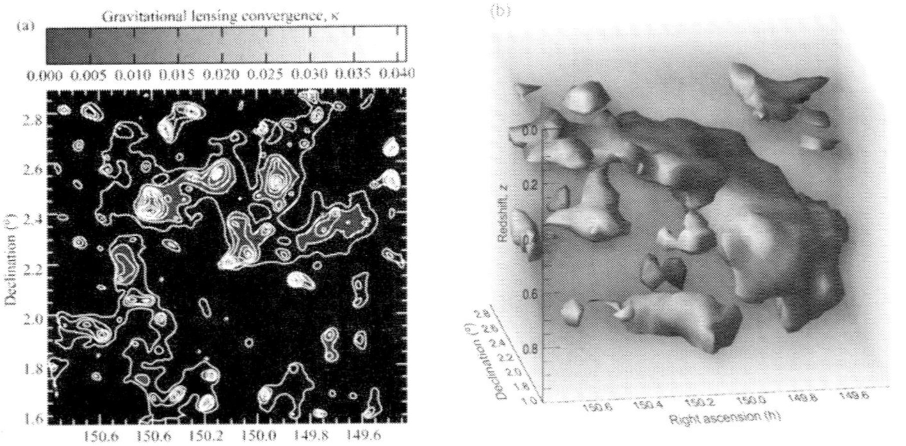

그림 9.5 COSMOS 자료에 약한 중력렌즈 계산을 적용하여 재구성된 (a) 2차원 물질분포 지도와 (b) 3차원 물질분포 지도. (b)에서 수직 축은 적색이동 값으로 위쪽 끝이 현재이며 아래로 갈수록 과거 우주를 나타낸다(Massey, et al. 2007).

9.7 우주배경복사와 중력렌즈

Planck(2009년 5월 14일 발사) 같은 초정밀 우주배경복사 관측 위성들은 우주배경복사 연구에 새로운 전기를 불러올 것으로 예상된다. 지금까지의 우주배경복사 비등방성 관측 연구보다 10배 이상 정밀한 관측이 가능한 이 위성은 우주배경복사가 보여주는 여러 각규모에서의 특성을 관측하여 우주거대구조 및 은하 형성을 이해하는 데 획기적인 발전을 가져올 것이다. 그런데 만약 우주배경복사가 우주 내의 거대구조나 은하단, 은하 등에 의해 중력렌즈되어 원래 모습에서 변형되어 관측된다면 이 효과를 찾아내서 보정하는 일이 절대적으로 필요해진다. 따라서 중력렌즈가 우주배경복사에 어느 정도 영향을 미칠 수 있으며 어떤 변형을 가져올 것인가를 제대로 이해해야 우주배경복사로부터 우주의 진화를 이해하는 일이 가능해진다.

제3장에서 설명되었듯이 (투명한) 중력렌즈는 면적밝기를 보존하므로 중력렌즈는

우주배경복사의 요동(fluctuation)에만 영향을 줄 수 있다. 그러나 강한 중력렌즈가 일어나는 경우에도 큰 규모에서는 파워스펙트럼이 거의 변하지 않는 것으로 추정되어 (Blanchard & Schneider 1987) *Cosmic Background Explorer*(COBE)같이 큰 각척도를 관측하는 위성으로는 중력렌즈 효과를 검출할 수 없다. 그러나 *Wilkinson Microwave Anisotropy Probe*(WMAP)이나 *Planck*처럼 더 작은 각척도(angular scale)의 요동을 검출할 수 있는 위성관측에서는 렌즈효과가 검출될 수도 있다. 우주배경복사에 대한 중력렌즈 관측은 9.5절에서 설명된 은하-은하 렌즈 현상에 비해 광원들의 적색이동이 거의 같고 이미 알려져 있다는($z \approx 1500$) 장점이 있다.

Blanchard & Schneider(1987)와 Cole & Efstathiou(1989)의 연구에 의하면 작은 규모의 배경복사 온도 요동의 모양은 렌즈효과에 의해 영향을 받을 수 있는 것으로 나타났다. 특히 중력렌즈는 배경복사의 파워스펙트럼의 파워를 재분배할 수 있다. 그러나 중 또는 소규모에서 온도 비등방성의 크기에 영향을 미칠 수 있는지에 대해서는 아직도 논란이 이어지고 있다(Blanford & Narayan 1992 참조). 비균질 우주에 대한 모형과 이런 우주에서의 빛의 전파에 대한 가정들에 따라서 여러 연구들은 상반된 결과들을 보여주고 있다. 최근 연구에서는 큰 규모에서의 중력렌즈 효과는 무시할 정도지만(Martínez-González et al. 1994; Seljak 1996), 작은 규모에서는 파워스펙트럼을 감소시켜서 음향 봉우리(accoustic peak)들을 매끄럽게 만들 수 있는 것으로 보인다. 그림 9.6은 우주배경복사의 파워스펙트럼 계수 $l(l+1)C_l$을 l[28]의 함수로 나타낸 것인데 큰 규모(작은 l)에서는 렌즈되지 않은 파워스펙트럼(실선)과 렌즈된 파워스펙트럼(점선)의 차이가 전혀 없지만, 작은 규모(큰 l)에서는 파워스펙트럼의 굴곡을 매끈하게 만들고 있음을 알 수 있다. 하지만 두 경우의 차이는 몇 %에 지나지 않는다. 한편 Zaldarriaga & Seljak(1998)의 연구는 중력렌즈가 우주배경복사의 온도 비등방성(temperature anisotropy)을 매끈하게 만드는 외에 배경복사의 편광도 바꿀 수 있음을 보여준다. 그러나 우주배경복사 요동에 나타날 수 있는 이런 중력렌즈의 신호들은 아주 작은 규모에서만 나타나고 그 강도도 미약하므로 *Planck* 이전 위성으로는 검출이 불가능한

28) l은 천구 면 상의 우주배경복사 요동의 무늬를 표현하는 구면조화함수(spherical harmonics)의 l

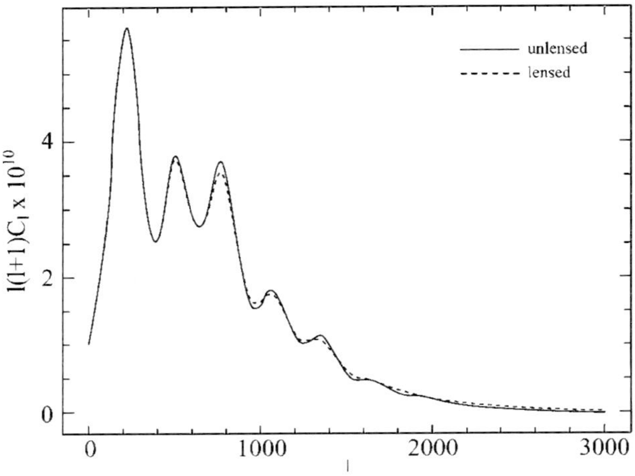

그림 9.6 l의 함수로 나타낸 우주배경복사 파워스펙트럼 계수의 모습. 실선은 렌즈되지 않은 원래 배경복사의 파워스펙트럼이고 점선은 렌즈된 후 우주배경복사의 파워스펙트럼(Zaldarriaga & Seljak 1998)

것으로 판단되었다.

Bernardeau(1997, 1998)가 제시한 다른 접근 방법은 배경복사 지도에서 중력렌즈에 의해 유도될 수 있는 비가우스적(non-Gaussian) 특성들을 분석하는 것이다. 은하들의 경우에서와 같이 약한 중력렌즈에 의해 우주배경복사 지도는 뒤틀리고(sheared) 확대(magnified)될 것이다. 이로 인한 변형 무늬는 바로 우주배경복사와 전방 은하들이 연관되어 있음을 의미하게 된다. 특히 배경복사 지도의 온도 조각(temperature patch)들의 타원율 분포는 중력렌즈에 의해 달라져서 렌즈되기 전보다 더 뾰족하게 나타날 것으로 추정된다. 그렇지만 이 변형도 *Planck* 위성으로 검출할 수 있는 한계에 있을 정도로 약한 효과이다.

결론적으로 우주배경복사의 온도 및 편광 파워스펙트럼이나 비가우스성(non-Gaussianity)에 미치는 약한 중력렌즈의 효과는 크지 않은 것으로 여겨졌다. 그러나 *Planck* 같은 위성 관측으로 아주 정밀한 배경복사 지도를 분석할 때는 반드시 약한 렌즈 효과를 고려해주어야 할 것이다.

10
미시중력렌즈

점질량 중력렌즈에 의해 여러 개의 상이 만들어질 때 상들 사이의 거리는 렌즈로 작용하는 천체의 질량의 제곱근에 반비례하여 작아지므로 질량이 작을 경우 분리된 상의 직접적인 관측이 불가능해질 수 있다. 지상관측의 경우 지구대기에 의한 시상 때문에 분해능은 대략 0.3″보다 좋을 수 없으며 우주관측에서도 망원경의 회절한계분해능(diffraction-limited resolution) 때문에 현재 제일 큰 우주망원경인 Hubble 우주망원경도 0.05″ 정도까지만 분해할 수 있다. 그러나 수 kpc 정도의 거리에 있는 별들끼리 렌즈작용이 일어날 때 상들 사이의 각거리는 불과 수 mas(10^{-3} arcsec)밖에는 되지 않으므로(3.1절 참조) 우리 은하 내 멀리 있는 별이 전방의 별에 의해 중력렌즈될 경우 두 개로 나누어진 별의 모습은 우주망원경으로도 관측이 불가능하다. Einstein이 1936년 별에 의한 중력렌즈 현상을 계산했지만 관측 불가능할 것으로 판단한 것도 바로 이 때문이었다(Einstein 1936). 이러한 이유로 분리된 상이 발견되는 모든 중력렌즈계는 렌즈가 은하나 은하단과 같이 질량이 매우 큰 경우에 한정되었다.

그러나 장경애 & Refsdal(1979)과 Gott(1981)는 비록 개개 상들을 구분하는 것이 불가능할 때에도 각 상들의 밝기가 크게 변화되면 개별 상들의 모임인 전체 상의 밝기에도 변화가 생기게 되고 이를 관측 가능할 수도 있음을 지적하였다. 특히 장경애 & Refsdal(1979)은 수많은 별로 이루어진 은하의 종합적인 중력에 의해 렌즈되는 경우에도 은하를 구성하는 각각의 별에 의한 중력렌즈 현상에 의하여 밝기가 크게 변할 수 있음을 발견하였고, Gott(1981)는 그중에서도 헤일로를 구성하는 어둡고 작은 별들에 의해 이중 준항성 Q0957+561의 밝기에 작지 않은 변화가 생길 수 있고 이로부터 은하 헤일로 질량의 대부분이 어둡고 작은 별들로 구성되어 있는지를 검증할 수 있을 것이라고 예측하였다. 이어 Paczyński(1986a)는 많은 별로 이루어진 은하에 의한 중력렌즈 효과를 연구하면서 은하 전체에 의한 중력렌즈 현상을 거시중력렌즈(macrolensing), 각각의 별에 의한 효과를 미시중력렌즈(microlensing)라고 구별하여 명명하였다.

Paczyński(1986b)는 나아가 우리 은하 헤일로를 구성하는 암흑물질의 상당량이 렌즈로서 작용할 수 있는 Massive Astrophysical Compact Halo Object(MACHO; 옹골찬 헤일로 천체)[29]로 구성되어 있다면, 이들 물질은 인근 은하인 마젤란은하에 위치한 별에 미시중력렌즈 사건을 일으키고 이를 검출해서 헤일로 암흑물질의 양과 특성에 대한 정보를 얻을 수 있을 것이라는, 당시로는 획기적인 예측을 내놓았다. 1980년대 이전까지 어떤 별의 밝기를 정밀하게 측정하는 측광관측을 많은 별에 대해 동시에 적용하는 것은 무척 어려운 일이었으므로 가까운 미래에 이런 관측이 가능할 것으로 여겨지지는 않았다. 그러나 1980년대 후반을 거치면서 측광관측에 필요한 CCD의 크기가 기하급수적으로 커져서 넓은 하늘 영역을 정확하게 측광할 수 있게 되었고 동시에 관측 자료를 처리할 수 있는 컴퓨터의 성능 또한 폭발적으로 늘어남으로써 이런 대규모 관측이 가능해졌다. 그 결과 본격적인 미시중력렌즈 실험이 시작되었고 마침내 1993년 세 실험팀 EROS(Experience pour la Recherche d´Objets sombres, Aubourg et al. 1993), MACHO Collaboration(Alcock et al. 1993), OGLE(Optical Gravitational Lensing Experiment, Udalski et al. 1992)이 독립적으로 미시중력렌즈 현상을 검출하였다. 수년에 걸쳐 진행된 미시중력렌즈 실험들은 우리 은하의 헤일로(halo) 및 팽대부(bulge)를 구성하는 별 및 MACHO에 대해 많은 중요한 정보들을 얻을 수 있게 해주었을 뿐만 아니라 부산물로 새로운 종류를 포함한 엄청난 수의 변광성을 발견하였고 이들 관측자료들은 중력렌즈 연구뿐만 아니라 은하 내 별의 특성 연구에 절대적인 기본자료가 되고 있다. 그림 10.1은 초기 실험단계에서 OGLE 그룹에 의해 발견된 전형적인 중력렌즈 사건의 광도곡선을 보여준다.

29) 별, 갈색왜성(brown dwarf), 행성같이 작고 밀도가 높은 상태로 헤일로를 구성하는 천체(Griest 2001)

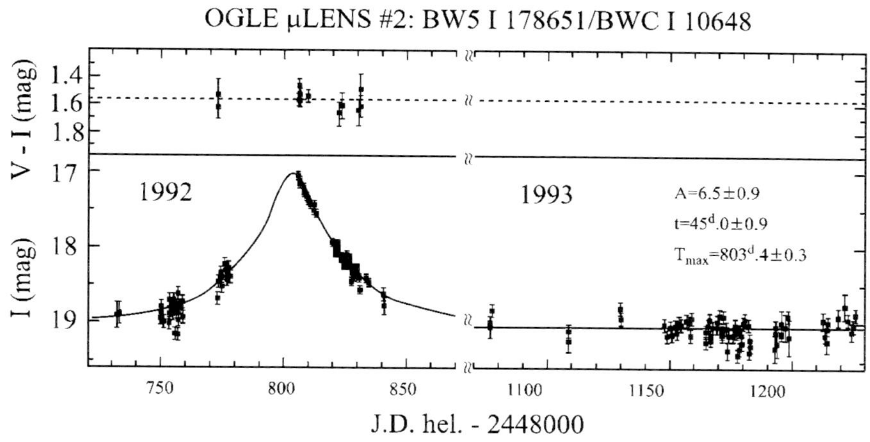

그림 10.1 OGLE 실험에서 발견된 미시중력렌즈. 한 별의 밝기가 색(V-I) 변화 없이(위) 갑자기 밝아졌다 어두워지고 있다(아래). 원래 밝기의 6.5배까지 밝아졌고 밝기 변화의 기간은 약 45일이다 (Udalski et al. 1994a).

10.1 기본 이론

10.1.1 단일 렌즈에 의한 밝기 변화

미시중력렌즈를 일으키는 후보 천체는 일반적으로 별이나 갈색왜성, 행성 등 점질량으로 취급 가능한 천체들이므로 미시중력렌즈 연구에서 렌즈들은 모두 점질량으로 근사할 수 있다. 광원까지의 거리 D_s, 렌즈까지의 거리 D_l, 광원에서 렌즈까지의 거리 D_{ls} 일 때 질량 M인 렌즈에 의한 렌즈면에서의 Einstein 반경은

$$r_E = \sqrt{\frac{4GM}{c^2}\frac{D_{ls}D_l}{D_s}} \tag{10.1}$$

이다. $D_l = D_{ls} = D_s/2$일 경우 $r_E = \sqrt{R_s D_l}$ 이 되어 Einstein 반경은 Schwarzschild 반경 $R_s \equiv 2GM/c^2$와 렌즈까지 거리 D_l 의 조화평균(harmonic mean)과 같다(3.1절 참조).

미시중력렌즈는 거의 모든 경우 국부은하군(Local Group) 안에 있는 별들 사이에서 발생하므로 이 거리규모에서 시공간은 평탄하고 따라서 $D_{ls} = D_s - D_l$ 이어서 각으로

표시된 Einstein 반경은

$$\theta_E \equiv \frac{r_E}{D_l} = 0.3 \ \text{mas} \left(\frac{M}{M_\odot}\right)^{1/2} \left(\frac{1\,\text{kpc}}{D_l}\right)^{1/2} \left(1 - \frac{D_l}{D_s}\right)^{1/2} \tag{10.2}$$

정도이다. 1mas의 각거리를 분해하기 위해서는 관측 분해능이 이보다 작아야 하므로 가시광선관측의 경우 대략 우주망원경의 직경이 100m 이상이거나 그 정도 규모의 간섭계를 사용하지 않고서는 미시상을 직접 분해 관측하는 것이 불가능하다.

그렇다면 관측 가능한 양인 모든 미시상들을 합한 밝기의 변화는 어떤 모습으로 나타나는지 살펴보자(4.1절 참조). 렌즈면에 투영된 렌즈 중심과 광원까지의 Einstein 각반경으로 규격화된 거리를 u로 정의하면 두 미시상의 확대인수, 즉 증폭(amplification)은 각각

$$A_{+,-} \equiv \frac{u^2+2}{2u\,(u^2+4)^{1/2}} \pm \frac{1}{2} \tag{10.3}$$

로 표시된다(식 4.3). 두 개의 미시상은 일반적으로 분해되지 않고 관측되므로 총 밝기의 증가는 두 상의 합, 즉

$$A \equiv A_+ + A_- = \frac{u^2+2}{u\,(u^2+4)^{1/2}} \tag{10.4}$$

가 된다(식 4.5). 흥미롭게도 두 상의 합은 언제나 원래 광원보다 밝고 두 상의 밝기 차는 언제나 원래 광원의 밝기와 같다. 즉

$$A_+ - A_- = 1 \tag{10.5}$$

만약 렌즈와 광원 사이의 상대적인 위치가 늘 고정되어 있다면 따로 분리되지 않고 합해져서 보이는 상을 보고 중력렌즈가 일어나는지를 알 수는 없다. 그러나 관측 도중 렌즈와 광원 사이의 상대적인 위치가 변한다면 상의 밝기가 변하게 되고 이를 측광관측

하여 중력렌즈가 일어남을 알 수 있다. 우리은하 내의 전형적인 별들의 속도를 고유운동으로 표시하면

$$\dot{\theta} \equiv \frac{V}{D_l} = 4.22 \ \mathrm{mas\,yr^{-1}} \left(\frac{V}{200\,\mathrm{km\,s^{-1}}}\right)\left(\frac{10\,\mathrm{kpc}}{D_l}\right) \tag{10.6}$$

정도이다. 이제 전형적인 은하 안의 별이 Einstein 반경을 가로지르는 데 걸리는 시간을 계산해보면

$$t_E \equiv \frac{\theta_E}{\dot{\theta}} = 0.214\,\mathrm{yr}\left(\frac{M}{M_\odot}\right)^{1/2}\left(\frac{D_l}{10\,\mathrm{kpc}}\right)^{1/2}\left(1-\frac{D_l}{D_s}\right)^{1/2}\left(\frac{200\,\mathrm{km\,s^{-1}}}{V}\right) \tag{10.7}$$

로 1년 미만이다. $A|_{u=1} = 3/\sqrt{5} \approx 1.34$이므로 상의 밝기가 원래보다 1.34배 이상 증가하는 시점에서 최대 밝기를 거쳐 다시 1.34배 이하로 감소하는 시점까지의 시간이 $2t_E$이다. 따라서 1년 정도의 기간 내에 렌즈와 광원 간에 상당한 상대적 위치 변화가 생길 수 있고 그에 따른 밝기 변화도 적지 않을 것임을 알 수 있다.

이제 광원이 렌즈 근처를 일정한 속도로 지나갈 경우 상들의 위치 및 밝기가 어떻게 변하는지를 구체적으로 살펴보자. 광원이 지나가는 방향을 x-축으로 잡고 광원과 렌즈가 가장 가까워졌을 때의 투영된 각거리, 즉 충격맺음변수를 $u_0\theta_E$라 하면 θ_E 단위로 표시된 렌즈를 기준으로 한 광원의 위치 벡터는

$$\boldsymbol{u} = \left(\frac{t - t_{\max}}{t_E}\right)\hat{x} + u_0\hat{y} \tag{10.8}$$

가 된다. $t_{\max}$는 광원이 렌즈에 가장 가까이 접근했을 때의 시간이다. 광원의 각 위치에 대한 두 미시상의 각위치 벡터는

$$\boldsymbol{\theta}_{\pm} = \frac{1}{2}\left(\boldsymbol{u} \pm \sqrt{u^2+4}\,\frac{\boldsymbol{u}}{u}\right)\theta_E \tag{10.9}$$

로 나타난다. 두 미시상 각각의 밝기는 식 (10.3)으로 주어진다.

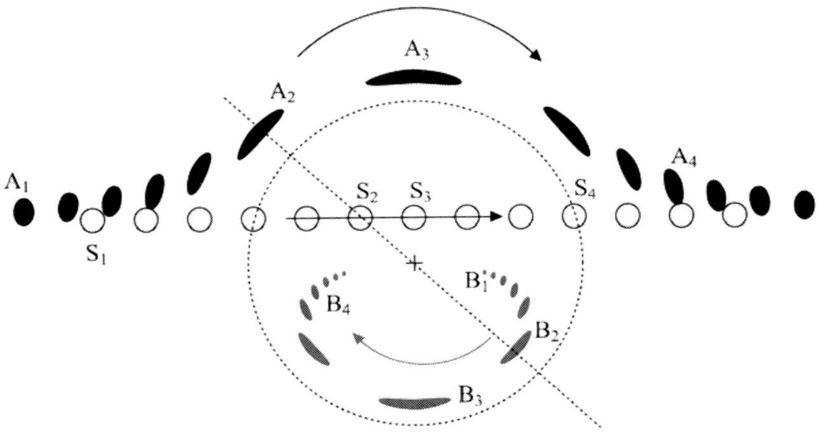

그림 10.2 광원(빈 원)이 렌즈(가운데 작은 십자)를 가로질러 갈 때 변화하는 상들(검은 원)의 모습. 위 길쭉한 타원들은 Einstein 고리(점선) 바깥에 생기는 밝은 상(이 상의 증폭은 A_+)이고 아래에 둥글게 배열된 타원들은 Einstein 고리 안쪽에 생기는 어두운 상(이 상의 증폭은 A_-)이다.

그림 10.2에 각 시점에서의 광원들의 위치에 대해 이때 만들어지는 미시상 A와 B의 위치와 모양이 그려져 있다. 그림에서 S로 표시된 빈 원들은 여러 시점에서의 광원의 위치를 나타내고 A와 B로 표시된 길쭉하게 일그러진 형태의 검은 타원형 모양은 이에 대응되는 미시상들의 모습이다. 광원이 렌즈에서 아주 멀리 떨어져 있을 때(S_1)는 Einstein 고리(점선으로 된 큰 원) 바깥쪽의 상(A_1)은 원래 상과 거의 같은 위치에 거의 같은 크기와 밝기를 지니고, 고리 안쪽의 상(B_1)은 너무 작고 어두워서 거의 보이지 않는다. 그러다 광원이 렌즈에 점점 다가오면(S_2) – 렌즈가 광원에 다가오는 경우도 마찬가지이다 – 바깥쪽 상(A_2)의 모습은 Einsten 고리를 따라 길게 늘어지면서 커져서 밝아진다. 이때 나머지 상(B_2)도 제법 밝아진다. 점질량 렌즈도 축대칭 렌즈의 한 경우이므로 그림에서 볼 수 있듯이 렌즈(그림 중심의 작은 십자), 광원(S_2), 두 상(A_2와 B_2)이 모두 한 직선 상에 있다. 광원이 렌즈에 가장 가까워졌을 때(S_3) 상은 가장 크고 밝아진다 (A_3, B_3). 이때 상의 고유운동은 광원의 고유운동보다 훨씬 커지게 된다. 광원이 렌즈에서 더 멀어지면 그 이전까지의 위치 및 밝기 변화를 거꾸로 반복하여, 밝아질 때와 대칭되게 어두워져서 광원 원래의 밝기로 되돌아간다. 광원이 Einstein 고리에 위치할 때(S_4)

두 상(A_4+B_4)의 밝기 합은 원래 광원의 1.34배이다.

각 시점에서 두 미시상 A와 B의 밝기 합은 식 (10.4)로 나타난다. 따라서 광원과 렌즈 사이의 거리

$$u = \left[u_0^2 + \left(\frac{t - t_{\max}}{t_E} \right)^2 \right]^{1/2} \tag{10.10}$$

를 식 (10.4)에 대입하면 시간에 따른 두 미시상의 밝기 합, 즉 총밝기 $A(t)$를 구할 수 있다. 여러 충격변수 u_0 값에 따른 상의 밝기 변화를 등급으로 표시하면 그림 10.3과 같이 나타나는데 이를 Paczyński 광도곡선이라 부르기도 한다. 밝기 변화는 최대 밝기에 도달하는 $t = t_{\max}$를 중심으로 시간에 대해 대칭적인 모습을 보여주는데(그림 10.3b) 실제 관측 결과(그림 10.1)와 잘 일치하고 있다.

미시중력렌즈의 경우에도 역학에서의 충돌과 같이 이러한 사건이 일어날 단면적을 정의할 수 있다(7.1.1절 참조). 점질량에 의한 미시중력렌즈 경우에 모든 충격변수 값에 대해 약간씩은 밝기가 증가하므로 밝기 증가가 적당한 어떤 문턱 값(threshold value)을

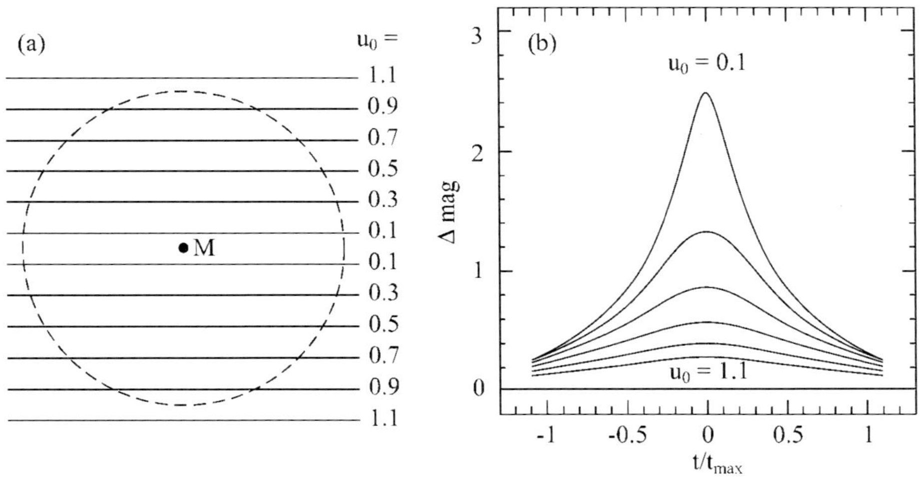

그림 10.3 (a) 서로 다른 충격변수 값을 지닌 광원의 궤적. 파선으로 그려진 원은 Einstein 고리이다. (b) 여러 충격변수 u_0에 대해 시간의 함수로 표시한 상의 등급 변화(Paczyński 1996)

넘는 경우에 대한 단면적을 정의하게 된다. 미시중력렌즈의 경우에는 일반적으로 Einstein 고리를 단면적으로 삼는데, 이 단면적에 광원이 들어올 경우(즉 광원이 Einstein 고리 안으로 들어올 때) 상의 밝기 증가는

$$A \geqq 3/\sqrt{5} = 1.3416 \tag{10.11}$$

배가 되어 등급으로는

$$\Delta m = 2.5\log A \geqq 0.3191 \tag{10.12}$$

만큼 밝아지게 된다. 미시중력렌즈에서 이 값을 관행적으로 택한 이유는 문턱 값이 너무 작으면 측광 오차로 인한 밝기 변화를 렌즈작용으로 착각하기 쉽고, 반대로 문턱 값이 너무 크면 밝기 증가가 크지 않은 렌즈의 경우를 빠뜨리기 쉬우므로 적정한 문턱 값을 택해야 하는데 일반적인 정밀 측광관측에 대해 $\Delta m = 0.3191$은 무난한 문턱 값이면서 렌즈와 광원 사이의 거리가 Einstein 반경인 특별한 경우이기 때문이다.

10.1.2 미시중력렌즈될 확률

이제 은하 내 별들과 같이 많은 렌즈들에 의해 이 같은 미시중력렌즈 현상이 일어날 확률을 계산해보자. 우선 간단하게 모든 렌즈들이 동일한 질량 M을 가진다고 가정하자. 거리 D_l이고 두께 ΔD_l인 부피요소(volume element)에서 한 렌즈가 차지하는 평균 면적을 πR_M^2이라 하고 렌즈들에 의한 평균 질량 밀도를 ρ라 하면 $\rho = M/(\pi R_M^2 \Delta D_l)$의 관계를 가진다. 한 렌즈에 의한 단면적이 πr_E^2이므로 이 판조각이 렌즈될 확률에 기여하는 정도는

$$\Delta\tau = \frac{\pi r_E^2}{\pi R_M^2} = \left[\frac{4\pi G\rho}{c^2}\frac{D_l(D_s - D_l)}{D_s}\right]\Delta D_l \tag{10.13}$$

이다. 따라서 어느 한 시점에서 어떤 광원이 관측자와 광원 사이에 존재하는 렌즈에

의한 중력렌즈 현상을 겪어 밝기가 1.34배 이상 증가할 확률은

$$\tau = \int_0^{D_s} \frac{4\pi G\rho}{c^2} \frac{D_l(D_s - D_l)}{D_s} dD_l = \frac{4\pi G}{c^2} D_s^2 \int_0^1 \rho(x) x(1-x) dx \qquad (10.14)$$

로 정리된다. 이 확률은 복사전달이론(radiative transfer)에서의 광학적 깊이(optical depth)와 같은 개념이므로 광학적 깊이라고도 부른다(7.2.1절 참조). 위 식에서 광학적 깊이는 렌즈들의 총 질량 또는 질량 밀도 ρ에 비례하고 개별 렌즈의 질량 M과는 무관함을 알 수 있다. 렌즈들에 의한 평균 밀도가 위치에 관계없이 일정한 경우(즉 렌즈 물질이 균일하게 분포할 경우) 광학적 깊이는

$$\tau = \frac{2\pi}{3} \frac{G\rho}{c^2} D_s^2 \qquad (10.15)$$

의 간단한 형식으로 나타난다.

일반적으로 별과 같은 천체들의 질량을 측정하기는 쉽지 않으므로 질량 밀도 ρ는 쉽게 결정되지 않는 양이다. 그러나 렌즈들이 서로 간의 중력에 의해서 분포를 유지하고 있다면(self-gravitating) 렌즈들의 운동속도로부터 질량 밀도를 추정할 수 있다. 예를 들어 은하 내에 존재하는 별인 렌즈들에 대해 광원까지의 거리 D_s가 은하의 크기와 비슷하다고 해보자. 이 계에 비리얼정리를 적용하면 속도분산의 평균 $< V^2 >$과 계의 총 질량 M_{tot} 사이에는 관계식

$$< V^2 > \approx \frac{GM_{tot}}{D_s} \approx \frac{G\rho D_s^3}{D_s} = G\rho D_s^2 \qquad (10.16)$$

이 성립한다. 위 식과 식 (10.15)로부터 광학적 깊이는

$$\tau \approx \frac{< V^2 >}{c^2} \qquad (10.17)$$

로 간단히 표현되어 렌즈 간의 자체 중력으로 유지되는 천체의 경우 렌즈들의 운동

속도가 클수록 질량이 더 큰 천체임을 뜻하고 따라서 광원까지 시선방향을 따라 더 많은 물질을 통과하게 되므로 광학적 깊이가 증가하게 된다. 렌즈될 확률이 렌즈들의 속도에 의해 결정되는 것은 자체중력에 의해 유지되는 천체에서 속도분산이 높은데도 천체가 부서지지 않고 있다는 것은 그만큼 중력이 강하고 따라서 총 질량이 크다는 뜻이다(비리얼정리). 또한 점질량 렌즈의 경우 렌즈될 단면적이 렌즈의 질량에 바로 비례하므로 단면적의 합인 렌즈될 확률은 렌즈들의 총 질량에 비례하고 따라서 렌즈계의 속도분산에 비례하게 되는 것이다. 예를 들어 우리 은하의 헤일로에 존재하는 물질 전부가 렌즈로 작용할 수 있는 MACHO라면 헤일로 별의 전형적인 속도가 대략 200kms^{-1}이므로 마젤란은하까지의 광학적 깊이는 대략 4×10^{-7}임을 알 수 있다. 즉 마젤란은하 내의 한 별이 특정 시점에 우리 은하의 MACHO에 의해 미시중력렌즈되어 밝아져 있을 확률이 4×10^{-7} 정도이다.

렌즈물질의 분포가 균질하지 않아서 장소에 따라 질량 밀도가 달라질 경우에는 주어진 관측 방향에 대해 M과 D_l에 대해 적분함으로써 식 (10.14)를 일반화할 수 있다. 많은 경우 우리 은하 헤일로의 질량분포가 직접 관측되지는 않으므로 가능한 모형을 설정하고 각 모형의 경우에 대해 렌즈될 확률을 계산하게 된다(Han & Gould 1995).

10.1.3 미시중력렌즈 사건 발생빈도와 시간척도 분포

식 (10.15)의 광학적 깊이 τ는 어떤 광원이 한 시점에서 1.34배 이상 밝아져 있을 확률이지만 한 번 관측으로는 어떤 배경별이 원래보다 밝아져 있는 상태인지 아닌지를 알 수 없다. 관측을 통해 미시중력렌즈를 발견하기 위해서는 어느 정도 기간을 두고 여러 번 측광관측을 함으로써 별의 밝기가 변함을 확인하여야 한다. 이를 위해서는 어떤 관측 기간 Δt 동안 n개의 광원의 밝기 변화를 감시할 때 몇 미시중력렌즈 사건을 발견하겠는가를 계산하여야 한다.

물론 이런 사건 발생빈도도 밝기 증가의 정도에 따라 다른 값이므로 위에서처럼 원래보다 1.34배 이상 밝아진 사건에 대한 빈도를 계산해보자. 렌즈의 질량이 모두 M이고 3차원 속도의 크기는 모두 V이고 방향은 등방적(isotropic)으로 분포하는 가장 단순한 경우를 고려하자. 또한 광원은 거리 D_s 에 있고 렌즈들의 개수밀도는 통계적으로 균질하다고 가정하자.

미시중력렌즈 사건의 기본 시간척도는 Einstein 시간

$$t_E = \frac{r_E}{V_t} = \frac{r_E}{V \sin i} \tag{10.18}$$

로 Einstein 반경을 횡단속도(transverse velocity) $V_t = V \sin i$(i는 시선방향과 속도벡터 사이의 각)로 나눈 값으로 주어진다. 렌즈가 정지하고 있을 때 미시중력렌즈 사건이 일어나는 단면적은 πr_E^2이다. 그러나 렌즈가 속도 V_t로 Δt 동안 움직였다면 렌즈가 지나간 거리 $V_t \Delta t$를 한 변으로 하고 나머지 한 변이 $2r_E$인 직사각형 안에 배경별이 들어가게 되면 미시중력렌즈 사건이 일어나게 되므로 이에 해당하는 단면적은 $2r_E V_t \Delta t$이다. 광원의 수를 n이라고 하면, 한 시점에 렌즈현상을 겪고 있는 광원의 총수는 $n\tau$가 된다. 렌즈가 움직일 경우에는 단면적이 πr_E^2에서 $2r_E V_t \Delta t$이 되므로 시간 간격 Δt 동안 일어난 미시중력렌즈 사건의 수는

$$N = n\tau \frac{2r_E V_t \Delta t}{\pi r_E^2} = \frac{2}{\pi} n\tau \frac{\Delta t}{t_E} \tag{10.19}$$

로 주어진다.

물론 같은 질량과 속도를 가진 렌즈에 의한 경우에도 투영된 횡단속도의 값이 $0 \leqq V_t \leqq V$와 같이 다양하고, 렌즈까지의 거리 또한 $0 \leqq D_l \leqq D_s$ 사이의 값을 가질 수 있으므로 미시중력렌즈 사건의 시간척도는 동일한 질량을 가진 렌즈에 의해 발생한 경우에도 다양한 값을 가지게 된다. 위 계산을 이런 경우에까지 확장하면

$$N = \frac{3\pi}{16} n\tau \frac{\Delta t}{t_m} \tag{10.20}$$

이고, 여기서 t_m은 횡단속도가 $V_t = V$이고 렌즈까지의 거리가 광원까지의 거리의 절반이 되는 미시중력렌즈 사건의 시간척도이다(Mao & Paczyński 1996).

$$t_m \equiv \left(\frac{r_E}{V}\right)_{D_l = D_s/2} = \left(\frac{GMD_s}{c^2}\right)^{1/2} \frac{1}{V} \tag{10.21}$$

렌즈 사건의 시간척도가 아주 짧거나 아주 긴 극한에서는 그 분포가 거듭제곱의 형태를 지님을 보일 수 있다. 아주 짧은 시간척도의 경우 시간척도 t_E가 시간 t보다 더 짧을 확률은

$$P(t_E \leqq t) = \frac{128}{45\pi^2}\left(\frac{t}{t_m}\right)^3, \quad t \ll t_m \text{ 경우} \tag{10.22}$$

이고, 반대로 아주 긴 시간척도의 경우

$$P(t_E \geqq t) = \frac{128}{45\pi^2}\left(\frac{t_m}{t}\right)^3, \quad t \gg t_m \text{ 경우} \tag{10.23}$$

로 나타나는데, 아주 짧은 시간척도는 렌즈가 광원이나 관측자에 아주 가까울 때 나타나고 아주 긴 시간척도는 렌즈가 시선방향으로 움직여서 횡단속도가 아주 작아질 때 나타난다. 이 같은 거듭제곱 형태의 시간척도 분포는 지금까지 고려된 거의 모든 렌즈 분포 모형에 일반적으로 적용된다. 이런 분포의 3차 이상 모멘트는 유한한 1차, 2차 모멘트와는 달리 발산하므로 정의하기 어렵다. 따라서 위 분포들을 다음

$$p(\log t_E) d\log t_E = \left(\frac{\ln 10}{N}\right) t_E N'(t_E) d\log t_E \tag{10.24}$$

와 같은 대수(logarithmic)함수 분포로 바꾸면 변환된 분포에서는 모든 모멘트들이 유한하다.

미시중력렌즈 연구를 통해 알고자 하는 것은 렌즈 천체들의 질량과 분포 등이지만 실제 관측되는 것은 렌즈 사건의 빈도와 시간척도의 분포이다. 대부분의 경우 개별 광원 별이나 렌즈 별까지의 거리나 횡단속도를 알 수 없으므로 측정된 시간척도로부터 렌즈의 질량을 결정할 수는 없다. 따라서 De Rújula et al.(1991)은 이 시간척도 분포의

모멘트를 분석하여 렌즈 질량분포를 추정하는 방법을 제시하였다. 한편 렌즈 시간척도는 광원과 렌즈까지의 거리와 렌즈의 질량과 더불어 광원과 렌즈의 상대 투영속도에도 관계되므로 상대속도에 대한 모형이 결정되어야 질량 모형을 결정할 수 있다. 대부분의 천체들은 아주 넓은 폭의 속도분산을 가지므로 3차원 표준분포(Gaussian distribution)를 선택하면 속도분포는

$$p(V)\frac{dV}{V_{rms}} = 3\left(\frac{6}{\pi}\right)^{1/2}\exp\left(-\frac{3V^2}{2V_{rms}^2}\right)\frac{V^2}{V_{rms}^2}\frac{dV}{V_{rms}}\ [0 \leqq V < \infty] \qquad (10.25)$$

으로 표현되며 여기서 속도분산 V_{rms}는

$$V_{rms}^2 \equiv \int_0^\infty V^2 p(V)\frac{dV}{V_{rms}} \qquad (10.26)$$

로 정의된다. 이제 렌즈 질량분포가 거듭제곱 형태를 가진다고 가정하고

$$n(M)dM \sim M^\alpha dM \qquad [M_{\min} \leqq M \leqq M_{\max}] \qquad (10.27)$$

이를 대수함수 형태로 변환하면

$$n(\log M)d\log M = \left[\frac{(\alpha+1)\ln 10}{M_{\max}^{\alpha+1} - M_{\min}^{\alpha+1}}\right]M^{\alpha+1}d\log M,\ \alpha \neq 1 \qquad (10.28)$$

$$= \left[\frac{\ln 10}{\ln(M_{\max}/M_{\min})}\right]d\log M, \qquad \alpha = 1$$

와 같이 나타난다. 질량분포 계수 $\alpha = -1$은 렌즈 질량의 지수구간(logarithmic interval) 당 같은 수의 렌즈가 있음을 뜻하고, $\alpha = -2$는 지수구간 당 렌즈의 총 질량이 같음을 뜻한다. 흥미로운 경우는 $\alpha = -1.5$인 경우인데 중력렌즈 사건의 단면적이 $2r_E V_t \Delta t \propto M^{1/2}$이 되므로, 이 경우 렌즈 질량의 지수구간 당 렌즈 사건의 수가 같아지게 된다.

렌즈들의 대표 질량 척도는 시간척도의 1차 모멘트 t_E에 의해 정의되는 양

$$M_0 \equiv \frac{c^2 V_{rms}^2}{GD_s} t_{E,av}^2, \qquad \log t_{E,av} \equiv < \log t_E > \tag{10.29}$$

으로 정의할 수 있고, 이는 가장 많은 렌즈 사건을 일으킨 렌즈의 질량을 나타낸다. 그러나 $\alpha \ll -1.5$이면 작은 질량체 렌즈가 중요해져서, 렌즈 시간척도는 좁은 영역에 분포하고 대부분 $M \approx M_{\min}$인 물질에 의해 렌즈 사건이 발생하며, 반면에 $\alpha \gg -1.5$이면 대부분 $M \approx M_{\max}$에 의해 렌즈 사건이 발생하게 된다.

이제 시간척도 $\log t_E$의 표준편차와 질량분포의 관계를 살펴보자. 만약 상대속도가 일정한 경우처럼 렌즈 질량 M과 시간척도 t_E 사이에 일대일 관계가 성립한다고 가정하면 $\alpha = -1.5$일 때 $\log t_E$의 분포는 언급한 바와 같이 구간 $\log t_{\min} < \log t_E < \log t_{\max}$에서 균일하다. 또한 $t_E \propto M^{1/2}$이므로 $\log(t_{\max}/t_{\min}) = 0.5\log(M_{\max}/M_{\min}) = 0.5\Delta \log M$에 의해 시간척도의 최대-최소 비와 질량의 최대-최소 비가 연관되어 있다. 구간 $[\log t_{\min}, \log t_{\max}]$의 균일 분포의 표준편차는 $(\log t_{\max} - \log t_{\min})^2/12 = (\Delta \log M)^2/48$ 이므로 관측된 $\log(t_{\max}/t_{\min})$로부터 질량의 최대-최소 비 $\Delta \log M$을 알 수 있다. 하지만 실제로는 각 렌즈의 속도가 달라서 사건 시간척도 t_E와 렌즈의 질량 사이에 일대일 관계가 없으므로 모든 렌즈의 질량이 같은 극단적인 경우에도 $\log t_E$는 표준편차 $\sigma_{\log t_E} = 0.268$을 가진다. 따라서 일반적인 $\alpha = -1.5$인 경우 $\log t_E$의 표준편차는

$$\sigma_{\log t_E} = \left[0.268^2 + \frac{(\Delta \log M)^2}{48} \right]^{1/2} \tag{10.30}$$

가 된다. 이러한 방법으로 렌즈 질량분포의 모형이 결정될 경우에는 시간척도의 평균이나 표준편차 같은 모멘트로부터 렌즈 질량의 전형적인 값이나 질량의 구간 등에 대한 정보를 추정할 수 있다.

그러나 이러한 방법은 렌즈 질량의 분포함수는 물론 광원과 렌즈의 공간 분포 및 속도 분포가 알려져 있을 경우에 적용 가능한데, 현재 미시중력렌즈를 일으키는 렌즈들의 공간분포 및 속도 특성들에 대해 알려져 있는 것이 별로 없다. 따라서 기존 광학관측 등으로 잘 드러나지 않는 암흑물질의 특성을 파악하는 것이 목적인 미시중력렌즈의

연구를 위해서는 이들 물질의 공간적·역학적 분포에 대한 정보가 필요하다는 모순이 발생하게 된다. 이런 어려움의 가장 근본적인 이유는 물론 미시중력렌즈 관측에서 관측되는 양인 렌즈 사건의 시간척도가 렌즈의 질량 외에 속도 및 광원과 렌즈의 거리비 등 다른 물리량에 의해 복합적으로 결정되는 겹침성(degeneracy)을 지니기 때문이다. 이런 필수적인 성질들에 대해 잘 알게 되기 전까지는 시간척도로부터 렌즈 질량분포를 결정하는 것은 적지 않은 불확실성을 포함할 수밖에 없다.

10.2 복합 미시중력렌즈

10.2.1 쌍성계

미시중력렌즈의 경우 한 개 이상의 질량체에 의해 렌즈 사건이 일어날 수 있다. 특히 우리 은하 내 반 이상의 별들이 다중성계(multiple star system)인 것으로 짐작되므로 렌즈 자체가 두 개 이상의 별이나 MACHO로 구성되어 있는 경우도 드물지는 않을 것이다(Mao & Paczyński 1991; Griest & Hu 1992). 그중 별 주위에 행성들이 돌고 있는 행성계 렌즈의 가능성도 배제할 수 없고 만일 행성계에 의한 변형을 검출할 수 있다면 중력렌즈는 외계행성(extra-solar planet)을 검출할 수 있는 중요한 수단이 될 수 있다.

쌍성에 의해 렌즈현상이 발생하는 경우는 단일 질량에 의해 발생한 사건에 비해 더 복잡하면서 흥미로운데(4.7절 참조) 이를 미시중력렌즈 관점에서 살펴보자. 두 별의 질량을 m_1, m_2라 하고 별 m_1의 각으로 표시된 렌즈면에서의 x, y-좌표를 각각 (x_1, y_1), (x_2, y_2)라 하고, 렌즈면에서 상의 위치를 (x, y), 광원면에서 광원의 위치를 (x_s, y_s)라 하자. 이 경우 렌즈방정식은

$$x_s = x - \frac{m_1(x-x_1)}{r_1^2} - \frac{m_2(x-x_2)}{r_2^2} \qquad (10.31)$$
$$y_s = y - \frac{m_1(y-y_1)}{r_1^2} - \frac{m_1(y-y_1)}{r_1^2}$$

로 정리된다. 여기서 보통 $m_1 + m_2 = 1$로 두는데 그럴 경우 모든 각은 총 질량에 대한 Einstein 반경의 단위로 표시된다. 두 별의 궤도 운동을 무시할 수 있을 경우,

한 개 별인 경우에 비해서 세 개의 무단위 인자, 질량비 m_1/m_2, Einstein 반경 단위로 표시한 두 별 사이 거리, 두 별을 잇는 선과 광원의 운동 방향 사이 각이 더 존재하여 이로부터 나타날 수 있는 광도곡선의 형태는 매우 다양해진다. 따라서 어떤 종류의 광도곡선이 생기는지를 알기 위해서는 수치계산에 의존해야만 한다. 역으로 관측된 광도곡선 자료를 가장 잘 맞추는 쌍성렌즈 모형을 구하는 것도 수치계산으로 가능하다 (Mao & Di Stefano 1995).

쌍성렌즈계의 예로서 질량이 같은 $M_1 = M_2 = 0.5\,M_t$ 경우를 살펴보자(4.7절 참조). 특히 두 별 사이 거리가 Einstein 반경과 정확하게 같은 경우 임계곡선(점선)과 화선(실선)의 모습은 그림 10.4와 같다. 두 질량이 같으므로 모든 모습이 대칭을 이룬다. 그림 10.5는 반경이 $r_s = 0.05\,r_E$인 광원(그림 10.4에서 가는 직선들과 겹쳐져 있는 5개의 빈 원)이 렌즈 중심에서 약간씩 다른 거리로 지나갈 경우 발생하는 렌즈 사건에서

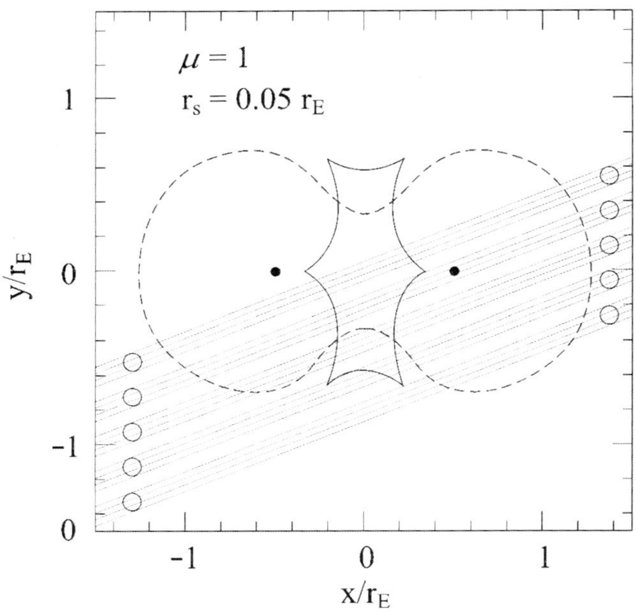

그림 10.4 두 별의 질량이 같고 별 사이 거리가 Einstein 반경과 같은 경우. 임계곡선은 점선으로 된 아령 모양이고 화선은 실선으로 나타난 뾰족한 폐곡선이다. 4개씩 묶인 5개의 가는 실선은 광원이 지나가는 5가지 경로이다(Paczyński 1996).

기대되는 광도곡선을 보여준다. 가로축은 Einstein 시간으로 표시된 시간이고 세로축은 상의 등급변화를 나타내고 있다. 제일 위 곡선이 그림 10.4에서 렌즈의 중심에 가장 가까이 지나가는 제일 위 광원의 경로에 대한 광도곡선이다. 가장 위 경로는 렌즈 중심을 대칭으로 통과하므로 광도곡선이 기준시간 $t = 0$을 기준으로 대칭이고 광원이 화선을 지나갈 때 밝기가 급격하게 증가하는 광도곡선의 뿔(spike) 2개가 대칭적으로 잘 나타나고 있다. 이에 비해 가장 아래 경로는 화선을 가로지르지 않으므로 광도곡선에서 두 개의 뿔이 나타나지 않고 다만 광원이 화선의 꼭지 근처를 지나갈 때 밝기가 약간 급하게 증가함을 보이고 있다.

이러한 쌍성렌즈에 의한 렌즈작용은 광원이 화선 근처 또는 화선을 통과할 때는 단일 렌즈에서 나타나는 대칭적이고 부드럽게 밝기가 변하는 표준 광도곡선(예를 들어 그림 10.1)과 구별되는 독특한 광도곡선을 만들어낸다.

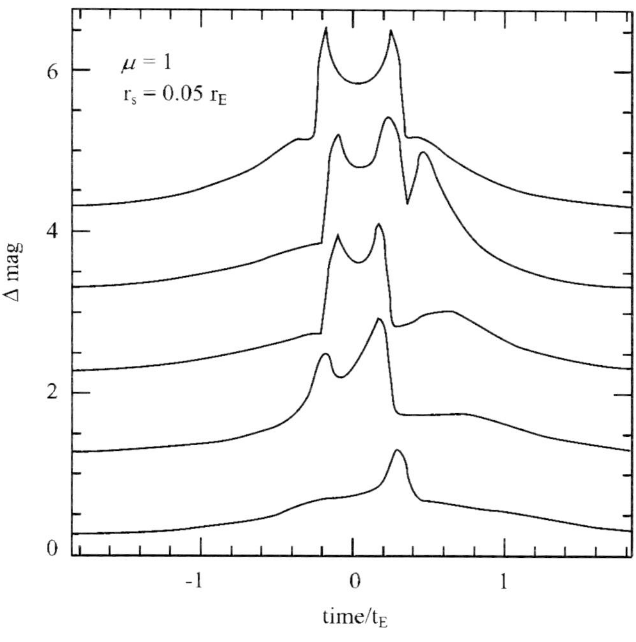

그림 10.5 그림 10.4의 광원의 각 경로에 대한 상의 광도곡선. 이 그림의 가장 위 곡선이 렌즈 중심에 가장 가까이 지나가는 그림 10.4의 가장 위 경로에 해당하고 아래로 차례대로 대응된다(Paczyński 1996).

10.2.2 층밀림이 있는 미시중력렌즈

4.5절에서 축대칭을 가진 질량이 더 큰 규모의 중력장에 의해 영향을 받을 경우 이를 사극자 렌즈로 근사할 수 있음을 설명하였다. 미시중력렌즈의 경우에도 멀리 떨어진 동반성이나 외부의 질량에 의한 효과를 같은 방법으로 근사할 수 있다. 이제 단일 점질량에 의한 중력렌즈가 이런 외부 수렴이나 층밀림에 의해 어떻게 달라지는지 살펴보자.

3.5절에서 설명된 수렴과 층밀림으로 표시되는 렌즈 사상을 약한 수렴과 층밀림이 점질량에 추가된 경우에 적용하면

$$\boldsymbol{s} = \boldsymbol{r} - \frac{\boldsymbol{r}}{r} - \begin{pmatrix} \kappa+\gamma & 0 \\ 0 & \kappa-\gamma \end{pmatrix} \boldsymbol{r} \tag{10.32}$$

로 나타낼 수 있다(류윤현 & 박명구 2007). $\boldsymbol{s}$와 $\boldsymbol{r}$은 렌즈면에 투영되고 θ_E로 규격화한 광원과 상의 위치이다. 이를 다시

$$\boldsymbol{S} \equiv \frac{\boldsymbol{s}}{\sqrt{|1-\kappa+\gamma|}}, \quad \boldsymbol{R} \equiv \sqrt{|1-\kappa+\gamma|}\,\boldsymbol{r} \tag{10.33}$$

로 재규격화하면 렌즈방정식은

$$\boldsymbol{S} = \left[\varepsilon \begin{pmatrix} \Lambda & 0 \\ 0 & 1 \end{pmatrix} - \frac{1}{R^2}\right] \boldsymbol{R} \tag{10.34}$$

이 된다. $\varepsilon \equiv \mathrm{sign}(1-\kappa+\gamma)$, $\Lambda \equiv (1-\tilde{\gamma})/(1+\tilde{\gamma})$이고 환원 층밀림 $\tilde{\gamma} \equiv \gamma/(1-\kappa)$이다. 식 (10.34)를 제곱하면 R^2에 대한 4차 방정식으로 바꿀 수 있다(Schneider, Ehlers & Falco 1992). 이 방정식의 근 R을 구해 식 (10.34)와 (10.33)에 다시 대입하면 광원의 위치 $\boldsymbol{s}$에 대한 상의 위치 $\boldsymbol{r}$을 구할 수 있고, 식 (10.33)의 Jacobi 행렬로부터 각 미시상의 밝기도 구해진다.

이렇게 계산된 미시상의 총 밝기를 광원의 여러 위치에 대해 계산하여 밝기 지도를 그려보면 그림 10.6과 같다. 층밀림이 없는 경우(그림 10.6a) 같은 밝기선들은 동심원인

데 비해 층밀림이 있는 경우(그림 10.6b)에는 층밀림의 크기에 대략 비례하는 화선이 가운데 생기고 그 주변 밝기 분포도 따라서 달라진다.

광원이 y-축 방향으로 이동하는 경우($\tilde{\gamma}=0.01$, $u_0=0.3$) 상의 밝기 곡선은 그림 10.7a에서 광원 궤적의 각 점에서 읽어낸 밝기 증가 값으로 주어지는데 층밀림이 없는 경우(그림에서 실선)에 비해 층밀림이 있는 경우(그림에서 파선, 점-파선, 점선) 더 밝아진다. 그림 10.7b는 단순 점질량에 의한 밝기 증가와의 차이를 보여준다.

이 밝기 증가 차이의 크기는 대략 $\sim\tilde{\gamma}/u_0$이고 시간에 따른 차이 변화는 광원이 지나가는 방향에 의해 결정된다. 정밀한 측광 관측으로부터 이 차이를 측정할 수 있을 경우 층밀림을 결정할 수 있게 된다. 만약 천구 상의 여러 방향에서 층밀림이 결정되면 제9장에서 설명한 약한 중력렌즈 이론에 의해 천구면에 투영된 질량밀도 분포를 재구성하는 것도 가능해진다(류윤현 & 박명구 2007). 물론 우리 은하 내에서 각 별들이 겪는 층밀림 값은 크지 않으므로 이런 광도곡선의 차이는 충격변수가 아주 작은 고증폭 사건에 대해서만 가능할 것으로 예상된다.

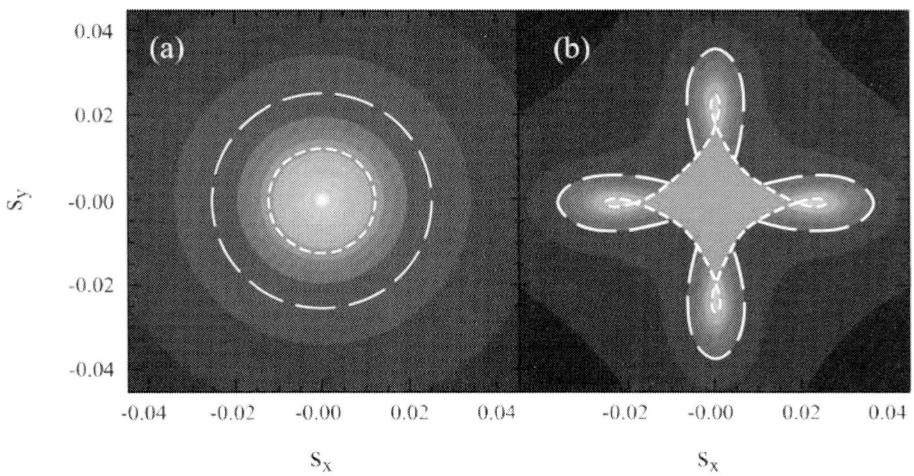

그림 10.6 (a) 점질량에 의해 중력렌즈될 경우 광원의 위치에 따른 밝기 증가 지도. (b) 점질량에 층밀림($\tilde{\gamma}=0.01$)이 있는 경우 달라진 밝기 증가 지도(류윤현 & 박명구 2007)

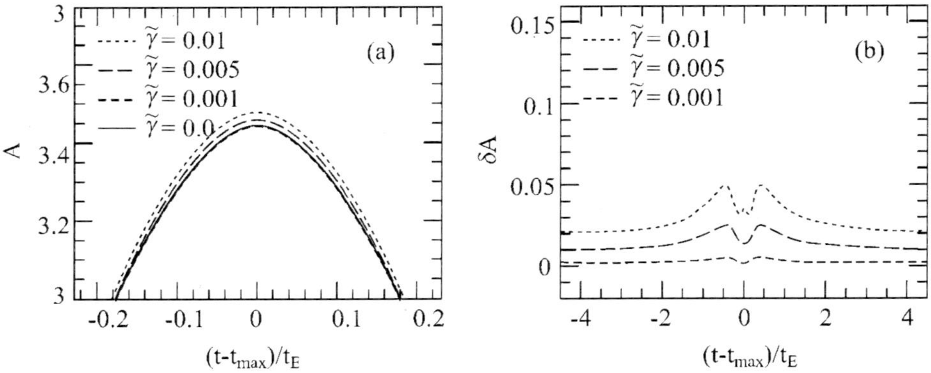

그림 10.7 (a) 층밀림이 있는 경우의 미시중력렌즈 광도곡선. 층밀림이 0인 단순 미시중력렌즈 경우(실선)에 비해 더 밝아지고 층밀림($\tilde{\gamma}$)이 클수록 차이가 많이 난다. (b) 층밀림이 있는 경우와 층밀림이 없는 경우 광도곡선의 차이(류윤현 & 박명구 2007)

10.2.3 변형된 미시중력렌즈

실제 관측되는 미시중력렌즈 사건의 광도곡선은 점질량에 의해 점광원에 발생한 표준광도곡선으로부터 다양한 이유로 변형되게 된다. 이미 설명한 렌즈가 쌍성 또는 행성으로 구성된 경우 외에도 여러 가지 변형이 생길 수 있다.

광도곡선을 변형시키는 또 다른 중요한 요소는 혼합효과(blending)이다. 미시중력렌즈 관측의 경우 사건의 확률이 매우 낮다. 따라서 최대한 많은 렌즈 사건을 검출하기 위하여 광원인 별이 많이 모여 있는 지역에 대하여 관측한다. 하지만 이로 인해 여러 개의 별들이 지구 대기에 의한 상퍼짐으로 인해 분리되지 않는 한 개의 별로 보이는 혼합이 발생하게 된다. 이렇게 섞인 별들 중 보통 하나만 미시중력렌즈에 의해 밝아지므로[30] 실제로 관측된 광원 광량의 증폭 A_{obs}는

$$A_{obs} = \frac{A_0 F_0 + B}{F_0 + B} = \frac{A_0 + B/F_0}{1 + B/F_0} \tag{10.35}$$

이 되어 실제 증폭 A_0와 달라지게 된다. 여기서 F_0는 광원의 증폭 이전 원래 밝기, B는 뒤섞인 상 속에 분리되지 않는 별들로부터의 광량을 나타낸다. 별들이 섞인 상의

30) 대부분 미시중력렌즈 사건의 경우 Einstein 반경은 0.001″ 정도이므로 한 번에 한 별만 렌즈되게 된다.

밝기가 광원의 원래 밝기보다 밝은 경우($B > F_0$) 관측되는 증폭(A_{obs})은 원래(A_0)보다 상당히 줄어들게 된다. 또한 뒤섞인 별들의 색이 서로 다를 경우 섞인 상의 밝기가 증가하면서 색이 달라질 수도 있다. 혼합효과의 문제점은 이 효과에 의해 변형된 광도곡선을 원래부터 렌즈 시간척도가 짧고 밝기가 조금만 증가하는 경우의 광도곡선과 구별하기 어렵다는 것이다. 따라서 실제로는 렌즈 가까이 지나가는 고증폭 사건을 렌즈 멀찌감치 지나가는 저증폭 사건으로 착각하게 되어 올바른 해석을 어렵게 한다. 이 같은 혼합 효과를 제거하기 위한 방법으로 해상도가 높은 우주망원경으로 관측하거나 우주간섭계(space interferometer)를 이용한 측성학적 방법 등이 제시되기도 했다(한정호 1999 참조). 혼합 효과는 광원 여러 개가 섞이는 경우 외에도 렌즈가 별일 경우 렌즈 별의 빛이 광원 별과 뒤섞이는 경우나 광원이 원래 쌍성인데 그중 하나만 렌즈되는 경우에도 생길 수 있다.

표준 광도곡선은 렌즈가 관측자-광원을 잇는 선에 대해 직선(rectilinear) 운동을 할 때 나타나는 렌즈 광도곡선으로, 최대 밝기를 기준으로 대칭되는 모습을 보인다. 그러나 지구는 태양 주위를 1년의 시간척도로 공전하며 움직이고 있으므로 증폭기간이 몇 달 이상일 때는 광도곡선이 비대칭으로 바뀌게 된다. 이를 시차효과(parallax effect)라 하는데 이 효과가 관측될 경우 2개 이상의 관측자 위치에서 사건을 관측한 것과 같아서 렌즈에 대한 추가 정보를 얻을 수 있다(Gould 1992).

또한 지금까지는 미시중력렌즈를 기술할 때 광원이 점광원인 경우만을 고려하였지만 실제 광원인 별은 유한한 크기를 가졌으므로 이에 의한 효과, 즉 유한광원효과(finite source effect)가 나타날 수 있다. 밝기가 일정한 원반 모양의 광원에 의한 미시중력렌즈의 특성을 보면(Witt & Mao 1994) 렌즈가 원래 광원 원반을 가로지르는 경우($ur_E D_l^{-1} \equiv \beta < 2\theta_s \equiv 2r_s D_s^{-1}$, r_s는 광원 별의 반경)에만 점질량과 매우 다른 모습을 보여준다. 해와 비슷한 질량을 가진 별에 의해 렌즈된 경우 보통 $\theta_E \gg \theta_s$이므로 $u \ll 2$인 경우, 즉 광원이 렌즈를 가까이 통과하는 고증폭 사건의 최대 밝기 근처 또는 질량이 아주 작은 렌즈($\theta_s \geq \theta_E$) 경우에 그 효과가 검출될 것이다. 이때 자료를 모형에 맞추면 별의 각반경을 Einstein 각반경의 단위로 알 수 있어서 광원에 대한 추가 정보를 얻을 수 있다. 또한 이때 별 표면의 다른 부분들이 차례로 증폭되므로

다른 형태의 천문 관측으로는 측정하기 어려운 별 표면의 밝기 분포와 흑점, 주연감광 등도 추정할 수 있게 한다. 나아가 이 효과로부터 렌즈와 광원의 상대 고유운동 속도를 결정할 수도 있다(Gould 1994a). 한편 쌍성렌즈같이 화선이 존재하는 경우에도 화선에 의한 밝기 증가가 급격하므로 유한광원 효과가 나타날 수 있다.

그 외에도 렌즈의 궤도 운동의 효과가 나타나는 등 여러 경우에 기본 미시중력렌즈의 특성인 광도곡선의 무색성(achromaticity), 대칭성(symmetry), 연속성 등이 사라지게 된다. 따라서 이런 복합된 미시중력렌즈를 검출하기 위해서는 무색성, 대칭성, 연속성에 기초한 렌즈 사건 검출 조건들을 이에 맞게 조정해주어야 하는 어려움이 생긴다.

10.3 미시중력렌즈 실험

10.3.1 실험의 방법

초기 미시중력렌즈 실험(관측)의 뒤를 잇는 2세대 실험들로는 안드로메다 은하(M31)를 관측하는 AGAPE(Andromeda Galaxy and Amplified Pixels Experiment)와 VATT-Columbia(VATican Telescope-Columbia), 대마젤란은하를 관측하는 MOA (Microlensing Observations in Astrophysics), PLANET(Probing Lensing Anomalies NETwork), GMAN(Global Microlensing Alert Network), MPS(Microlensing Planet Search) 등이 있다. M31 방향으로의 실험은 우리은하 헤일로에 존재하는 암흑물질뿐만 아니라, 외부은하 M31의 헤일로에 존재하는 암흑물질을 검출하는 것이 주목적이다. 특히 PLANET과 MPS에서는 MACHO와 OGLE, EROS 관측에서 발견되는 렌즈 사건에 대해 실시간으로 인터넷을 통해 경보(alert)를 보내면 이를 전 세계에 흩어져 있는 여러 대의 망원경들로 매우 짧은 시간간격으로 관측하여 보통 렌즈 사건과는 다른 쌍성이나 행성 등에 의한 특이한 렌즈 사건들을 정밀관측한다.

미시중력렌즈 실험은 특정한 방향에 몇 개의 관측 영역을 정하고 반복하여 CCD나 사진건판으로 상을 찍는다. 예를 들어 MACHO 그룹이 대마젤란 은하에서 촬영하는 영역은 그림 10.8인데 그중 한 영역을 확대하면 그림 10.9와 같다. 그림에서 보이는 것처럼 각 영역의 화상은 엄청나게 많은 별을 포함하고 있는데 이들 각각의 밝기를

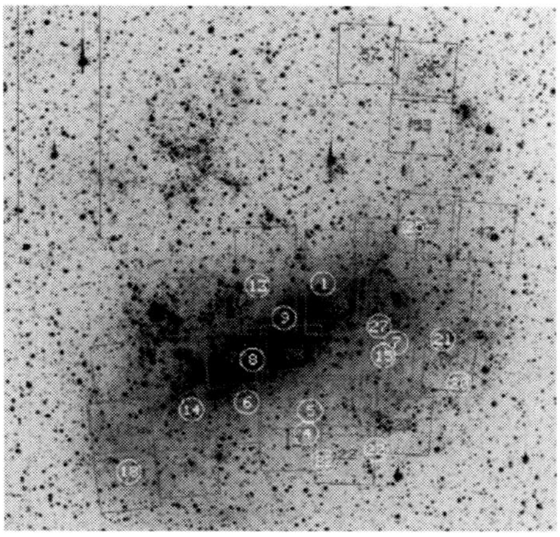

그림 10.8 MACHO 실험에서 관측되는 대마젤란 은하의 영역들(Alcock et al. 1997a)

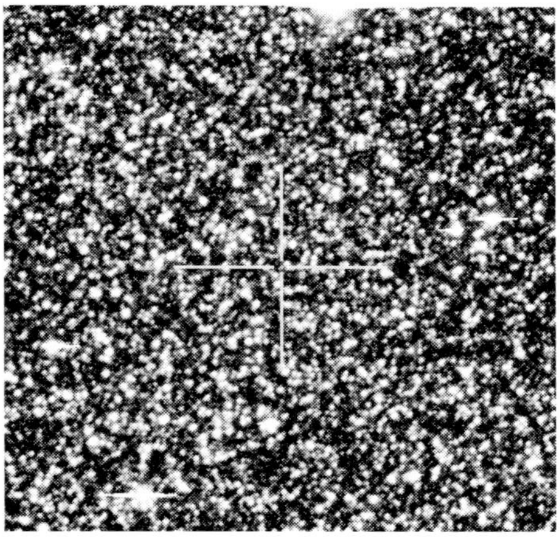

그림 10.9 전형적인 미시중력렌즈 관측 영역의 화상. 가운데 흰 십자로 표시된 곳에 미시중력렌즈된 별이 있다.(그림: MACHO 그룹)

자동화된 측광프로그램을 이용하여 측정한다. 그리고 이전에 같은 영역을 촬영하여 처리했던 결과와 비교하여 밝기가 변한 별들이 있는지를 찾아낸다.

그러나 변광성이나 신성, 초신성 등 밝기가 변하는 모든 별들이 이 과정에서 같이 발견되므로 변광의 형태에 대한 조건들을 달아서 미시중력렌즈에 의한 변광만을 걸러내게 된다. 예를 들어 (1) 미시중력렌즈될 확률은 아주 작으므로 한 별에 대해 한 번의 변광만 일어난다. 대부분의 변광성이 주기적으로 반복되는 변광을 하므로 반복되는 변광은 제외된다. (2) 밝기가 변하는 동안 별의 색이 변하지 않아야 한다. 중력렌즈는 광자의 에너지와 무관하므로 밝아질 경우 모든 파장 밴드에서 별은 같은 정도로 밝아져야 한다. 반면에 대부분의 변광성들은 변광 중 색의 변화를 보인다. (3) 광도곡선은 최대 밝기를 기준으로 시간에 대해 대칭된 모습을 보여야 한다. 이에 반해 대부분의 변광성들은 시간에 대해 비대칭적인 광도곡선을 보여준다.

이와 함께 미시중력렌즈 사건이 많이 발견된 경우 통계적으로 선택조건들을 검증할 수도 있다. 예를 들어 중력렌즈는 별의 종류에 영향을 받지 않으므로 여러 종류의 별에 고루 나타나야 하고, 밝기 증가에서 결정되는 충격맺음변수(식 10.4)는 일양분포를 보여주어야 한다. 또 밝기 증가와 사건 지속시간과는 아무런 상관관계가 없어야 한다.

이렇게 렌즈 사건만을 걸러내는 조건들은 표준 미시중력렌즈을 찾는 데는 적당하지만 앞서 설명한 복잡한 요인들이 포함될 경우까지를 고려하면 적합하지 않을 수도 있다. 예를 들어 혼합이 없을 경우 광도곡선은 파장영역에 무관하게 같은 모습을 보여야 하지만 혼합이 있을 경우 파장영역에 따라 밝아지는 정도가 달라지므로 색 변화가 없는 경우만을 걸러낸다면 혼합이 있는 렌즈 사건은 발견하지 못하게 된다. 또 지구 공전에 의한 시차효과에 의해 변형된 광도곡선은 최대 밝기를 기준으로 비대칭적인 모습을 보이므로 대칭성 조건을 너무 엄격하게 적용하면 이 또한 발견할 수가 없다. 따라서 렌즈 사건을 걸러내는 조건들은 실험마다 일정하게 고정되어야 통계적인 분석이 쉽지만 다양한 렌즈 사건이 발견됨에 따라 이를 고려한 조건들을 적용하고 있다.

10.3.2 미시중력렌즈 실험 결과

미시중력렌즈 실험의 가장 중요한 의미는 실제 미시중력렌즈 사건이 발견되었다는 것이다. 대마젤란 은하 방향의 미시중력렌즈의 광학적 깊이는 10^{-7}으로 예상되었기에 실험이 시작될 당시만 하더라도 렌즈 사건 발견에 회의적인 견해가 주를 이루었다. 그러나 최초의 미시중력렌즈 검출 이후 2007년까지 발견된 사건 수가 거의 3000여 개에 이르고 매년 600여 사건이 추가되고 있어서 이제는 모든 후보사건들을 추가관측을 통해 개별적으로 확인하지 못하는 형편이다. 여하튼 이제 미시중력렌즈 실험은 은하 내 별과 암흑물질, 행성계 등을 연구하는 중요한 방법으로 자리잡게 되었다.

미시중력렌즈 실험은 원래 우리 은하를 구성하는 물질의 정체를 밝히기 위해 제안된 것으로, 대마젤란 은하 방향의 관측이 여기에 해당한다. 대마젤란 은하는 우리 은하의 헤일로를 가로질러 보이는 광원이기 때문이다. 1992년 7월부터 1999년 12월까지 5.7년 동안 진행된 MACHO 실험은 무려 1천2백만 개 별에 대한 측광을 하여 최소 13개에서 최대 17개에 이르는 미시중력렌즈 사건을 발견하였다(Alcock et al. 2000). 헤일로에 있는 알려진 별들에 의해 예상되는 사건의 수는 2에서 4건 정도이므로 MACHO 실험결과는 헤일로에는 우리가 알고 있는 별 외에 다른 물질들이 더 있음을 증명하고 있다. 실험에서 결정된 대마젤란 은하까지의 광학적 깊이 $\tau = 1.2^{+0.4}_{-0.3} \times 10^{-7}$인데, 이는 렌즈 시간척도가 $2\text{일} < 2t_E < 400\text{일}$ 사이인 사건에 대한 것으로 이보다 시간척도가 더

짧거나 긴 사건은 실험에서 제대로 검출할 수 없음을 의미한다. 이 광학적 깊이는 현재 추정되는 헤일로의 질량 일부가 별이나 갈색왜성 같은 MACHO로 구성되었다고 할 때 MACHO는 전체 질량의 20% 정도를 차지할 가능성이 가장 높고, 95%의 신뢰도로 최소 8%에서 최대 50% 정도에 이를 수 있음을 의미한다. 이는 특히 MACHO가 헤일로 질량 전체를 구성할 수는 없음을 말한다. 즉 MACHO 외에 다른 종류의 암흑물질, 예를 들어 소립자(elementary particle) 같은 것들이 헤일로를 이루고 있음을 의미한다. 렌즈 사건 시간척도에서 통계적으로 추정된 렌즈 사건을 일으킨 렌즈의 질량은 헤일로 모형에 따라 다르긴 하지만 대략 $0.15M_{\odot}$ 에서 $0.9M_{\odot}$ 사이에 있을 가능성이 가장 큰 것으로 추정된다. 그림 10.10은 MACHO 그룹에 의해 대마젤란 은하 방향에서

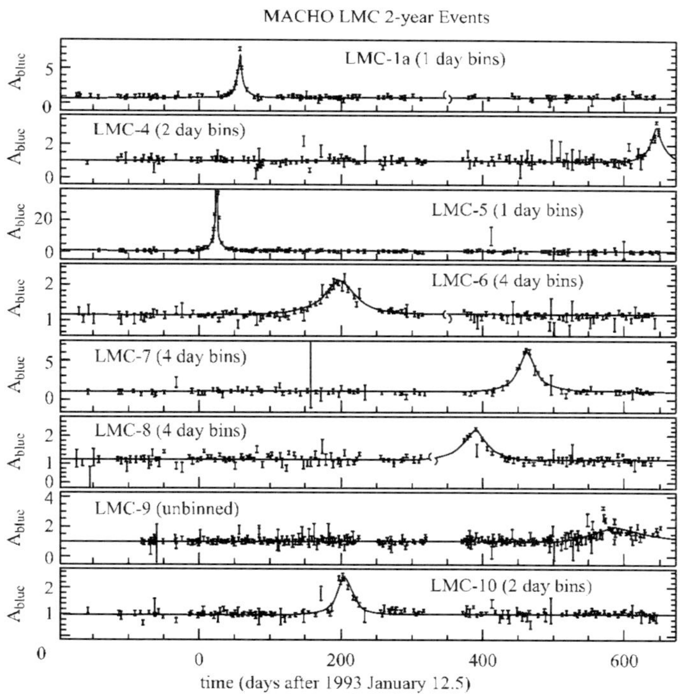

그림 10.10 MACHO 그룹의 초기 2년간 대마젤란 은하 관측에서 발견된 8건의 미시중력렌즈 사건의 광도곡선. 세로축은 별의 원래 밝기에 대해 렌즈되어 밝아진 비를 나타낸다. 막대는 오차를 포함한 관측자료이고 곡선은 자료를 맞춘 광도곡선 모형이다(Alcock et al. 1997a).

발견된 미시중력렌즈 후보 사건 8건의 광도곡선이다(Alcock et al. 1997a). 세로축은 원래 기준 밝기에 비해 청색밴드에서 증폭된 비를 나타내고 가로축은 1993년 1월 12일을 기준으로 한 시간을 나타낸다. 사건이 지속된 시간척도는 각각 다르지만 대체적으로 표준광도곡선을 잘 따르고 있음을 보여준다.

반면에 EROS 그룹은 8년간에 걸친 대마젤란 은하에 대한 관측에서 3건의 미시중력렌즈 사건 후보를 발견했고 MACHO의 질량이 $1M_\odot$ 이하일 경우 MACHO가 헤일로 암흑질량을 설명할 수 없다고 판단했다(Lasserre et al. 2000). EROS 그룹은 사건 수가 부족하고 발견된 사건들이 대마젤란 은하 내 별에 의한 사건일 가능성을 배제할 수 없어서 이를 구체적인 광학적 깊이로 표현하지는 않았지만, MACHO 실험에서 발견된 사건 수와 차이를 보이고 있다.

OGLE 관측은 주로 은하 팽대부에 대한 관측을 통해 은하 팽대부 방향으로의 광학적 깊이가 $\tau = 3.3 \pm 1.2 \times 10^{-6}$임을 결정하였다(Udalski et al. 1994a). 그런데 이 값은 기존의 은하 물질분포 모형에서 예상된 값의 2배에 해당하는 큰 값이다. 이 차이는 은하 팽대부가 막대 모양의 회전체이고 그 끝이 우리를 향해 있을 경우 설명 가능하므로, 미시중력렌즈 관측과는 독립적으로 은하 팽대부가 막대 형태일 가능성을 제시한 이전 연구결과를 뒷받침하고 있다(Blitz & Spergel 1991). 렌즈 사건의 시간척도 분포는 대부분의 렌즈가 질량이 작은 별에서 기대되는 분포와 대략 일치하지만, 짧은 시간척도를 가진 사건의 수는 기대된 횟수보다 많아서 질량이 작은 갈색왜성의 존재를 암시하기도 한다(한정호 & Gould 1996).

지금까지 누적된 미시중력렌즈 사건들은 대부분 가장 단순한 표준 광도곡선을 보여주고 있지만 그렇지 않은 흥미로운 경우들도 발견되었다. 10.2.1절에서 설명한 두 개의 렌즈에 의한 미시중력렌즈 사건이 OGLE 그룹에 의해 최초로 발견되고 MACHO 그룹에 의해 독립적으로 확인되었다(Udalski et al. 1994c). OGLE #7인 이 렌즈 사건에서 관측된 광도곡선 자료는 쌍성렌즈에 의한 광도곡선으로 잘 설명됨을 보여준다(그림 10.11). 원칙적으로 광원의 크기가 무한히 작은 경우라면 화선을 지날 때 증폭은 무한대가 되지만 유한광원효과 등에 의해 실제 관측된 증폭은 유한 값을 가진다.

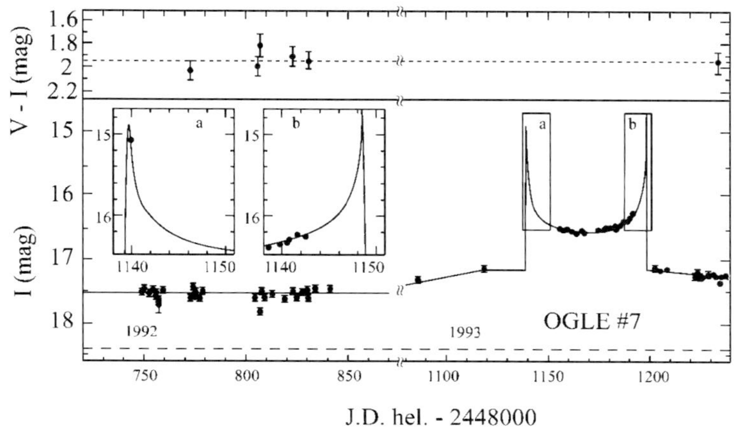

그림 10.11 쌍성렌즈에 의해 일어난 미시중력렌즈 사건 OGLE #7의 광도곡선. 세로축은 I-등급이고 위 그림은 V-I 색을 보여준다. 두 개의 뾰족한 뿔 모양으로 밝기가 급격하게 증가하는 부분이 광원이 화선을 가로지르는 때이다(Udalski et al. 1994c).

앞서 설명된 시차효과도 MACHO 관측에서 발견되었다(Alcock et al. 1995). 그림 10.12에 나타난 광도 변화 자료는 점선으로 그려진 표준 Paczyński 광도곡선(그림 10.3)과는 잘 맞지 않지만[31] 시차효과를 포함한 실선 광도곡선과는 잘 맞음을 알 수 있다.

유한광원효과에 의한 고증폭 사건의 광도곡선의 변형도 역시 MACHO 관측에서 발견되었다(Alcock et al. 1997b). 그림 10.13은 은하 팽대부 방향의 MACHO 사건 Alert 95-BLG-30의 광도곡선으로 밝기가 최대에 이르렀을 때 유한광원 크기에 의해 표준 광도곡선과는 다른 형태를 보이고 있음을 보여준다. 겹쳐진 그림은 광원의 크기와 Einstein 반경을 보여주고 있다. 이 사건의 경우 'Alert'로 표시된 시점에서 미시중력렌즈 사건이 일어나고 있음을 실시간으로 인터넷에 경보하였고 이로 인해 많은 관측이 수행되어 이 시점 이후로 관측자료가 많아졌음을 알 수 있다. 이렇게 급격하게 변하는 특이한 미시중력렌즈 사건을 제대로 추적하기 위해서는 지구상의 여러 곳에 흩어진 관측장소에서 연속된 관측이 필요하다.

31) 자료와 점선의 차이는 크지 않아 보이지만 관측오차의 크기를 고려하면 통계적으로 큰 차이임을 보일 수 있다.

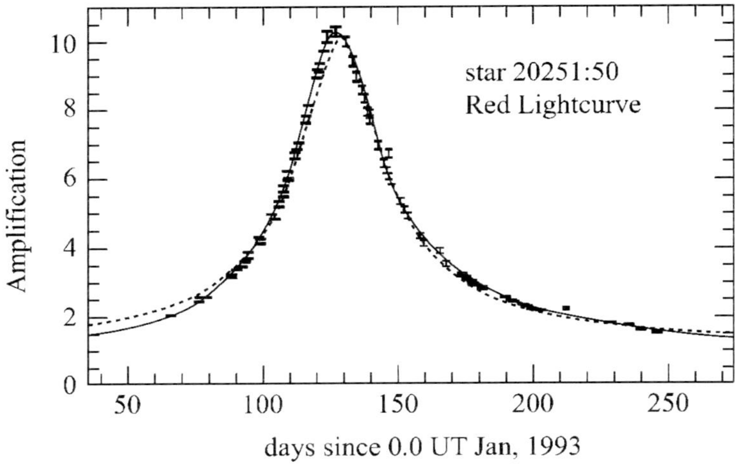

그림 10.12 지구 공전에 의한 시차효과가 발견된 MACHO 미시중력렌즈 사건. 점으로 보이는 작은 막대들은 1 σ 오차를 나타내고 점선은 시차효과가 포함되지 않은 광도곡선, 실선은 시차효과가 포함된 광도곡선을 보여준다(Alcock et al. 1995).

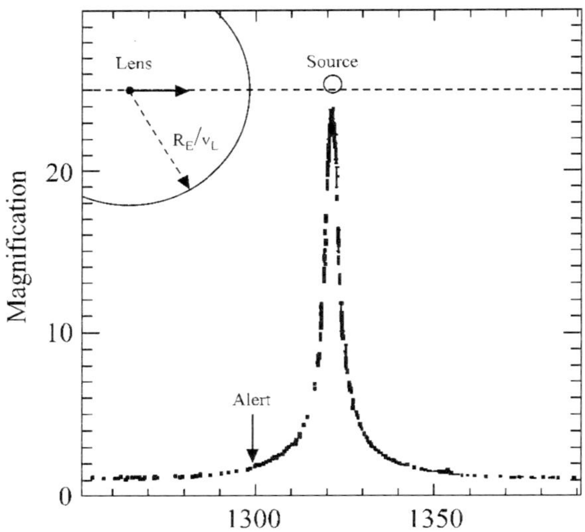

그림 10.13 유한광원 효과가 발견된 MACHO Alert 95-BLG-30. 윗부분에 광원과 Einstein 반경의 크기가 나타나 있다(Alcock et al. 1997b).

10.3.3 미시중력렌즈 실험의 부산물

미시중력렌즈 실험은 원래 목표한 렌즈 사건 외에도 중요한 발견들을 하였다. 미시중력렌즈 실험은 별의 밝기의 변화를 찾아야 하므로 당연히 부수적으로 수많은 변광성(variable star)들을 발견하였고 이들 중 일부는 새로운 유형의 변광성들이었다.

2.3년에 걸친 MACHO 관측을 통해 대마젤란 은하에서만 무려 37,000개의 변광성이 발견되었는데 이 중 약 23,500개가 주기를 가진 변광성들이었다. 이들 중 이미 알려져 있던 변광성의 수는 고작 5,000에 지나지 않았다. 대마젤란 은하의 변광성 수가 무려 7배나 증가한 셈이다. 특히 거리를 측정하는 데 가장 좋은 표준광원(standard candle)들인 Cepheid와 RR Lyrae 변광성도 각각 1,500개와 8,000개가 발견되었다(Alcock et al. 1996). 기존에 알려진 대마젤란 은하의 Cepheid 수는 300개, RR Lyrae 수는 150개인 것을 감안하면 엄청난 수의 발견이라 할 수 있다.

OGLE 관측에서도 1997년까지 무려 933개의 식변광성(eclipsing variable)을 은하 팽대부에서 발견했다. 특히 구상성단 주계열 전향점(main sequence turn-off)에 위치한 분리식쌍성(detached eclipsing binary)의 발견은 가장 흥미로운 발견 중 하나이다(Kałużny et al. 1996). 분리식쌍성은 항성대기 모형이 정확할 경우 다른 거리측정 방법에 의존하지 않고 1% 정도까지의 정밀도로 거리를 측정할 수 있기 때문이다. 따라서 우리 은하 내의 구상성단들과 국부은하단 내의 은하들에서 미시중력렌즈 실험에서와 같은 방법에 의해 분리식쌍성이 충분히 발견된다면 이들까지의 거리를 아주 정밀하게 결정할 수 있게 할 것이다. 이 외에도 수백만 개 이상의 별에 대한 다파장 측광으로부터 색-등급도가 얻어졌고 이로부터 성단 등의 여러 성질들이 규명되었다. 이같이 미시중력렌즈 실험을 통해 얻어진 방대한 별에 대한 자료들은 별과 성단 및 은하 연구에 오랫동안 큰 영향을 미칠 것으로 예상된다.

10.3.4 미시중력렌즈 실험의 한계와 미래

현재 미시중력렌즈 실험에서 발견된 밝기 증가 현상들이 별이나 갈색왜성 등의 천체들에 의해 일어난 미시중력렌즈에 의한 것임은 명백해졌다. 광도곡선이나 밝기 증가의 분포 등이 모두 중력렌즈에서 예상되는 성질들과 잘 일치하고 있고, 나아가 이중 렌즈와 시차효과 등으로 설명되는 변광자료들을 미시중력렌즈 이외의 현상으로 설명하는 것은 거의 불가능하다. 또한 분광관측이 가능했던 경우에도 밝기 변화 중 스펙트럼은 전혀 변하지 않고 있어서 신뢰도를 더해준다(Benetti et al. 1995). 또한 이로부터 은하 팽대부 방향과 대마젤란은하 방향의 미시중력렌즈 확률도 결정되었다.

반면에 이렇게 성공적인 미시중력렌즈 실험이지만 여전히 해결하지 못한 의문점들도 있다. 렌즈 사건이 일어나는 것과 그 횟수는 잘 알 수 있지만 렌즈들의 위치와 정체는 정확하게 알려져 있지 않다. 예를 들어 은하 팽대부 관측에서 발견된 사건들을 일으키는 별들이 대부분 팽대부 자체의 별인지 은하 원반의 별인지 확실하지 않다. 대마젤란 은하 관측의 경우에도 렌즈들이 우리 은하 원반이나 우리 은하 헤일로에 있는지 아니면 대마젤란 은하 자체에 있는지 구별되지 않는다. 더불어 이들 렌즈들이 별과 비슷한 질량을 가진 천체인지 아니면 별보다 훨씬 가벼운 갈색왜성인지도 알 수 없다. 이런 어려움의 근본적인 원인은 물론 렌즈 시간척도 t_E(식 10.7)가 렌즈의 질량, 렌즈까지의 거리, 렌즈의 고유운동속도 모두의 함수이고 광원이나 렌즈까지의 거리를 측정하는 것이 어렵기 때문이다. 따라서 관측자료에서 직접 결정되는 t_E 값 하나로는 이 세 가지 물리량 중 어느 것도 결정할 수 없다.

이 문제는 발견된 사건의 수가 적고 렌즈가 우리 은하 원반의 MACHO이거나 아니면 우리은하 헤일로의 MACHO, 그도 아닌 대마젤란 은하 자체의 MACHO 중 어느 하나일 수도 있는 대마젤란 은하 실험에서는 심각한 문제가 된다. 한두 사건이라도 우리 은하 원반이나 대마젤란 은하의 MACHO에 의한 렌즈 사건이라면 총 사건 수로부터 추정된 우리 은하 헤일로의 MACHO 총 질량 값이 많이 달라지기 때문이다.

실제 MACHO 실험에서 발견된 사건 중 일부는 후속관측으로 MACHO에 의한 사건이 아님이 확인되기도 하였다. 시차효과를 보여주는 사건 LMC-5는 Hubble 우주망원경 관측에서 결정된 시차와 고유운동으로부터 우리 은하 헤일로의 MACHO가 아닌 거리 578pc에 있는 우리 은하의 두꺼운 원반(thick disk)에 있는 M형 왜성(M-type dwarf)이 렌즈 작용을 한 사건으로 밝혀졌다(Drake, Cook & Keller 2004). 이어 LMC-20 사건 또한 Spitzer 적외선 우주망원경과 지상 관측자료를 통해 렌즈가 ~2kpc 떨어진 우리 은하의 두꺼운 원반의 M형 왜성으로 밝혀졌다(Kallivayalil et al. 2006). 이 두 사건은 가까이 있는 은하 원반 별들에 의해 렌즈될 확률과 부합되고 있다.

게다가 LMC-23 사건은 7년 후에 다시 밝기 증가를 보임으로써 미시중력렌즈 사건이 아닐 가능성이 높아졌다(Glisenstein 2004). 또한 Belokurov, Evans & Le Du(2004)는 신경회로망(neural network) 기법으로 MACHO 관측 자료들을 재분석하여 후보 17 사건 중 7 사건만이 확실하게 미시중력렌즈 사건으로 분류될 수 있다고 비판하였다. 이 경우 대마젤란 은하 방향의 미시중력렌즈 광학적 깊이는 반 이상으로 작아지게 되고 이 정도의 렌즈 확률은 우리 은하 내의 원반이나 구형 성분(spheroidal component)을 구성하는 별 또는 대마젤란 은하 자체의 별에 의해 예상되는 렌즈 확률과 비슷한 값이 되어 우리 은하 헤일로가 MACHO들로 구성되어 있지는 않음을 의미하게 된다. 이에 대해 Griest & Thomas(2005)는 Belokurov et al.의 연구는 MACHO 관측자료의 아주 일부만 재분석하였고 분석과정 또한 잘못되었으므로 렌즈 사건이 아닐 가능성이 큰 LMC-23을 제외하면 MACHO 그룹의 미시렌즈 광학적 깊이 추정에 큰 문제는 없다고 반박하였다.

현재로서는 MACHO 실험에서 결정된 미시렌즈 광학적 깊이가 얼마나 큰 오류를 포함하는지는 확실하지 않지만 렌즈 사건인지 아닌지를 분류하는 방법, 렌즈 사건을 검출하는 효율 산정 등 여러 분석과정이 명백하게 단순한 것은 아닌 것으로 판단된다. 따라서 대마젤란 및 소마젤란 은하 방향 관측에서 결정된 미시중력렌즈 확률을 우리 은하의 MACHO 총 질량으로 변환한 결과를 액면 그대로 받아들이기는 아직 어려울 것 같다. 여하간에 이런 불확실성을 감안하더라도 우리 은하의 헤일로가 전부 MACHO로 되어 있지는 않다는 사실만은 명확한 것 같다.

우리 은하의 MACHO 총 질량에 대한 이런 불확실성은 M31(안드로메다 은하) 같은 외부은하에 대한 미시중력렌즈 관측으로 일부 해결될 수도 있다. 다만 M31같이 멀리 있는 은하 등을 관측할 경우 광원과 다른 별들이 겹쳐지는 혼합효과가 심각하므로 이를 극복하기 위해 서로 다른 시점에 촬영한 상을 직접 빼주어서 밝기가 변한 화소(pixel)들이 있는지를 찾아내는 상차감법(image subtraction method: Ciardullo, Tamblyn & Phillips 1990; Alard & Lupton 1999)을 이용한 화소렌즈(pixel lensing) 방법을 활용해야 한다

(Crotts 1992; Gould 1996; 한정호 1996). 현재 M31에 대해서는 POINT-AGAPE (Paulin-Henriksson et al. 2003)와 MEGA(Kanbach et al. 2004) 그리고 국내 학자들이 참여하는 Angstrom(Andromeda Galaxy Stellar Robotic Microlensing Project: Kerins, 한정호, 전영범, 박병곤 et al. 2006) 등의 실험이 진행 중인데 POINT-AGAPE 실험에서는 3년에 걸친 관측자료에서 6건의 단기(short duration) 미시중력렌즈 사건을 발견하였고, 이는 렌즈의 질량이 0.5~1$M_{\odot}$이라고 가정하면 M31 방향의 헤일로 질량 중 20% 이상이 MACHO이어야 함을 의미한다(Calchi Novati, 안진혁 et al. 2005).

미래의 중력렌즈실험으로 가장 이상적인 것은 역시 우주에서의 관측이다. 우주망원경을 이용한 천문관측의 장점은 역시 지구 대기의 시상에 영향을 받지 않는 높은 해상도와 적외선이나 자외선 등 다른 파장 영역의 관측이다. 또한 망원경을 지구에서 AU 정도로 멀리 떨어진 우주에 놓고 관측할 경우 미시중력렌즈의 시차효과를 검출할 수 있다(Refsdal 1966). 한 장소에서 관측되는 미시중력렌즈에서는 렌즈되는 시간척도 t_E만이 관측되는 반면 다른 장소에서 동시에 관측할 경우 서로 다른 광도곡선이 얻어져서 이로부터 렌즈의 위치나 고유운동 속도 등을 결정할 수도 있다(Gould 1994b; Han & Gould 1995). 시차효과가 검출된다고 해서 관련된 모든 물리량들이 결정되지는 않지만 시차효과가 검출되면서 유한광원 효과가 동시에 나타날 경우 렌즈와 광원간의 상대 고유운동속도가 결정되게 되어 렌즈의 질량을 포함한 모든 것이 알려질 수도 있다. 하지만 시차효과를 관측한다고 해도 모든 경우에 렌즈 질량을 결정할 수 있지는 않은 데다 우주 관측의 비용이 천문학적이어서 어려움이 없지는 않다.

한편 지상 미시중력렌즈 실험도 미시중력렌즈를 찾는 관측과 더불어 밝기가 증가하기 시작하는 렌즈 사건을 인터넷으로 실시간 경고를 띄워 동시에 많은 관측자들이 여러 파장밴드에서 더 자주, 더 정확하게 후속관측을 할 수 있게 하는 관측 체계를 확립해가고 있다. 행성계 후보들을 발견한 MPS나 PLANET 연구팀이 그 좋은 예라고 할 수 있다.

10.5 측성 미시중력렌즈

미시중력렌즈 실험은 여러 별들의 밝기 변화를 측광관측하여 렌즈현상을 겪은 별들을 찾아낸다. 이와 달리 천체들의 위치를 측정하는 측성관측(astrometry)으로도 미시중력렌즈를 검출하고 측광관측을 보조할 수 있다. 우리 은하 내의 별이나 MACHO에 의해 렌즈되어 만들어진 두 상들 사이의 거리는 천분의 1각초 정도이지만 지구 대기의 시상에 의한 퍼짐이 1각초 정도이고 미터급 우주망원경의 경우에도 회절한계 해상도가 대략 0.1각초이므로 두 상은 겹쳐서 분해되지 않는다. 그러나 최근 측성관측의 정밀도가 갈수록 향상되고 있어서 두 상의 빛중심(light centroid)의 위치 변화를 관측할 수 있는 가능성이 생겼다. 즉 상의 밝기 변화를 통해 렌즈 사건을 발견하는 기존 미시중력렌즈 관측과 더불어 상의 위치 변화를 관측해서 미시중력렌즈 사건을 찾아내거나 또는 기존 방법을 보완하는 정보를 얻을 수 있다는 것이다(Miyamoto & Yoshii 1995; Hog, Novikov & Polnarev 1995; Walker 1995; Boden, Shao & Van Buren 1998).

그럼 여기서 상 중심의 위치가 어떻게 변하는지를 살펴보자. 그림 10.2에서 볼 수 있듯이 광원의 위치가 이동함에 따라 두 상의 위치와 상대적인 밝기가 달라진다. 따라서 두 상의 밝기 중심의 위치는 광원과 렌즈의 상대적인 위치 변화에 따라 연속적으로 변하게 된다. 두 미시상의 빛중심의 위치는 각 미시상의 위치를 밝기로 가중평균한 양이므로

$$\theta_0 = \frac{A_+\theta_+ + A_-\theta_-}{A} \tag{10.36}$$

인데 일정하게 이동하는 성분을 뺀 위치를 시간에 따라 그려보면 타원 궤적을 그리게 된다(Walker 1995; 한정호 & 정영진 1999).

그림 10.14는 렌즈와 광원 사이 충격변수, 즉 최단거리의 값에 따라 밝기 중심이 그리는 타원의 축비가 달라짐을 알 수 있다. 충격변수가 아주 크면 어두운 상 B의 밝기는 무시할 수 있고 밝은 상 A의 위치는 광원의 원래 위치 근처에 생겨서 중심은 원 모양의 타원이 되고, 충격변수가 작아지면 상 A와 B의 밝기가 비슷하지만 상 A가

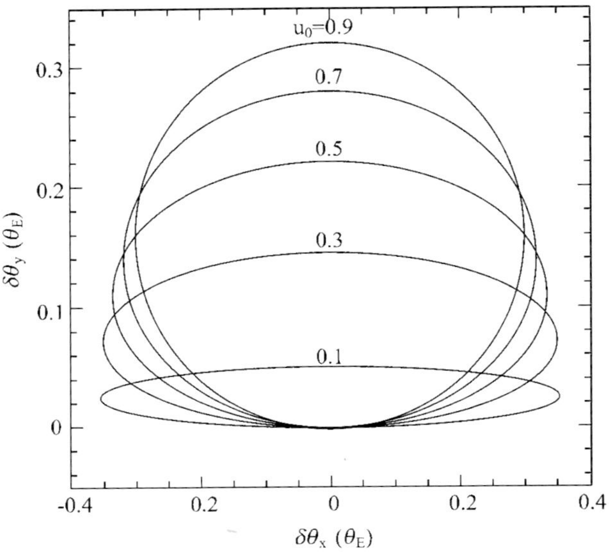

그림 10.14 충격변수 u_0의 값에 따른 상들의 밝기 중심이 그리는 타원의 모습. 광원이 렌즈 가까이 지나는 고증폭 사건일수록 타원이 많이 이지러짐을 볼 수 있다(한정호 & 정영진 1999).

광원에서 멀찌감치 생겨서 좀 더 크고 찌부러진 타원이 된다. Einstein 반경 단위로 표시한 충격변수를 u_0라 하고 시간에 따라 변하는 밝기 중심의 2차원 좌표를 각각 x, y라 하면 x, y는 다음 타원 방정식을 만족함을 보일 수 있다(한정호 & 정영진 1999).

$$\frac{x^2}{a^2}+\frac{y^2}{b^2}=1 \tag{10.37}$$

여기서 장반경 a와 단반경 b는

$$a=\frac{\theta_E}{2(u_0^2+2)^{1/2}}, \quad b=\frac{u_0\theta_E}{2(u_0^2+2)} \tag{10.38}$$

로 나타나고 이 타원의 축비 $q=u_0(u_0^2+2)^{-1/2}$가 된다. 따라서 광원이 렌즈 가까이 지나가면 ($u_0 \ll 1$) 찌부러진 타원($a \gg b$)이 되고 반대로 광원이 렌즈를 멀찌감치 지나가면 ($u_0 \gg 1$) 원($a \approx b$)에 가까워짐을 알 수 있다. 또한 타원의 장반경은 광원이 렌즈를 가까이 지나갈수록 커지고 $u_0 \gg 1$이면 u_0^{-1}에 비례해서 작아짐을 알 수 있다.

측성 미시중력렌즈 관측의 장점은 측광관측과 동시에 진행될 경우 추가정보를 획득할 수 있어서 측광관측만으로는 완전히 결정할 수 없던 물리량들을 결정할 수 있다는 것이다. 기본적으로 측성관측에서 발견될 이 타원의 크기는 Einstein 반경에 직접 비례하므로 다른 물리량들이 결정될 경우 렌즈의 질량을 결정할 수 있고, 타원의 축비는 충격변수, 타원의 방향은 렌즈-광원의 운동방향을 알려주기 때문이다(Walker 1995). 비슷하게 광원의 운동과 거리가 알려질 경우 측광+측성 관측은 렌즈의 고유운동과 거리를 결정할 수 있고(Høg, Novikov & Polnarev 1995), 시차효과가 검출될 경우 렌즈의 질량도 결정할 수 있다(Miyamoto & Yoshii 1995). 물론 앞서 기술한 혼합 같은 복합 요인들에 의해 측성 타원에서 정보를 얻는 과정이 복잡해질 수도 있긴 하다(한정호 1999 참조).

한편 미시중력렌즈에서 요구되는 정밀도의 측성관측은 우주에서의 관측이나 대형 지상 광학간섭계(optical interferometer)를 필요로 한다. 현재 개발 중인 측성우주망원경 *Space Interferrometry Mission Lite*(SIM Lite)는 별의 위치를 수 μ-arcsec (10^{-6}arcsec)까지 정밀하게 측정할 수 있을 것으로 예상되고 지상 망원경 Very Large Telescope (VLT)이나 Keck 망원경에 설치될 고해상 측성장비도 수십 μ-arcsec까지 측정할 수 있을 것으로 예상되므로 충분히 측성 미시중력렌즈 관측에 활용될 수 있을 것이다.

10.6 미시중력렌즈를 이용한 행성 찾기

10.6.1 행성계에 의한 미시중력렌즈

별 주위에 행성이 있는 행성계 렌즈는 쌍성계 렌즈와 기본적으로 다를 바가 없다. 다만 별과 행성의 질량비가 쌍성계에서의 질량비에 비해 매우 크기 때문에 발생하는 차이점이 있다. 예를 들어 중심에 질량이 $1M_{\odot}$인 별이 있고 이 별의 Einstein 고리

위에 질량이 주성의 1/10 또는 1/1000인 행성이 존재하는 경우를 생각해보자. 이 경우 화선은 별 주위에 박쥐 모양으로 나타난다(그림 10.15에서 중간에 있는 끝이 뾰족한 폐곡선). 큰 화선은 질량비 1/10, 작은 화선은 질량비 1/1000에 해당한다. 광원이 화선 안에 있는 경우에는 분해되지 않는 5개의 미세 상이 만들어지고 바깥에 있는 경우에는 역시 분해되지 않는 3개의 미세 상이 생긴다.

광원이 화선에서 멀리 떨어져 위치할 경우 상의 밝기는 주성(primary)에 의해 지배된다. 하지만 광원이 화선 근처를 지나는 경우 상은 불규칙하고 급격하게 밝기가 변하므로 행성의 존재를 확인할 수 있게 된다. 광원이 화선 근처를 지날 때 충격변수에 따라 상의 밝기가 어떤 형태로 변화하는가를 우선 질량비 1/10인 경우에 대해 살펴보자. 광원이 렌즈를 멀찌감치 지날 때(그림 10.15의 경로 a) 행성이 없을 경우에는 한 개의 점질량에 의해 밝기가 대칭적으로 자연스럽게 약간 증가했다 감소한다(그림 10.16a의 점선). 그러나 행성이 있을 경우 밝기 증가는 불규칙적으로 변하게 된다(그림 10.16a의

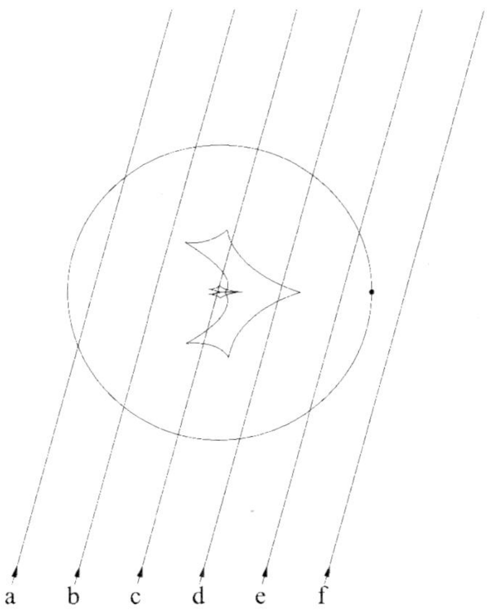

그림 10.15 행성의 질량이 별의 1/10인 경우(큰 뾰족 폐곡선)와 1/1000인 경우(작은 뾰족 폐곡선)의 화선. 큰 원은 별만에 의한 임계곡선이고 a-f는 광원이 지나가는 여러 경로들이다(Mao & Paczyński 1991).

실선). 광원이 화선에 더 가까워지면(그림 10.15의 경로 b) 밝기의 변화는 더 불규칙하게 커진다(그림 10.16b). 광원이 화선을 가로질러 지날 경우 광원이 화선 상에 있을 때(그림 10.15c) 밝기는 아주 짧은 시간 동안 크게 증가하므로 광도곡선은 매우 짧은 시간 동안 급작스럽게 변화하는 형태를 나타낸다(그림 10.16c). 행성의 질량이 1/1000일 경우에는 화선이 작아서 변형의 지속시간은 더욱 짧아지게 된다(그림 10.16cp). 렌즈 중심을 지나 충격변수가 다시 증가해 가면(그림 10.15d, e, f) 화선의 모양에 따라 특이한 광도곡선이 생긴다(그림 10.16d, e, f). 미시중력렌즈 관측을 통해 행성을 발견하려는 시도는 바로 이런 특이한 광도곡선을 찾음으로써 가능해진다.

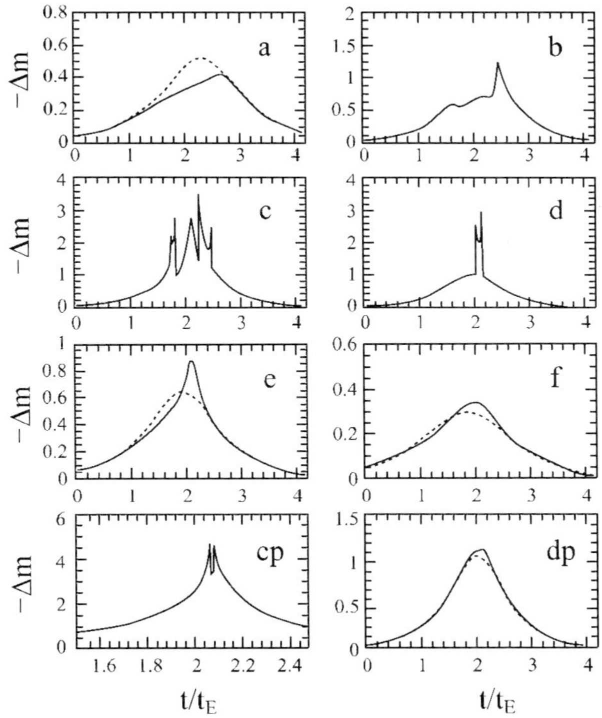

그림 10.16 그림 10.15에서 광원이 a부터 f까지 다른 경로로 지나갈 때 각 경로에 해당하는 광도곡선. 점선은 행성이 없을 경우의 광도곡선이다(Mao & Paczyński 1991).

Mao & Paczyński(1991)가 미시중력렌즈를 이용하여 행성을 찾는 가능성을 언급한 당시에는 보통 별 주변의 행성을 찾는 것이 거의 불가능한 일로 여겨졌다. 그러나 1995년경에 이르러 별의 Doppler 속도를 $10ms^{-1}$ 미만의 정밀도로 측정하는 것이 가능해짐으로써 Mayor & Queloz(1995)와 Marcy & Butler(1996)에 의해 분광학적 방법으로는 최초로 태양과 같은 별 주위를 도는 행성들이 발견되었다.[32)] 현재 측정 가능한 최소 Doppler 속도가 대략 $3ms^{-1}$인 데 반해 목성의 공전에 의한 (질량 중심에 대한) 태양의 공전속도는 $12.5ms^{-1}$이므로 목성 정도 질량의 행성이 5AU 이내에서 공전할 경우 분광관측으로 발견할 수 있다. 2010년 현재 이런 분광관측으로 400여 개 정도의 행성이 발견되었다.[33)] 따라서 목성 정도의 행성이 비교적 가까이 공전하는 행성계를 찾는 데는 미시중력렌즈보다 분광관측이 더 적합하다. 그러나 행성의 공전에 의한 별의 운동속도는 별-행성 질량비와 별-행성 거리의 제곱근에 반비례하므로 질량이 더 작은 행성이나 행성이 멀리 있을 경우 분광관측에 의한 발견은 어려워진다. 예를 들어 지구 질량 정도의 행성이 1AU 거리에서 공전하는 행성계를 분광관측 또는 측성관측으로 발견하는 것은 현재 관측정밀도로는 쉽지 않은 일이다.

만약 모든 별들이 수 AU 이내에 목성 같은 행성들을 동반하고 있다면 모든 미시중력렌즈 사건 중 수 % 정도는 측정 가능한 행성에 의한 광도곡선 변형을 보여 줄 것으로 추정된다(Mao & Paczyński 1991). 물론 목성 같은 행성들을 동반한 별이 전체 별의 소수에 지나지 않는다면 이를 발견할 가능성은 비례해서 줄어들 것이다. 또한 이들 목성 정도의 행성에 의한 광도곡선의 변형은 하루 정도의 짧은 시간척도를 가질 것이므로 별에 의한 미시중력렌즈 사건에 최적화된 관측방법으로는 검출하기 어렵다. 하지만 현재 탐사관측을 통해 상이 밝아지는 초기단계에서 검출된 사건에 대하여 실시간으로 경고하는 관측 - 예를 들어 OGLE(Sumi et al. 2006)과 MOA(Sumi et al. 2003) - 들과 이들 경고된 사건들에 대해 더 높은 측광 정밀도로 더 자주 관측하는 집중된 후속관측 - 예를 들어 μFUN(Microlensing Follow-Up Network: Gould et al. 2006)이나 PLANET/RoboNet(Beaulieu et al. 2006) - 들을 유기적으로 연결하여 행성을 검출

32) 최초로 발견된 외계행성계는 1992년 Wolszczan & Frail(1992)에 의해 발견된 펄사계 PSR1257+12이다.
33) http://exoplanet.eu

하려는 시도들이 진행되고 있다.

그러면 지구 정도의 작은 행성을 미시중력렌즈로 관측할 수 있는지에 대해 좀 더 자세하게 살펴보자. 지구의 질량은 태양의 약 $3\times10^{-6}M_\odot$ 이므로 별과 행성의 질량비 $\mu\equiv M_2/M_1=10^{-5}$인 경우를 가정하자. 별의 Einstein 반경이 r_E라면 행성 스스로는 $r_{EP}=r_E(M_2/M_1)^{1/2}$인 Einstein 반경을 지닐 것이다. 그러나 이 행성이 별 근처에 있을 때는 별에 의한 더 큰 규모의 밝기 변화 모습에 작은 규모의 밝기 변화 모습이 보태져서 복잡한 모습이 된다. 그림 10.17은 주성 주위에 $\mu=10^{-5}$인 8개의 다중행성이 별과 일직선상에 놓일 때 반경 $r_s=10^{-3}r_E$인 광원이 이 직선을 따라 지나갈 경우 발생하는 광도곡선을 나타낸다. 상의 밝기가 느리게 증가했다 감소하는 여기저기에서 행성들에 의해 급격하게 밝기가 변하는 모습을 볼 수 있다. 렌즈 면에서 Einstein 반경 안에 있는 4개의 행성 근처에 상이 만들어지는 경우($t/t_E<0$) 행성들의 건드림은 원래 별에 의한 밝기 증가를 순간적으로 감소시키는 반면, Einstein 반경 바깥에 있는4개의 행성 근처에 상이 만들어지는 경우($t/t_E>0$) 행성들은 밝기 증가를 순간적으로

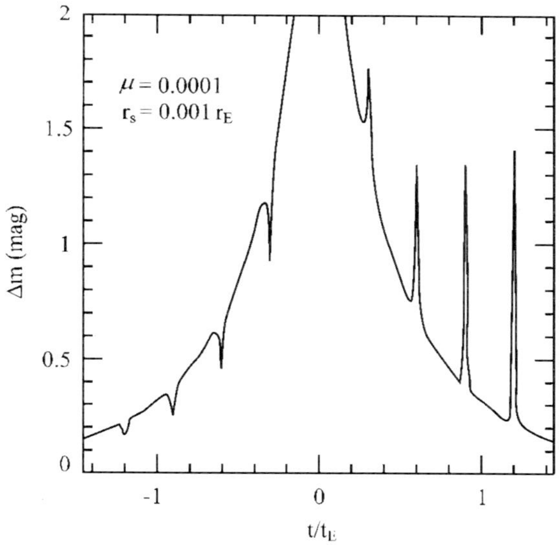

그림 10.17 별과 행성의 질량비가 10^{-5}인 일직선으로 정렬된 행성 8개와 별에 의한 미시중력렌즈의 등급변화. 여기서 t_E는 별의 Einstein 시간이다(Paczyński 1996).

증가시키게 된다. 즉 행성에 의한 상의 밝기는 행성이 없을 경우의 밝기에 비해 감소할 수도 증가할 수도 있게 된다. 광원의 위치가 별과 일치하는 경우 상은 렌즈 면에서 Einstein 반경에 만들어지게 되고 이 근처에 행성이 위치할 경우에는 밝기 꼭대기(peak)를 변형시키게 된다.

이제 한 개의 행성에 의한 2차원 밝기 변화 무늬와 광원의 크기 효과를 좀 더 상세하게 살펴보자. 그림 10.18은 질량비 $\mu = 10^{-5}$인 행성이 렌즈면에서 $r_p = 1.16\, r_E$에 위치한 경우 발생하는 밝기 증가를 명암으로 표시한 지도이다. 그림 가운데를 가로지르는 직선들은 광원 중심(실선)과 가장자리(점선, 파선)가 지나가는 경로를 보여주고 있다. 광원의 크기는 그림 오른쪽 아래에 진하기가 다른 원으로 그려져 있다. 가장 가운데 짙은 광원에서 바깥쪽 연한 광원 순서로 각각 반경이 $r_s / r_E = 0.001,\ 0.002,\ 0.005$인 크기를 지녔다. 가운데 밝은 마름모 모양 근처가 별에 의한 배경 밝기 변화가 행성에 의해 변화된 영역인데 흰 가장자리는 화선으로 광원이 이를 지나게 되면 밝기가 급격하고 크게 변화한다. 이 영역의 크기는 행성 혼자만의 미시중력렌즈 단면적 $\pi r_{EP}^2 = \mu \pi r_E^2$

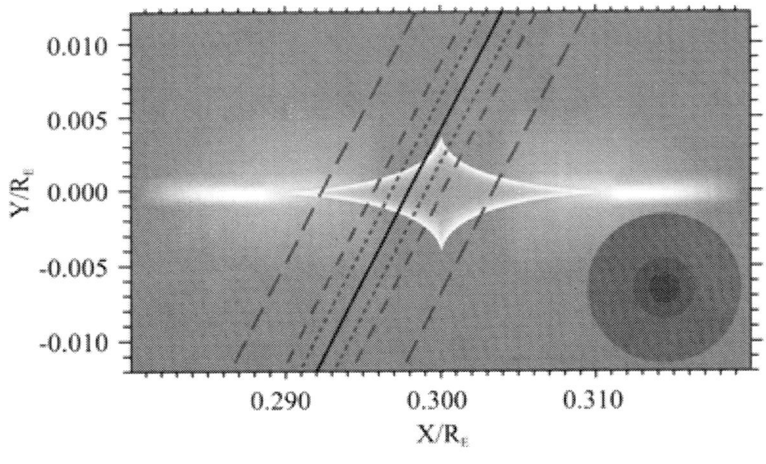

그림 10.18 별-행성 질량비가 10^{-5}인 한 개 행성에 의해 만들어지는 밝기 분포도. 가운데 흰색 마름모의 가장자리가 화선이고 오른쪽 아래 원들은 세 가지 경우 광원들의 크기를, 중심을 가로지르는 대각선들은 광원의 가장자리가 지나가는 경로를 보여주고 있다(Paczyński 1996).

보다 좀 더 크다. 가장 작은 광원에 의한 광도곡선은 그림 10.19의 실선에 해당하고 광원의 크기가 커지는 차례로 파선, 점선에 해당한다. 광원이 작을수록 화선을 통과할 때 밝기가 짧은 시간 동안 크게 변화하고 광원이 커지면 화선 근처의 증폭이 평균되버리므로 서서히 변화한다. 그림 10.19에 그려진 전체 소요시간은 10시간 정도이므로 행성에 의한 미시중력렌즈를 관측하기 위해서는 한 시간 단위 이하의 빈도로 빈번하게 관측해야 함을 알 수 있다.

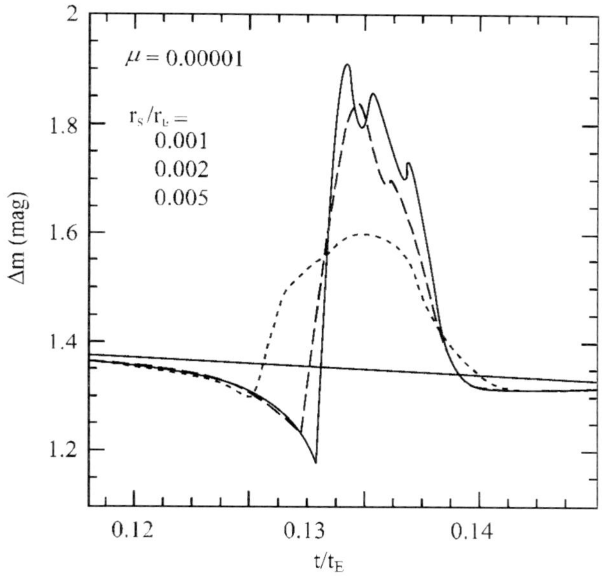

그림 10.19 그림 10.18에서 크기가 서로 다른 광원에 의한 밝기 변화. 실선, 파선, 점선 순으로 광원이 더 큰 경우이다(Paczyński 1996).

10.6.2 발견된 행성계

미시중력렌즈 실험에서 발견된 가장 극적인 사건 중 하나는 바로 별과 행성에 의한 렌즈 사건의 발견일 것이다. MACHO 팽대부 관측에서 발견된 MACHO-97-BLG-41 사건은 1997년 6월 19일에 공포되었고 MPS 팀은 이날 밤부터 정밀관측에 돌입하였다. 다시 10일 뒤 MACHO 팀은 이 사건이 단일 렌즈에 의한 렌즈 사건이 아님을 인터넷에 알렸고 GMAN 팀도 본격적인 후속관측을 개시하였다. 그 결과 그림 10.20과 같은 광도곡선 자료(작은 막대들)가 얻어졌다(Bennet, 이선홍 et al. 1999). 1997년 5월 31일을 기준으로 20일 근처와 55일 근처에서 특이한 모습의 밝기 증가가 이루어짐을 알 수 있는데 각각 광원이 화선을 가로지른 경우에 해당하는 것으로 보인다. 관측된 광도자료를 잘 맞추는 실선은 K와 M형 왜성이 약 1.8AU 떨어져 돌고 있는 주위를 목성 질량의 3배 정도인 행성이 다시 7AU의 거리에서 돌고 있는 쌍성과 행성으로 이루어진 렌즈에 의해 예상되는 광도곡선이다. 이 3체 렌즈와 이들에 의한 화선, 광원의 궤적들을 그려보면 그림 10.21로 나타난다. 광원은 행성에 의해 만들어진 화선을 통과한 뒤 다시 두 별에 의해 만들어진 화선을 통과한 것으로 추정되었다.

그러나 Albrow et al.(2000)은 같은 MACHO-97-BLG-41 사건에 대해 MACHO나 MPS 자료와는 독립적인 PLANET 관측자료를 분석하여 광도 곡선을 정지한 상태의 쌍성계로는 설명할 수 없고 질량비가 0.34이고 사이 거리가 약 $0.5R_E$인 회전하는 - 중력렌즈가 일어나는 동안 궤도 운동에 의해 상대 위치가 달라지는 - 쌍성계에 의해

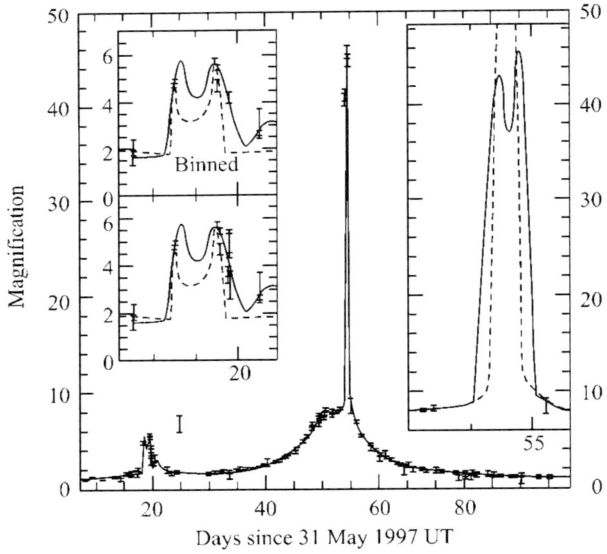

그림 10.20 MACHO-97-BLG-41 미시중력렌즈 사건의 광도곡선. 실선은 두 개의 별과 한 개의 행성 모형으로 맞춘 광도곡선이다. 작은 상자 안은 광원이 화선을 지날 때를 확대한 모습이다(Bennett, 이선홍 et al. 1999).

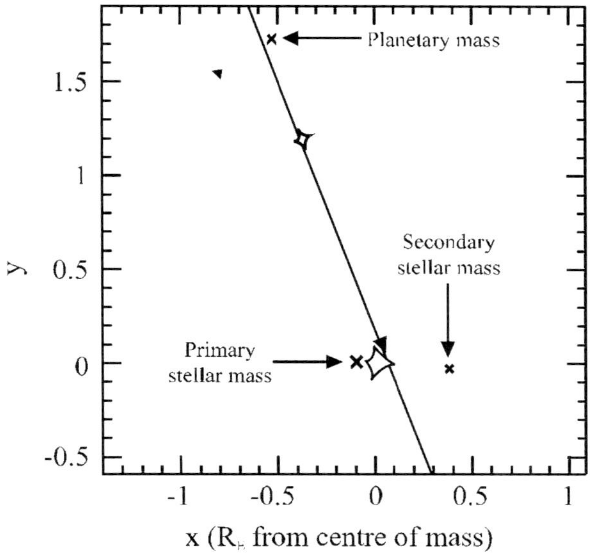

그림 10.21 MACHO-97-BLG-41의 광도곡선을 설명할 수 있는 두 별과 한 개 행성의 위치(×표시)와 이들에 의한 화선(뾰족한 폐곡선). 대각선이 광원이 움직인 경로이다(Bennett, 이선홍 et al. 1999).

잘 설명됨을 보이고 이 모형으로 MACHO/GMAN 자료도 잘 설명할 수 있으므로 MACHO-97-BLG-41이 행성계일 가능성이 낮은 것으로 판정하였다. 이 같은 혼란은 주어진 관측자료를 잘 설명하는 한 렌즈 모형이 있다고 해도 또 다른 모형으로도 관측자료를 잘 설명할 수 있는 가능성이 언제나 있을 수 있는 중력렌즈 관측과 이론적 모형의 기본적인 한계를 잘 보여주고 있다.

현재 여러 학자들에 의해 중력렌즈 관측으로 발견된 최초의 외계행성계로 인정받고 있는 사건은 OGLE-2003-BLG-235/MOA-2003-BLG-53이다(Bond et al. 2004). 이 사건은 은하의 팽대부 방향에서 OGLE과 MOA 팀이 각각 독립적으로 발견한 렌즈 사건으로 광도곡선(그림 10.22)이 전형적인 쌍성렌즈에 의한 두 개의 뾰족한 뿔 모양(그림 10.11)을 보여주고 있다. Bond et al.(2004)에 의하면 이 광도곡선은 질량비가 0.0039인 쌍성에 의해서만 설명 가능하다고 밝히고 있다. 측광관측으로 결정된 광원의 등급과 색, 그리고 유한광원효과에서 결정된 광원 별의 크기로부터 광원 별은 질량 $0.36M_{\odot}$인

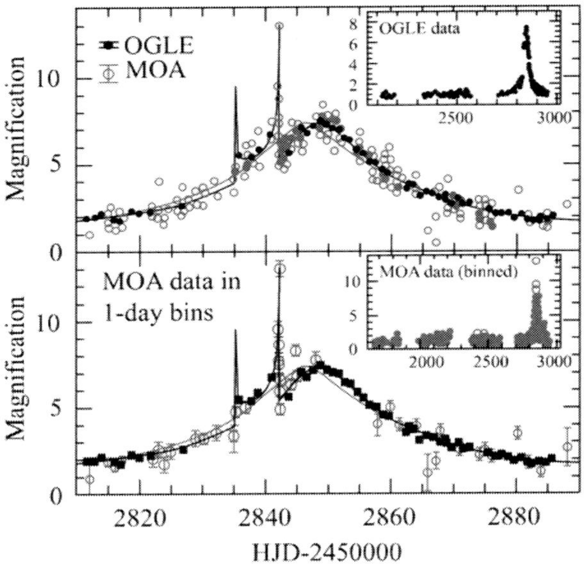

그림 10.22 미시중력렌즈로 발견된 최초의 외계행성계 OGLE-2003-BLG-235/MOA-2003-BLG-53. 은하 팽대부 관측에서 발견되었다(Bond et al. 2004).

주계열 별일 것으로 추정되므로 동반성의 질량은 1.5M_J(목성 질량)이고 별과의 거리는 3.0AU 정도인 것으로 보인다. 한편 주성이 0.6$M_\odot$ 정도인 백색왜성이나 중성자성일 수도 있는데 이럴 경우 동반성의 질량이 2.5M_J 또는 그 이상일 수 있으나 갈색왜성($M>13.6M_J$)에는 이르지 못한다. 따라서 이 중력렌즈 사건은 목성급의 행성을 가진 행성계에 의해 미시중력렌즈된 사건으로 판단되었다.

이어 두번째로 발견된 미시중력렌즈 행성계는 OGLE에 의해 처음 발견되고 미국-한국-뉴질랜드의 연구팀으로 구성된 μFUN과 MOA 및 PLANET/RobeNet 팀들의 후속 관측으로 발견된 미시중력렌즈 사건 OGLE-2005-BLG-071이다(Udalski, 한정호, 박병곤 et al. 2005). 이 사건 또한 질량비가 0.0071인 M형 주계열성과 2M_J 정도 질량을 가진 행성에 의해 일어난 미시중력렌즈 사건이다.

세번째로 발견된 미시중력렌즈 행성계도 OGLE에 의해 처음 발견되고 PLANET/OGLE/MOA에 의해 후속 관측된 OGLE-2005-BLG-390 사건으로 그 광도곡선은

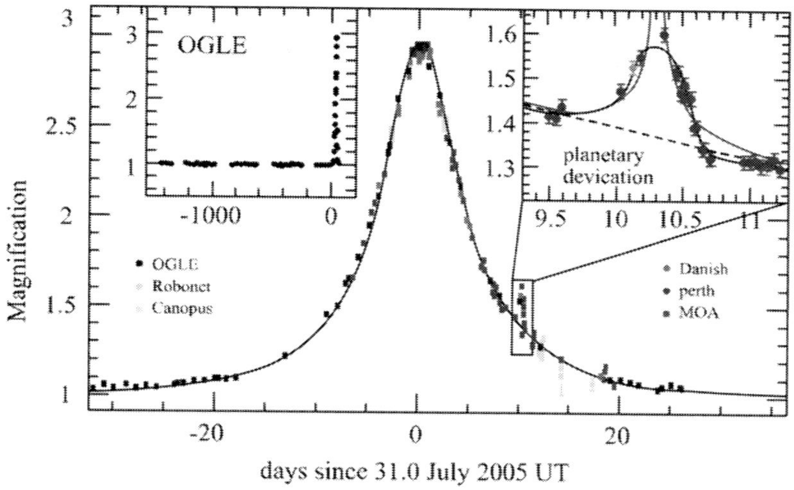

그림 10.23 미시중력렌즈 관측에 의해 발견된 세 번째 행성계 OGLE-2005-BLG-390 (Beaulieu et al. 2006)

그림 10.23과 같다(Beaulieu et al. 2006). 이 광도곡선과 측광관측 자료들을 잘 설명할 수 있는 모형은 M형 왜성과 지구질량의 3~11배(68% 신뢰구간) 정도인 행성으로 이루어진 행성계이다. Bayesian 확률이 가장 높은 모형은 해왕성 질량의 1/3에 해당하는 5.5$M_{\oplus}$(지구 질량)인 행성이 모성으로부터 거리 2.6AU에 있는 모형이다. 이는 2006년 당시까지 발견된 가장 낮은 질량의 외계행성이어서 천문학자들이 소망하는 지구와 비슷한 질량을 가진 행성을 찾는 데 한걸음 더 가까이 가게 되었다.

Gould, Udalski, 안덕근, 한정호, 박병곤 et al.(2006) 또한 같은 해 팽대부에서 OGLE 팀에 의해 발견된 고증폭 사건 OGLE-2005-BLG-169이 질량비 $q = 8 \times 10^{-5}$, 거리 $1.00\theta_E$인 쌍성계에 의한 미시중력렌즈 사건임을 확인하였다. μFUN팀의 후속관측으로 아주 정밀하게 결정된 광도곡선(그림 10.24a)은 단일 렌즈에 의한 미시중력렌즈 광도곡선과 차이(그림 10.24b)가 있고 이 사건이 화선을 가로지르는 사건임을 보여주고 있다. 모성이 주계열성이라 가정할 경우 행성의 질량은 ~13$M_{\oplus}$로 천왕성보다 약간 가볍다. 모성에서 행성까지의 거리는 ~2.7AU로 흥미롭게도 OGLE-2005-BLG-390에서처럼 태양에서 소행성대까지의 거리 정도이다.

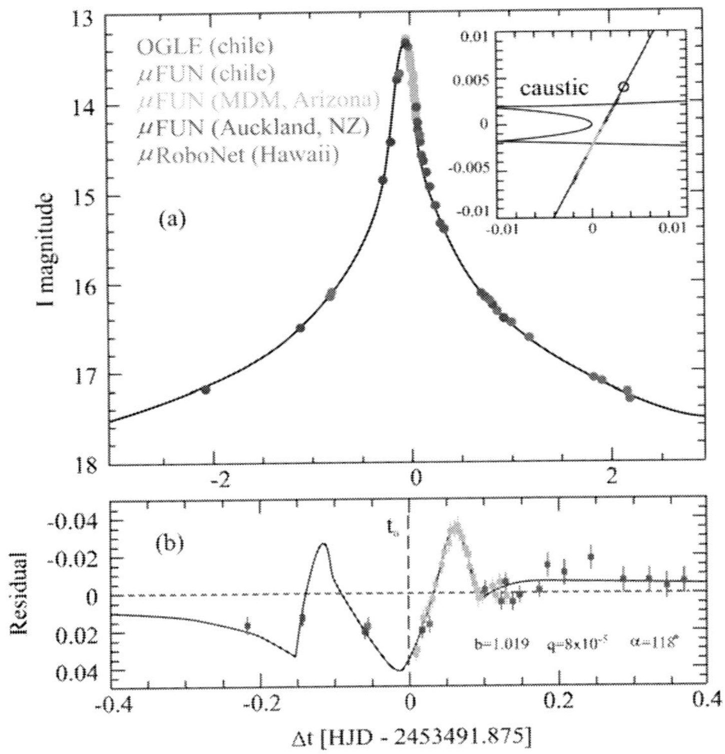

그림 10.24 미시중력렌즈 관측에 의해 네 번째로 발견된 행성계 OGLE-2005-BLG-169. (a) 관측된 광도곡선, (b) 관측된 광도곡선과 단순한 단일 렌즈에 의한 광도곡선과의 차이(Gould, Udalski, 안덕근, 한정호, 박병곤 et al. 2006)

이처럼 행성계를 찾는 데 있어서 분광관측을 통한 Doppler 속도 측정이 아직은 일반적으로 더 효율적이지만, 모성과의 거리가 멀거나 질량이 작은 행성을 찾는 데는 미시중력렌즈가 상대적으로 더 유리하다. 따라서 천문학의 중대 과제인 지구형 외계 행성을 찾는 경쟁에서 미시중력렌즈 관측도 상당한 가능성을 보여주고 있다고 할 수 있다. 이에 따라 지구형 행성을 최초로 찾으려는 야심찬 Korea Microlensing Telescope Network(KMTNet) project가 국내 연구팀의 주도하에 2009년 시작되었다.

제1장 참고문헌

Einstein, A. 1915, Die Feldgleichungen der Gravitation, Sitzungsberichte der Preussischen Akademie der Wissenschaften zu Berlin, 844

Einstein, A. 1916, Grundlage der allgemeinen Relativitätstheorie, Annalen der Physik, 354, 769

Misner, C. W., Thorne, K. S. & Wheeler, J. A. 1973, Gravitation(Freeman)

Roll, P. G., Krotkov, R. & Dicke, R. H. 1964, The equivalence of inertial and passive gravitational mass, Annals of Physics, 26, 442

Schwarzschild, K. 1916, On the Gravitational Field of a Mass Point According to Einstein´s Theory, Sitzungsberichte der Königlich Preussischen Akademie der Wissenschaften zu Berlin, Phys.-Math. Klasse, 189

Weinberg, S. 1972, Gravitationa and Cosmology: Principles and applications of the general theory of relativity (Wiley)

제2장 참고문헌

이현아 & 박명구 1994, Statistical Properties of Gravitational Lensing in Cosmological Models with Cosmological Constant, 한국천문학회지, 27, 103

Chae, K.-H.(채규현) 2003, The Cosmic Lens All-Sky Survey: statistical strong lensing, cosmological parameters, and global properties of galaxy populations, Monthly Notices of the Royal Astronomical Society, 346, 746

Dashevskii, V. M. & Slysh, V. I. 1966, On the Propagation of Light in a Nonhomogeneous Universe, Soviet Astronomy, 9, 671

Dyer, C. C. & Roeder, R. C. 1972, The Distance-Redshift Relation for Universes with no Intergalactic Medium, Astrophysical Journal Letters, 174, L115

Dyer, C. C. & Roeder, R. C. 1973, Distance-Redshift Relations for Universes with Some Intergalactic Medium, Astrophysical Journal Letters, 180, L31

Dyer, C. C. & Roeder, R. C. 1974, Observations in Locally Inhomogeneous Cosmological Models, Astrophysical Journal, 189, 167

Dyer, C. C. & Roeder, R. C. 1981, On the transition from Weyl to Ricci focusing, General Relativity and Gravitation, 13, 1157

Fukugita, M. & Turner, E. L. 1991, Gravitational lensing frequencies - Galaxy cross-sections and selection effects, Monthly Notices of the Royal Astronomical Society, 253, 9

Im, M.(임명신), Griffiths, R. E. & Ratnatunga, K. U. 1997, A Measurement of the Cosmological Constant Using Elliptical Galaxies as Strong Gravitational Lenses, Astrophysical Journal, 475, 457

Kochanek, C. S. 1996, Is There a Cosmological Constant?, Astrophysical Journal, 466, 638

Ostriker, J. P. & Steinhardt, P. J. 1995, The Observational Case for a Low Density Universe with a Non-Zero Cosmological Constant, Nature, 377, 600

Perlmutter, S., Aldering, G., Goldhaber, G., et al. 1999, Measurements of Ω and Λ from 42 High-Redshift Supernovae, Astrophysical Journal, 517, 565

Riess, A. G., Filippenko, A. V., Challis, P., et al. 1998, Observational Evidence from Supernovae for an Accelerating Universe and a Cosmological Constant, Astronomical Journal, 116, 1009

Rindler, W. 1979, Essential Relativity, revised 2nd ed. (Springer-Verlag)

Schneider, P., Ehlers, J. & Falco, E. E. 1992, Gravitational lenses (Springer-Verlag)

Steinhardt, P. J. & Caldwell, R. R. 1998, Introduction to Quintessence, Cosmic Microwave Background and Large Scale Structure of the Universe, ASP Conference Series, 151, 13

Weinberg, S. 1972, Gravitationa and cosmology: Principles and applications of the general theory of relativity (Wiley)

제3장 참고문헌

Burke, W. L. 1981, Multiple Gravitational Imaging by Distributed Masses, Astrophysical Journal Letters, 244, L1

Einstein, A. 1936, Lens-Like Action of a Star by the Deviation of Light in the Gravitational Field, Science, 84, 506

Misner, C. W., Thorne, K. S. & Wheeler, J. A. 1973, Gravitation (Freeman)

Rybicki, G. & Lightman, A. P. 1979, Radiative Processes in Astrophysics (Wiley)

Schneider, P., Ehlers, J. & Falco, E. E. 1992, Gravitational lenses (Springer-Verlag)

Schneider, P., Kochanek, C. S. & Wambsganss, J. 2006, Saas-Fee Advanced Course 33, Gravitational Lensing: Strong, Weak and Micro (Springer)

제4장 참고문헌

Chang, K.(장경애) & Refsdal, S. 1979, Flux variations of QSO 0957+561 A, B and image splitting by stars near the light path, Nature, 282, 561

Chang, K.(장경애) & Refsdal, S. 1984, Star disturbances in gravitational lens galaxies, Astronomy & Astrophysics, 132, 168

Gott, J. R., III 1981, Are heavy halos made of low mass stars - A gravitational lens test, Astrophysical Journal, 243, 140

Gott, J. R., III, Park, M.-G.(박명구) & Lee, H. M.(이형목) 1989, Setting limits on q0 from gravitational lensing, Astrophysical Journal, 338, 1

Irwin, M. J., Webster, R. L., Hewett, P. C., Corrigan, R. T. & Jedrzejewski, R. I. 1989, Photometric Variations in the Q2237 + 0305 System - First Detection of a Microlensing Event, Astronomical Journal, 98, 1989

Kovner, I. 1987, The quadrupole gravitational lens, Astrophysical Journal, 312, 22

Lauer, T. R. 1985, The cores of elliptical galaxies, Astrophysical Journal, 292, 104

Schneider, P. & Weiss, A. 1986, The two-point-mass lens - Detailed investigation of a special asymmetric gravitational lens, Astronomy & Astrophysics, 164, 237

Schneider, P., Ehlers, J. & Falco, E. E. 1992, Gravitational lenses (Springer-Verlag)

Schramm, T. 1990, Gravitational Lens Models with Elliptical Geometry, Lecture Notes in Physics Vol. 360: Gravitational Lensing, 360, 46 (Springer-Verlag)

Turner, E. L., Ostriker, J. P. & Gott, J. R., III 1984, The statistics of gravitational lenses - The distributions of image angular separations and lens redshifts, Astrophysical Journal, 284, 1

Wambsganss, J. 1998, Living Reviews in Relativity, 1, 12 [Online Article]

Wambsganss, J., Paczyński, B. & Katz, N. 1990, A microlensing model for QSO 2237 + 0305, Astrophysical Journal, 352, 407

Young, P. 1981, Q0957+561 - Effects of random stars on the gravitational lens, Astrophysical Journal, 244, 756

제5장 참고문헌

윤소윤 & 박명구 1996, Statistics of Gravitational Lensing by a Galaxy in Cluster or in Field, 한국천문학회지, 29, 119

Barnes, J. & Hut, P. 1986, A Hierarchical O(NlogN) Force-Calculation Algorithm, Nature, 324, 446

Chae, K.-H.(채규현) 1999, New Modeling of the Lensing Galaxy and Cluster of Q0957+561: Implications for the Global Value of the Hubble Constant, Astrophysical Journal, 524, 582

Falco, E. E., Gorenstein, M. V. & Shapiro, I. I. 1991, New model for the 0957 + 561 gravitational lens system - Bounds on masses of a possible black hole and dark matter and prospects for estimation of H_0, Astrophysical Journal, 372, 364

Press, W. H., Teukolsky, S. A., Vetterling, W. T. & Flannery, B. P. 1992, Numerical recipes in FORTRAN. The art of scientific computing, Cambridge: University Press, c1992, 2nd ed.,

Schneider, P., Ehlers, J. & Falco, E. E. 1992, Gravitational lenses (Springer-Verlag)

Wambsganss, J. 1990, PhD Thesis, Ludwig-Maximilians-Univ. (Munich, Germany)

Wambsganss, J. 1998, Living Reviews in Relativity, 1, 12 [Online Article]

Wambsganss, J., Cen, R. & Ostriker, J. P. 1998, Testing Cosmological Models by Gravitational Lensing. I. Method and First Applications, Astrophysical Journal, 494, 29

Wambsganss, J., Paczyński, B. & Schneider, P. 1990, Interpretation of the microlensing event in QSO 2237 + 0305, Astrophysical Journal Letters, 358, L33

Young, P., Gunn, J. E., Oke, J. B., Westphal, J. A. & Kristian, J. 1980, The double quasar Q0957 + 561 A, B - A gravitational lens image formed by a galaxy at z=0.39, Astrophysical Journal, 241, 507

제6장 참고문헌

Adam, G., Bacon, R., Courtes, G., Georgelin, Y., Monnet, G. & Pecontal, E. 1989, Observations of the Einstein Cross 2237+030 with the TIGER Integral Field Spectrograph, Astronomy & Astrophysics, 208, L15

Angonin, M.-C., Vanderriest, C., Remy, M. & Surdej, J. 1990, First spectroscopic evidence of microlensing on a BAL quasar? The case of H1413+117, Astronomy & Astrophysics, 233, L5

Angonin-Willaime, M.-C., Hammer, F. & Rigaut, F. 1993, Ground-based optical observations of gravitational lenses, Liege International Astrophysical Colloquia, 31, 85

Angonin-Willaime, M.-C., Soucail, G. & Vanderriest, C. 1994, Gravitational lensing of Q 0957+561: A study of the cluster at z=0.355, Astronomy & Astrophysics, 291, 411

Augusto, P., Browne, I. W. A., Wilkinson, P. N., et al. 2001, B2114+022: a distant radio source gravitationally lensed by a starburst galaxy, Monthly Notices of the Royal Astronomical Society, 326, 1007

Bézecourt, J., Kneib, J. P., Soucail, G. & Ebbels, T. M. D. 1999, Lensed galaxies in Abell 370.

I. Modeling the number counts and redshift distribution of background sources, Astronomy & Astrophysics, 347, 21

Barkana, R., Lehár, J., Falco, E. E., Grogin, N. A., Keeton, C. R. & Shapiro, I. I. 1999, A Reassessment of the Data and Models of the Gravitational Lens Q0957+561, Astrophysical Journal, 520, 479

Begelman, M. C. & Blandford, R. D. 1987, Luminous arcs from galactic bow shocks, Nature, 330, 46

Bennett, C. L., Lawrence, C. R., Burke, B. F., Hewitt, J. N. & Mahoney, J. 1986, The MIT-Green Bank (MG) 5 GHz survey, Astrophysical Journal Suppl., 61, 1

Blandford, R. D. & Kochanek, C. S. 1987, Gravitational imaging by isolated elliptical potential wells. I - Cross sections, Astrophysical Journal, 321, 658

Blanton, M., Turner, E. L. & Wambsganss, J. 1998, Ultraviolet images of the gravitationally lensed quadruple quasar Q2237+0305 with the HST WFPC2, Monthly Notices of the Royal Astronomical Society, 298, 1223

Bonnet, H., Fort, B., Kneib, J.-P., Mellier, Y. & Soucail, G. 1993, Detection of weak lensing by a massive dark halo in Q2345+007, Astronomy & Astrophysics, 280, L7

Butcher, H., Oemler, A. Jr., Wells, D. C. 1983, The evolution of galaxies in clusters. III - Photometry of 17 intermediate redshift clusters, Astrophysical Journal Suppl., 52, 183

Campbell, R. M., Lehar, J., Corey, B. E., Shapiro, I. I. & Falco, E. E. 1995, VLBI Observations of the Gravitational Lens System 0957+561, Astronomical Journal, 110, 2566

Chae, K.-H.(채규현) 1999, New Modeling of the Lensing Galaxy and Cluster of Q0957+561: Implications for the Global Value of the Hubble Constant, Astrophysical Journal, 524, 582

Chae, K.-H.(채규현), Turnshek, D. A. & Khersonsky, V. K. 1998, A Realistic Grid of Models for the Gravitationally Lensed Einstein Cross (Q2237+0305) and Its Relation to Observational Constraints, Astrophysical Journal, 495, 609

Chae, K.-H.(채규현), Mao, S. & Augusto, P. 2001, Modelling the first probable two-plane lens system B2114+022: reproducing two compact radio cores A and D, Monthly Notices of the Royal Astronomical Society, 326, 1015

Chartas, G., Falco, E., Forman, W., Jones, C., Schild, R. & Shapiro, I. 1995, ROSAT observations of the gravitationally lensed system 0957+561, Astrophysical Journal, 445, 140

Colley, W. N., Tyson, J. A. & Turner, E. L. 1996, Unlensing Multiple Arcs in 0024+1654: Reconstruction of the Source Image, Astrophysical Journal Letters, 461, L83

Crane, P., Albrecht, R., Barbieri, C., et al. 1991, First results from the Faint Object Camera - Images of the gravitational lens system G2237+0305, Astrophysical Journal Letters, 369, L59

De Robertis, M. M. & Yee, H. K. C. 1988, Spatially resolved spectroscopy of the gravitational lens system 2237+030, Astrophysical Journal Letters, 332, L49

Djorgovski, S. & Spinrad, H. 1984, Discovery of a new gravitational lens, Astrophysical Journal Letters, 282, L1

Dolan, J. F., Boyd, P. T., Nelson, M. J., Percival, J. W., Taylor, M. J. & van Citters, G. W. 1996, Hubble space telescope observations of AGN`s in the ultraviolet: BL LAC and Q2345+007, Astrophysics and Space Science, 240, 295

Falco, E. E., Gorenstein, M. V. & Shapiro, I. I. 1985, On model-dependent bounds on H0 from gravitational images Application of Q0957 + 561A,B, Astrophysical Journal Letters, 289, L1

Falco, E. E., Lehár, J., Perley, R. A., Wambsganss, J. & Gorenstein, M. V. 1996, VLA Observations of the Gravitational Lens System Q2237+0305, Astronomical Journal, 112, 897

Falco, E. E., Shapiro, I. I., Moustakas, L. A. & Davis, M. 1997, An Estimate of H_0 from Keck Spectroscopy of the Gravitational Lens System 0957+561, Astrophysical Journal, 484, 70

Fischer, P., Bernstein, G., Rhee, G. & Tyson, J. A. 1997, The Mass Distribution of the Cluster 0957+561 From Gravitational Lensing, Astronomical Journal, 113, 521

Fohlmeister, J., Kochanek, C. S., Falco, E. E., Morgan, C. W. & Wambsganss, J. 2008, The Rewards of Patience: An 822 Day Time Delay in the Gravitational Lens SDSS J1004+4112, Astrophysical Journal, 676, 761

Foltz, C. B., Weymann, R. J., Roser, H.-J. & Chaffee, F. H., Jr. 1984, Improved lower limits on Lyman-alpha forest cloud dimensions and additional evidence supporting the gravitational lens nature of 2345+007A,B, Astrophysical Journal Letters, 281, L1

Fort, B. & Mellier, Y. 1994, Arc(let)s in clusters of galaxies, Y. 1994, Astronomy & Astrophysics Review,, 5, 239

Fort, B., Prieur, J.-L., Mathez, G., Mellier, Y. & Soucail, G. 1988, Faint distorted structures in the core of A 370 - Are they gravitationally lensed galaxies at z about 1?, Astronomy & Astrophysics, 200, L17

Franx, M., Illingworth, G. D., Kelson, D. D., van Dokkum, P. G. & Tran, K. 1997, A Pair of Lensed Galaxies at z=4.92 in the Field of CL 1358+62, Astrophysical Journal Letters, 486, L75

Garrett, M. A. et al. 1993, MERLIN observations of the gravitational lens system 2016+112, Liege International Astrophysical Colloquia, 31, 351

Garrett, M. A., Muxlow, T. W. B., Patnaik, A. R. & Walsh, D. 1994, MERLIN Observations of the Gravitational Lens System 2016+112, Monthly Notices of the Royal Astronomical Society, 269, 902

Garrett, M. A., Porcas, R. W., Nair, S. & Patnaik, A. R. 1996, Wide-field EVN observations of the gravitational lens system 2016+112, Monthly Notices of the Royal Astronomical Society, 279, L7

Garrett, M. A., Walsh, D. & Carswell, R. F. 1992, Redshift measurements of the brightest cluster galaxies of the gravitational lens 0957+561, Monthly Notices of the Royal Astronomical Society, 254, 27

Grogin, N. A. & Narayan, R. 1996, A New Model of the Gravitational Lens 0957+561 and a Limit on the Hubble Constant, Astrophysical Journal, 464, 92

Haarsma, D. B., Hewitt, J. N., Lehar, J. & Burke, B. F. 1999, The Radio Wavelength Time Delay of Gravitational Lens 0957+561, Astrophysical Journal, 510, 64

Hammer, F. 1987, "A Gravitational Lensing Model of the Strange Ring-like Structure in A370" in "High Redshift and Primeval Galaxies," Proceedings of the Third IAP Workshop, eds. by J. Bergeron, D. Kunth, B. Rocca-Volmerange, B. & J. Tran Thran Van, p467

Hazard, C., Morton, D. C., Terlevich, R. & McMahon, R. 1984, Nine new quasi-stellar objects with broad absorption lines, Astrophysical Journal, 282, 33

Hege, E. K., Hubbard, E. N., Strittmatter, P. A. & Worden, S. P. 1981, Speckle interferometry observations of the triple QSO PG1115+08, Astrophysical Journal Letters, 248, L1

Henry, J. P. & Heasley, J. N. 1986, High-resolution imaging from Mauna Kea - The triple quasar in 0.3-arcsec seeing, Nature, 321, 139

Hewitt, J. N. 1986, A search for gravitational lensing, Ph. D. Thesis, MIT, Cambridge

Hewitt, J. N., Turner, E. L., Schneider, D. P., Burke, B. F. & Langston, G. I. 1988, Unusual radio source MG1131+0456 - A possible Einstein ring, Nature, 333, 537

Hoag, A. 1981, A Feature in the Galaxy Cluster Zw 0237.2-0146, BAAS, 13, 799

Houde, M. & Racine, R. 1994, Image restoration and photometric monitoring of the gravitational lens Q2237+0305, Astronomical Journal, 107, 466

Huchra, J., Gorenstein, M., Kent, S., Shapiro, I., Smith, G., Horine, E. & Perley, R. 1985, 2237+0305 - A new and unusual gravitational lens, Astronomical Journal, 90, 691

Impey, C. D., Falco, E. E., Kochanek, C. S., Lehár, J., McLeod, B. A., Rix, H.-W., Peng, C. Y. & Keeton, C. R. 1998, An Infrared Einstein Ring in the Gravitational Lens PG1115+080, Astrophysical Journal, 509, 551

Inada, N., Oguri, M., Keeton, C. R., et al. 2005, Discovery of a Fifth Image of the Large Separation Gravitationally Lensed Quasar SDSS J1004+4112, Publications of the Astronomical Society of Japan, 57, L7

Inada, N., Oguri, M., Morokuma, T., et al. 2006, SDSS J1029+2623: A Gravitationally Lensed Quasar with an Image Separation of 22.5", Astrophysical Journal Letters, 653, L97

Katz, J. L. 1987, Arcs, light echoes, and supergalaxies, Astronomy & Astrophysics, 182, L19

King, L. J., Browne, I. W. A., Muxlow, T. W. B., Narasimha, D., Patnaik, A. R., Porcas, R. W. & Wilkinson, P. N. 1997, Multifrequency radio observations of the gravitational lens system 1938+666, Monthly Notices of the Royal Astronomical Society, 289, 450

King, L. J., Jackson, N., Blandford, R. D., Bremer, M. N., Browne, I. W. A., de Bruyn, A. G., Fassnacht, C., Koopmans, L., Marlow, D. & Wilkinson, P. N. 1998, A complete infrared Einstein ring in the gravitational lens system B1938 + 666, Monthly Notices of the Royal Astronomical Society, 295, L41

Kneib, J.-P., Alloin, D., Mellier, Y., Guilloteau, S., Barvainis, R. & Antonucci, R. 1998a, Modelling the Cloverleaf: contribution of a galaxy cluster at z~1.7, Astronomy & Astrophysics, 329, 827

Kneib, J.-P., Alloin, D. & Pello, R. 1998b, Unveiling the nature of the Cloverleaf lens-system: HST/NICMOS-2 observations, Astronomy & Astrophysics, 339, L65

Kneib, J.-P., Ellis, R. S., Smail, I., Couch, W. J. & Sharples, R. M. 1996, Hubble Space Telescope Observations of the Lensing Cluster Abell 2218, Astrophysical Journal, 471, 643

Kneib, J.-P., Mellier, Y., Fort, B. & Mathez, G. 1993, The Distribution of Dark Matter in Distant Cluster Lenses - Modelling A 370, Astronomy & Astrophysics, 273, 367

Kochanek, C. S. 1991, The implications of lenses for galaxy structure, Astrophysical Journal, 373, 354

Kochanek, C. S., Blandford, R. D., Lawrence, C. R. & Narayan, R. 1989, The ring cycle - an iterative lens reconstruction technique applied to MG1131+0456, Monthly Notices of the Royal Astronomical Society, 238, 43

Koo, D. C. & Worthey, G. 1989, Multiple Arcs in C1 0024 + 16 (z=0.39), BAAS, 21, 1170

Kundic, T., Cohen, J. G., Blandford, R. D. & Lubin, L. M. 1997, Keck Spectroscopy of the Gravitational Lens System PG 1115+080: Redshifts of the Lensing Galaxies., Astronomical Journal, 114, 507

Langston, G. I., Schneider, D. P., Conner, S., Carilli, C. L., Lehar, J., Burke, B. F., Turner, E. L., Gunn, J. E., Hewitt, J. N. & Schmidt, M. 1989, MG 1654+1346 - an Einstein Ring image of a quasar radio lobe, Astronomical Journal, 97, 1283

Langston, G., Fischer, J. & Aspin, C. 1991, Infrared K-band observations of the gravitational lens 2016+112, Astronomical Journal, 102, 1253

Lawrence, C. R., Neugebauer, G. & Matthews, K. 1993, A K-band image of the gravitational lens system 2016+112, Astronomical Journal, 105, 17

Lawrence, C. R., Schneider, D. P., Schmidet, M., Bennett, C. L., Hewitt, J. N., Burke, B. F., Turner, E. L. & Gunn, J. E. 1984, Discovery of a New Gravitational Lens System, Science,

223, 46

Lehár, J., Falco, E. E., Kochanek, C. S., et al. 2000, Hubble Space Telescope Observations of 10 Two-Image Gravitational Lenses, Astrophysical Journal, 536, 584

Lucy, L. B. 1974, An iterative technique for the rectification of observed distributions, Astronomical Journal, 79, 745

Lynds, R. & Petrosian, V. 1986, Giant luminous arcs in galaxy clusters, Bullitins of American Astronomical Society, 18, 1014

Lynds, R. & Petrosian, V. 1989, Luminous arcs in clusters of galaxies, Astrophysical Journal, 336, 1

Magain, P., Surdej, J., Swings, J.-P., Borgeest, U. & Kayser, R. 1988, Discovery of a quadruply lensed quasar - The 'clover leaf' H1413+117, Nature, 334, 325

McLeod, B., Rieke, M. & Weedman, D. 1994, Infrared observations of the dark matter lens candidate Q2345+007, Astrophysical Journal, 433, 528

McMahon, R., Irwin, M. & Hazard, C. 1992, A sub-arcsecond gravitationally lensed quasar with a redshift of 4.5., GEMINI Newsletter Royal Greenwich Observatory, 36, 1

Milgrom, M. 1987, The light-echo model for luminous arcs, Astronomy & Astrophysics, 182, L21

Miller, J. S. & Goodrich, R. W. 1988, Spectrophotometry and polarimetry of the giant luminous arcs in the clusters 2244-02 and Abell 370, Nature, 331, 685

Monier, E. M., Turnshek, D. A. & Lupie, O. L. 1998, Hubble Space Telescope Observations of the Gravitationally Lensed Cloverleaf Broad Absorption Line QSO H1413+1143: Spectroscopy of the Ly alpha Forest and Metal-Line Systems, Astrophysical Journal, 496, 177

Nair, S. & Garrett, M. A. 1997, Gravitational lens models for 2016+112, Monthly Notices of the Royal Astronomical Society, 284, 58

Nair, S. 1993, 'Bridges' in radio rings: new light on the lens structure?, Liege International Astrophysical Colloquia, 31, 357

Narasimha, D. & Chitre, S. M. 1989, Lensing of extended sources by dark galactic halos, Astronomical Journal, 97, 327

Narasimha, D., Subramanian, K. & Chitre, S. M. 1987, The gravitational lens system 2016+112 revisited, Astrophysical Journal, 315, 434

Nieto, J.-L., Roques, S., Llebaria, A., Vanderriest, Ch., Lelievre, G., di Serego Alighieri, S., Macchetto, F. D. & Perryman, M. A. C. 1988, High-resolution imaging of the double QSO 2345+007 - Evidence for subcomponents, Astrophysical Journal, 325, 644

Oguri, M., Inada, N., Keeton, C. R., et al. 2004, Observations and Theoretical Implications of the Large-Separation Lensed Quasar SDSS J1004+4112, Astrophysical Journal, 605, 78

Oguri, M., Ofek, E. O., Inada, N., et al. 2008, The Third Image of the Large-Separation Lensed Quasar SDSS J1029+2623, Astrophysical Journal Letters, 676, L1

Paczyński, B. 1987, Giant Luminous Arcs Discovered in Two Clusters of Galaxies, Nature, 325, 572

Patnaik, A. R., Browne, I. W. A., Wilkinson, P. N. & Wrobel, J. M. 1992, Interferometer phase calibration sources. I - The region 35-75 deg, Monthly Notices of the Royal Astronomical Society, 254, 655

Pello, R., Le Borgne, J. F., Sanahuja, B., Mathez, G. & Fort, B. 1992, The system of arcs in the cluster of galaxies Abell 2218 - Photometry, spectroscopy and geometry, Astronomy & Astrophysics, 266, 6

Pello, R., Miralles, J. M., Le Borgne, J.-F., Picat, J.-P., Soucail, G. & Bruzual, G. 1996, Identification of a high redshift cluster. in the field of Q2345+007 through deep BRIJK′ photometry, Astronomy & Astrophysics, 314, 73

Peng, C. Y., Impey, C. D., Falco, E. E., et al. 1999, The Quasar Pair Q1634+267A,B and the Binary QSO versus Dark Lens Hypotheses, Astrophysical Journal, 524, 572

Petrosian, V. 1989, Arc in Clusters of Galaxies as Gravitational Lens Images," in "Gravitational Lenses, Lecture Notes in Physics, eds. J. M. Moran , J. N. Hewitt & K. Y. Lo (Springer-Verlag:Berlin), p109

Pooley, G. G., Browne, I. W. A., Daintree, E. J., Moore, P. K., Noble, R. G. & Walsh, D. 1979, Radio studies of the double QSO 0957+561A, B, Nature, 280, 461

Racine, Rene 1991, Fifth image and photometric variability in 2237+0305 ('Einstein Cross'), Astronomical Journal, 102, 454

Rhoads, J. E., Malhotra, S. & Kundić, T. 1996, Infrared Counterpart of the Gravitational Lens 1938+66.6, Astronomical Journal, 111, 642

Rix, H.-W., Schneider, D. P. & Bahcall, J. N. 1992, Hubble Space Telescope Wide Field Camera imaging of the gravitational lens 2237+0305, Astronomical Journal, 104, 959

Roberts, D. H., Greenfield, P. E., Hewitt, J. N., Burke, B. F. & Dupree, A. K. 1985, The multiple images of the quasar 0957+561, Astrophysical Journal, 293, 356

Schechter, P. L., Bailyn, C. D., Barr, R., et al. 1997, The Quadruple Gravitational Lens PG 1115+080: Time Delays and Models, Astrophysical Journal Letters, 475, L85

Schneider, D. P., Gunn, J. E., Turner, E. L., Lawrence, C. R., Hewitt, J. N., Schmidt, M. & Burke, B. F. 1986, The third image, the redshift of the lens, and new components of the gravitational lens 2016+112, Astronomical Journal, 91, 991

Schneider, D. P., Lawrence, C. R., Schmidt, M., Gunn, J. E., Turner, E. L., Burke, B. F. & Dhawan, V. 1985, Deep optical and radio observations of the gravitational lens system

2016+112, Astrophysical Journal, 294, 66

Schneider, D. P., Turner, E. L., Gunn, J. E., Hewitt, J. N., Schmidt, M. & Lawrence, C. R. 1988, High-resolution CCD imaging and derived gravitational lens models of 2237+0305, Astronomical Journal, 95, 1619

Small, T. A., Sargent, W. L. W. & Steidel, C. C. 1997, Temporal Changes in Quasar Broad Emission Line Profiles and the Gravitationally Lensed Nature of Q1634+267A,B and Q2345+007A,B, Astronomical Journal, 114, 2254

Soucail, G., Fort, B., Mellier, Y. & Picat, J. P. 1987a, Data reduction and spectrophotometric performances of PUMA 1 - an on-line multiaperture spectroscopic system used at the CFHT, Astronomy & Astrophysics, 172, L14

Soucail, G., Mellier, Y. Fort, B., Mathez, G. & Cailloux, M. 1988, The giant arc in A370 - Spectroscopic evidence for gravitational lensing from a source at z = 0.724, Astronomy & Astrophysics, 191, L19

Soucail, G., Mellier, Y., Fort, B., Mathez, G. & Hammer, F. 1987b, Further data on the blue ring-like structure in A 370, Astronomy & Astrophysics, 184, L7

Steidel, C. C. & Sargent, W. L. W. 1990, A reexamination of the gravitational lens interpretation of the close QSO pair Q2345+007 A,B - Implications for the nature of the Lyman Alpha forest clouds, Astronomical Journal, 99, 1693

Steidel, C. C. & Sargent, W. L. W. 1991, Spectral differences in the QSO pairs Q1634+267A,B and Q2345+007A,B and the gravitational lens interpretation, Astronomical Journal, 102, 1610

Stockton, A. 1980, The lens galaxy of the twin QSO 0957+561, Astrophysical Journal Letters, 242, L141

Subramanian, K. & Chitre, S. M. 1984, The quasar Q2345+007A, B - A case for the double gravitational lens?, Astrophysical Journal, 276, 440

Tonry, J. L. & Franx, M. 1999, Velocity Dispersion of the Gravitational Lens 0957+561, Astrophysical Journal, 515, 512

Tonry, J. L. 1998, Redshifts of the gravitational lenses B1422+231 and PG1115+080, Astronomical Journal, 115, 1

Turner, E. L., Hillenbrand, L. A., Schneider, D. P., Hewitt, J. N. & Burke, B. F. 1988, Spectroscopic evidence supporting the gravitational lens hypothesis for 1635+267 A,B, Astronomical Journal, 96, 1682

Turnshek, D. A., Lupie, O. L., Rao, S. M., Espey, B. R. & Sirola, C. J. 1997, Hubble Space Telescope Observations of the Gravitationally Lensed Cloverleaf Broad Absorption Line QSO H1413+1143: Imaging, Astrophysical Journal, 485, 100

Tyson, J. A. & Seitzer, P. 1988, A deep CCD survey of 12 high-latitude fields, Astrophysical

Journal, 335, 552

Tyson, J. A., Seitzer, P., Weymann, R. J. & Foltz, C. 1986, Deep CCD images of 2345+007 – Lensing by dark matter, Astronomical Journal, 91, 1274

Walsh, D., Carswell, R. F. & Weymann, R. J. 1979, 0957+561 A, B – Twin quasistellar objects or gravitational lens, Nature, 279, 381

Wambsganss, J. & Paczyński, B. 1994, Parameter degeneracy in models of the quadruple lens system Q2237+0305, Astronomical Journal, 108, 1156

Weedman, D. W., Weymann, R. J., Green, R. F. & Heckman, T. M. 1982, Discovery of a third gravitational lens, Astrophysical Journal Letters, 255, L5

Weir, N. & Djorgovski, S. 1991, High-resolution imaging of the double QSO 2345+007, Astronomical Journal, 101, 66

Weymann, R. J., Chaffee, F. H., Jr., Carleton, N. P., Walsh, D., Carswell, R. F., & Davis, M. 1979, Multiple-mirror telescope observations of the twin QSOs 0957+561 A, B, Astrophysical Journal Letters, 233, L43

Weymann, R. J., Latham, D., Angel, J. R. P., Green, R. F., Liebert, J. W., Turnshek, D. A., Turnshek, D. E. & Tyson, J. A. 1980, An Optical Three-Way Split – Triple Quasar PG1115+08, Science News, 118, 4

Yee, H. K. C. 1988, High-resolution imaging of the gravitational lens system candidate 2237+030, Astronomical Journal, 95, 1331

Young, P., Deverill, R. S., Gunn, J. E., Westphal, J. A. & Kristian, J. 1981, The triple quasar Q1115+080A, B, C – A quintuple gravitational lens image, Astrophysical Journal, 244, 723

Young, P., Gunn, J. E., Oke, J. B., Westphal, J. A. & Kristian, J. 1980, The double quasar Q0957+561 A, B – A gravitational lens image formed by a galaxy at z=0.39, Astrophysical Journal, 241, 507

Young, P., Gunn, J. E., Oke, J. B., Westphal, J. A. & Kristian, J. 1981, Q0957+561 – Detailed models of the gravitational lens effect, Astrophysical Journal, 244, 736

제7장 참고문헌

Fukugita, M. & Turner, E. L. 1991, Gravitational lensing frequencies – Galaxy cross-sections and selection effects, Monthly Notices of the Royal Astronomical Society, 253, 99

Fukugita, M., Futamase, T., Kasai, M. & Turner, E. L. 1992, Statistical properties of gravitational lenses with a nonzero cosmological constant, Astrophysical Journal, 393, 3

Gott, J. R., III, Park, M.-G.(박명구) & Lee, H. M.(이형목) 1989, Setting limits on q0 from gravitational lensing, Astrophysical Journal, 338, 1

Grossman, S. & Saha, P. 1994, Arc statistics and constraints on cluster lenses, Astrophysical Journal, 431, 74

Kochanek, C. S. 1993, Analytic results for the gravitational lens statistics of singular isothermal spheres in general cosmologies, Monthly Notices of the Royal Astronomical Society, 261, 453

Turner, E. L. 1980, The effect of undetected gravitational lenses on statistical measures of quasar evolution, Astrophysical Journal Letters, 242, L135

Turner, E. L., Ostriker, J. P. & Gott, J. R., III 1984, The statistics of gravitational lenses - The distributions of image angular separations and lens redshifts, Astrophysical Journal, 284, 1

제8장 참고문헌

박명구 1996, Gravitational Lensing Statistics in a Flat Universe, 한국물리학회지, 29, 664

박명구 2007, 다상 준항성 중력렌즈의 우주론적 응용, 천문학논총, 22, 1

이현아 & 박명구 1994, Statistical Properties of Gravitational Lensing in Cosmological Models with Cosmological Constant, 한국천문학회지, 27, 103

Bartelmann, M., Huss, A., Colberg, J. M., Jenkins, A. & Pearce, F. R. 1998, Arc statistics with realistic cluster potentials. IV. Clusters in different cosmologies, Astronomy & Astrophysics, 330, 1

Bartelmann, M., Meneghetti, M., Perrotta, F., Baccigalupi, C. & Moscardini, L. 2003, Arc statistics in cosmological models with dark energy, Astronomy & Astrophysics, 409, 449

Bernstein, G. & Fischer, P. 1999, Values of H_0 from Models of the Gravitational Lens 0957+561, Astronomical Journal, 118, 14

Biggs, A. D., Browne, I. W. A., Helbig, P., Koopmans, L. V. E., Wilkinson, P. N. & Perley, R. A. 1999, Time Delay for the Gravitational Lens System B0218+357, Monthly Notices of the Royal Astronomical Society, 304, 349

Browne, I. W. A., Wilkinson, P. N., Jackson, N. J. F., et al. 2003, The Cosmic Lens All-Sky Survey - II. Gravitational Lens Candidate Selection and Follow-up, Monthly Notices of the Royal Astronomical Society, 341, 13

Burud, I., Courbin, F., Magain, P., et al. 2002, An Optical Time-delay for the Lensed BAL Quasar HE2149-2745, Astronomy & Astrophysics, 383, 71

Burud, I., Hjorth, J., Courbin, F., et al. 2002, Time Delay and Lens Redshift for the Doubly

Imaged BAL Quasar SBS1520+530, Astronomy & Astrophysics, 391, 481

Burud, I., Hjorth, J., Jaunsen, A. O., et al. 2000, An Optical Time Delay Estimate for the Double Gravitational Lens System B1600+434, Astrophysical Journal, 544, 117

Canizares, C. R. 1981, Gravitational focusing and the association of distant quasars with foreground galaxies, Nature, 291, 620

Canizares, C. R. 1982, Manifestations of a cosmological density of compact objects in quasar light, Astrophysical Journal, 263, 508

Chae, K.-H.(채규현) & Mao, S. 2003, Limits on the Evolution of Galaxies from the Statistics of Gravitational Lenses, Astrophysical Journal Letters, 599, L61

Chae, K.-H.(채규현) 1999, New Modeling of the Lensing Galaxy and Cluster of Q0957+561: Implications for the Global Value of the Hubble Constant, Astrophysical Journal, 524, 582

Chae, K.-H.(채규현) 2003, The Cosmic Lens All-Sky Survey: statistical strong lensing, cosmological parameters, and global properties of galaxy populations, Monthly Notices of the Royal Astronomical Society, 346, 746

Chang, K.(장경애) & Refsdal, S. 1979, Flux variations of QSO 0957+561 A, B and image splitting by stars near the light path, Nature, 282, 561

Chiba, M. & Yoshii, Y. 1997, Do Lensing Statistics Rule Out a Cosmological Constant?, Astrophysical Journal, 489, 485

Chiba, M. & Yoshii, Y. 1999, New Limits on a Cosmological Constant from Statistics of Gravitational Lensing, Astrophysical Journal, 510, 42

Choi, Y.-Y.(최윤영), Park, C.(박창범) & Vogeley, M. S. 2007, Internal and Collective Properties of Galaxies in the Sloan Digital Sky Survey, Astrophysical Journal, 658, 884

Cohn, J. D. & Kochanek, C. S. 2004, The Effects of Massive Substructures on Image Multiplicities in Gravitational Lenses, Astrophysical Journal, 608, 25

Corrigan, R. T., Irwin, M. J., Arnaud, J., et al. 1991, Initial light curve of Q2237+0305, Astronomical Journal, 102, 34

Courbin, F. 2003, Quasar Lensing: the Observer's Point of View, astro-ph/0304497

Dalal, N. & Kochanek, C. S. 2002, Direct Detection of Cold Dark Matter Substructure, Astrophysical Journal, 572, 25

Dev, A., Jain, D. & Mahajan, S. 2004, Dark Energy and the Statistical Study of the Observed Image Separations of the Multiply-Imaged Systems in the Class Statistical Sample, International Journal of Modern Physics D, 13, 1005

Faber, S. M. & Jackson, R. E. 1976, Velocity Dispersions and Mass-to-light Ratios for Elliptical Galaxies, Astrophysical Journal, 204, 668

Fassnacht, C. D., Xanthopoulos, E., Koopmans, L. V. E. & Rusin, D. 2002, A Determination of H0 with the CLASS Gravitational Lens B1608+656. III. A Significant Improvement in the Precision of the Time Delay Measurements, Astrophysical Journal, 581, 823

Fischer, P., Bernstein, G., Rhee, G. & Tyson, J. A. 1997, The Mass Distribution of the Cluster 0957+561 From Gravitational Lensing, Astronomical Journal, 113, 521

Folkes, S., Ronen, S., Price, I., et al. 1999, The 2dF Galaxy Redshift Survey: Spectral Types and Luminosity Functions, Monthly Notices of the Royal Astronomical Society, 308, 459

Freedman, W. L., Madore, B. F., Gibson, B. K., et al. 2001, Final Results from the Hubble Space Telescope Key Project to Measure the Hubble Constant, Astrophysical Journal, 553, 47

Fukugita, M. & Turner, E. L. 1991, Gravitational Lensing Frequencies - Galaxy Cross-sections and Selection Effects, Monthly Notices of the Royal Astronomical Society, 253, 99

Fukugita, M., Futamase, T. & Kasai, M. 1990, A Possible Test for the Cosmological Constant with Gravitational Lenses, Monthly Notices of the Royal Astronomical Society, 246, 24

Fukugita, M., Futamase, T., Kasai, M. & Turner, E. L. 1992, Statistical Properties of Gravitational Lenses with a Nonzero Cosmological Constant, Astrophysical Journal, 393, 3

Gil-Merino, R., Wisotzki, L. & Wambsganss, J. 2002, The Double Quasar HE1104-1805: A Case Study for Time Delay Determination with Poorly Sampled Lightcurves, Astronomy & Astrophysics, 381, 428

Gott, J.-R., Park, M.-G.(박명구) & Lee, H.-M.(이형목), 1989, Setting Limits on q0 Using Gravitational Lensing, Astrophysical Journal, 338, 1

Grogin, N. A. & Narayan, R. 1996, A New Model of the Gravitational Lens 0957+561 and a Limit on the Hubble Constant, Astrophysical Journal, 464, 92 (Erratum: Astrophysical Journal, 473, 570)

Haarsma, D. B., Hewitt, J. N., Lehar, J. & Burke, B. F. 1997, The 6 Centimeter Light Curves of B0957+561, 1979 - 1994: New Features and Implications for the Time Delay, Astrophysical Journal, 479, 102

Hartwick, F. D. A. & Schade, D. 1990, The Space Distribution of Quasars, Annual Review of Astronomy and Astrophysics, 28, 437

Hewitt, A. & Burbidge, G. 1987, A New Optical Catalog of Quasi-stellar Objects, Astrophysical Journal Suppl., 63, 1

Hewitt, A. & Burbidge, G. 1989, The First Addition to the New Optical Catalog of Quasi-stellar Objects, Astrophysical Journal Suppl., 69, 1

Hinshaw, G. & Krauss, L. M. 1987, Gravitational Lensing by Isothermal Spheres with Finite Core Radii - Galaxies and Dark Matter, Astrophysical Journal, 320, 468

Hjorth, J., Burud, I., Jaunsen, A. O., et al. 2002, The Time Delay of the Quadruple Quasar RX J0911.4+0551, Astrophysical Journal Letters, 572, L11

Im, M. (임명신), Griffiths, R. E. & Ratnatunga, K. U. 1997, A Measurement of the Cosmological Constant Using Elliptical Galaxies as Strong Gravitational Lenses, Astrophysical Journal, 475, 457

Impey, C. D., Falco, E. E., Kochanek, C. S., Lehár, J., McLeod, B. A., Rix, H.-W., Peng, C. Y. & Keeton, C. R. 1998, An Infrared Einstein Ring in the Gravitational Lens PG1115+080, Astrophysical Journal, 509, 551

Inada et al. 2008, The Sloan Digital Sky Survey Quasar Lens Search. II. Statistical Lens Sample from the Third Data Release, Astronomical Journal 135, 496

Irwin, M. J., Webster, R. L., Hewett, P. C., Corrigan, R. T. & Jedrzejewski, R. I. 1989, Photometric variations in the Q2237+0305 system - First detection of a microlensing event, Astronomical Journal, 98, 1989

Jaroszyński, M., Wambsganss, J. & Paczyński, B. 1992, Microlensed Light Curves for Thin Accretion Disks around Schwarzschild and Kerr Black Holes, Astrophysical Journal Letters, 396, L65

Keeton, C. R. 2001, Cold Dark Matter and Strong Gravitational Lensing: Concord or Conflict?, Astrophysical Journal, 561, 46

Keeton, C. R., Gaudi, B. S. & Petters, A. O. 2005, Identifying Lenses with Small-Scale Structure. II. Fold Lenses, Astrophysical Journal, 635, 35

Keeton, C. R., Kochanek, C. S. & Falco, E. E. 1998, The Optical Properties of Gravitational Lens Galaxies as a Probe of Galaxy Structure and Evolution, Astrophysical Journal, 509, 561

Keeton, C. R., Kochanek, C. S. & Seljak, U. 1997, Shear and Ellipticity in Gravitational Lenses, Astrophysical Journal, 482, 604

Kochanek, C. S. 1993, The Analysis of Gravitational Lens Surveys. II. Maximum Likelihood Models and Singular Potentials, Astrophysical Journal, 419, 12

Kochanek, C. S. 1996a, A Technical Memorandum On Core Radii In Lens Statistics, IAU Symp. 173 Astrophysical Applications of Gravitational Lensing, 173, 7 (arXiv:astro-ph/9510074)

Kochanek, C. S. 1996b, Is There a Cosmological Constant?, Astrophysical Journal, 466, 638

Kochanek, C. S. 2003, Gravitational Lens Time Delays in Cold Dark Matter, Astrophysical Journal, 583, 49

Kochanek, C. S. 2005, in Saas-Fee Advanced Course 33, Gravitational Lensing: Strong, Weak and Micro (Springer)

Koopmans, L. V. E., de Bruyn, A. G., Xanthopoulos, E. & Fassnacht, C. D. 2000, A Time-delay Determination from VLA Light Curves of the CLASS Gravitational Lens B1600+434, Astronomy & Astrophysics, 356, 391

Kundić, T., Turner, E. L., Colley, W. N., Gott, J. R., Rhoads, J. E., Wang, Y., Bergeron, L.

E., Gloria, K. A., Long, D. C., Malhotra, S. & Wambsganss, J. 1997, A Robust Determination of the Time Delay in 0957+561A, B and a Measurement of the Global Value of Hubble's Constant, Astrophysical Journal, 482, 75

Lauer, T. R. 1985, High-resolution Surface Photometry of Elliptical Galaxies, Astrophysical Journal Suppl., 57, 473

Li, G.-L., Mao, S., Jing, Y. P., Bartelmann, M., Kang, X. & Meneghetti, M. 2005, Is the Number of Giant Arcs in ΛCDM Consistent with Observations?, Astrophysical Journal, 635, 795

Lovell, J. E. J., Jauncey, D. L., Reynolds, J. E., Wieringa, M. H., King, E. A., Tzioumis, A. K., McCulloch, P. M. & Edwards, P. G. 1998, The Time Delay in the Gravitational Lens PKS 1830-211, Astrophysical Journal Letters, 508, L51

Lupton, R. 1993, Statistics in Theory and Practice (Princeton Univ. Press)

Mao, S. & Schneider, P. 1998, Evidence for substructure in lens galaxies?, Monthly Notices of the Royal Astronomical Society, 295, 587

Mao, S. D. & Kochanek, C. S. 1994, Limits on Galaxy Evolution, Monthly Notices of the Royal Astronomical Society, 268, 569

Mao, S., Jing, Y., Ostriker, J. P. & Weller, J. 2004, Anomalous Flux Ratios in Gravitational Lenses: For or against Cold Dark Matter?, Astrophysical Journal Letters, 604, L5

Maoz, D. & Rix, H.-W. 1993, Early-Type Galaxies, Dark Halos, and Gravitational Lensing Statistics, Astrophysical Journal, 416, 425

Miralda-Escudé, J. 1993a, Statistics of highly magnified gravitational images in clusters of galaxies. I - Implications for the clusters, Astrophysical Journal, 403, 497

Miralda-Escudé, J. 1993b, Statistics of Highly Magnified Gravitational Images in Clusters of Galaxies. II. Implications for the Sources, Astrophysical Journal, 403, 509

Mitchell, J. L., Keeton, C. R., Frieman, J. A. & Sheth, R. K. 2005, Improved Cosmological Constraints from Gravitational Lens Statistics, Astrophysical Journal, 622, 81

Moreau, O., Libbrecht, C., Lee, D.-W.(이동욱) & Surdej, J. 2005, Accurate Photometric Light Curves of the Lensed Components of Q2237+0305 Derived with an Optimal Image Subtraction Technique: Evidence for Microlensing in Image A, Astronomy & Astrophysics, 436, 479

Myers, A. D., Outram, P. J., Shanks, T., Boyle, B. J., Croom, S. M., Loaring, N. S., Miller, L. & Smith, R. J. 2005, On statistical lensing and the anticorrelation between 2dF QSOs and foreground galaxies, Monthly Notices of the Royal Astronomical Society, 359, 741

Myers, S. T., Jackson, N. J., Browne, I. W. A., et al. 2003, The Cosmic Lens All-Sky Survey - I. Source Selection and Observations, Monthly Notices of the Royal Astronomical Society, 341, 1

Nollenberg, J. G. & Williams, L. L. R. 2005, Galaxy-Quasar Correlations between APM Galaxies and Hamburg-ESO QSOs, Astrophysical Journal, 634, 793

Oguri et al.. 2008, The Sloan Digital Sky Survey Quasar Lens Search. III. Constraints on Dark Energy from the Third Data Release Quasar Lens Catalog, Astronomical Journal 135, 512

Oguri, M., Lee, J.(이정훈) & Suto, Y. 2003, Arc Statistics in Triaxial Dark Matter Halos: Testing the Collisionless Cold Dark Matter Paradigm, Astrophysical Journal, 599, 7

Østensen, R., Refsdal, S., Stabell, R., et al. 1996, Monitoring of the Einstein Cross with the Nordic Optical Telescope., Astronomy & Astrophysics, 309, 59

Ostriker, J. P. & Steinhardt, P. J. 1995, The Observational Case for a Low Density Universe with a Non-Zero Cosmological Constant, Nature, 377, 600

Park, M.-G.(박명구) & Gott, J. R. 1997, Curvature of the Universe and Observed Gravitational Lens Image Separations versus Redshift, Astrophysical Journal, 489, 476

Perlmutter, S., Aldering, G., Goldhaber, G., et al. 1999, Measurements of Omega and Lambda from 42 High-Redshift Supernovae, Astrophysical Journal, 517, 565

Petrosian, V. & Ekers, R. D. 1969, Search for Ghost Images: a Statistical Test, Nature, 224, 484

Pooley, D., Blackburne, J. A., Rappaport, S., Schechter, P. L. & Fong, W. 2006, A Strong X-Ray Flux Ratio Anomaly in the Quadruply Lensed Quasar PG 1115+080, Astrophysical Journal, 648, 67

Rauch, K. P. & Blandford, R. D. 1991, Microlensing and the Structure of Active Galactic Nucleus Accretion Disks, Astrophysical Journal Letters, 381, L39

Refsdal, S. 1964, On the Possibility of Determining Hubble's Parameter and the Masses of Galaxies from the Gravitational Lens Effect, Monthly Notices of the Royal Astronomical Society, 128, 307

Riess, A. G., Filippenko, A. V., Challis, P., et al. 1998, Observational Evidence from Supernovae for an Accelerating Universe and a Cosmological Constant, Astronomical Journal, 116, 1009

Rix, H.-W., Maoz, D., Turner, E. L. & Fukugita, M. 1994, Galaxy mergers and gravitational lens statistics, Astrophysical Journal, 435, 49

Schechter, P. 1976, An Analytic Expression for the Luminosity Function for Galaxies., Astrophysical Journal, 203, 297

Schechter, P. L., Bailyn, C. D., Barr, R., et al. 1997, The Quadruple Gravitational Lens PG1115+080: Time Delays and Models, Astrophysical Journal Letters, 475, L85

Schneider, D. P., Turner, E. L., Gunn, J. E., Hewitt, J. N., Schmidt, M. & Lawrence, C. R. 1988, High-resolution CCD Imaging and Derived Gravitational Lens Models of 2237+0305, Astronomical Journal, 95, 1619

Schneider, P. 1987, Apparent Number Density Enhancement of Quasars Near Foreground Galaxies due to Gravitational Lensing - Part Two - the Amplification Probability Distribution and Results, Astronomy & Astrophysics, 179, 80

Treu, T. & Koopmans, L. V. E. 2002, The Internal Structure of the Lens PG1115+080: Breaking Degeneracies in the Value of the Hubble Constant, Monthly Notices of the Royal Astronomical Society, 337, L6

Tully, R. B. & Fisher, J. R. 1977, A New Method of Determining Distances to Galaxies, Astronomy & Astrophysics, 54, 661

Turner, E. L. 1980, The effect of undetected gravitational lenses on statistical measures of quasar evolution, Astrophysical Journal Letters, 242, L135

Turner, E. L. 1990, Gravitational Lensing Limits on the Cosmological Constant in a Flat Universe, Astrophysical Journal Letters, 365, L43

Turner, E. L., Ostriker, J. P. & Gott, J. R., III 1984, The Statistics of Gravitational Lenses - The Distributions of Image Angular Separations and Lens Redshifts, Astrophysical Journal, 284, 1

Vakulik, V., Schild, R., Dudinov, V., Nuritdinov, S., Tsvetkova, V., Burkhonov, O. & Akhunov, T. 2006, Observational Determination of the Time Delays in Gravitational Lens System Q2237+0305, Astronomy & Astrophysics, 447, 905

Vietri, M. & Ostriker, J. P. 1983, The statistics of gravitational lenses - Appaarent changes in the luminosity function of distant sources due to passage of light through a single galaxy, Astrophysical Journal, 267, 488

Wallington, S. & Narayan, R. 1993, The influence of core radius on gravitational lensing by elliptical lenses, Astrophysical Journal, 403, 517

Wambsganss, J., Cen, R., Ostriker, J. P. & Turner, E. L. 1995, Testing Cosmogonic Models with Gravitational Lensing, Science, 268, 274

Wambsganss, J., Cen, R., Xu, G. & Ostriker, J. P. 1997, Effects of Weak Gravitational Lensing from Large-Scale Structure of the Determination of q_0, Astrophysical Journal Letters, 475, L81

Wambsganss, J., Ostriker, J. P. & Bode, P. 2008, The Effect of Baryon Cooling on the Statistics of Giant Arcs and Multiple Quasars, Astrophysical Journal, 676, 753

Webster, R. L., Hewett, P. C., Harding, M. E. & Wegner, G. A. 1988, Detection of statistical gravitational lensing by foreground mass distributions, Nature, 336, 358

Witt, H. J., Mao, S. & Schechter, P. L. 1995, On the Universality of Microlensing in Quadruple Gravitational Lenses, Astrophysical Journal, 443, 18

Woźniak, P. R., Udalski, A., Szymański, M., Kubiak, M., Pietrzyński, G., Soszyński, I. & Żebruń, K. 2000, The Optical Gravitational Lensing Experiment: A Hunt for Caustic Crossings in QSO 2237+0305, Astrophysical Journal Letters, 540, L65

Wu, X.-P. & Mao, S. 1996, The Cosmological Constant and Statistical Lensing of Giant Arcs, Astrophysical Journal, 463, 404

York, T., Jackson, N., Browne, I. W. A., Wucknitz, O. & Skelton, J. E. 2005, The Hubble Constant from the Gravitational Lens CLASS B0218+357 Using the Advanced Camera for Surveys, Monthly Notices of the Royal Astronomical Society, 357, 124

제9장 참고문헌

박명구 2001, 약한 중력렌즈와 그 응용, 새물리 42, 1

Babul, A. & Lee, M. H. 1991, Gravitational lensing by smooth inhomogeneities in the universe, Monthly Notices of the Royal Astronomical Society, 250, 407

Bar-Kana, R. 1996, Effect of Large-Scale Structure on Multiply Imaged Sources, Astrophysical Journal, 468, 17

Bartelmann, M. 1995, Cosmological parameters from angular correlations between QSOs and galaxies, Astronomy & Astrophysics, 298, 661

Bartelmann, M. & Narayan, R. 1995, The Lens Parallax Method: Determining Redshifts of Faint Blue Galaxies through Gravitational Lensing, Astrophysical Journal, 451, 60

Bartelmann, M. & Schneider, P. 1993a, Large-scale correlations between QSOs and galaxies - an effect caused by gravitational lensing?, Astronomy & Astrophysics, 268, 1

Bartelmann, M. & Schneider, P. 1993b, Largescale QSO - Galaxy Correlations Revisited, Astronomy & Astrophysics, 271, 421

Bartelmann, M. & Schneider, P. 1994, Large-scale correlations between QSOs and IRAS galaxies, Astronomy & Astrophysics, 284, 1

Bartelmann, M., Narayan, R., Seitz, S. & Schneider, P. 1996, Maximum-likelihood Cluster Reconstruction, Astrophysical Journal Letters, 464, L115

Bernardeau, F. 1997, Weak lensing detection in CMB maps, Astronomy & Astrophysics, 324, 15

Bernardeau, F. 1998, Lens distortion effects on CMB maps, Astronomy & Astrophysics, 338, 767

Blanchard, A. & Schneider, J. 1987, Gravitational lensing effect on the fluctuations of the cosmic background radiation, Astronomy & Astrophysics, 184, 1

Blandford, R. D. & Jaroszynski, M. 1981, Gravitational distortion of the images of distant radio sources in an inhomogeneous universe, Astrophysical Journal, 246, 1

Blandford, R. D. & Narayan, R. 1992, Cosmological applications of gravitational lensing, Annual Review of Astronomy and Astrophysics, 30, 311

Blandford, R. D., Saust, A. B., Brainerd, T. G. & Villumsen, J. V. 1991, The distortion of distant galaxy images by large-scale structure, Monthly Notices of the Royal Astronomical Society, 251, 600

Bonnet, H., Fort, B., Kneib, J. -P., Mellier, Y. & Soucail, G. 1993, Detection of weak lensing by a massive dark halo in Q2345+007, Astronomy & Astrophysics, 280, L7

Brainerd, T. G., Blandford, R. D. & Smail, I. 1996, Weak Gravitational Lensing by Galaxies, Astrophysical Journal, 466, 623

Cole, S. & Efstathiou, G. 1989, Gravitational lensing of fluctuations in the microwave background radiation, Monthly Notices of the Royal Astronomical Society, 239, 195

Dell'Antonio, I. P. & Tyson, J. A. 1996, Galaxy Dark Matter: Galaxy-Galaxy Lensing in the Hubble Deep Field, Astrophysical Journal Letters, 473, L17

Fahlman, G., Kaiser, N., Squires, G. & Woods, D. 1994, Dark matter in MS 1224 from distortion of background galaxies, Astrophysical Journal, 437, 56

Fort, B., Mellier, Y., Dantel-Fort, M., Bonnet, H. & Kneib, J. -P. 1996, Observations of weak lensing in the fields of luminous radio sources, Astronomy & Astrophysics, 310, 705

Fort, B., Prieur, J. L., Mathez, G., Mellier, Y. & Soucail, G. 1988, Faint distorted structures in the core of A370 - Are they gravitationally lensed galaxies at Z about 1?, Astronomy & Astrophysics, 200, L17

Fugmann, W. 1990, Statistical gravitational lensing and the Lick catalogue of galaxies, Astronomy & Astrophysics, 240, 11

Gorenstein, M. V., Shapiro, I. I. & Falco, E. E. 1988, Degeneracies in parameter estimates for models of gravitational lens systems, Astrophysical Journal, 327, 693

Gray, M. E., Taylor, A. N., Meisenheimer, K., Dye, S., Wolf, C. & Thommes, E. 2002, Probing the Distribution of Dark Matter in the A901/902 Supercluster with Weak Lensing, Astrophysical Journal, 568, 141

Griffiths, R. E., Casertano, S., Im, M. & Ratnatunga, K. U. 1996, Weak gravitational lensing around field galaxies in Hubble Space Telescope survey images, Monthly Notices of the Royal Astronomical Society, 282, 1159

Gunn, J. E. 1967a, A Fundamental Limitation on the Accuracy of Angular Measurements in Observational Cosmology, Astrophysical Journal, 147, 61

Gunn, J. E. 1967b, On the Propagation of Light in Inhomogeneous Cosmologies. I. Mean Effects, Astrophysical Journal, 150, 737

Hu, W. & Keeton, C. R. 2002, Three-dimensional mapping of dark matter, Physical Reveiw D, 66, 063506

Hudson, M. J., Gwyn, S., Dahle, H. & Kaiser, N. 1998, Galaxy-Galaxy Lensing in the Hubble

Deep Field: The Halo Tully-Fisher Relation at Intermediate Redshift, Astrophysical Journal, 503, 531

Jain, B. & Seljak, U. 1997, Cosmological Model Predictions for Weak Lensing: Linear and Nonlinear Regimes, Astrophysical Journal, 484, 560

Kaiser, N. 1992, Weak gravitational lensing of distant galaxies, Astrophysical Journal, 388, 272

Kaiser, N. & Squires, G. 1993, Mapping the dark matter with weak gravitational lensing, Astrophysical Journal, 404, 441

Kaiser, N., Wilson, G., Luppino, G., Kofman, L., Gioia, I., Metzger, M. & Dahle, H. 1998, astro-ph/9809268

Kneib, J.-P., Alloin, D., Mellier, Y., Guilloteau, S., Barvainis, R. & Antonucci, R. 1998, Modelling the Cloverleaf: contribution of a galaxy cluster at z~1.7, Astronomy & Astrophysics, 329, 827

Kristian, J. 1967, On the Cosmological Distortion Effect, Astrophysical Journal, 147, 864

Kristian, J. & Sachs, R. K. 1966, Observations in Cosmology, Astrophysical Journal, 143, 379

Martinez-Gonzalez, E., Sanz, J. L. & Silk, J. 1994, Imprints of galaxy clustering evolution on $\delta T/T$, Astrophysical Journal, 436, 1

Massey, R., Rhodes, J., Refregier, A., et al. 2004, Weak Lensing from Space. II. Dark Matter Mapping, Astronomical Journal, 127, 3089

Mellier, Y. 1999, Probing the Universe with Weak Lensing, Annual Review of Astronomy and Astrophysics, 37, 127

Miralda-Escudé, J. 1991, The correlation function of galaxy ellipticities produced by gravitational lensing, Astrophysical Journal, 380, 1

Moessner, J. Jain, B. & Villumsen, J. 1998, The effect of weak lensing on the angular correlation function of faint galaxies, Monthly Notices of the Royal Astronomical Society, 294, 291

Narayan, R. & Nityananda, R. 1986, Maximum entropy image restoration in astronomy, Annual Review of Astronomy and Astrophysics, 24, 127

Schneider, P. 1998, Cosmic Shear and Biasing, Astrophysical Journal, 498, 43

Schneider, P. & Weiss, A. 1988, Light propagation in inhomogeneous universes, Astrophysical Journal, 327, 526

Schneider, P., van Waerbeke, L., Mellier, Y., Jain, B., Seitz, S. & Fort, B. 1998, Detection of shear due to weak lensing by large-scale structure, Astronomy & Astrophysics, 333, 767

Schramm, T. & Kayser, R. 1995, The complex theory of gravitational lensing. Beltrami equation and cluster lensing, Astronomy & Astrophysics, 299, 1

Seitz, C. & Schneider, P. 1997, Steps towards nonlinear cluster inversion through gravitational distortions. III. Including a redshift distribution of the sources, Astronomy & Astrophysics, 318, 687

Seitz, C., Kneib, J. -P., Schneider, P. & Seitz, S. 1996, The mass distribution of CL0939+4713 obtained from a 'weak' lensing analysis of a WFPC2 image, Astronomy & Astrophysics, 314, 707

Seljak, U. 1996, Gravitational Lensing Effect on Cosmic Microwave Background Anisotropies: A Power Spectrum Approach, Astrophysical Journal, 463, 1

Squires, G., Kaiser, N., Fahlman, G., Babul, A. & Woods, D. 1996, A Weak Gravitational Lensing Analysis of Abell 2390, Astrophysical Journal, 469, 73

Taylor, A. N. 2001, Imaging the 3-D cosmological mass distribution with weak gravitational lensing, arXiv:astro-ph/0111605v1

Taylor, A. N., Bacon, D. J., Gray, M. E., et al. 2004, Mapping the 3D dark matter with weak lensing in COMBO-17, Monthly Notices of the Royal Astronomical Society, 353, 1176

Tyson, J. A., Valdes, F., Jarvis, J. F. & Mills, A. P. , Jr. 1984, Galaxy mass distribution from gravitational light deflection, Astrophysical Journal Letters, 281, L59

Tyson, J. A., Wenk, R. A. & Valdes, F. 1990, Detection of systematic gravitational lens galaxy image alignments - Mapping dark matter in galaxy clusters, Astrophysical Journal Letters, 349, L1

Valdes, F., Jarvis, J. F. & Tyson, J. A. 1983, Alignment of faint galaxy images - Cosmological distortion and rotation, Astrophysical Journal, 271, 431

van Waerbeke, L. 1998, Scale dependence of the bias investigated by weak lensing, Astronomy & Astrophysics, 334, 1

Villumsen, J. V. 1996, Weak lensing by large-scale structure in open, flat and closed universes, Monthly Notices of the Royal Astronomical Society, 281, 369

Webster, R. L. 1985, Gravitational lensing and galaxy shape, Monthly Notices of the Royal Astronomical Society, 213, 871

Wittman, D. M., Tyson, J. A., Kirkman, D., Dell'Antonio, I. & Bernstein, G 2000, Detection of weak gravitational lensing distortions of distant galaxies by cosmic dark matter at large scales, Nature, 405, 143

Zaldarriaga, M. & Seljak, U. 1998, Gravitational lensing effect on cosmic microwave background polarization, Physical Review D, 58, 023003

제10장 참고문헌

박명구 & 한정호 2001, 미시중력렌즈, 한국천문학회지, 34, 81

한정호 1999, 중력렌즈 사건의 측성학적 관측을 통한 추가 천문 정보의 획득, 천문학논총 14, 9

Alard C., Lupton R. H. 1998, A Method for Optimal Image Subtraction, Astrophysical Journal, 503, 325

Albrow, M. D., Beaulieu, J.-P., Caldwell, J. A. R., et al. 2000, Detection of Rotation in a Binary Microlens: PLANET Photometry of MACHO 97-BLG-41, Astrophysical Journal, 534, 894

Albrow, M., et al. 1998, The 1995 Pilot Campaign of PLANET: Searching for Microlensing Anomalies through Precise, Rapid, Round-the-Clock Monitoring, Astrophysical Journal, 509, 687

Alcock, C., Allsman, R., Axelrod, T., Bennett, D., Cook, K., et al. 1993, Possible Gravitational Microlensing of a Star in the Large Magellanic Cloud, Nature, 365; 621

Alcock, C., et al. (MACHO collaboration) 1995, First Observation of Parallax in a Gravitational Microlensing Event, Astrophysical Journal 454, L125

Alcock, C., et al. (MACHO collaboration) 1996, The MACHO Project LMC Variable Star Inventory.II.LMC RR Lyrae Stars- Pulsational Characteristics and Indications of a Global Youth of the LMC, Astronomical Journal 111, 1146

Alcock, C., et al. (MACHO collaboration) 1997a, The MACHO Project Large Magellanic Cloud Microlensing Results from the First Two Years and the Nature of the Galactic Dark Halo, Astrophysical Journal 486, 697

Alcock, C., et al. (MACHO collaboration) 1997b, MACHO Alert 95-30: First Real-Time Observation of Extended Source Effects in Graviational Microlensing, Astrophysical Journal 491, 436

Alcock, C., et al. (MACHO collaboration) 2000, The MACHO Project: Microlensing Results from 5.7 Years of Large Magellanic Cloud Observations, Astrophysical Journal, 542, 281

Aubourg, E., Bareyre, P. Bréhlin, S., Gros, M. Lachiéze-Rey, M., et al. 1993, Evidence for Gravitational Microlensing by Dark Objects in the Galactic Halo, Nature, 365, 623

Beaulieu, J.-P., Bennett, D. P., Fouqué, P., et al. 2006, Discovery of a cool planet of 5.5 Earth masses through gravitational microlensing, Nature, 439, 437

Belokurov, V., Evans, N. W. & Le Du, Y. 2004, Light-curve classification in massive variability surveys - II. Transients towards the Large Magellanic Cloud, Monthly Notices of the Royal Astronomical Society, 352, 233

Benetti, S., Pasquini, L. & West, R. M. 1995, First spectroscopic confirmation of a microlensing event towards the galactic bulge, Astronomy & Astrophysics 294, L37

Bennett, D. P., Rhie, S. H.(이선홍), et al. 1999, Discovery of a planet orbiting a binary star system from gravitational microlensing, Nature 402, 57

Blitz, L. & Spergel, D. 1991, Direct evidence for a bar at the Galactic center, Astrophysical

Journal 379, 631

Boden, A. F., Shao, M. & van Buren, D. 1998, Astrometric Observation of MACHO Gravitational Microlensing, Astrophysical Journal 502, 538

Bond, I. A., Udalski, A., Jaroszy & nacute;ski, M., et al. 2004, OGLE 2003-BLG-235/MOA 2003-BLG-53: A Planetary Microlensing Event, Astrophysical Journal Letters, 606, L155

Calchi Novati, S., Paulin-Henriksson, S., An, J.(안진혁), et al. 2005, POINT-AGAPE pixel lensing survey of M 31. Evidence for a MACHO contribution to galactic halos, Astronomy & Astrophysics, 443, 911

Chang, K.(장경애) & Refsdal, S. 1979, Flux variations of QSO 0957+561 A, B and image splitting by stars near the light path, Nature, 282, 561

Ciardullo, R., Tamblyn, P. & Phillips, A. C. 1990, A search for novae in M 31 globular clusters, Publications of the Astronomical Society of the Pacific, 102, 1113

Crotts, A. S. P. 1992, M31 - A unique laboratory for gravitational microlensing, Astrophysical Journal, 399, L43

de Rújula, A., Jetzer, Ph. & Massó, E. 1991, Dark mass moments, Monthly Notices of the Royal Astronomical Society, 250, 348

Drake, A. J., Cook, K. H. & Keller, S. C. 2004, Resolving the Nature of the Large Magellanic Cloud Microlensing Event MACHO-LMC-5, Astrophysical Journal Letters, 607, L29

Einstein, A. 1936, Lens-Like Action of a Star by the Deviation of Light in the Gravitational Field, Science, 84, 506

Glicenstein, J. F. 2004, Talk at Hawaiian Gravitational Microlensing Workshop

Gott, J. R. 1981, Are heavy halos made of low mass stars - A gravitational lens test, Astrophysical Journal, 243, 140

Gould, A. 1992, Extending the MACHO search to $\sim 10^6$ solar masses, Astrophysical Journal 392, 442

Gould, A. 1994a, Proper motions of MACHOs, Astrophysical Journal 421, L71

Gould, A. 1994b, MACHO velocities from satellite-based parallaxes, Astrophysical Journal, 421, L75

Gould, A. 1996, Theory of Pixel Lensing, Astrophysical Journal, 470, 201

Gould, A., Udalski, A., An, D.(안덕근) et al. 2006, Microlens OGLE-2005-BLG-169 Implies That Cool Neptune-like Planets Are Common, Astrophysical Journal Letters, 644, L37

Griest, K. 1991, Galactic microlensing as a method of detecting massive compact halo objects, Astrophysical Journal, 366, 412

Griest, K. & Hu, W. 1992, Effect of binary sources on the search for massive astrophysical compact halo objects via microlensing, Astrophysical Journal 397, 362

Griest, K. & Thomas, C. L. 2005, Contamination in the MACHO data set and the puzzle of Large Magellanic Cloud microlensing, Monthly Notices of the Royal Astronomical Society, 359, 464

Han, C.(한정호) & Gould, A. 1995, The Mass Spectrum of MACHOs from Parallax Measurements, Astrophysical Journal, 447, 53

Han, C.(한정호) & Gould, A. 1996, Statistical Determination of the MACHO Mass Spectrum, Astrophysical Journal 467, 540

Han, C.(한정호) & Jeong, Y.(정영진) 1999, Monthly Notices of the Royal Astronomical Society, 309, 404

Han, C.(한정호) 1996, Pixel Lensing Experiment toward the M31 Bulge, Astrophysical Journal, 472, 108

Høg, E., Novikov, I. D. & Polnarev, A. G. 1995, MACHO photometry and astrometry, Astronomy & Astrophysics, 294, 287

Kallivayalil, N., Patten, B. M., Marengo, M., Alcock, C., Werner, M. W. & Fazio, G. G. 2006, Identification of the Microlens in Event MACHO-LMC-20, Astrophysical Journal Letters, 652, L97

Kałużny, J., Kubiak, M., Szymanski, M., Udalski, A., Krzeminski, W. & Mateo, M. 1996, Astronomy & Astrophysics Supplement Series, 120, 139

Kanbach, G., Andritschke, R., Schopper, F., et al. 2004, The MEGA project, New Astronomy Review, 48, 275

Kerins E., Darnley M.J., Duke J.P., Gould A., Han C.(한정호), Jeon Y.-B.(전영범), Newsam A., Park B.-G.(박병곤), 2006, The Angstrom Project: a microlensing survey of the structure and composition of the bulge of the Andromeda galaxy, Monthly Notices of the Royal Astronomical Society, 365, 1099

Lasserre, T., Afonso, C., Albert, J. N., et al. 2000, Not enough stellar mass Machos in the Galactic halo, Astronomy & Astrophysics, 355, L39

Mao, S. & Di Stefano, R. 1995, Interpretation of gravitational microlensing by binary systems, Astrophysical Journal, 440, 22

Mao, S. & Paczyński, B. 1991, Gravitational microlensing by double stars and planetary systems, Astrophysical Journal, 374, L37

Mao, S. & Paczyński, B. 1996, Mass Determination with Gravitational Microlensing, Astrophysical Journal, 473, 57

Marcy, G. W. & Butler, R. P. 1996, A Planetary Companion to 70 Virginis, Astrophysical Journal, 464, L147

Mayor, M. & Queloz, D. 1995, A Jupiter-Mass Companion to a Solar-Type Star, Nature,

378, 355

Miyamoto, M. & Yoshi, Y. 1995, Astrometry for Determining the MACHO Mass and Trajectory, Astronomical Journal, 110, 1427

Paulin-Henriksson, S., Baillon, P., Bouquet, A., et al. 2003, The POINT-AGAPE survey: 4 high signal-to-noise microlensing candidates detected towards M31, Astronomy & Astrophysics, 405, 15

Paczyński, B. 1986a, Gravitational microlensing at large optical depth, Astrophysical Journal, 301, 503

Paczyński, B. 1986b, Gravitational microlensing by the galactic halo, Astrophysical Journal, 304, 1

Paczyński, B. 1996, Gravitational Microlensing in the Local Group, Annual Review of Astronomy and Astrophysics, 34, 419

Refsdal, S. 1966, On the possibility of determining the distances and masses of stars from the gravitational lens effect, Monthly Notices of the Royal Astronomical Society, 134, 315

Rhie, S. H.(이선홍) et al. 1999, Observations of the Binary Microlens Event MACHO 98-SMC-1 by the Microlensing Planet Search Collaboration, Astrophysical Journal, 522, 1037

Ryu, Y.-H.(류윤현) & Park, M.-G.(박명구) 2007, Microlensing under Shear, Astrophysical Journal, 670, 1104

Schneider, P., Ehlers, J. & Falco, E. E. 1992, Gravitational lenses (Springer-Verlag)

Sumi, T., Abe, F., Bond, I. A., et al. 2003, Microlensing Optical Depth toward the Galactic Bulge from Microlensing Observations in Astrophysics Group Observations during 2000 with Difference Image Analysis, Astrophysical Journal, 591, 204

Sumi, T., Woźniak, P. R., Udalski, A., et al. 2006, Microlensing Optical Depth toward the Galactic Bulge Using Bright Sources from OGLE-II, Astrophysical Journal, 636, 240

Tomaney, A. B. & Crotts, A. P. S. 1996, Expanding the Realm of Microlensing Surveys with Difference Image Photometry, Astronomical Journal, 112, 2872

Udalski, A., Jaroszyński, M., Paczyński, B., et al. 2005, A Jovian-Mass Planet in Microlensing Event OGLE-2005-BLG-071, Astrophysical Journal Letters, 628, L109

Udalski, A., Szymański, M., Kałużny, J., Kubiak, M. & Mateo, M. 1992, The Optical Gravitational Lensing Experiment, Acta Astronomy, 42, 253

Udalski, A., Szymański, M., Kałużny, J., Kubiak, M., Mateo, M. & Krezemiński, W. 1994a, Astrophysical Journal, 426, L69

Udalski, A., Szymanski, M., Mao, S., di Stefano, R., Kaluzny, J., Kubiak, M., Mateo, M. & Krzeminski, W. 1994b, The optical gravitational lensing experiment: OGLE no. 7: Binary microlens or a new unusual variable?, Astrophysical Journal, 436, L103

Udalski, A., Szymanski, M., Stanek, K. Z., et al. 1994, The Optical Gravitational Lensing Experiment. The Optical Depth to Gravitational Microlensing in the Direction of the Galactic Bulge, Acta Astronomy, 44, 165

Walker, M. A. 1995, Microlensed Image Motions, Astrophysical Journal, 453, 37

Witt, H.-S. & Mao, S. 1994, Can lensed stars be regarded as pointlike for microlensing by MACHOs?, Astrophysical Journal, 430, 505

Wolszczan, A. & Frail, D. A. 1992, A planetary system around the millisecond pulsar PSR1257+12, Nature, 355, 145

찾아보기

ㅅ